Programming
ASP.NET Core

Dino Esposito

はじめに

「私たちに必要なのは、今までになかったものを夢見ることができ、なぜできないかを問う人である」

— ジョン・F・ケネディ大統領、アイルランド議会での演説、1963年6月

ASP.NET Core の物語のあちこちに、15年以上も前の ASP.NET の冒険の始まりを思い出させるものがあります。1999年の秋のロンドンにおいて、若き日の Scott Guthrie（現在は Microsoft の VP）が数えるほどの Web 開発者を前に ASP+ と呼ばれる新しい技術を紹介していました。当時の主流は Active Server Pages であり、VBScript コードを再びサーバー側へ戻すための新しい構文を導入し、それをコンパイル言語で表現しようとしていたのが ASP+ でした。

そのプレゼンテーションが行われた頃は、.NET なるものはまだ一般に認識されておらず、翌年の夏まで公表されませんでした。驚いて口をあんぐり開けてしまうような Web Service の例を含め、Scott のデモは、ポート80でリッスンすることが可能な、カスタムワーカープロセス（コンソールアプリケーション）に基づくスタンドアロンのランタイム環境で動いていました。この最初のデモでは、Win32 API に対して通常の Visual Basic と C++ コードが使用されていました。ほどなくして、新しい .NET Framework によってすぐに ASP+ 全体が利用されるようになり、最終的に ASP.NET になりました。

ASP.NET Core も、当初は、Microsoft の Web スタックのスケーラビリティとパフォーマンスをさらに向上させるために一から書き換えられた新しいスタンドアロンフレームワークとして発表されました。ですがその過程でチームがふと気づいたのは、ASP.NET Core フレームワークを複数のプラットフォームで利用可能にするのに絶好のチャンスだということでした。このことは、新しい .NET Framework の作成が必要であることを意味していました。そして、それはついにそのとおりになったのです。

ASP.NET Core は、あまりにも長い間、動く標的でした。そして、この標的を移動させている技術者は誰の目にも明らかではありませんでした。彼らは常にタイミングよく効果的に情報を交換するわけではなかったのです。20年前の私たちには（ありがたいことと言うべきか）現在のソーシャルメディアのように瞬時に情報を共有するという姿勢はありませんでした。また、ASP+ もおそらく動く標的でしたが、Microsoft の内部の人間（そして直接関与していた人々）以外は誰もそのことを知りませんでした。

ASP.NET と ASP.NET Core の物語の柱は同じであるように思えるかもしれませんが、実行時の状況はかなり異なっています。ASP.NET よりも前の Web はまだ幼年期にあり、スケーラブルなサーバー側のテクノロジの利用は限られていて、スケーラビリティそのものがないという現在なら深刻な状況でした。一方で、Web に合わせてすぐに書き換えられる状態のアプリケーションは数多くあり、信頼できるベンダーによる信頼できるプラットフォームの登場が待ち望まれていました。

現在では、ASP.NET Core の代わりに使用できるフレームワークはいくらでもあります。しかし、ASP.NET Core は単なるフロントエンドではなく、バックエンドとしても、Web

APIとしても使用できます。さらに、ASP.NET Coreは小さくコンパクトなWeb（コンテナー化された）モノリスでもあり、スタンドアロンで、あるいはサービスファブリックの中にデプロイされます。また、ASP.NET Coreは複数のハードウェアやソフトウェアプラットフォームでも使用できます。

ASP.NET Coreが近い将来、あるいは現在でも、すべての企業やチームにとって不可欠であるかどうかは判断しづらいところです。確かなことは、ASP.NET開発者が次に求めるフレームワークは必然的にASP.NET Coreであり、さまざまなプラットフォームでのWeb開発の次なるフルスタックソリューションである、ということです。

本書の対象読者

本書は、現役のASP.NET開発者で、特にMVCを経験している人のために書かれています。本書は、まったくの初心者には不向きです（少なくとも、Web開発の表面的な知識すら持っていない初心者という意味ではありません）。一方で、本書はWeb開発者にうってつけです。MVCの経験があるものの、ASP.NETが初めてという場合は特にお勧めです。ASP.NET Coreはまったく新しいものですが、ASP.NET MVC（および程度はかなり低いもののWeb Forms）との共通点がかなりあります。

現在Microsoftスタックを使用している、あるいはMicrosoftスタックからの移行を検討しているという場合、ASP.NET Coreは（Azureクラウドとの密接なつながりを含め）スタック全体にとってすばらしい選択肢です。

前提条件

本書では、読者が少なくともWeb開発の最低限の知識を持っていて、できればそれを完全に理解していることを想定しています。ただし、その知識がMicrosoftスタックに関するものである必要はありません。

本書の構成

本書は5つの部で構成されています。

- 第1部では、ASP.NET Coreの基礎をざっと紹介し、Hello Worldアプリケーションを試してみます。
- 第2部では、MVCアプリケーションモデルに着目し、コントローラーやビューといった中核的な部分を簡単にまとめます。
- 第3部では、認証、構成、データアクセスといった開発の共通部分を取り上げます。
- 第4部では、有用かつ効果的なプレゼンテーション層を構築するためのテクノロジと追加のフレームワークを取り上げます。
- 第5部では、ランタイムパイプライン、デプロイメント、そして移行戦略を取り上げます。

システム要件

本書の内容を読みながら実際に試してみるには、次のハードウェアとソフトウェアが必要です。

- Windows 7 以降（Windows 7/8.1/10）、macOS 10.12 以降、またはいずれかの Linux ディストリビューション❶
- Visual Studio 2015/2017（どのエディションでも可）、Visual Studio Code
- ソフトウェアや各章のサンプルコードをダウンロードするためのインターネット接続

サンプルコード

サンプルコードは本書の GitHub リポジトリからダウンロードできます。

```
https://github.com/despos/progcore
```

---

❶ https://docs.microsoft.com/ja-jp/dotnet/core/linux-prerequisites?tabs=netcore2x

(9)

目　次

はじめに ··· (5)

第1部　新しい ASP.NET の概要

第1章　新しい ASP.NET の存在意義 ································· 3

1.1　現在の .NET プラットフォーム ······························· 4
1.1.1　.NET プラットフォームの特徴 ····························· 4
1.1.2　.NET Framework ··· 4
1.1.3　ASP.NET フレームワーク ································· 5
1.1.4　Web API フレームワーク ································· 6
1.1.5　非常に単純な Web サービスの必要性 ··················· 7

1.2　15 年後の .NET ··· 7
1.2.1　小型化された .NET Framework ·························· 8
1.2.2　ASP.NET をホストから切り離す ························· 9
1.2.3　新しい ASP.NET Core ··································· 10

1.3　.NET Core のコマンドラインツール ·························· 11
1.3.1　CLI ツールのインストール ······························· 11
1.3.2　dotnet ドライバーツール ································· 12
1.3.3　定義済みの dotnet コマンド ····························· 13

1.4　まとめ ··· 14

第2章　初めての ASP.NET Core プロジェクト ················ 15

2.1　ASP.NET Core プロジェクトの構造 ·························· 15
2.1.1　プロジェクトの構造 ····································· 16
2.1.2　ランタイム環境とのやり取り ····························· 22

2.2　依存性注入サブシステム ····································· 29
2.2.1　依存性注入の概要 ······································· 29

	2.2.2	ASP.NET Core の依存性注入	31
	2.2.3	依存性注入ライブラリとの統合	34
2.3	ミニ Web サイトの構築		36
	2.3.1	エンドポイントが 1 つの Web サイトの作成	36
	2.3.2	Web サーバー上のファイルへのアクセス	43
2.4	まとめ		47

第2部　ASP.NET MVC のアプリケーションモデル

第3章　ASP.NET MVC の起動 　　51

3.1	MVC アプリケーションモデルの有効化		51
	3.1.1	MVC サービスの登録	52
	3.1.2	従来のルーティングの有効化	54
3.2	ルーティングテーブルの設定		58
	3.2.1	ルートの構造	58
	3.2.2	高度なルーティング機能	65
3.3	ASP.NET MVC のメカニズム		68
	3.3.1	アクションインボーカー	69
	3.3.2	アクション結果の処理	70
	3.3.3	アクションフィルター	70
3.4	まとめ		71

第4章　ASP.NET MVC のコントローラー 　　73

4.1	コントローラークラス		73
	4.1.1	コントローラー名の検出	73
	4.1.2	コントローラーの継承	75
	4.1.3	POCO コントローラー	76
4.2	コントローラーアクション		80
	4.2.1	アクションからメソッドへのマッピング	80
	4.2.2	属性に基づくルーティング	84
4.3	アクションメソッドの実装		88
	4.3.1	基本的なデータの取得	88

	4.3.2	モデルバインディング	89
	4.3.3	アクション結果	96

4.4　アクションフィルター **99**

	4.4.1	アクションフィルターの構造	99
	4.4.2	さまざまなアクションフィルター	102

4.5　まとめ **107**

第5章　ASP.NET MVC のビュー　109

5.1　HTML コンテンツの提供 **109**

	5.1.1	終端ミドルウェアからの HTML の提供	109
	5.1.2	コントローラーからの HTML の提供	110
	5.1.3	Razor ページからの HTML の提供	111

5.2　ビューエンジン **112**

	5.2.1	ビューエンジンの呼び出し	112
	5.2.2	Razor ビューエンジン	114
	5.2.3	カスタムビューエンジンの追加	119
	5.2.4	Razor ビューの構造	120

5.3　ビューにデータを渡す **125**

	5.3.1	組み込みディクショナリ	125
	5.3.2	強く型指定されたビューモデル	128
	5.3.3	依存性注入システムによるデータの注入	130

5.4　Razor ページ **131**

	5.4.1	Razor ページの存在理由	131
	5.4.2	Razor ページの実装	131
	5.4.3	Razor ページからのデータの送信	133

5.5　まとめ **135**

第6章　Razor の構文　137

6.1　構文の要素 **137**

	6.1.1	コード式の処理	138
	6.1.2	レイアウトテンプレート	143
	6.1.3	部分ビュー	145

6.2　Razor のタグヘルパー **148**

	6.2.1	タグヘルパーを使用する	148

6.2.2	組み込みのタグヘルパー	149
6.2.3	カスタムタグヘルパーの作成	154

6.3 Razor ビューコンポーネント **157**

6.3.1	ビューコンポーネントの記述	157
6.3.2	Composition UI パターン	159

6.4 まとめ **161**

第3部 横断的関心事

第7章 設計について考える 165

7.1 依存性注入（DI）インフラストラクチャ **165**

7.1.1	依存関係を分離するためのリファクタリング	166
7.1.2	ASP.NET Core の DI システムの概要	168
7.1.3	DI コンテナーの特徴	172
7.1.4	各層でのデータとサービスの注入	172

7.2 構成データの取得 **174**

7.2.1	サポートされているデータプロバイダー	175
7.2.2	構成データの DOM を構築する	177
7.2.3	構成データを渡す	180

7.3 階層化アーキテクチャ **182**

7.3.1	プレゼンテーション層	183
7.3.2	アプリケーション層	185
7.3.3	ドメイン層	185
7.3.4	インフラストラクチャ層	186

7.4 例外の処理 **187**

7.4.1	例外処理ミドルウェア	187
7.4.2	例外フィルター	190
7.4.3	例外のロギング	192

7.5 まとめ **194**

第8章 アプリケーションのセキュリティ 195

8.1 Web セキュリティのインフラストラクチャ **195**

8.1.1	HTTPS プロトコル	195
8.1.2	セキュリティ証明書の処理	196
8.1.3	HTTPS への暗号化の適用	196

8.2 ASP.NET Core での認証 **196**

8.2.1	Cookie ベースの認証	197
8.2.2	複数の認証方式に対処する	199
8.2.3	ユーザーの識別情報のモデル化	201
8.2.4	外部認証	205

8.3 ASP.NET Identity によるユーザーの認証 **210**

8.3.1	ASP.NET Identity の概要	211
8.3.2	ユーザーマネージャーの操作	215

8.4 認可ポリシー **220**

8.4.1	ロールベースの認可	220
8.4.2	ポリシーベースの認可	224

8.5 まとめ **230**

第9章　アプリケーションデータへのアクセス 231

9.1 汎用的なアプリケーションバックエンドを目指して **231**

9.1.1	モノリシックなアプリケーション	232
9.1.2	CQRS	234
9.1.3	インフラストラクチャ層の内部	236

9.2 .NET Core のデータアクセス **237**

9.2.1	Entity Framework 6.x	237
9.2.2	ADO.NET のアダプター	239
9.2.3	Micro O/RM フレームワークの使用	242
9.2.4	Micro O/RM と完全な O/RM	242
9.2.5	NoSQL ストアの使用	244

9.3 Entity Framework Core の一般的なタスク **246**

9.3.1	データベースをモデル化する	246
9.3.2	テーブルのデータを操作する	250
9.3.3	トランザクションに対処する	256
9.3.4	非同期のデータ処理について	258

9.4 まとめ **261**

(14) 目 次

第4部 フロントエンド

第10章 Web API の設計 — 265

10.1 ASP.NET Core での Web API の構築 — 265
10.1.1 HTTP エンドポイントを定義する — 266
10.1.2 ファイルサーバー — 269

10.2 RESTful インターフェイスの設計 — 270
10.2.1 REST の概要 — 270
10.2.2 ASP.NET Core での REST — 274

10.3 Web API をセキュリティで保護する — 277
10.3.1 本当に必要なセキュリティだけを計画する — 278
10.3.2 より単純なアクセス制御手法 — 278
10.3.3 Identity Server を使用する — 280

10.4 まとめ — 288

第11章 クライアント側からのデータ送信 — 289

11.1 HTML フォームの構成 — 289
11.1.1 HTML フォームの定義 — 290
11.1.2 Post-Redirect-Get パターン — 294

11.2 JavaScript によるフォームの送信 — 296
11.2.1 フォームの内容をアップロードする — 297
11.2.2 現在の画面を部分的に更新する — 302
11.2.3 ファイルを Web サーバーにアップロードする — 303

11.3 まとめ — 307

第12章 クライアント側のデータバインディング — 309

12.1 HTML によるビューの更新 — 309
12.1.1 ビューを更新するための準備 — 310
12.1.2 更新可能な領域を定義する — 310
12.1.3 すべてを1つにまとめる — 311

12.2 JSON によるビューの更新 — 316
12.2.1 Mustache.js ライブラリ — 317

	12.2.2	KnockoutJS ライブラリ	321
12.3	Angular による Web アプリケーションの構築		327
12.4	まとめ		328

第13章　デバイスフレンドリなビューの構築　329

13.1	ビューを実際のデバイスに適合させる		329
	13.1.1	デバイスへの対応に最適な HTML5 の機能	330
	13.1.2	機能検出	333
	13.1.3	クライアント側でのデバイス検出	335
	13.1.4	新しい Client Hints	339
13.2	デバイスフレンドリな画像		340
	13.2.1	PICTURE 要素	340
	13.2.2	ImageEngine プラットフォーム	342
	13.2.3	画像の自動的なサイズ調整	342
13.3	デバイス指向の開発戦略		345
	13.3.1	クライアント中心の戦略	345
	13.3.2	サーバー中心の戦略	350
13.4	まとめ		351

第5部　ASP.NET Core のエコシステム

第14章　ASP.NET Core のランタイム環境　355

14.1	ASP.NET Core ホスト		355
	14.1.1	WebHost クラス	356
	14.1.2	ホストのカスタム設定	360
14.2	組み込みの HTTP サーバー		365
	14.2.1	HTTP サーバーの選択	365
	14.2.2	リバースプロキシを設定する	368
	14.2.3	Kestrel の構成パラメーター	370
14.3	ASP.NET Core のミドルウェア		373
	14.3.1	パイプラインのアーキテクチャ	373
	14.3.2	ミドルウェアコンポーネントの作成	376

（16）　目　次

　　　　　　14.3.3　ミドルウェアコンポーネントのパッケージ化 ················· 380

　　14.4　まとめ ·· 383

第15章　ASP.NET Core アプリケーションのデプロイメント ········ 385

　　15.1　アプリケーションの発行 ·· 386
　　　　　15.1.1　Visual Studio からの発行 ································ 386
　　　　　15.1.2　CLI ツールを使った発行 ·································· 392

　　15.2　アプリケーションのデプロイメント ·································· 394
　　　　　15.2.1　IIS へのデプロイメント ································· 394
　　　　　15.2.2　Microsoft Azure へのデプロイメント ··············· 397
　　　　　15.2.3　Linux へのデプロイメント ·························· 401

　　15.3　Docker コンテナー ·· 403
　　　　　15.3.1　コンテナーと仮想マシン ······························ 403
　　　　　15.3.2　コンテナーからマイクロサービスアーキテクチャへ ······ 404
　　　　　15.3.3　Docker と Visual Studio 2017 ·················· 405

　　15.4　まとめ ·· 407

第16章　移行戦略と導入戦略 ···································· 409

　　16.1　ビジネス価値の探求 ·· 410
　　　　　16.1.1　ASP.NET Core の利点 ···························· 410
　　　　　16.1.2　ブラウンフィールド開発 ···························· 414
　　　　　16.1.3　グリーンフィールド開発 ···························· 416

　　16.2　イエローフィールド戦略 ·· 419
　　　　　16.2.1　不足している依存関係への対処 ······················ 419
　　　　　16.2.2　.NET Portability Analyzer ······················ 419
　　　　　16.2.3　Windows Compatibility Pack ··················· 421
　　　　　16.2.4　クロスプラットフォームの課題を先送りにする ········ 421
　　　　　16.2.5　マイクロサービスアーキテクチャに向かって ·········· 423

　　16.3　まとめ ·· 425

　　　　索引 ··· 426
　　　　著者紹介 ··· 438
　　　　監訳者紹介 ··· 439

第 **1** 部

新しいASP.NET の概要

ASP.NET Core へようこそ。

Microsoft が ASP.NET と .NET Framework を発表してから 15 年以上が経ちます。もちろん、その間に Web アプリケーションの開発は劇的に変化しています。開発者は多くのことを学び、顧客は新しいデバイスに新しい方法で提供される根本的に異なる解決策を求めています。その集大成が ASP.NET Core であり、次に起こるであろうことの多くを見越した設計となっています。第 1 部では、ASP.NET Core をコンテキストに当てはめ、ASP.NET Core を使いこなすための準備を整えます。

第 1 章では、ASP.NET Core の存在理由を明らかにします。ASP.NET Core は（特に ASP.NET MVC の開発者にとって）身近な存在かもしれませんが、多くの点で根本的に異なっています。この章では、「コンパクト、モジュール型、オープンソース、クロスプラットフォームの.NET Core」というコンテキストで ASP.NET Core を捉えます。そして、Web サービスや Web サイトの規模を問わず、ASP.NET Core がどのようにしてそれらをより効果的にサポートできるようにするのかを明らかにします。また、コマンドラインインターフェイス（CLI）の開発者ツールについても簡単に紹介します。

第 2 章では、最初のアプリケーションをすばやく作成します。世の中には決して変わらないものがいくつかあるようです。最初のアプリケーションは、おなじみの「Hello World」です。とはいえ、ASP.NET Core の徹底したミニマリズムと、ASP.NET Core によって何が可能になるのがわかるでしょう。

第1章

新しいASP.NETの存在意義

物事を今のままにしておきたいなら、それらの物事が変化しなければならない。
— ジュゼッペ・トマージ・ディ・ランペドゥー、『山猫』

1999年の夏のことだったと思います。当時、Windowsオペレーティングシステムを対象としたソフトウェアを作成するには、C/C++のスキルと、開発作業を楽にするために存在していたMFC（Microsoft Foundation Classes）やATL（ActiveX Template Library）といった大型のライブラリが必要でした。COM（Component Object Model）は、Windows上で動作するあらゆるアプリケーションにとって必要不可欠な部分になりつつありました。COMに準拠し、COM対応になるように、データアクセスをはじめとするあらゆる部分の設計が見直されようとしていました。とはいえ、プログラミング言語や開発ツールの選択によってやはり違いが生じることになりました。Windowsアプリケーションにデータアクセスや高度なユーザーインターフェイスが必要な場合、そうした違いは特に顕著なものとなりました。Visual Basicを選択した場合、データベースにアクセスするのは造作もないことであり、ユーザーインターフェイスは小気味よく迅速でした。一方で、関数ポインターを操作することはできず、Windows SDKのすべての関数に（少なくとも簡単かつ確実に）アクセスすることはできませんでした。これに対し、CやC++を選択した場合は、データアクセスのための高度なメカニズムは用意されておらず、メニューやツールバーの構築は（Visual Basicの場合と比べて）痛みを伴うものとなりました。

ソフトウェアを生業にする者にとって住みやすい世界ではありませんでしたが、私たちは自分にとって最も快適なすみかをどうにか見つけ出し、自分たちのビジネスを順調に成長させていました。そこへ突然.NETが現れ、何もかも変わってしまったのです。そしてありがたいことに、それはよい方向への変化でした。

4　第1部　新しいASP.NET の概要

1.1 | 現在の .NET プラットフォーム

　.NET プラットフォームが発表されたのは2000年の夏のことであり、翌年には第2ベータ段階へと進みました。バージョン1.0は2002年の初めにリリースされましたが、ソフトウェアの観点からすると、地質学的に3つも前の世代に相当するかもしれません。

1.1.1 | .NET プラットフォームの特徴

　.NET プラットフォームは、一連のクラスからなるフレームワークと、CLR（Common Language Runtime）と呼ばれる仮想マシンで構成されています。実質的には、CLR は Java のバイトコードのようなIL（Intermediate Language）で概念的に書かれたコードの実行環境です。CLR は実行中のコードにさまざまなサービスを提供します。これには、メモリ管理とガベージコレクション、例外処理、セキュリティ、バージョン管理、デバッグ、プロファイリングが含まれます。ですが肝心なのは、CLR がそうしたサービスをクロス言語方式で提供できることです。

　CLR の上には、言語コンパイラと、「マネージド言語」の概念があります。マネージド言語とは、コンパイラが存在する通常のプログラミング言語のことであり、そのコンパイラは CLR が使用するIL コードを生成することができます。.NET のコンパイラはどれもIL コードを生成しますが、IL コードをホストであるWindows オペレーティングシステムが直接実行することはできません。そこで登場したのが、JIT（Just-in-Time）コンパイラというツールです。このコンパイラは、IL コードを特定のハードウェア / ソフトウェアプラットフォームで実行可能なバイナリコードに変換していました。

1.1.2 | .NET Framework

　当時、.NET の特徴の中で最も印象的だったのは、同じプロジェクトにさまざまなプログラミング言語を混在させる能力を持っていたことでした。たとえば、Visual Basic でライブラリを作成し、他のマネージド言語で書かれたコードからそのライブラリを呼び出すのは簡単なことでした。また、とびきり強力な言語として、今では普遍的な存在となったC# 言語が登場しました。C# は Java 言語の灰の中から生まれた伝説の不死鳥でした。

　全体的に見て、開発者にとって最大の変化は、Windows SDK のほとんどにアクセスするためのクラスが提供されたことでした。この基本クラスライブラリ（BCL）と呼ばれるライブラリシステムは、すべての.NET アプリケーションに適用できるコードの共通基盤です。BCL は再利用可能な型の集まりであり、プリミティブ型、LINQ、そして（I/O、日付、コレクション、診断といった）一般的な演算に役立つクラスや型と密に統合されています。

　BCL は特殊性の高い追加のライブラリによって補完されます。これには、データアクセスのためのADO.NET、デスクトップWindows アプリケーションのためのWindows Forms、Web アプリケーションやXML などを対象としたASP.NET が含まれます。その後、これらの追加ライブラリは、WPF（Windows Presentation Foundation）、WCF（Windows Communication Foundation）、EF（Entity Framework）といった巨大なフレームワークを取り込むまでに成長しています。

　BCL とこれらのフレームワークの組み合わせが.NET Framework を形成しています。

1.1.3 │ ASP.NET フレームワーク

1999年の秋、ASP（Active Server Pages）の後継として新しいWebフレームワークが発表されました。初めての公開デモでは、このフレームワークは「ASP+」と呼ばれていて、独自のC/C++ エンジンに基づいていましたが、その後は.NET プラットフォームに合流し、現在のASP.NET となりました。

ASP.NET フレームワークは、IIS（Internet Information Services）の拡張で構成されており、HTTP リクエストを捕捉し、ASP.NET ランタイム環境を使ってそれらを実行することができます。ASP.NET ランタイム環境では、リクエストを処理できる特殊なコンポーネントを探し出し、ブラウザー用のHTTP レスポンスパケットを準備するという方法で、リクエストが解決されます。ランタイム環境はパイプラインのような構造になっています —— リクエストはパイプラインのさまざまなステージを通過していき、最終的に処理が完了した後、レスポンスが出力ストリームに書き戻されるといった具合になります。

ASP.NET は、そのライバルとは異なり、イベントベースのステートフルなプログラミングモデルを提供していたため、リクエストの間で暗黙的なコンテキストを受け渡すことができました。これはデスクトップアプリケーションの開発者の間でよく知られていたモデルであり、HTML や JavaScript のスキルが限られている、あるいはそうしたスキルをまったく持ち合わせていない多くの開発者に Web プログラミングの世界への扉を開きました。HTTPとHTML に対する分厚い抽象層を初めて導入した ASP.NET は、大勢の Visual Basic、Delphi、C/C++ プログラマーはもちろん、Java プログラマーをも魅了しました。

▮ Web Forms モデル

当初、ASP.NET ランタイム環境は主に次の2つを目的として考案されました。

- 1つ目の目的は、開発者をHTML や JavaScript からできるだけ保護するプログラミングモデルを提供することでした。従来のクライアント/サーバーリクエストモデルの影響を強く受けているWeb Forms モデルは申し分のない働きをし、有償または無償のサーバーコンポーネントのエコシステムを形成しました。それらのサーバーコンポーネントは、スマートデータグリッド、入力フォーム、ウィザード、日付ピッカーといった高度な機能を次々に提供しました。

- 2つ目の目的は、ASP.NET と IIS をできるだけ融合させることでした。ASP.NET は、単なるプラグインではなく、IIS の実行部隊と位置付けられており、そのランタイム環境も IIS の構造の一部になる予定でした。このマイルストーンが完全に達成されたのは、2008年にIIS 7 がリリースされたときでした。IIS 7 以降の Integrated Pipeline モードは、IIS と ASP.NET が同じパイプラインを共有する作業モードです。IIS の入口に到着したリクエストが通過する経路は、まさに ASP.NET 内での経路と同じです。そうしたリクエストの処理と、必要に応じて特定のリクエストをインターセプトして前処理する作業は、ASP.NET のコードによって実行されます。

2009年頃には、Web Forms プログラミングモデルが ASP.NET MVC フレームワークと結合されました。これは ASP.NET の当初の目的からの完全な方向転換を表す、まったく異なる原理に触発されたものでした。Web Forms モデルでは、ASP.NET ページはサーバーコントロールを使ってHTML を生成します。ASP.NET が成功して導入にはずみがついたのは、

主にそれが理由でした。これらのサーバーコントロールは（宣言方式で、あるいはプログラムによって構成される）ブラックボックスコンポーネントであり、ブラウザー用のHTMLとJavaScriptを生成します。しかし、生成されるHTMLを開発者はあまり制御できませんでした。そして、人々の要求は徐々に変化していきます。

■ ASP.NET MVC モデル

ASP.NET MVCは、最初からHTTPの近くで動作する設計になっています。つまり、HTTPの機能をいっさい隠そうとしません。このため、HTTPのリクエストとレスポンスの仕組みを開発者が十分に理解している必要があります。ASP.NET MVCを使用する開発者は、理想的には、JavaScriptとCSSのスキルを身につけておくべきです。ASP.NET MVCは、関心の分離、モジュール化、テスト容易性など、新しい横断的な要件に基づいてプログラミングモデルを大幅に見直した結果として生まれたものです。

おそらく難しい決断だったと思いますが、ASP.NET MVCは独自のランタイム環境を持たず、既存のASP.NETランタイムのプラグインとして実装されることになりました。これはよい知らせであると同時に悪い知らせでもあります。よい知らせは、リクエストをWeb FormsモデルとASP.NET MVCモデルのどちらでも処理できることです。このため、既存のWeb Formsアプリケーションから始めて、徐々にASP.NET MVCへ移行させることができます。一方で、悪い知らせは、（現代の要件からすると）ASP.NETの構造上の欠陥にほとんど対処できなかったことです。たとえば、ASP.NET MVCチームはHTTPコンテキスト全体をモックアップできるようにしましたが、完全かつ正式な依存性注入インフラストラクチャをフレームワークに組み込むことはできませんでした。

とはいえ、ASP.NET MVCプログラミングモデルは、HTMLコンテンツを返さなければならないWebリクエストを処理するための最も柔軟でわかりやすい方法です。ですが、それはモバイル空間が爆発的に拡大するまでのことでした。そのときを境に、HTMLはHTTPリクエストの唯一の出力ではなくなってしまったからです。

1.1.4 │ Web API フレームワーク

特にさまざまなデバイスの登場をきっかけに、Webエンドポインへのリクエストは変化し、あらゆる種類のクライアントに対し、あらゆる種類のコンテンツ（JSON、XML、画像、PDFなど）を提供することが求められるようになりました。HTTPリクエストを生成できるコードはすべて、Webエンドポイントのクライアント候補となります。そして、特定のソリューションのスケーラビリティレベルが決定的に重要な意味を持つようになりました。

ASP.NET空間では、高いスケーラビリティ、クラウド、プラットフォームからの独立といった新しいシナリオに対応するにあたって、インフラストラクチャを拡張する以外に手はなさそうでした。RESTfulインターフェイスの提供と（前提や制限がいっさいない状態で）あらゆるHTTPクライアントとのやり取りが可能なシンサーバーに対する需要の拡大に対し、一時的な解決策を提供しようとしてきたのがWeb APIフレームワークです。Web APIフレームワークは、HTTPエンドポイントを作成する代替クラスで構成されています。それらのエンドポイントは完全なHTTP構文とセマンティクスだけを認識するように設計されています。Web APIフレームワークが提供するプログラミングインターフェイスは、ASP.NET MVCのものとほぼ同じです。これには、コントローラー、ルーティング、モデルバインディングが含まれますが、それらはまったく新しいランタイム環境で実行されます。

ASP.NET Web API により、Web フレームワークを Web サーバーから切り離した状態で作成する方法が定着し始め、これが OWIN（Open Web Interface for .NET）の定義につながりました。OWIN は Web サーバーと Web アプリケーションの相互運用のルールを定めた仕様です。OWIN により、ASP.NET の2つ目の目的だった「Web ホストと Web アプリケーション間の密な結び付き」は時代にそぐわないものとして却下されました。

Web API は、OWIN 規格に準拠するものであれば、どのアプリケーションでもホストされる可能性があります。ただし、有用性という意味では、IIS のもとでホストされなければ意味がありません。そこで必要となるのが、ASP.NET アプリケーションです。Web Forms か MVC かにかかわらず、ASP.NET アプリケーション内で Web API を利用すれば、2つのランタイム環境が使用されることになります。このため、アプリケーションのメモリ消費は当然ながら増えることになります。

1.1.5 | 非常に単純な Web サービスの必要性

ソフトウェア業界で起きた最近のもう1つの大きな変化は、必要最低限の非常に単純な Web サービス（ミニ Web サービス）に対するニーズが発生したことです。これはビジネスロジックのまわりを薄い Web サーバー層で覆ったものにすぎません。

ミニ Web サーバーは、非常に基本的な（ほとんどテキストベースの）コンテンツを取得するためにクライアントから呼び出すことができる HTTP エンドポイントです。このような Web サーバーでは、高機能かつカスタマイズ可能なパイプラインを実行する必要はなく、HTTP リクエストを適切に処理して HTTP レスポンスを返せばよいだけです。そのすべてが、オーバーヘッドをいっさい発生させずに、あるいはそのコンテキストに要求されるオーバーヘッドだけで実現されなければなりません。Angular といったクライアント側のプログラミングモデルの使用が、そうした Web サービスに対するニーズに拍車をかけています。

ASP.NET とそのすべてのランタイム環境が同じようなシナリオに合わせて設計されている、といったことはまったくありません。Web Forms アプリケーションと MVC アプリケーションの両方をサポートする ASP.NET ランタイムは、ある程度のカスタマイズは可能ですが（セッション、出力キャッシュ、あるいは認証をも無効にできます）、最近の一部のビジネスシナリオで要求されるレベルの粒度や制御には達していません。例を挙げると、ASP.NET を実質的に静的なファイルサーバーに変えるのは不可能に近いでしょう。

1.2 | 15 年後の .NET

15年は、どのソフトウェアにとってもかなり長い時間であり、.NET Framework も例外ではありません。ASP.NET が考案されたのは1990年代の終わりであり、Web は瞬く間に発展を遂げました。2014年頃、ASP.NET チームは新しい ASP.NET の計画作りに着手し、OWIN 仕様に厳密に準拠するまったく新しいランタイム環境を設計しました。

`System.Web` アセンブリに象徴される古い ASP.NET ランタイムへの依存性を完全に取り除くことは、チームの第一の目標となっています。しかし、ASP.NET チームには、「開発者がパイプラインを完全に制御できるようにする」というもう1つの重大な目標があります。それにより、ミニ Web サービスと完全な Web サービスの両方の構築が可能になるはずです。その過程でチームが直面したのは、スループットを保証することと、コストに関してクラウド対応のソリューションを実現するという難しい課題でした。また、.NET Framework を軽量化するために特別な措置を施す必要もありました。

8 第1部 新しい ASP.NET の概要

新しい ASP.NET のガイドラインは次のようにまとめることができます。

- 既存の完全な.NET Framework と、Web 開発者がほとんど使用しない（ほとんど役に立たない）依存性をすべて取り除いた縮小バージョンの両方に ASP.NET からアクセスできるようにする。
- 新しい ASP.NET 環境をホスト Web サーバーから切り離す。

しかし、この計画が実行に移されると、他の問題や機会が次々に明らかになりました。そして、それらの機会は見過ごせないほど魅力的でもありました。

1.2.1 | 小型化された .NET Framework

新しい ASP.NET は、新しい.NET Framework と同時に設計され、最終的に.NET Core と名付けられました。この新しいフレームワークについては、より詳細で、コンパクトで、（何よりも）クロスプラットフォームであることを目的として設計された、元の.NET Framework のサブセットと見なすことができます。この設計目標は、一部の機能を削除し、いくつかの状況で効率を高めるために、あるいは削除された機能に依存している部分を補うために、他の機能を書き換えるという方法で達成されています。

.NET Core は、ASP.NET アプリケーションへの対応を主な目的として設計されていました。これはライブラリに含まれるものと含まれないものとの分かれ道につながる究極のベクトルでした。.NET Core には、アプリケーションを実行するための新しいランタイムとして CoreCLR が含まれています。CoreCLR のレイアウトやアーキテクチャは現在の.NET CLR と同じであり、IL コードの読み込み、マシンレベルのコードのコンパイル、ガベージコレクションなどもサポートされています。一方で、CoreCLR では、アプリケーションドメインやコードアクセスセキュリティなど、現在の CLR が提供している機能の一部がサポートされていません。それらの機能は、不要であることが判明しているか、Windows プラットフォームに特化しすぎていて、他のプラットフォームへの移植が難しいことが判明しているものです。さらに、.NET Core のクラスライブラリは明確にパッケージ化されており、それらのパッケージの粒度は非常に細かく、現在の.NET Framework よりもはるかに小さくなっています。

.NET Core 全体は完全にオープンソースです。表1-1に、それらのリポジトリへのリンクをまとめておきます。

▼表 1-1：.NET Core のソースコードの Github リポジトリ

プラットフォーム	説明	リンク
CoreCLR	CLR と関連ツール	http://github.com/dotnet/coreclr
CoreFX	.NET Core	http://github.com/dotnet/corefx

簡単に言うと、完全な.NET Framework と.NET Core の違いは、次の4つの点に集約されます。

- .NET Core のほうがよりコンパクトでモジュール化されている。
- .NET Core（および関連ツール）はオープンソースである。

- .NET Core は ASP.NET アプリケーションとコンソールアプリケーション以外のものを作成する目的では使用できない。
- .NET Core はアプリケーションの横に（並べて）配置できるが、完全な.NET Framework のインストール先はターゲットマシンに限定され、すべてのアプリケーションによって共有される。このため、バージョン管理が難しくなる。

プラットフォームへの依存性が解消された時点で、新しいよりコンパクトな.NET Framework は、さまざまなオペレーティングシステムで動作するように調整可能なコードになります。このことは、.NET Core と既存の.NET Framework のもう1つの非常に大きな違いです。Linux や macOS で動作するクロスプラットフォームアプリケーションの作成には、.NET Core を使用することができます。

> **注**
>
> .NET Core 2.0 のリリースにより、完全な .NET Framework と .NET Core の機能的な差は縮まっています。というのも、さらに多くのクラスや名前空間（`System.Drawing`やデータテーブルクラスなど）が .NET Core に移植されているからです。ただし、.NET Core を完全な .NET Framework のコピーと見なすのは誤りです。.NET Framework と非常によく似ているとはいえ、.NET Core は設計が一から見直された、クロスプラットフォームで動作する別のフレームワークです。

1.2.2 ASP.NET をホストから切り離す

ミニ Web サービスと完全な Web サイトの両方の作成に使用できる Web アプリケーションモデルという要件に対処するにあたって、ASP.NET を IIS から切り離すことは避けて通れない道です。次に、OWIN の理念[1]をまとめておきます。

- Web サーバーの機能を Web アプリケーションの機能から切り離す。
- .NET Web 開発のためのより単純なモジュールの開発を促進する。それらのモジュールを組み合わせることで、現実のWebサイトの処理能力を完全に達成することができる。

図1-1は、OWIN で使用されているアーキテクチャの全体像を示しています。

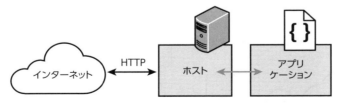

▲図1-1：OWIN のアーキテクチャ

---

[1] http://owin.org/

OWINベースのアーキテクチャを採用すれば、ホストWebサーバーをIISに限定する必要がなくなります。また、ホストインターフェイスをコンソールアプリケーションかWindowsサービスで実装することも可能になります。しかし、これらはごく限られたシナリオにすぎません。OWINのオープンインターフェイスにヒントを得たWebアプリケーションモデルの真の威力は、システムプラットフォームに関係なく、同じアプリケーションをOWINに準拠するあらゆるWebサーバーでホストできることにあります。

HTTPはプラットフォームに依存しないプロトコルです。.NET Frameworkの新しいバージョンがWindowsなどの特定のプラットフォームに密に依存することなく構築された場合、クロスプラットフォーム方式で動作するWebアプリケーションモデルの構築は、俄然、現実的で魅力あふれるプロジェクトとなります。

> **重要**
>
> IISがIntegrated Pipelineモードをサポートするようになった2008年当時、Webに対するMicrosoftの見方は現在とはまったく違っていました。そして世の中も今とは少し違っていました。Integrated Pipeline構想では、IISとASP.NETが連携し、1つに結合されたエンジンのように見える必要がありました。新しいASP.NETのために構築されたモデルは、このIntegrated Pipeline構想を覆すものとなっています。つまり、ASP.NETはスタンドアロン環境であり、どのWebサーバーでもホストできます。このモデルでは、このスタンドアロン環境が（状況によっては）外部に直接公開されるとしてもうまくいく可能性があるとされています。

1.2.3 | 新しいASP.NET Core

ASP.NET Coreは、インターネットベースのさまざまなアプリケーションを構築するための新しいフレームワークです。中でも注目すべきはWebアプリケーションです（ただし、そのように限定されるわけではありません）。実際には、モバイルアプリケーションのバックエンドといった特殊なWebアプリケーションは、IoT組み込みサーバーやWebからアクセスできるサービスと見なすことができます。

ASP.NET Coreアプリケーションは、.NET Coreか、既存の完全な.NET Frameworkをターゲットとして構築することができます。ASP.NETは、Windows、macOS、Linuxで動作するアプリケーションを開発できるクロスプラットフォームとして設計されました。ASP.NET Coreは、組み込みWebサーバーと、アプリケーションコードを実行するランタイム環境で構成されます。アプリケーションコードは、少し手直しされたASP.NET MVCフレームワークを使って記述され、超小型設計のシステムモジュール群を利用するため、実行時のオーバーヘッドを最小限に抑えるアプリケーションが構築される可能性が高くなります。図1-2は、ASP.NET Core全体のアーキテクチャを示しています。

▲図1-2：ASP.NET Core全体のアーキテクチャ

> **注**
> 組み込みWebサーバー（Kestrel）には直接アクセスできるため、厳密に言えば、IISやApacheといったWebサーバーは必要ありません。Webサーバーが別途必要かどうかは、主として、Kestrelが各自のニーズに対応できるかどうかによって決まります。

　新しいASP.NETでのアプリケーションの構築と実行には、.NET Core SDKのツールが使用されます。.NET SDKとコマンドラインツールについては、次節で詳しく見ていきます。ASP.NET Coreランタイムについては、第14章で詳しく説明します。

1.3 │ .NET Core のコマンドラインツール

　.NET Coreでは、基本的な開発ツール一式（アプリケーションの構築、テスト、実行、公開に使用されるもの）をコマンドラインアプリケーションとしても利用できます。そうしたアプリケーションをまとめて「.NET Core コマンドラインインターフェイス（CLI）」と呼びます。

1.3.1 │ CLI ツールのインストール

　CLIツールは、.NET Coreアプリケーションのターゲットになり得るすべての開発/デプロイメントプラットフォームで利用できます。通常は、LinuxのRPM/DEBパッケージやWindowsのMSIパッケージなど、プラットフォーム専用のインストールパッケージが含まれています。インストーラを実行すると、CLIツールがディスク上のグローバルにアクセス可能な場所に安全に格納されます。図1-3は、WindowsコンピュータのCLIツールのフォルダーを示しています。

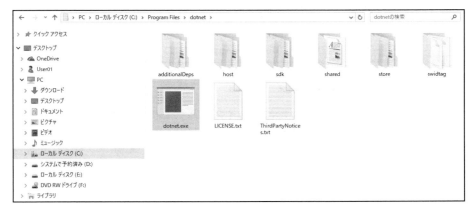

▲図1-3：インストールされたCLIツール

　CLIツールに関しては、複数のバージョンを同時に実行できることに注意してください。複数のバージョンがインストールされている場合、既定では、最後に使用したバージョンが実行されます。

1.3.2 │ dotnet ドライバーツール

CLI は一般にツールのコレクションと見なされていますが、実際には、ドライバーと呼ばれるホストツールによって実行されるコマンドのコレクションです。ドライバーは**dotnet.exe**です（図1-3）。コマンドライン命令は次の形式をとります❷。

```
dotnet [host-options] [command] [arguments] [common-options]
```

[command]はドライバーツールの中で実行されるコマンドであり、**[arguments]**はそのコマンドに渡される引数を表します。**[host-options]**と**[common-options]**については、後ほど説明します。

CLI の複数のバージョンがインストールされていて、最後に使用したバージョンを実行したくない場合は、アプリケーションと同じフォルダーに**global.json**ファイルを作成し、少なくとも次のコードを追加してください。

```
{
  "sdk": {
    "version": "2.0.0"
  }
}
```

version プロパティには、使用する CLI ツールのバージョンを指定します。

> **注**
>
> この CLI ツールのバージョンは、アプリケーションが使用する.NET Core ランタイムのバージョンと同じではありません。ランタイムのバージョンはプロジェクトファイルで指定され、各自が選択した IDE のユーザーインターフェイスから簡単に編集できます。そうではなく、プロジェクトファイルを手動で編集したい場合は、**.csproj** 拡張子の付いた XML ファイルを開いて、**TargetFramework** 要素の値を変更してください。この要素の値は、バージョンを識別するモニカー（**netcoreapp2.0** など）を表します。

■ ホストオプション

dotnet ツールのコマンドラインにおいて、ホストオプション（**[host-options]**）は**dotnet** ツールの設定を表すものであり、**[command]** の前に指定されます。サポートされている値は3つであり、それぞれツールとランタイム環境に関する一般情報の取得、CLIのバージョン番号の取得、診断の有効化を表します（表1-2）。

---

❷［訳注］.NET Core 2.1 では、コマンドライン命令の形式が次のように変更されている。
dotnet [sdk-options] [command] [command-options] [arguments]
dotnet コマンドの詳細については、https://docs.microsoft.com/ja-jp/dotnet/core/tools/dotnet を参照。

第1章　新しいASP.NETの存在意義　　13

▼表1-2：CLIのホストオプション

オプション	説明
`-d` または `--diagnostics`	診断出力を有効にする
`--info`	ランタイム環境と.NET CLIに関する情報を表示する
`--version`	.NET CLIのバージョン番号を表示する

■ 共通オプション

　　表1-3に示すCLI共通オプション（`[common-options]`）は、ヘルプの表示や詳細出力の有効化など、すべてのコマンドに共通するオプションを表します。

▼表1-3：CLIの共通オプション

オプション	説明
`-v` または `--verbose`	詳細な出力を有効にする
`-h` または `--help`	`dotnet`ツールの使用法に関する一般的なヘルプを表示する

1.3.3 │ 定義済みの dotnet コマンド

　　CLIツールをインストールすると、既定では、表1-4のコマンドが利用可能になります。なお、表中のコマンドは実際にコマンドを使用するときと同じ順序で並んでいます。

▼表1-4：通常のCLIコマンド

コマンド	説明
`new`	利用可能なテンプレートの1つに基づいて新しい.NET Coreアプリケーションを作成する。既定のテンプレートには、コンソールアプリケーション、ASP.NET MVCアプリケーション、テストプロジェクト、クラスライブラリが含まれている。追加のオプションを使ってターゲット言語やプロジェクト名を指定することもできる
`restore`	プロジェクトの依存関係をすべて復元する。これらの依存関係はプロジェクトファイルから読み取られ、指定されたフィードに配置されるNuGetパッケージとして復元される
`build`	プロジェクトとそのすべての依存関係をビルドする。コンパイラのパラメーター（ライブラリをビルドするか、アプリケーションをビルドするかなど）はプロジェクトファイルで指定すべきである
`run`	必要に応じてソースコードをコンパイルし、実行可能ファイルを生成して実行する。最初のステップとして`build`コマンドを使用する
`test`	指定されたテストランナーを使ってプロジェクトでユニット（単体）テストを実行する。ユニットテストは、特定のユニットテストフレームワークとそのランナーアプリケーションに依存するクラスライブラリである
`publish`	必要に応じてアプリケーションをコンパイルし、プロジェクトファイルから依存関係のリストを読み取り、結果のファイルセットを出力ディレクトリに発行する
`pack`	プロジェクトバイナリからNuGetパッケージを作成する
`migrate`	`project.json`ベースの古いプロジェクトを`msbuild`ベースのプロジェクトへ移行させる
`clean`	プロジェクトの出力フォルダーを空にする

これらのコマンドを呼び出す具体的な方法を確認したい場合は、コマンドラインに次のコマンドを入力します。

```
dotnet <command> --help
```

さらにコマンドを追加することも可能です。その場合は、プロジェクト内のポータブルコンソールアプリケーションを参照します。また、PATH 環境変数に関連付けられているディレクトリ内の実行可能ファイルをコピーすれば、コマンドをグローバルに追加できます。

1.4 | まとめ

.NET プラットフォームが登場してから15年以上になります。この間、.NET プラットフォームは多額の投資を呼び込み、広く普及することとなりました。しかし、世の中は目まぐるしく変化しています。本章の冒頭に記したジュゼッペ・トマージ・ディ・ランペドゥーの『山猫』の一節、「物事を今のままにしておきたいなら、それらの物事が変化しなければならない」がすべてを物語っています。このため、1つの包括的なクラスライブラリといくつかのアプリケーションモデル（ASP.NET、Windows Forms、WPF）を中心とする当初の.NET プラットフォームは、大幅な設計の見直しを行っているところです。現在進行形なのにはわけがあります。2014年に開始された設計の見直しはバージョン2.0で最初のマイルストーンに到達しましたが、この作業が今後も継続されることは間違いないからです。

ビジネス的な観点から言うと、新しいプラットフォームの導入を急ぐ気持ちにはなれないかもしれません。しかし、ほんの数年以内に、この新しいプラットフォームがベストな選択（そして移行先）になると筆者は確信しています。この新しいプラットフォームの目玉は、その高いモジュール性とクロスプラットフォーム性です。.NET Core をターゲットとして記述されたコードはすべて、（異なるランタイムを使用するものの）Linux でも、macOS でも、Windows でも動作します。また、クロスプラットフォーム開発に照準を合わせているため、プラットフォームを操作するためのコアツール（ビルド、実行、テスト、発行）はすべて、IDE のベースとなるコマンドラインツールとして提供されます。.NET Core のコマンドラインインターフェイスは「CLI ツール」と呼ばれます。

次章からは、本書のテーマである ASP.NET と Web 開発を詳しく見ていきましょう。

第2章

初めてのASP.NET Core プロジェクト

すべての動物は平等だが、他の動物よりもさらに平等な動物がいる。
— ジョージ・オーウェル、『動物農場』

ASP.NET Core は、.NET Core プラットフォームをベースとする Web 指向のアプリケーションモデルです。このアプリケーションモデルの名前にはおなじみの「ASP.NET」が含まれていますが、実際には、ASP.NET のこれまでのバージョンと同じものは何もありません。何よりもまず、ASP.NET Core には、単一のアプリケーションモデル（ASP.NET MVC）をサポートするまったく新しいランタイム環境があります。つまり、この新しい Web フレームワークは Web Forms とはまるで違っており、Web API のように見える部分もまったくありません。すべてが一新されており、ASP.NET MVC プログラミングモデルのコントローラー、ビュー、ルートに関して、コードやスキルをほんの少し再利用できるだけです。

> **重要**
>
> 本章および本書の残り部分では、.NET Core 以外の ASP.NET（Web Forms、ASP.NET MVC、Web API を含む）の機能と実装を引き合いに出し、ASP.NET Core の機能と比較します。誤解が生じないようにするために、ASP.NET Core よりも前に利用できた ASP.NET のアプリケーションモデルについては、まとめて**従来の ASP.NET** と呼ぶことにします。

2.1 | ASP.NET Core プロジェクトの構造

新しい ASP.NET Core プロジェクトを作成する方法は何種類かあります。まず、Visual Studio で提供されている正式なプロジェクトテンプレートの1つを使用するという方法があります。あるいは、CLI ツールの **new** コマンドを使用することもできます。JetBrains の Rider など、別の IDE を使用している場合は、さまざまな ASP.NET プロジェクトテンプレートの中からどれかを選択できます。さらに、完全に自分で管理しているプロジェクトのファ

イルを生成したいだけであれば、おそらくYeoman[1]のASP.NETジェネレーターが最善の選択肢でしょう。

Yeomanは言語に依存しないプロジェクトジェネレーターであり、ASP.NET Coreアプリケーションを含め、Webアプリケーションの骨組みを構成するファイルをすべて生成することができます（もちろん、正しく設定されていることが前提となります）。

> **注**
>
> Visual Studio、Rider、CLIツール、およびYeomanによって生成されるプロジェクトファイルはどれも少しずつ異なります。Visual Studioは、基本的なプロジェクトと、メンバーシップとブートストラップを備えた完全なプロジェクトという2つのオプションをサポートしています。CLIツールの`new`コマンドでも、機能的なASP.NETプロジェクトを生成できます。Riderの既定のASP.NET Coreアプリケーションは、空のプロジェクトと、アプリケーションロジックがないだけで完全に構成されたプロジェクトの中間に位置します。Yeomanでは選択肢がいくつか提供されるため、ジェネレーターとしてはおそらく最も柔軟です。

2.1.1 プロジェクトの構造

Visual Studioには、ASP.NET Coreアプリケーションと完全な.NET Frameworkアプリケーションをターゲットとした、従来の（.NET Coreではない）Webアプリケーションを作成するためのテンプレートが最初から含まれています。図2-1でハイライト表示されている［ASP.NET Core Webアプリケーション］テンプレートは、.NET CoreをターゲットとしたASP.NET Coreアプリケーションを作成します。

▲図2-1：Visual Studioで新しいASP.NET Coreプロジェクトを作成する

ウィザードの次のステップでは、アプリケーションを最初に実行したときに生成されるコードの量を指定する必要があります。全体的に見て、少なくとも学習が目的の場合は、正常に動作する最低限のプロジェクトから始めるのが最もよいと考えています。Visual Studioの［空］オプションは、この目的に最適です（図2-2）。

---

[1] https://yeoman.io/learning/

第 2 章　初めての ASP.NET Core プロジェクト

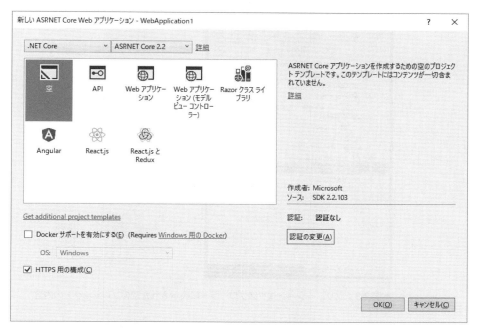

▲図2-2：空のプロジェクトを選択する

[OK] をクリックすると、いくつかのファイルが作成され、新しいプロジェクトが構成されます。この時点で、それらのファイルを調べて、実行可能ファイルに組み込む準備が整います。

■ 空のプロジェクトを調べる

このソリューションの内容を見たときの反応は、これまでの開発経験によって異なるかもしれません。たとえば、ASP.NET の開発者だった場合は、`wwwroot` という見慣れないプロジェクトフォルダー❷があることや、ASP.NET の基本ファイルの1つだった`global.asax`が見当たらないことに気づくでしょう。過去の ASP.NET 構成においてきわめて重要なもう1つのファイルである`web.config`は健在ですが、その内容は期待していたものとは大きく異なっています（図2-3）。

---

❷ [訳注] ASP.NET Core 2.2 では、空のプロジェクトでは`wwwroot`フォルダーや`web.config`ファイルは作成されない。

▲図2-3：ソリューションエクスプローラーに表示された空のプロジェクトの内容

　図2-3に示すように、このソリューションには、`Startup.cs` と `Program.cs` という2つの新しいファイルが含まれています。Web API や ASP.NET SignalR といった OWIN ベースのフレームワークを少しかじったことがあれば、`Startup.cs` があってもそれほど驚かないかもしれません。しかし、Web アプリケーションに `Program.cs` が含まれているのは衝撃的かもしれません。Web アプリケーションにコンソールプログラムファイルがあるなんて、どうしてそんなことになるのでしょうか。

　このファイルは、ASP.NET Core アプリケーションのホスティングと実行を受け持つ新しいランタイムインフラストラクチャのために存在します。基本的な ASP.NET Core プロジェクトの新しい項目についてさらに詳しく見ていきましょう。

■ wwwroot フォルダーの目的 ❸

　ASP.NET Core ランタイムでは、静的ファイルに関する限り、コンテントルートフォルダーと Web ルートフォルダーが区別されます。

　コンテントルートとは、一般に、プロジェクトのカレントディレクトリのことです。本番環境では、デプロイメントのルートフォルダーになります。コンテントルートは、コードで必要になるかもしれないファイル検索やファイルアクセスのベースパスを表します。これに対し、**Web ルート**は、アプリケーションから Web クライアントに静的ファイルが提供される場合のベースパスです。一般に、Web ルートフォルダーはコンテントルートの子フォルダーであり、`wwwroot` という名前を持ちます。

　興味深いことに、Web ルートフォルダーは本番環境のマシン上で作成されなければなりませんが、静的ファイルをリクエストするクライアントブラウザーからはまったく見えません。つまり、`wwwroot` の `images` サブフォルダーに `banner.jpg` というファイルが含まれている場合、このファイルを取得するための有効な URL は次のようになります。

---

❸ ［訳注］ASP.NET Core 2.2 では、空のプロジェクトでは `wwwroot` フォルダーは作成されない。

```
/images/banner.jpg
```

ただし、実際の画像ファイルはサーバー上の`wwwroot`フォルダーに配置されていなければなりません。そうでない場合、そのファイルは取得されません。これら2つのルートフォルダーの場所は、`Program.cs`ファイルを使ってプログラムから変更できます。この点については、次項で詳しく説明します。

> **注**
>
> 従来のASP.NETでは、コンテントルートとWebルートはシステムレベルで明確に区別されているわけではありません。コンテントルートは、アプリケーションのインストール先となるルートフォルダーとして自動的に定義されます。しかし、Webルートフォルダーを明確に指定することは、ほとんどのチームが実践してきたよい作法であり、ASP.NET Coreではシステム機能の1つになっています。個人的には、Webルートフォルダーには`Content`という名前を付けることが多いのですが、多くの人は`Assets`という名前を付けるようです。いずれにしても、従来のASP.NETでは、Webルートフォルダーの定義は仮想的であり、このフォルダーの中に格納されている静的ファイルを参照するURLには、フォルダー名が含まれていなければなりません。

■ プログラムファイルの目的

奇妙に聞こえるかもしれませんが、ASP.NET Coreアプリケーションは、第1章で取り上げた`dotnet`ドライバーツールによって呼び出されるコンソールアプリケーションにすぎません。（この必要不可欠な）コンソールアプリケーションのソースコードは、`Program.cs`ファイルに含まれています。このコンソールアプリケーションの役割を図解すると、図2-4のようになります。

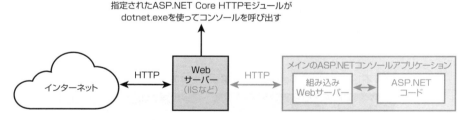

▲図2-4：ASP.NET Coreアプリケーションの全体的な仕組み

IISといったWebサーバーは、完全に切り離された実行可能ファイルと指定されたポートを通じてやり取りし、Webサーバーに送信されてきたリクエストをコンソールアプリケーションへ転送します。コンソールアプリケーションは、IISがASP.NET Coreをサポートする上で不可欠なHTTPモジュールにより、IISのプロセス空間から開始されます。ApacheやNginxなどの他のWebサーバーでASP.NET Coreアプリケーションをホストするには、同じような拡張モジュールが必要です。

第1部　新しいASP.NETの概要

> **重要**
>
> 　興味深いことに、図2-4のASP.NET Coreアプリケーションには、2003年当時のASP.NET 1.xとIISをリンクするアーキテクチャと似ている部分があります。当時のASP.NETには、名前付きパイプを通じてIISとやり取りする専用のワーカープロセスが存在していました。その後、ASP.NETのワーカープロセスの役割はIISの組み込みのワーカープロセス（`w3wp.exe`）に吸収され、アプリケーションプールという概念を生み出しました。ASP.NET Coreでは、完全に切り離された2つの独立した実行可能ファイルがやり取りすることになりますが、ASP.NETの実行可能ファイルはマルチテナント型のワーカープロセスではなく、アプリケーションの単なるインスタンスです。このアプリケーションは、リクエストを処理するために基本的な非同期Webサーバーをホストします。

　内部では、`Program.cs`ファイルから抜き出した次のコードに基づいてコンソールアプリケーションが構築されます。

```
public class Program
{
  public static void Main(string[] args)
  {
    CreateWebHostBuilder(args).Build().Run();
  }

  public static IWebHostBuilder CreateWebHostBuilder(string[] args) =>
      WebHost.CreateDefaultBuilder(args)
          .UseStartup<Startup>();
}
```

　ASP.NET Coreアプリケーションでは、アプリケーションを実行するためのホストが必要です。このホストはアプリケーションの起動とライフタイムを管理するものです。`WebHostBuilder`は、有効なASP.NET Coreホストの完全にカスタマイズされたインスタンスを生成するクラスです。上記のコードで呼び出されているメソッドに加えて、代表的なメソッドを表2-1に簡単にまとめておきます。

▼表2-1：ASP.NET Coreホストの拡張メソッド

メソッド	実行するタスク
`UseKestrel`	アプリケーションで使用する組み込みWebサーバー（Kestrel）をホストに知らせる。組み込みWebサーバーは、ホストのコンテキストでHTTPリクエストを受け取って処理する。Kestrelは既定のクロスプラットフォームの組み込みWebサーバーの名前
`UseContentRoot`	コンテントルートフォルダーの場所をホストに知らせる
`UseIISIntegration`	IISをリバースプロキシとして使用することをホストに知らせる。この場合、IISはインターネットからリクエストを受け取って組み込みサーバーへ転送する。なお、セキュリティとトラフィックに関する理由からASP.NET Coreアプリケーションでリバースプロキシを使用することが推奨されることがあるが、純粋に機能的な観点からはその必要はまったくない
`UseStartup<T>`	アプリケーションの初期設定を含んでいる型をホストに知らせる
`Build`	ASP.NET Coreホストの型のインスタンスを構築する

第 2 章　初めての ASP.NET Core プロジェクト　　21

　　WebHostBuilder クラスには多くの拡張メソッドがあり、それらのメソッドを使って振る舞いをさらにカスタマイズできます。

　　また、ASP.NET Core 2.0 以降では、Web ホストインスタンスをさらに簡単に構築する方法が用意されています。「既定」のビルダーを使用することで、たった 1 つの呼び出しで Web ホストの新しいインスタンスを取得できます。ASP.NET Core 2.2 では、次のコードが含まれた **Program.cs** ファイルが生成されます。

```
public class Program
{
  public static void Main(string[] args)
  {
    CreateWebHostBuilder(args).Build().Run();
  }

  public static IWebHostBuilder CreateWebHostBuilder(string[] args) =>
      WebHost.CreateDefaultBuilder(args)
          .UseStartup<Startup>();
}
```

　　CreateDefaultBuilder という静的メソッドにより、Kestrel、IIS 設定、コンテントルートの追加といったオプションに加えて、ASP.NET Core 1.1 まではスタートアップクラスに追加するしかなかったログプロバイダーや構成データといったオプションがすべて処理されます。このメソッドが何をするのかを理解するには、ソースコードを見てみるのが一番です❹。

■ スタートアップファイルの目的

　　アプリケーションに送信されたリクエストはすべてリクエストパイプラインで処理されます。**Startup.cs** ファイルには、リクエストパイプラインを構成するためのクラスが含まれています。このクラスには、アプリケーションの初期化時にホストがコールバックするメソッドが少なくとも 2 つ定義されています。1 つ目の **ConfigureServices** メソッドは、アプリケーションが使用すると期待されるサービスを依存性注入メカニズムに追加するためのものです。このメソッドは必要に応じてスタートアップクラスに追加されますが、現実のほとんどのシナリオで必要になります。

　　2 つ目の **Configure** メソッドは、名前からもわかるように、以前にリクエストされたサービスを構成するためのものです。たとえば、**ConfigureServices** メソッドで ASP.NET MVC サービスを使用する旨を宣言した場合は、処理の対象となる有効なルート（route）のリストを **Configure** メソッドで指定することができます。具体的には、指定された **IApplicationBuilder** パラメーターで **UseMvc** メソッドを呼び出します。**Configure** は必ず呼び出されなければならないメソッドです。なお、スタートアップクラスで何らかのインターフェイスを実装したり、基底クラスを継承したりすることは期待できないので注意してください。実際には、**Configure** と **ConfigureServices** はどちらもリフレクションを通じて検出され、呼び出されます。

❹ https://github.com/aspnet/Docs/blob/master/aspnetcore/fundamentals/host/web-host.md

> **注**
>
> 奇妙に聞こえるかもしれませんが、ASP.NET Core では Web アプリケーションを作成することが可能ですが、コントローラー、ビュー、ルートを備えた ASP.NET MVC アプリケーションであるとは限りません。このため、正式な ASP.NET MVC アプリケーションを作成したい場合は、最初に MVC 固有のサービスをリクエストしなければなりません。

ある意味、スタートアップクラスの内部で実行する操作は、従来の ASP.NET において `global.asax` の `Application_Start` メソッドと `web.config` ファイルの一部のセクションでコーディングしていた操作を思い起こさせます。

スタートアップクラスの名前は変更可能であることに注意してください。`Startup` という名前は妥当な選択ですが、好きな名前に変更できます。言うまでもなく、スタートアップクラスの名前を変更するとしたら、`UseStartup<T>` の呼び出しで正しい型を渡さなければなりません。また、`UseStartup` 拡張メソッドには、スタートアップクラスを指定するためのオーバーロードがいくつか定義されています。たとえば、次に示すように、その名前をクラスアセンブリ文字列や `Type` オブジェクトとして渡すことができます。

```
// スタートアップクラスに対して、慣例とは異なる
// 懐かしい名前を使用する（GlobalAsax）
// ...
var host = new WebHostBuilder()
    .UseKestrel()
    .UseContentRoot(Directory.GetCurrentDirectory())
    .UseIISIntegration()
    .UseStartup<GlobalAsax>()
    .Build();
```

> **重要**
>
> 先に述べたように、本章では、ASP.NET のランタイム環境とホスティング環境の表面をなぞっているにすぎません。その目的は、アプリケーションを構築する方法とアプリケーションを期待どおりに動作させる方法に進むための準備を整えることにあります。しかし、プラットフォームの可能性とその最も効果的な利用方法を理解するには、ASP.NET Core ランタイム環境の本質を理解する必要があります。そこで第 14 章では、ASP.NET システムについてひととおり説明することにします。

2.1.2 │ ランタイム環境とのやり取り

すべての ASP.NET Core アプリケーションはランタイム環境でホストされ、利用可能ないくつかのサービスを利用します。よい知らせは、そうしたサービスの数と品質を開発チームが自由に決定できることです。必要のないサービスは提供しなければよいわけです。また、アプリケーションを動作させるために必要なサービスがある場合は、それらのサービスをすべて明示的に宣言し、稼働させる必要があります。

第 2 章　初めての ASP.NET Core プロジェクト　　**23**

> **注**
>
> 　ASP.NET Core プラットフォームを使い始めて間もない頃、筆者は静的ファイルサービスを要求した後、システムが画像や JavaScript ファイルを提供しないように設定しておくのをしょっちゅう忘れていました。それらが Web ルートフォルダーに配置されているときでさえそうでした。

　次に、アプリケーションとホスティング環境間のやり取りを詳しく見てみましょう。

■ スタートアップ型の解決

　ホストが受け持つ最初のタスクの1つは、スタートアップ型の解決です。任意の名前のスタートアップ型を明示的に指定するには、**UseStartup<T>** ジェネリック拡張メソッドを使用するか、非ジェネリックバージョンのメソッドに引数として渡します。また、**Startup** 型を含んでいる参照先のアセンブリの名前を渡すこともできます。

　スタートアップクラスの慣用名は **Startup** であり、もちろん好きな名前に変更できます。しかし、慣用名をそのまま使用すると得をすることがあります。具体的に言うと、開発環境ごとに1つの割合で、複数のスタートアップクラスをアプリケーションで設定できるのです。つまり、開発に使用するスタートアップクラスと、ステージング環境や本番環境で使用するスタートアップクラスを別々に定義できます。さらに、そうしたければ、カスタム開発環境を定義することも可能です。

　たとえば、プロジェクトで **StartupDevelopment** と **StartupProduction** の2つのクラスを定義していて、次のコードを使ってホストを作成するとしましょう。

```
var host = new WebHostBuilder()
    .UseKestrel()
    .UseContentRoot(Directory.GetCurrentDirectory())
    .UseIISIntegration()
    .UseStartup(Assembly.GetEntryAssembly().GetName().Name)
    .Build();
```

　このコードは、スタートアップクラスを現在のアセンブリで解決することをホストに命令しています。この場合、ホストは **StartupXXX** パターンとマッチする読み込み可能なクラスを見つけ出そうとします。この場合の **XXX** は、現在のホスティング環境の名前です。既定では、ホスティング環境は **Production** に設定されますが、必要であれば、任意の文字列に変更できます。たとえば、**Staging** や **Development** に変更してもよいですし、あなたにとって意味のある他の名前にしようと思えばできないことはありません。ホスティング環境が設定されていない場合、システムは **Startup** クラスを検索します。この名前のクラスが見つからない場合は、エラーをスローします。

　端的に言えば、スタートアップクラスの名前を変更できることは確かですが、現在のホスティング環境に基づいてホストにクラスを解決させるほうが現実的かもしれません。それは願ってもないことですが、現在のホスティング環境はどのようにして設定するのでしょうか。

■ ホスティング環境

　Development 環境は、**ASPNETCORE_ENVIRONMENT** という環境変数の値に基づいて

います。Visual Studio プロジェクトでは、この環境変数の既定値は `Development` です。この環境変数の値は、`Production` や `Staging` など、好きな文字列に変更できます。

　`ASPNETCORE_ENVIRONMENT` 環境変数を設定する方法は、特定のオペレーティングシステムで環境変数を設定する方法と同じです。たとえばWindows では、コントロールパネル、PowerShell、あるいはコマンドプロンプトの `set` ツールを使って設定できます。もちろん、プログラムから設定したり、Visual Studio プロジェクトの［プロパティ］ダイアログボックスから設定したりすることも可能です（図2-5）。なお、何らかの理由で `ASPNETCORE_ENVIRONMENT` 環境変数が設定されていない場合、ホスティング環境が `Production` と見なされることに注意してください。

▲図2-5：Visual Studio での環境変数の設定

　ホスティング環境の構成には、`IHostingEnvironment` インターフェイスのメンバーを使ってプログラムからアクセスできます（表2-2）。

▼表 2-2：IHostingEnvironment インターフェイス

メンバー	説明
`ApplicationName`	アプリケーションの名前を取得または設定する。このプロパティには、ホストにより、アプリケーションのエントリポイントが含まれているアセンブリが設定される
`EnvironmentName`	`ASPNETCORE_ENVIRONMENT` 環境変数の値を上書きする環境名を取得または設定する。このプロパティのセッターを使って環境をプログラムから設定できる

メンバー	説明
ContentRootPath	アプリケーションファイルが含まれているディレクトリへの絶対パスを取得または設定する。通常、このプロパティにはルートインストールパスが設定される
ContentRootFileProvider	アプリケーションファイルの取得に使用しなければならないコンポーネントを取得または設定する。このコンポーネントはIFileProviderインターフェイスを実装しているクラスであれば何でもよい。既定のファイルプロバイダーはファイルシステムを使ってファイルを取得する
WebRootPath	クライアントがURLを使ってリクエストできる静的ファイルが含まれているディレクトリへの絶対パスを取得または設定する
WebRootFileProvider	Webファイルの取得に使用しなければならないコンポーネントを取得または設定する。このコンポーネントはIFileProviderインターフェイスを実装しているクラスであれば何でもよい。既定のファイルプロバイダーはファイルシステムを使ってファイルを取得する

　IFileProvider インターフェイスは読み取り専用プロバイダーを表し、ファイル名またはディレクトリ名を表す文字列を受け取り、抽象化された内容を返します。また、IFileProvider インターフェイスの代わりに、データベースからファイルやディレクトリの内容を取得する興味深い実装を使用することもできます。

　IHostingEnvironment インターフェイスを実装するオブジェクトは、ホストによって作成されるオブジェクトであり、依存性注入を通じて、スタートアップクラスやアプリケーションのその他すべてのクラスから利用できるようになります。この点については、次項で詳しく見ていきます。

> **注**
>
> 　スタートアップクラスのコンストラクターでは、必要に応じて、IHostingEnvironment と ILoggerFactory の2つのシステムサービスへの参照を受け取ることができます。ILoggerFactory は、ロガーコンポーネントのインスタンスを作成するための ASP.NET Core の抽象表現です。

■ システムサービスとアプリケーションサービスの有効化

　ConfigureServices メソッドが定義されている場合は、Configure メソッドの前に呼び出されます。それにより、システムサービスとアプリケーションサービスをリクエストパイプラインに接続する機会が開発者に与えられます。接続されたサービスの設定は、ConfigureServices メソッドで直接行われることもあれば、Configure メソッドが呼び出されるまで先送りされることもあります。結局は、そのサービスのプログラミングインターフェイス次第です。ConfigureServices メソッドのプロトタイプを見てみましょう。

```
public void ConfigureServices(IServiceCollection services)
```

　このメソッドは、サービスのコレクションを受け取り、そこに独自のサービスを追加するだけ

です。一般に、実質的なセットアップフェーズを持つサービスは、**IServiceCollection**に対して**AddXXX**拡張メソッドを提供し、いくつかのパラメーターを受け取ります。次のコードは、Entity Framework の**DbContext**を利用可能なサービスのリストに追加する方法を示しています。**AddDbContext**メソッドは、使用するデータベースプロバイダーや実際の接続文字列など、いくつかのオプションを受け取ります。

```
public void ConfigureServices(IServiceCollection services)
{
  var connString = "...";
  services.AddDbContext<YourDbContext>(options =>
      options.UseSqlServer(connString));
}
```

IServiceCollectionコンテナーにサービスを追加すると、ASP.NET Core に組み込まれている依存性注入システムを通じて、アプリケーションの他の部分からもそのサービスを利用できるようになります。

■ システムサービスとアプリケーションサービスの設定

Configureメソッドは、HTTP リクエストパイプラインを構成し、モジュールを指定するために使用されます。これらのモジュールには、ASP.NET コードによって実際に実行される前にリクエストを処理する機会が与えられます。HTTP リクエストパイプラインに追加できるモジュール（およびプラットフォームに限定されないコード）はまとめて**ミドルウェア**と呼ばれます。

Configureメソッドは、**IApplicationBuilder**インターフェイスを実装するシステムオブジェクトのインスタンスを受け取り、このインターフェイスの拡張メソッドを通じてミドルウェアを追加します。また、**IHostingEnvironment**コンポーネントや**ILoggerFactory**コンポーネントのインスタンスを受け取ることもあります。このメソッドの宣言方法を1つ見てみましょう。

```
public void Configure(IApplicationBuilder app, IHostingEnvironment env)
{
  ...
}
```

Configureメソッド内で実行される非常に一般的な処理の1つは、静的ファイルと一元的なエラーハンドラーを提供できるようにすることです。

```
public void Configure(IApplicationBuilder app, IHostingEnvironment env)
{
  app.UseExceptionHandler("/error/view");
  app.UseStaticFiles();
}
```

UseExceptionHandler拡張メソッドは一元的なエラーハンドラーの役割を果たし、処理されない例外を指定されたURLへリダイレクトします。全体的な振る舞いは、従来の

ASP.NET の `global.asax` で定義される `Application_Error` メソッドに似ています。例外が発生したときに開発者にとってわかりやすいメッセージを表示したい場合は、代わりに `UseDeveloperExceptionPage` を使用したほうがよいかもしれません。それから、開発者向けのメッセージは開発モードでのみ表示したほうがよいでしょう。このシナリオは、`IHostingEnvironment` インターフェイスの拡張メソッドにとって申し分のないユースケースです。

```csharp
public void Configure(IApplicationBuilder app, IHostingEnvironment env)
{
  if (env.IsDevelopment())
  {
    app.UseDeveloperExceptionPage();
  }
  else
  {
    app.UseExceptionHandler("/Error/View");
  }

  app.UseStaticFiles();
}
```

`IsDevelopment`、`IsProduction`、`IsStaging` といった拡張メソッドは、現在の開発モードをチェックするためにあらかじめ定義されています。カスタム環境を定義している場合は、`IsEnvironment` メソッドを使って確認できます。なお、Windows と macOS では環境名の大文字と小文字は区別されませんが、Linux では区別されることに注意してください。

`Configure` メソッドに記述したコードはランタイムパイプラインの設定に使用されるため、サービスが構成される順序が重要となります。このため、`Configure` メソッドでは、静的ファイルを有効にした後は、最初にエラー処理を設定してください。

■ 環境固有の構成メソッド

スタートアップクラスでは、`Configure` メソッドと `ConfigureServices` メソッドの名前も環境に応じたものに変更できます。パターンは `ConfigureXxx`/`ConfigureXxxServices` であり、`Xxx` は環境名を表します。

ASP.NET Core アプリケーションの起動時の設定を行う理想的な方法は、既定のクラス名である `Startup` を使ってスタートアップクラスを1つ作成し、`UseStartup<T>` を使ってホストに登録することでしょう。その後、クラスの本体で `ConfigureDevelopment` や `ConfigureProduction` といった環境ごとのメソッドを定義します。

ホストは、現在設定されている環境に基づいてメソッドを解決します。スタートアップクラスの名前を `Startup` 以外のものに変更した場合、型を自動的に解決する組み込みのロジックはうまくいかなくなるので注意してください。

■ ASP.NET パイプライン

`IApplicationBuilder` インターフェイスには、ASP.NET パイプラインの構造を定義する手段が用意されています。このパイプラインは、HTTP リクエストの前処理や後処理を

行う一連のオプションモジュールで構成されます（図2-6）。

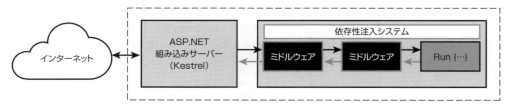

▲図2-6：ASP.NET Core のパイプライン

このように、パイプラインは一連のミドルウェアコンポーネントで構成されます。それらのミドルウェアは`Configure`メソッドで登録され、リクエストごとに登録された順に呼び出されます。どのミドルウェアコンポーネントも次のパターンに基づいて構築されます。

```
app.Use(async (httpContext, next) =>
{
  // リクエストの前処理
  ...

  // パイプラインの次のミドルウェアモジュールへ移動
  await next();

  // リクエストの後処理
  ...
});
```

すべてのミドルウェアコンポーネントに対して、ASP.NET コードによって実際に実行される前にリクエストを処理する機会が与えられます。各ミドルウェアコンポーネントは、次のモジュールを呼び出すことで、そのリクエストをキューの次のリクエストとしてプッシュします。最後に登録されたモジュールがリクエストの前処理を完了すると、リクエストが実行されます。その後は、一連のミドルウェアコンポーネントを逆方向にたどることで、登録済みのすべてのモジュールにリクエストの後処理の機会が与えられます。通常、後処理では、更新されたコンテキストとそのレスポンスを調べます。このように、クライアントに戻る途中で、ミドルウェアモジュールが逆の順序で呼び出されます。

先ほど示したように、カスタムミドルウェアはコードを使って登録することができ、そのコードはラムダ式を使って指定することができます。あるいは、そのロジックをクラスにまとめ、`Configure`メソッド内でパイプラインに登録するための`UseXxx`メソッドを作成することもできます。ASP.NET のパイプラインとそのカスタマイズについては、第4章で改めて取り上げます。

一連のミドルウェアコンポーネントの最後にあるのがリクエストランナーです。リクエストランナーは、リクエストに意図されたアクションを実際に実行するコードです。このコードは**終端ミドルウェア**とも呼ばれます。従来のASP.NET MVC では、リクエストランナーはアクションインボーカーであり、適切なコントローラークラスを選択し、正しいメソッドを判断して呼び出します。しかし、すでに述べたように、ASP.NET Core では、MVC プログラミングモデルは選択肢の1つにすぎません。つまり、リクエストランナーはもっと抽象的な形式の

第2章　初めての ASP.NET Core プロジェクト　　29

ものになります。

```
app.Run(async (context) =>
{
  await context.Response.WriteAsync("Courtesy of 'Programming ASP.NET Core'");
});
```

終端ミドルウェアによって処理されるコードは、次のようなデリゲート形式になります。

```
public delegate Task RequestDelegate(HttpContext context);
```

　終端ミドルウェアの入力は **HttpContext** オブジェクトのインスタンス、出力はタスクです。**HttpContext** オブジェクトは、HTTP ベースの情報のコンテナーです。この情報には、レスポンスストリーム、認証クレーム、入力パラメーター、セッション状態、接続情報が含まれます。
　Run メソッドを通じて終端ミドルウェアが明示的に定義されている場合、リクエストはすべてそのミドルウェアから直接提供されるため、コントローラーやビューは必要ありません。**Run** ミドルウェアメソッドが実装されている場合は、オーバーヘッドをほとんど発生させずにすべてのリクエストを処理できるようになります。その場合、リクエストはこれ以上ないほどすばやく処理され、メモリ消費もほんのわずかです。次節では、この機能について詳しく見ていきます。

2.2 ｜ 依存性注入サブシステム

　ASP.NET ランタイム環境の概要というからには、組み込みの依存性注入（DI）サブシステムを調べないわけにはいきません。

2.2.1 ｜ 依存性注入の概要

　依存性注入は、クラス間の疎結合を促進する設計原理です。たとえば、次のようなクラスが定義されているとしましょう。

```
public class FlagService
{
  private FlagRepository _repository;

  public FlagService()
  {
    _repository = new FlagRepository();
  }

  public Flag GetFlagForCountry(string country)
  {
    return _repository.GetFlag(country);
  }
}
```

FlagServiceクラスはFlagRepositoryクラスに依存しています。これらのクラスが遂行するタスクを考えると、クラス間の関係は密なものにならざるを得ません。依存性注入は、FlagServiceとその依存クラスの関係を緩く保つのに役立ちます。依存性注入の基本的な考え方は、FlagRepositoryによって提供される関数の抽象表現にのみFlagServiceを依存させる、というものです。依存性注入を念頭においてFlagServiceクラスを書き換えてみましょう。

```
public class FlagService
{
  private IFlagRepository _repository;

  public FlagService(IFlagRepository repository)
  {
    _repository = repository;
  }

  public Flag GetFlagForCountry(string country)
  {
    return _repository.GetFlag(country);
  }
}
```

これにより、IFlagRepositoryを実装するクラスはすべて、FlagServiceのインスタンスと問題なくやり取りできるようになります。依存性注入の原理を適用することで、FlagServiceとFlagRepositoryの間の密な依存関係が、FlagServiceとFlagServiceが外部からインポートしなければならないサービスを抽象化したものとの緩い関係に変わっています。FlagRepositoryの抽象表現のインスタンスを作成する役割は、サービスクラスから切り離されています。つまり、インターフェイス（抽象表現）への参照を受け取って具体的な型（クラス）の有効なインスタンスを返す役割は他のコードが担っています。このコードは必要になるたびに手動で記述できます。

```
var repository = new FlagRepository();
var service = new FlagService(repository);
```

あるいは、サービスのコンストラクターを調べて、その依存関係をすべて解決する特別なコード層で、このコードを実行することもできます。

```
var service = DependencyInjectionSubsystem.Resolve(FlagService);
```

この依存性注入パターンに従って型をリファクタリングすれば、モックアップ実装をいつでもコンストラクターに渡させるようになるため、ユニットテストの作成も容易になります。
　ASP.NET Coreには、依存性注入サブシステムが最初から組み込まれています。このため、コントローラーを含め、すべてのクラスで必要な依存関係をコンストラクター（またはメンバー）で宣言するだけで、システムによって有効なインスタンスが作成されるようになります。

2.2.2 | ASP.NET Core の依存性注入

　依存性注入システムを利用するには、システムが自動的にインスタンス化できなければならない型を登録しておく必要があります。ASP.NET Core の依存性注入システムは、`IHostingEnvironment` や `ILoggerFactory` といった型をすでに認識するようになっていますが、アプリケーション固有の型については教えてやらなければなりません。依存性注入システムに新しい型を追加するために必要なコードを見てみましょう。

■ 依存性注入システムに型を登録する

　あなたのコードが `ConfigureServices` メソッドで受け取る `IServiceCollection` 型のパラメーターは、依存性注入システムに現在登録されているすべての型にアクセスするためのハンドルです。新しい型を登録するには、`ConfigureServices` メソッドにコードを追加します。

```
public void ConfigureServices(IServiceCollection services)
{
  // 依存性注入システムにカスタム型を登録
  services.AddTransient<IFlagRepository, FlagRepository>();
}
```

　`AddTransient` メソッドは、`IFlagRepository` インターフェイスのような抽象表現がリクエストされるたびに、`FlagRepository` 型の新しいインスタンスの提供を依存性注入システムに命令します。この行を追加すると、ASP.NET Core によってインスタンス化が管理されるクラスはすべて、`IFlagRepository` 型のパラメーターを宣言するだけで、システムによって自動的にインスタンス化されるようになります。依存性注入システムの一般的な使い方を見てみましょう。

```
public class FlagController
{
  private IFlagRepository _flagRepository;
  public FlagController(IFlagRepository flagRepository)
  {
    _flagRepository = flagRepository;
  }
  ...
}
```

　コントローラークラスとビュークラスは、依存性注入システムを利用する非常に一般的なASP.NET Core クラスの例です。

■ 実行時の条件に基づいて型を解決する

　抽象型を依存性注入システムに登録したいが、実行時の条件（Cookie、HTTP ヘッダー、クエリ文字列パラメーターの有無など）を確認してから具体的な型を判断しなければならない、という場合があります。これを可能にする方法を見てみましょう。

```
public void ConfigureServices(IServiceCollection services)
{
  services.AddTransient<IFlagRepository>(provider =>
  {
    // 現在ログインしているユーザーの資格情報に基づいて
    // 実際に返す型のインスタンスを作成
    var context = provider.GetRequiredService<IHttpContextAccessor>();
    return new FlagRepositoryForUser(context.HttpContext.User);
  });
}
```

依存性注入コンテナーに **IHttpContextAccessor** のインスタンスの注入を要求することで、**HttpContext** が組み込まれていないプログラミングコンテキストに **HttpContext** を注入できることに注目してください。

■ 必要に応じて型を解決する

場合によっては、独自の依存関係を持つ型のインスタンスを作成しなければならないこともあります。依存性注入の概念を説明するために紹介した **FlagService** は、その非常によい例です（「2.2.1　依存性注入の概要」を参照してください）。

```
public class FlagService
{
  public FlagService(IFlagRepository repository)
  {
    _repository = repository;
  }
  ...
}
```

最初にすべての依存関係を手動で解決しないとしたら、そのクラスのインスタンスをどのように作成すればよいのでしょうか。依存関係は複数レベルの入れ子にできるため、**IFlagRepository** を実装する型をインスタンス化するには、まず他の多くの型をインスタンス化できなければなりません。依存性注入システムはどれもこの問題の解決に役立つ可能性があります。そして、ASP.NET Core システムも例外ではありません。

通常、依存性注入システムはコンテナーと呼ばれるルートオブジェクトを中心として構成されています。コンテナーは依存関係のツリーを走査し、抽象型を解決します。ASP.NET Core システムでは、コンテナーは **IServiceProvider** インターフェイスによって表されます。**FlagService** のインスタンスを解決する方法は2つあります。従来の **new** 演算子を使って **IFlagRepository** 実装の有効なインスタンスを提供するか、次に示すように、**IServiceProvider** を活用するかです。

```
var flagService = provider.GetService<FlagService>();
```

IServiceProvider コンテナーのインスタンスを取得するには、必要な場所で **IServiceProvider** をコンストラクターのパラメーターとして定義するだけです。そのよ

うにすると、期待されるインスタンスが依存性注入システムによって注入されます。コンストラクターの例を見てみましょう。

```
public class FlagController
{
  private FlagService _service;
  public FlagController(IServiceProvider provider)
  {
    _service = provider.GetService<FlagService>();
  }
  ...
}
```

IServiceProvider を注入しても、実際の依存関係を注入しても、コードへの影響は同じです。サービスプロバイダーへの静的なグローバル参照を取得する方法はありませんが、ASP.NET Core のコンテキストでは、その必要はありません。実際には、あなたのコードは常に依存性注入をサポートする ASP.NET Core クラスの中で実行されるからです。カスタムクラスに関しては、コンストラクターを通じて依存関係を受け取るように設計すればよいだけです。

■ オブジェクトのライフタイムを管理する

依存性注入システムに型を登録する方法は3種類あり、返されるインスタンスのライフタイムはそれぞれ異なっています（表2-3）。

▼表2-3：依存性注入システムによって作成されるオブジェクトのライフタイム

メソッド	働き
AddTransient	呼び出されるたびに指定された型のインスタンスを新たに作成して返す
AddSingleton	すべてのリクエストが指定された型の同じインスタンスを受け取る。このインスタンスはアプリケーションの起動後に最初に作成されたものである。何らかの理由でキャッシュされたインスタンスが利用できない場合は、再び作成される。このメソッドにはオーバーロードも定義されており、インスタンスをキャッシュに追加し、必要に応じて返すことができる
AddScoped	所与のリクエストのコンテキストで依存性注入システムが呼び出されるたびに、そのリクエストの処理を開始したときに作成された同じインスタンスが返される。このオプションは AddSingleton と同じだが、インスタンスのスコープがリクエストのライフタイムに限定される

ユーザーが作成したインスタンスがシングルトンとして提供されるようにする方法は次のようになります。

```
public void ConfigureServices(IServiceCollection services)
{
  services.AddSingleton<ICountryRepository>(new CountryRepository());
}
```

抽象型はそれぞれ複数の具体的な型にマッピングできます。その場合、システムは最後に登録された具体的な型を使って依存関係を解決します。具体的な型が見つからない場合は`null`が返されます。具体的な型が検出されたものの、インスタンス化できない場合は、例外がスローされます。

2.2.3 │ **依存性注入ライブラリとの統合**

従来の ASP.NET MVC は、ASP.NET MVC に最初から組み込まれている機能のカスタマイズ可能性を徐々に向上させてきました。たとえば最新バージョンでは、利用可能なサービスを探して依存関係を解決するメソッドが`IDependencyResolver`インターフェイスに定義されています。どちらかと言えば、依存性注入フレームワークというよりもサービスロケーターに近いものですが、リクエストされた機能を提供します。Service Locator パターンと Dependency Injection パターンの最大の違いは、Service Locator が提供するグローバルオブジェクト（サービスロケーター）では、依存関係の解決を明示的に要求しなければならないことです。これに対し、Dependency Injection パターンでは、型の解決は暗黙的であり、クラスは（サポートされている注入ポイントを通じて）依存関係を宣言するだけです。既存のフレームワークへの追加に関しては、Service Locator パターンのほうがずっと簡単です。Dependency Injection パターンは、フレームワークを一から構築するのに最適です。

ASP.NET Core の依存性注入フレームワークは本格的な依存性注入フレームワークではなく、業界をリードするフレームワークにはとうていかないません。とはいえ、基本的なタスクをきちんとこなし、ASP.NET Core プラットフォームのニーズに応えます。よく使用される他の依存性注入フレームワークとの最大の違いは、注入ポイントです。

■ 注入ポイント

一般的に言えば、依存関係をクラスに注入する方法は3つあります。コンストラクターにパラメーターを追加するか、パブリックメソッドを使用するか、パブリックプロパティを使用するかです。しかし、ASP.NET Core での依存性注入の実装は意図的に単純なものに保たれており、Microsoft の Unity、AutoFac、Ninject、StructureMap など、よく使用されている他の依存性注入フレームワークのように高度なユースケースを完全にサポートするようにはなっていません。

このため、ASP.NET Core での依存性注入はコンストラクターを使用するものに限られており、意図的にそうなっています。

ただし、完全に有効な MVC のコンテキストで依存性注入を使用する際には、クラスのパブリックプロパティやメソッドパラメーターを注入ポイントとして指定することが可能です。これには、`FromServices`属性を使用します。この場合の欠点は、`FromServices`属性が ASP.NET のモデルバインディング層に属していて、厳密には依存性注入システムの一部ではないことです。このため、`FromServices`属性を使用できるのは、ASP.NET MVC エンジンが有効になっている場合だけであり、しかもコントローラークラスに限定されます。この機能については、第3章で MVC コントローラーを紹介した後に改めて取り上げます。

> **注**
>
> 　業界をリードする依存性注入フレームワークの機能のうち、ASP.NET Core 実装がサポートしていないもう 1 つの機能は、同じ抽象型を（それぞれ異なる一意なキーを使って）複数の具体的な型にマッピングすることです。キー（通常は任意の文字列）をサービスプロバイダーに渡すと、その抽象型を特定の方法で解決することができます。ASP.NET Core では、抽象型のファクトリクラスを使用することで、この機能をシミュレートすることができます。また、可能であれば、コールバックベースの型解決を使用するという手もあります。

■ 外部の依存性注入フレームワークを使用する

　ASP.NET Core の依存性注入インフラストラクチャが単純すぎてニーズを満たせない、あるいは別の依存性注入フレームワークを対象として書かれた大きなコードベースがある、という場合は、その依存性注入フレームワークを使用するように ASP.NET Core システムを切り替えることができます。ですがそのためには、そのフレームワークが ASP.NET Core をサポートしていて、ASP.NET Core システムに接続するためのブリッジが提供されていなければなりません。

　「ASP.NET Core をサポートしている」とは、.NET Core と互換性があるクラスライブラリと、**IServiceProvider** インターフェイスのカスタム実装が提供されることを意味します。また、外部の依存性注入フレームワークは、このサポートの一部として、ASP.NET Core の依存性注入システムに最初から組み込まれているサービス、あるいはプログラムから登録されたサービスをインポートできなければなりません。

```
public IServiceProvider ConfigureServices(IServiceCollection services)
{
  // ASP.NET Coreインターフェイスを使用するサービスを追加
  services.AddTransient<IFlagRepository, FlagRepository>();

  // 外部の依存性注入ライブラリのコンテナーを作成:
  // ここではStructureMapを使用
  var structureMapContainer = new Container();

  // 依存性注入ライブラリのAPIを使用するカスタムサービスを追加
  // ...

  // ASP.NET Coreの依存性注入システムにすでに登録されているサービスを追加
  structureMapContainer.Populate(services);

  // 外部ライブラリを使って依存関係を解決するIServiceProviderの実装を返す
  return structureMapContainer.GetInstance<IServiceProvider>();
}
```

　ここで重要となるのは、**ConfigureServices** メソッドで外部の依存性注入フレームワークを登録できることです。ですがその際には、スタートアップクラスでメソッドの戻り値の型を **void** から **IServiceProvider** に変更しなければなりません。また、依存性注入フレームワークのうち、.NET Core に移植されているものはほんの一部です。そうした数少ないフレームワークとして挙げられるのは、Autofac と StructureMap の 2 つです。.NET Core 用の Autofac は、**Autofac.Extensions.DependencyInjection** という NuGet パッケー

第1部　新しいASP.NETの概要

ジを通じて提供されます。StructureMap に関心がある場合は、GitHub リポジトリ❺から取得できます。

2.3 | ミニ Web サイトの構築

すでに説明したように、ASP.NET Core は Web アプリケーションを構築するためのフレームワークであり、従来の ASP.NET のアプリケーションモデルの一部（特に Web Forms アプリケーションモデル）をサポートしていません。その代わり、ASP.NET MVC アプリケーションモデルを十分な互換性レベルでサポートしています。実際には、既存のコントローラーと Razor ビューのほとんどを「MVC サービスを利用する ASP.NET Core アプリケーション」の領域にそのまま移植できるほどです。

厳密に言えば、完全に機能する Web サイトを構築するにあたって、MVC エンジンと Razor エンジンは必要ありません。ASP.NET Core プラットフォームのこの特徴を利用すれば、ミニ Web サイトを作成することが可能です。ミニ Web サイトとは、パイプラインが短く、メモリ消費が少ない Web サイトのことです。

> **注**
>
> メモリを大量に消費しなくても稼働できるミニ Web サイトの作成は、従来の ASP.NET ではそう簡単ではありません。従来の ASP.NET では、不要な HTTP モジュールを無効にすることが可能であるため、リクエストパイプラインは短くなりますが、コードが実行されるまでに多くの処理が発生します。筆者が知る限り、従来の ASP.NET でカスタムコードを実行する最も高速な方法は、HTTP ハンドラーを使用することです。ASPX ファイルや MVC コントローラーは、その足元にもおよびません。Web API に関しては、Web API サーバーが ASP.NET サイトの境界内でホストされるとしたら、状況はたいして変わりません。

2.3.1 | エンドポイントが 1 つの Web サイトの作成

後ほど詳しく見ていくように、パイプラインに追加されるミドルウェアコンポーネントは、リクエストのあらゆる側面を調べて変更することができます。ミドルウェアコンポーネントでは、レスポンス Cookie やヘッダーの追加が可能であり、出力ストリームへの書き込み、つまり、クライアントに渡される実際の出力を生成することさえ可能です。

■ Hello World アプリケーション

ASP.NET Core で Hello World Web アプリケーションを作成するのに必要なコードを見てみましょう。従来の ASP.NET では不可能でしたが、ASP.NET Core では、単純なメッセージを出力するだけのミニアプリケーションを作成することが可能です。

```
public void Configure (IApplicationBuilder app, IHostingEnvironment env)
{
  app.Run(async (context) =>
  {
```

❺ http://github.com/structuremap/StructureMap.Microsoft.DependencyInjection

```
        await context.Response
            .WriteAsync("Courtesy of <b>Programming ASP.NET Core</b>!" + "<hr>" +
                    "ENVIRONMENT=" + env.EnvironmentName);
    });
}
```

このコードはスタートアップクラスに含まれています。このコードに加えて必要なのは、`Program.cs` ファイルとプロジェクトファイルだけです。ブラウザーに表示される出力は図2-7のようになります。

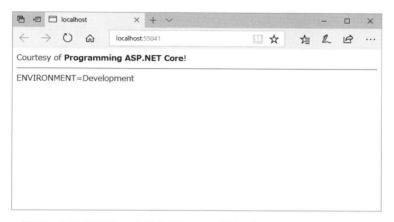

▲図2-7：ASP.NET Core の Hello World アプリケーション

図2-7の出力を生成するために必要なコードは長くありませんが、実際にはもっと短くすることができます。サーバー名に続いて URL セグメントを書き出す単純なエコー Web サイトのコードは、次のようになります。

```
using Microsoft.AspNetCore.Hosting;
using Microsoft.AspNetCore.Builder;
using Microsoft.AspNetCore.Http;

namespace Echo
{
  public class Program
  {
    public static void Main(string[] args)
    {
      var host = new WebHostBuilder()
          .UseKestrel()
          .UseIISIntegration()
          .Configure(app => {
              app.Run(async (context) => {
                  var path = context.Request.Path;
                  await context.Response.WriteAsync(path);
              });
          })
```

```
            .Build();
        host.Run();
      }
    }
}
```

スタートアップクラスやスタートアップファイルすら必要ありません。終端ミドルウェアは、実際にはホストインスタンスに直接関連付けられます。それでも、HTTPリクエストの内部構造にアクセスし、元のURLとクエリ文字列パラメーターを突き止めることが可能です（図2-8）。あまり複雑なものでなければ、終端ミドルウェアにビジネスロジックを含める余地がまだ残っています。

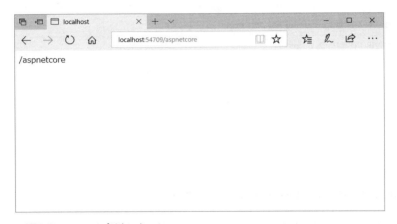

▲図2-8：Echo アプリケーション

■ Webサイトを起動する

Visual StudioのなかでWebサイトをテストするには、IIS（IIS Expressを含む）を使用するか、コンソールアプリケーションを直接起動します（図2-9）。

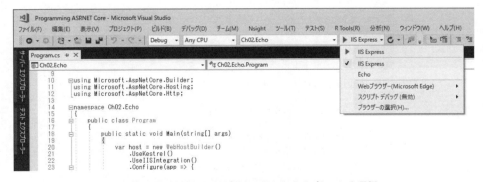

▲図2-9：Visual StudioでASP.NET Coreアプリケーションのオプションを選択

コンソールアプリケーションを直接起動すると、アプリケーションが開始され、指定さ

れたポートで待ち受け（リッスン）が開始されます。既定のポートはポート5000です❻。その時点で、ブラウザーウィンドウが開いて、リクエストを入力できる状態になります（図2-10）。

▲図2-10：指定されたポートをリッスンするアプリケーション

Country サーバー

さらに一歩踏み込み、非常に薄いものの機能的なミニWebサイトを構築してみましょう。このWebサイトは、世界中の国々のリストからなるJSONファイルを格納しており、クエリ文字列で指定されたヒントに基づいて絞り込まれたリストを返します。

このCountry Webサイトのセットアップに必要なビジネスロジックは、JSONファイルの内容をメモリに読み込み、LINQクエリを実行するコードだけです。JSONファイルはプロジェクトファイルとしてコンテントルートフォルダーに追加され、Webチャネルからは見えません。ミニWebサイトと国リスト間のやり取りはリポジトリクラス（`CountryRepository`）によって管理されます。このリポジトリは`ICountryRepository`インターフェイスとして抽象化されます。

```
namespace CoreBook.MiniWeb.Persistence.Abstractions
{
  public interface ICountryRepository
  {
    IQueryable<Country> All();
    Country Find(string code);
    IQueryable<Country> AllBy(string filter);
  }
}
```

正直に言うと、コードをできるだけ省くという観点では、`CountryRepository`を抽象化するためにインターフェイスを使用するのはおそらくやりすぎでしょう。とはいえ、ここで

---

❻ [訳注] ASP.NET 2.1以降ではデフォルトで`https`が有効になるため、`http://localhost:5000`は`https://localhost:5001`にリダイレクトされる。

第1部　新しい ASP.NET の概要

使用しているアプローチは（少なくともテスト容易性に関しては）現実のコードで強く推奨される手法です。このリポジトリは依存性注入システムに登録され、アプリケーションを通じてシングルトンとして提供されます。

```
public void ConfigureServices(IServiceCollection services)
{
  services.AddSingleton<ICountryRepository>(new CountryRepository());
}
```

　このリポジトリの完全なコードを見てみましょう。次に示すように、従来の ASP.NET アプリケーションにおいて完全な .NET Framework をターゲットとして記述されるコードとはほぼ同じです。顕著な（小さな）違いは、テキストファイルの内容を読み込むために必要な実際の API だけです。.NET Core でもストリームリーダーを使用する点は変わりませんが、ファイル名を受け取ることができるオーバーロードはもう存在しません。代わりに、ファイルの内容により直接的にアクセスするための **File** シングルトンオブジェクトがあります。

```
public class CountryRepository : ICountryRepository
{
  private static IList<Country> _countries;

  public IQueryable<Country> All()
  {
    EnsureCountriesAreLoaded();
    return _countries.AsQueryable();
  }

  public Country Find(string code)
  {
    return (from c in All() where
        c.CountryCode.Equals(code, StringComparison.CurrentCultureIgnoreCase)
        select c).FirstOrDefault();
  }

  public IQueryable<Country> AllBy(string filter)
  {
    var normalized = filter.ToLower();
    return String.IsNullOrEmpty(filter)
        ? All()
        : (All().Where(c => c.CountryName.ToLower().StartsWith(normalized)));
  }

  #region PRIVATE
  private static void EnsureCountriesAreLoaded()
  {
    if (_countries == null)
      _countries = LoadCountriesFromStream();
  }

  private static IList<Country> LoadCountriesFromStream()
```

```
    {
        var json = File.ReadAllText("countries.json");
        var countries = JsonConvert.DeserializeObject<Country[]>(json);
        return countries.OrderBy(c => c.CountryName).ToList();
    }

    #endregion
}
```

完全なソリューションは図2-11のようになります。

▲図2-11：MiniWeb ソリューション

国情報を取得するビジネスロジックを別にすれば、アプリケーション全体はスタートアップクラスの終端ミドルウェアに基づいて構築されます。

```
public void Configure(IApplicationBuilder app, IHostingEnvironment env,
                IServiceProvider provider)
{
    // 注：メソッドのシグネチャを通じてICountryRepositoryを注入するか、
    // シグネチャを通じて依存性注入コンテナ（IServiceProvide）を
    // リクエストすることで、ICountryRepositoryの解決を求めることができる

    app.Map("/country", countryApp =>
    {
        countryApp.Run(async (context) =>
        {
            var country = provider.GetService<ICountryRepository>();
            var query = context.Request.Query["q"];
            var list = country.AllBy(query).ToList();
```

```
      var json = JsonConvert.SerializeObject(list);
      await context.Response.WriteAsync(json);
    });
  });

  app.Run(async (context) =>
  {
    await context.Response.WriteAsync("Invalid call");
  })
}
```

　クエリ文字列を通じて渡される国のヒントがHTTP **Request** オブジェクトから直接取り出され、国リストの絞り込みに使用されます。次に、**Country** オブジェクトとマッチするリストがJSONにシリアライズされます。また、クエリ文字列を読み取るためのHTTP **Request** オブジェクトのAPIが従来のASP.NETのものとは少し異なることに注意してください。図2-12は、実行中のミニWebサイトを示しています。

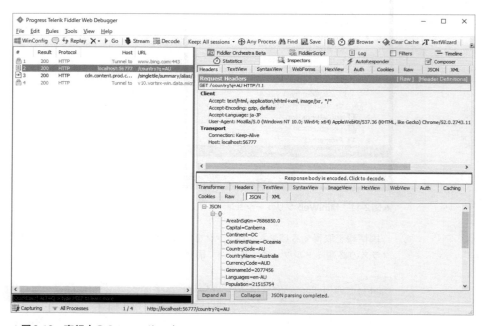

▲図2-12：実行中のCountryサーバー

■ マイクロサービス

　ミニWebサイトは、概念的には会社全体のコンテンツ配信ネットワークに似ています。次のような状況を思い浮かべてみましょう。複数のWebアプリケーションやモバイルアプリケーションにわたってクライアント側のコードが大量に散在しており、天気予報、ユーザーの写真、郵便番号、国情など、同じ情報を絶え間なく取り出しています。

　すべてのWebアプリケーションに同じデータ取得ロジックを組み込むのは1つの手ですが、そのロジックを別のWeb APIにまとめれば、再利用性とモジュール性が促進されます。ロジッ

第2章　初めての ASP.NET Core プロジェクト　　43

クの分離は**マイクロサービス**の基本原理です。そうしたWebサイトはどのようにしてコーディングするのでしょうか。従来の ASP.NET では、実際にリクエストが処理される前にさまざまな処理が発生しますが、開発者はその部分に手出しできません。ASP.NET のコードでは、ミニWeb サイトや Web マイクロサービスの構築が現実のものとなります。

2.3.2 │ Web サーバー上のファイルへのアクセス

ASP.NET Core では、どの機能も明示的に有効にしなければ利用できません。機能の有効化は、適切な NuGet パッケージをプロジェクトに追加し、サービスを依存性注入システムに登録し、サービスをスタートアップクラスで設定することを意味します。このルールは例外なく適用されるものであり、MVCエンジンでさえ登録は必須です。同様に、Webルートフォルダーの下にある静的ファイルにアクセスできるようにするには、そうしたアクセスを保証するサービスを登録しなければなりません。

◾️ 静的ファイルサービスを有効にする

HTML ページ、画像、JavaScript ファイル、CSS ファイルといった静的ファイルを取得できるようにするには、スタートアップクラスの `Configure` メソッドに次の行を追加する必要があります。

```
app.UseStaticFiles();
```

この行を実行するには、`Microsoft.AspNetCore.StaticFiles` という NuGet パッケージがインストールされている必要があります。これにより、指定された Web ルートの下にあるファイルをすべてリクエストできるようになります。これには、（コントローラーメソッドを含め）いかなる形式の動的コードも通過することなく、クライアントにそのまま提供しなければならないすべてのファイルが含まれます。

```
public void ConfigureServices(IServiceCollection services)
{
  services.AddDirectoryBrowsing();
}

public void Configure(IApplicationBuilder app)
{
  app.UseStaticFiles();
  app.UseDirectoryBrowser();
}
```

このコードを追加すると、Web ルートの下にあるすべてのディレクトリでディレクトリの閲覧が有効になります。また、閲覧を一部のディレクトリに限定することもできます。

```
public void Configure(IApplicationBuilder app)
{
  app.UseDirectoryBrowser(new DirectoryBrowserOptions()
  {
```

第1部　新しい ASP.NET の概要

```
    FileProvider = new PhysicalFileProvider(
        Path.Combine(Directory.GetCurrentDirectory(), @"wwwroot", "pics"))
  });
}
```

　このミドルウェアは、**wwwroot/pics** フォルダーでのみ閲覧を有効にするディレクトリ設定を追加しています。他のディレクトリも閲覧できるようにしたい場合は、**UseDirectoryBrowser** の呼び出しをコピーし、パスを目的のディレクトリに変更してください。

　なお、静的ファイルとディレクトリの閲覧はそれぞれ独立した設定であることに注意してください。つまり、両方とも有効にするか、両方とも無効にするか、どちらか一方だけを有効にすることが可能です。ただし、現実的には、Web アプリケーションでは少なくとも静的ファイルを有効にすることになるでしょう。

> **重要**
>
> 　ディレクトリの閲覧を有効にすると、ユーザーがあなたのファイルをのぞき見し、Web サイトの秘密を知ってしまう可能性があります。このため、この機能を有効にすることはお勧めしません。

■ 複数の Web ルートを有効にする

　wwwroot と他のディレクトリから静的ファイルを提供できるようにしたい場合があります。ASP.NET Core ではもちろん可能であり、次に示すように、**UseStaticFiles** メソッドを何度か呼び出せばよいだけです。

```
public void Configure(IApplicationBuilder app)
{
  // 指定されたWebルートフォルダー（WWWROOT）からのファイルの提供を可能にする
  app.UseStaticFiles();

  // サイトのルートフォルダーの下にある¥Assetsからのファイルの提供を可能にする
  app.UseStaticFiles(new StaticFileOptions()
  {
    FileProvider = new PhysicalFileProvider(
        Path.Combine(Directory.GetCurrentDirectory(), @"Assets")),
    RequestPath = new PathString("/Public/Assets")
  });
}
```

　このコードには、**UseStaticFiles** の呼び出しが2つ含まれています。1つ目は、アプリケーションが指定された Web ルートフォルダー（既定では **wwwroot**）に格納されているファイルだけを提供できるようにします。2つ目は、サイトのルートフォルダーの下にある **Assets** フォルダーのファイルも提供できるようにします。しかし、**Assets** 物理フォルダーからファイルを取り出すために使用する URL はどのようなものになるでしょうか。それが **StaticFileOptions** クラスの **RequestPath** プロパティの役割です。たとえば、**Assets** フォルダーの **test.jpg** にアクセスするには、ブラウザーで **/Public/Assets/test.jpg** という URL を呼び出す必要があります。

```html
<!DOCTYPE html>
<html>
<head>
    <meta charset="utf-8" />
    <title>Programming ASP.NET Core -- Ch02</title>
    <link rel="stylesheet" href="/css/site.css" />
</head>
<body>
    <h1>FILE SERVER demo</h1>
    <hr />
    <img alt="test" src="/Public/Assets/test.jpg" />
</body>
</html>
```

何らかのコントローラーによって提供される動的なマークアップではなく、静的ファイルである限り、HTMLページであっても静的ファイルサービスの処理の対象となります（図2-13）。

▲図2-13：ASP.NET Core でのファイルの提供

静的ファイルに関する限り、どのユーザーがどのファイルにアクセスできるかを制御する認可レイヤーは存在しません。静的ファイルサービスの管理下にあるファイルはすべて、外部からアクセス可能であると見なされます。ほとんどのWebサイトはこのような仕組みになっており、もちろんASP.NET Coreアプリケーションならではの特徴ではありません。

一部の静的ファイルにある程度の認可を適用する必要がある場合は、**wwwroot**や静的ファイルサービスに設定されたその他のディレクトリの外側に実際のファイルを格納し、コントローラーアクションを通じてそれらを提供するしかありません。この点については、第3章で詳しく説明します。

ヒント

Windows ではファイル名の大文字と小文字は区別されませんが、macOS や Linux では大文字と小文字が区別されます。開発中の ASP.NET Core アプリケーションが IIS/Windows プラットフォーム以外の場所でホストされる可能性がある場合は、このことを頭に入れておいてください。

注

IIS には、静的ファイルを処理するための **StaticFileModule** という HTTP モジュールがあります。ASP.NET Core アプリケーションが IIS でホストされる場合、既定の静的ファイルハンドラーは ASP.NET Core Module によって無視されます。ただし、IIS の ASP.NET Core Module の設定が誤っている、あるいはそもそも設定されていない場合、**StaticFileModule** は無視されず、静的ファイルはあなたの管理がおよばないところで提供されることになります。この問題を回避するための追加措置として、ASP.NET Core アプリケーションでは IIS の **StaticFileModule** を無効にしておくことが推奨されます。

■ 既定のファイルをサポートする

既定の Web ファイルは、ユーザーがサイト内のフォルダーへ移動したときに自動的に提供されるHTMLページです。通常、既定のページの名前は**index.***または**default.***であり、拡張子として **.html** と **.htm** が許可されます。そうしたファイルは**wwwroot**に配置されるはずですが、次のミドルウェアを追加しないと無視されてしまいます。

```
public void Configure(IApplicationBuilder app)
{
  app.UseDefaultFiles();
  app.UseStaticFiles();
}
```

既定ファイルのミドルウェアは、静的ファイルのミドルウェアの前に有効にしなければなりません。具体的に言うと、既定ファイルのミドルウェアは**default.htm**、**default.html**、**index.htm**、**index.html** をこの順番でチェックします。そして、最初に一致するものが見つかったところで検索を終了します。

既定ファイルの名前のリストは自由に再定義できます。その方法は次のようになります。

```
var options = new DefaultFilesOptions();
options.DefaultFileNames.Clear();
options.DefaultFileNames.Add("home.html");
options.DefaultFileNames.Add("home.htm");
app.UseDefaultFiles(options);
```

さまざまな種類のファイル関連のミドルウェアを扱うのが面倒な場合は、静的ファイルと既定ファイルの機能を組み合わせた**UseFileServer**ミドルウェアを使用するとよいでしょう。**UseFileServer**は、既定ではディレクトリの閲覧を有効にしませんが、その振る舞いを変更するオプションに加えて、**UseStaticFiles**ミドルウェアと**UseDefaultFiles**ミドルウェアで見てきたものと同じレベルの設定を追加するオプションをサポートしています。

■ カスタム MIME タイプを追加する

静的ファイルのミドルウェアは400種類あまりのファイルを認識し、それらに対処します。しかし、Webサイトに MIME タイプが設定されていない場合は、MIME タイプを追加できます。その方法は次のようになります。

```
public void Configure(IApplicationBuilder app)
{
    // カスタムコンテントタイプのセットアップ：ファイル拡張子をMIMEタイプに関連付ける
    var provider = new FileExtensionContentTypeProvider();

    // 新しいマッピングを追加するか、マッピングがすでに存在する場合は置き換える
    provider.Mappings[".script"] = "text/javascript";

    // JSファイルを削除する
    provider.Mappings.Remove(".js");

    app.UseStaticFiles(new StaticFileOptions()
    {
        ContentTypeProvider = provider
    });
}
```

従来の ASP.NET Web アプリケーションでは、MIME タイプの追加は IIS で行う構成タスクです。これに対し、ASP.NET Core アプリケーションでは、IIS（および他のプラットフォーム上の Web サーバー）がリバースプロキシの最低限の役割を果たし、単に送信されてきたリクエストを ASP.NET Core が組み込まれた Web サーバー（Kestrel）へ転送します。リクエストはそこからリクエストパイプラインを通過しますが、このパイプラインはプログラムから設定されていなければなりません。

2.4 まとめ

本章では、ASP.NET Core のサンプルプロジェクトをいくつか取り上げました。ASP.NET Core アプリケーションは単なるコンソールアプリケーションであり、通常は IIS、Apache Server、Nginx といった本格的な Web サーバーの境界内で呼び出されます。ですが厳密に言えば、ASP.NET Core アプリケーションを実行するにあたって完全な Web サーバーは必要ありません。すべての ASP.NET Core アプリケーションは基本的な Web サーバーを独自に備えています。この Kestrel という Web サーバーは、指定されたポートを通じて HTTP リクエストを受け取ることができます。

このコンソールアプリケーションは、リクエストをパイプラインで処理するためのホスト環

境を構築します。本章では、HTTP パイプラインと Web サーバーアーキテクチャを簡単に紹介し、ミニ Web サイトと静的ファイルを提供できるサイトを構築する方法について説明しました。次章では、リクエストの動的な処理に取り組み、その過程でルート、コントローラー、ビューを紹介することにします。

第**2**部

ASP.NET MVC のアプリケーションモデル

第1部では、ASP.NET Core の開発がどのようなもので、何ができるかを確認しました。第2部では、ASP.NET Core の強力な MVC（Model-View-Controller）❶ アプリケーションモデルを取り上げます。

ASP.NET MVC でのコーディングの経験があれば、第2部の内容はよく知っているものになるでしょう。実際には、ASP.NET Core によって実装される MVC の概念は、Rails や Django といったプラットフォームや、Angular などのフロントエンドフレームワークのユーザーにとって当然のものです。もちろん、細かい部分に重要な違いがあるため、第2部ではそれらを詳しく見ていきます。そうすれば、読者の経験に関係なく、ASP.NET Core の現代のアプリケーションモデルを最大限に活用するのに役立つはずです。

第3章では、MVC インフラストラクチャを実際に動かします。ここでは、MVC アプリケーションモデルの有効化、MVC サービスの登録、ルーティングの有効化と構成を実際に試し、ASP.NET MVC リクエストのワークフローにルーティングがどのように当てはまるのかを確認します。

第4章では、ASP.NET MVC アプリケーションモデルの基本的な柱を紹介し、入力の取得から有効なレスポンスの構成まで、リクエストの処理をコントローラーがどのように制御するのかを示します。

第5章では、ASP.NET Core フレームワークのビューエンジンを紹介します。ビューエンジンはブラウザーが処理できる HTML マークアップを生成します。

第6章では、Microsoft の Razor マークアップ言語を紹介します。Razor は現代の HTML ページをより単純に効率よく構築するために改良されています。

---

❶ ［訳注］Microsoft のドキュメントでは、ASP.NET Core ベースの MVC フレームワークを、ASP.NET ベースの MVC である「ASP.NET MVC」と区別するために、「ASP.NET Core MVC」と表記している。
https://docs.microsoft.com/ja-jp/aspnet/core/mvc/overview?view=aspnetcore-2.2

第3章

ASP.NET MVC の起動

そこはどんな地図にも載っていない。本当の場所は地図には載っていないものだ。
——ハーマン・メルヴィル、『白鯨』

　ASP.NET Core は、ASP.NET の MVC（Model-View-Controller）アプリケーションモデルを完全にサポートしています。MVC アプリケーションモデルは、送信されてきたリクエストの URL をコントローラーとアクションのペアに解決します。**コントローラー**はクラス名を指定するアイテムであり、**アクション**はコントローラークラスのメソッドを指定するアイテムです。したがって、リクエストの処理は、特定の**コントローラー**クラスの特定の**アクション**メソッドを実行することに相当します。

　ASP.NET Core の ASP.NET MVC アプリケーションモデルは、従来の ASP.NET の MVC アプリケーションモデルとほぼ同じであり、PHP の CakePHP、Ruby の Rails、Python の Django など、他の Web プラットフォームで使用されている MVC パターンの実装と比べてもそれほど大きな違いはありません。MVC パターンは、フロントエンドフレームワーク（特に Angular、KnockoutJS など）でもよく使用されています。

　本章では、最終的に ASP.NET Core MVC パイプラインを構成し、リクエストを実際に処理するハンドラーを選択するための準備を整えます。

3.1 ｜ MVC アプリケーションモデルの有効化

　ASP.NET Core の前に ASP.NET を経験している場合、MVC アプリケーションモデルを明示的に有効しなければならないことは不思議に思えるかもしれません。何よりもまず、ASP.NET Core は一元的なエンドポイント（終端ミドルウェア）を通じてリクエストを処理できるようにするかなり汎用的な Web フレームワークです。

　また、ASP.NET はコントローラーアクションに基づくより高度なエンドポイントもサポートしています。しかし、このアプリケーションモデルが必要な場合は、それを有効にすることで、終端ミドルウェア（第2章で説明した Run メソッド）が無視されるようにする必要があります。

3.1.1 │ MVC サービスの登録

MVC アプリケーションモデルの心臓部は、`MvcRouteHandler`（MVC ルートハンドラー）サービスです。公式ドキュメントに載っているとはいえ、このサービスはアプリケーションコードで直接使用したいものではありません。しかし、このサービスは ASP.NET MVC のメカニズム全体において非常に重要な役割を果たします。MVC ルートハンドラーは、URL から MVC ルートへの解決、選択されたコントローラーメソッドの呼び出し、そしてアクションの結果の処理を受け持つエンジンです。

注

`MvcRouteHandler` は、従来の ASP.NET MVC の実装で使用されるクラスの名前でもあります。しかし、従来の ASP.NET MVC における `MvcRouteHandler` の役割は、ASP.NET Core のものよりも制限されています。このクラスが ASP.NET Core で何をするのかを把握するために、このクラスの実装を調べてみるとよいでしょう。

http://bit.ly/2kOrKcJ

■ MVC サービスを追加する

MVC ルートハンドラーサービスを ASP.NET ホストに追加する方法は、静的ファイル、認証、Entity Framework Core といった他のアプリケーションサービスのものと同じです。単に、スタートアップクラスの `ConfigureServices` メソッドに 1 行のコードを追加するだけです。

```
public void ConfigureServices(IServiceCollection services)
{
  // 必要なパッケージ：Microsoft.AspNetCore.Mvcまたは
  // Microsoft.AspNetCore.All（2.0の場合のみ）
  services.AddMvc();
}
```

このコードでは、通常は IDE（Visual Studio など）によって自動的に取得される追加パッケージへの参照が必要になるので注意してください。`AddMvc` メソッドには、オーバーロードが 2 つ定義されています。パラメーターなしのオーバーロードでは、MVC サービスの既定の設定がすべて使用されます。次に示すもう 1 つのオーバーロードでは、任意のオプションを選択できます。

```
// MvcOptionsクラスのインスタンスを受け取る
services.AddMvc(options =>
{
  options.ModelBinderProviders.Add(new SmartDateBinderProvider());
  options.SslPort = 345;
});
```

これらのオプションを指定するには、`MvcOptions` クラスのインスタンスを使用します。`MvcOptions` クラスは、MVC フレームワークで変更可能な構成パラメーターのコン

テナーです。たとえば、上記のコードは新しいモデルバインダーを追加しています。この
モデルバインダーは、特定の文字列を有効な日付として解析し、コントローラークラスに
`RequireHttpsAttribute` が追加されている場合に使用する SSL ポートを指定します。
構成可能なオプションの完全なリストは Microsoft の Web ページ❶ で確認できます。

■ その他のサービスを有効にする

`AddMvc` メソッドは包括的なメソッドにすぎず、このメソッドの中でさまざまなサービス
が初期化され、パイプラインに追加されます。表3-1に、それらのサービスをまとめておきます。

▼表 3-1：AddMvc メソッドによって有効化される MVC サービス

サービス	説明
MVC Core	ルーティングとコントローラーを含め、MVC アプリケーションモデルの一連のコアサービス
API Explorer	機能やヘルプページを動的に検出するためにコントローラーやアクションに関する情報を収集して提供するサービス
Authorization	認証と認可をサポートするサービス
Default Framework Parts	入力タグヘルパーと URL 解決ヘルパーをアプリケーションコンポーネントのリストに追加するサービス
Formatter Mappings	既定のメディアタイプのマッピングを設定するサービス
Views	アクションの結果を HTML ビューとして処理するサービス
Razor Engine	Razor ビューとページエンジンを MVC システムに登録する
Tag Helpers	フレームワークのタグヘルパーに関する部分を参照するサービス
Data Annotations	フレームワークのデータアノテーションに関する部分を参照するサービス
JSON Formatters	アクションの結果を JSON ストリームとして処理するサービス
CORS	フレームワークの CORS（Cross-Origin Resource Sharing）に関する部分を参照するサービス

詳細については、`AddMvc` メソッドのソースコード❷ を参照してください。

アプリケーションをクラウドでホストしているなどの理由でメモリに制約がある場合は、フ
レームワークの基本的な部分だけをアプリケーションに参照させたほうがよいかもしれませ
ん。表3-1のサービスのリストはもっと短くすることが可能です。どれくらい短くなるかは、
アプリケーションに必要な実際の機能によってほぼ決まります。フォーム検証のデータアノ
テーションやタグヘルパーなどのより高度な機能を持たない基本的な HTML ビューを提供す
るなら、次のコードで十分です。

```
public void ConfigureServices(IServiceCollection services)
{
  var builder = services.AddMvcCore();
  builder.AddViews();
  builder.AddRazorViewEngine();
}
```

❶ https://docs.microsoft.com/en-us/dotnet/api/microsoft.aspnetcore.mvc.mvcoptions
❷ http://bit.ly/2l3H8QK

54 第 2 部 ASP.NET MVC のアプリケーションモデル

ただし、データを JSON フォーマットで返す場合、このコードでは不十分です。その機能も追加するには、次のコードを追加します。

```
builder.AddJsonFormatters();
```

表3-1 のサービスの中には、Web API を提供している場合にのみ役立つものがあります。これに該当するのは、API Explorer、Formatter Mappings、CORS の 3 つです。従来の ASP.NET MVC のようなプログラミング環境に満足している場合は、タグヘルパーと既定のアプリケーションコンポーネントを完全に省いてしまうこともできます。

■ MVC サービスをアクティブ化する

ASP.NET Core パイプラインに MVC アプリケーションモデルをサポートさせるには、スタートアップクラスの **Configure** メソッドで **UseMvc** メソッドを呼び出します。その時点で、MVC アプリケーションモデルのまわりにあるものはすべて、従来のルーティングを除いて完全に準備された状態となります。後ほど示すように、従来のルーティングは一連のパターンルールで構成されます。それらのルールは、そのアプリケーションが処理すると想定されている有効な URL をすべて特定します。

MVC アプリケーションモデルでは、アクションを URL に結び付ける方法が他にもあります。たとえば、属性を使ってアクションを URL に関連付ける場合は、それで完了です❸。MVC サービスを有効にする場合は、そのアプリケーションが処理することになっている URL のルートも列挙しなければなりません。

ルート（route）とは、アプリケーションが認識して処理することができる URL テンプレートのことです。ルートは最終的にコントローラー名とアクション名のペアにマッピングされます。後ほど示すように、ルートはいくつでも必要なだけ追加することができ、ほぼどのような形状のものでもよいことになっています。リクエストのルーティングは内部の MVC サービスによって処理されます。このサービスは ASP.NET Core MVC サービスを有効にした時点で自動的に登録されます。

3.1.2 | 従来のルーティングの有効化

アプリケーションを有用なものにするには、アプリケーションの処理の対象となる URL を選択するためのルールを提供すべきです。ただし、考えられる URL をすべて明示的に列挙しなければならないわけではなく、プレースホルダーが含まれた URL テンプレート（ルート）が 1 つ以上あれば十分です。「従来のルーティング」とも呼ばれる既定のルーティングルールが定義されており、通常は、既定のルートでアプリケーション全体を十分にカバーできます。

■ 既定のルートを追加する

ルートに関して特別な措置を講じる必要がなければ、既定のルートだけを使用するのが最も単純で最も簡単な方法です。

---

❸ 詳細については、第 4 章を参照。

```
public void Configure(IApplicationBuilder app)
{
  app.UseMvcWithDefaultRoute();
}
```

UseMvcWithDefaultRoute メソッドの内部は実際にどうなっているのでしょうか。

```
public void Configure(IApplicationBuilder app)
{
  app.UseMvc(routes =>
  {
    routes.MapRoute(
        name: "default",
        template: "{controller=Home}/{action=Index}/{id?}");
  });
}
```

このコードに示されているように、リクエストされたURLは解析され、セグメントに分割されます。

- サーバー名のすぐ後にある最初のセグメントは、**controller** という名前のルートパラメーターと一致する。
- 2つ目のセグメントは、**action** という名前のルートパラメーターと一致する。
- 3つ目のセグメントが存在する場合は、**id** という名前のオプションルートパラメーターと一致する。

したがって、**Product/List** というURLは、**Product** という名前のコントローラーと**List** という名前のアクションメソッドと一致することになります。URLに含まれているセグメントが2つに満たない場合は、既定値が適用されます。たとえば、Webサイトの URL は、**Home** という名前のコントローラーと **Index** というアクションメソッドと一致します。既定のルートは3つ目のオプションセグメントもサポートしており、その内容は **Id** という名前の値と一致します。疑問符（**?**）は引数がオプションであることを意味します。

ルートパラメーター、特に **controller**、**action** という名前のルートパラメーターは、リクエストの処理全体において重要な役割を果たします。というのも、これらのパラメーターはある意味、レスポンスを実際に生成するコードを指しているからです。ルートに正しくマッピングされたリクエストは、コントローラークラスのメソッドを実行することによって処理されます。**controller** というルートパラメーターはコントローラークラスを指定し、**action** というルートパラメーターは呼び出しの対象となるメソッドを指定します。コントローラーについては、第4章で詳しく説明します。

■ ルートが設定されていない場合

UseMvc メソッドはパラメーターなしで呼び出すこともできます。その場合、ASP.NET MVCアプリケーションは完全に機能しますが、アプリケーションが処理できるルートは設定されていない状態です。

56 | **第2部 ASP.NET MVC のアプリケーションモデル**

```
public void Configure(IApplicationBuilder app)
{
  app.UseMvc();
}
```

このコードの意味は次のコードとまったく同じです。

```
app.UseMvc(routes => { });
```

ルートが設定されていないときはどうなるのでしょうか。このことを確認するために、単純なコントローラークラスがどのようなものになるかちょっと想像してみましょう。プロジェクトに**HomeController.cs**というクラスを新たに追加し、アドレスバーから**home/index**という URL を呼び出します。

```
public class HomeController : Controller
{
  public IActionResult Index()
  {
    // "Home.Index"を書き出す
    return new ContentResult { Content = "Home.Index" };
  }
}
```

従来のルーティングでは、**home/index** という URL は **Home** コントローラーの **Index** メソッドにマッピングされます。結果として、**Home.Index** というテキストが書かれた空のページが表示されるはずです。上記の設定で従来のルーティングを使用した場合は、HTTP 404 page-not-found エラーになります。

何らかの終端ミドルウェアをパイプラインに追加した上でもう一度試してみましょう。

```
app.Run(async (context) =>
{
  await context.Response.WriteAsync(
    "I'd rather say there are no configured routes here.");
});
```

新しい出力は図3-1のようになります。

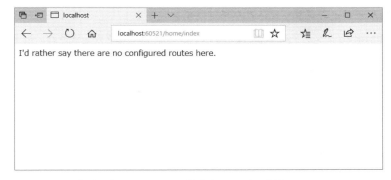

▲図3-1：アプリケーションにルートが設定されていない状態

既定のルートに戻した上で、もう一度試してみましょう。

```
public void Configure(IApplicationBuilder app)
{
  app.UseMvcWithDefaultRoute();
  app.Run(async (context) =>
  {
    await context.Response.WriteAsync(
        "I'd rather say there are no configured routes here.");
  })
}
```

結果は図3-2のようになります。

▲図3-2：アプリケーションに既定のルートが設定されている状態

　二重の結果になりました。一方では、UseMvcメソッドによってパイプラインの構造が変更され、終端ミドルウェアが定義されていてもすべて無視される、と言えます。もう一方では、一致するルートが見つからない、あるいは（コントローラーまたはメソッドが見つからないために）うまくいかない場合、終端ミドルウェアがパイプラインに再び現れ、期待どおりに動作します。
　UseMvcメソッドの内部の仕組みについてもう少し見てみましょう。

ルーティングサービスとパイプライン

`UseMvc` メソッドの内部では、ルートビルダーサービスが定義され、指定されたルートと既定のハンドラーを使用するように設定されます。既定のハンドラーは `MvcRouteHandler` クラスのインスタンスです。このクラスは、一致するルートを特定し、テンプレートからコントローラーとアクションメソッドの名前を取り出します。

また、`MvcRouteHandler` クラスはアクションメソッドの実行も試みます。メソッドが正常に実行された場合は、リクエストのコンテキストに処理済みのマークを付けることで、生成されたレスポンスをミドルウェアがそれ以上いじらないようにします。それ以外の場合は、リクエストが完全に処理されるまでパイプラインを流れていくようにします。このワークフローを図解すると、図3-3のようになります。

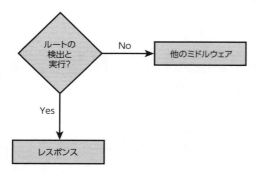

▲図3-3：ルートとパイプライン

> **注**
>
> 従来の ASP.NET MVC では、URL と一致するルートが見つからない場合、ステータスコード HTTP 404 が生成されます。ASP.NET Core では、終端ミドルウェアにリクエストを処理する機会が与えられます。

3.2 ルーティングテーブルの設定

ASP.NET MVC においてルートを定義する主要な方法は、URL テンプレートをメモリ内のテーブルに追加することでした。後ほど示すように、ASP.NET Core では、ルートをコントローラーメソッドの属性として定義することもできます。

テーブルエントリと属性のどちらの方法で定義されたとしても、概念的にはルートは常に同じであり、常に同じ量の情報を含んでいます。

3.2.1 ルートの構造

基本的には、ルートには一意な名前と URL パターンが割り当てられます。URL パターンは静的なテキストで構成するか、動的なパラメーターを含めることができます。動的なパラメーターの値は URL から抜き出されますが、HTTP コンテキスト全体のこともあります。ルートを定義する完全な構文は次のようになります。

```
app.UseMvc(routes =>
{
  routes.MapRoute(
     name: "your_route",
     template: "...",
     defaults: new { controller = "...", action = "..." },
     constraints: { ... },
     dataTokens: { ... });
})
```

template 引数は、あなたが選択する URL パターンを表します。従来の既定のルートは
次のようになります。

```
{controller}/{action}/{id?}
```

追加のルートの定義はどのような形式のものでもよく、静的テキストとカスタムルートパラ
メーターの両方を含むことができます。defaults 引数は、ルートパラメーターの既定値を
指定します。template 引数は defaults 引数とマージできます。その場合、defaults
引数は省略され、template 引数は次のような形式になります。

```
template: "{controller=Home}/{action=Index}/{id?}"
```

先に述べたように、パラメーター名に疑問符（?）が追加された場合、そのパラメーター
はオプションパラメーターになります。
constraints 引数は、指定できる値や必要な型など、特定のルートパラメーターに適
用される制約を表します。dataTokens 引数は、追加のカスタム値を表します。それらの
値はルートに関連付けられるものの、ルートが URL パターンと一致するかどうかの判定には
使用されません。ルートのこうした高度な機能については、「3.2.2　高度なルーティング機能」
で説明します。

■ カスタムルートを定義する

従来のルーティングは、URL のセグメントからコントローラーとメソッドの名前を自動的
に割り出します。カスタムルートの場合は、同じ情報の特定に別のアルゴリズムを使用する
だけです。ほとんどの場合、カスタムルートはコントローラーとメソッドのペアに明示的にマッ
ピングされる静的テキストで構成されます。
ASP.NET MVC アプリケーションでは、従来のルーティングがよく使用されますが、追加
のルートを定義しない理由はありません。通常は、従来のルーティングを無効にせず、単に
制御された URL を使ってアプリケーションの特定の振る舞いを呼び出す特別なルートを追加
します。

```
public void Configure(IApplicationBuilder app)
{
  // カスタムルート
  app.UseMvc(routes =>
  {
```

```
        routes.MapRoute(name: "route-today",
                    template: "today",
                    defaults:
                        new { controller="date", action="day", offset=0 });
        routes.MapRoute(name: "route-yesterday",
                    template: "yesterday",
                    defaults:
                        new { controller="date", action="day", offset=-1 });
        routes.MapRoute(name: "route-tomorrow",
                    template: "tomorrow",
                    defaults:
                        new { controller="date", action="day", offset=1 });
});

// 従来のルーティング
app.UseMvcWithDefaultRoute();

// 終端ミドルウェア
app.Run(async (context) =>
{
  await context.Response.WriteAsync(
      "I'd rather say there are no configured routes here.");
});
}
```

新たに定義されたルートの出力は図3-4のようになります。

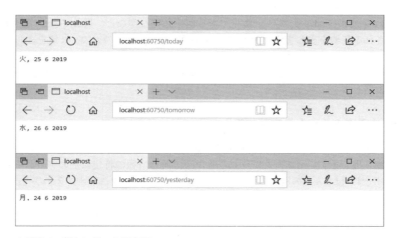

▲図3-4：新しいルートの実行

新しいルートはすべて`Date`コントローラーの`Day`メソッドにマッピングされる静的テキストに基づいています。唯一の違いは、追加のルートパラメーター（`offset`パラメーター）の値です。サンプルコードを図3-4のように動作させるには、プロジェクトに`DateController`クラスが含まれている必要があります。実装は次のようになります。

```
public class DateController : Controller
{
  public IActionResult Day(int offset)
  {
    ...
  }
}
```

　/date/day?offset=1のようなURLを呼び出した場合はどうなるのでしょうか。当た
り前かもしれませんが、出力は/tomorrowを呼び出したときと同じです。というのも、カ
スタムルートと従来のルートが並行して動作するからです。/date/day/1というURLは
正しく認識されませんが、HTTP 404エラーや終端ミドルウェアからのメッセージは表示さ
れません。このURLは/todayまたは/date/dayを呼び出したときと同じように解決さ
れます。

　思ったとおり、/date/day/1というURLはどのカスタムルートとも一致しませんが、
既定のルートとは完全に一致します。コントローラーパラメーターにはDateが設定され、
アクションパラメーターにはDayが設定されます。ただし、既定のルートには3つ目のオプショ
ンパラメーター（idパラメーター）があり、その値はURLの3つ目のセグメントから取り
出されます。サンプルURLの1の値は、offsetではなくidという名前の変数に代入され
ます。コントローラー実装のDayメソッドに渡されるoffsetパラメーターには、その型の
既定値である整数の0が代入されます。

　/date/day/1のようなURLに「今日の1日後」という意味を与えるには、カスタムルー
トを少し書き換え、テーブルの最後に新しいルートをもう1つ追加しなければなりません。

```
routes.MapRoute(name: "route-day",
                template: "date/day/{offset}",
                defaults: new { controller="date", action="day", offset=0 });
```

　また、route-todayルートを次のように編集することもできます。

```
routes.MapRoute(name: "route-today",
                template: "today/{offset}",
                defaults: new { controller="date", action="day", offset=0 });
```

　このようにすると、/date/day/と/today/の後に続くテキストがoffsetという名
前のルートパラメーターに代入され、コントローラークラスのアクションメソッドの中で利用
できるようになります（図3-5）。

▲図3-5：編集後のルート

ここで、「offset ルートパラメーターに代入されるテキストを数字に限定する方法はあるのだろうか」という疑問が浮かびます。そのためにあるのがルート制約です。ただし、ルート制約について説明する前に、2つの話題に触れておく必要があります。

> **重要**
>
> MapRoute メソッドは、リクエストに使用される HTTP メソッドに関係なく、URL をコントローラーとメソッドのペアにマッピングします。また、MapGet、MapPost、MapVerb といった他のマッピングメソッドを使って URL をマッピングすることも可能です。

ルートの順序

複数のルートを扱うときには、それらのルートをテーブルに追加する順序が重要となります。ルーティングサービスは、実際には、ルートテーブルを上から順にスキャンし、ルートを検出された順に評価します。スキャンはルートが最初に一致した時点で終了します。つまり、具体的なルートから先にテーブルに追加することで、より汎用的なルートよりも先に評価されるようにすべきです。

既定のルートは、URL から直接コントローラーとアクションを特定するため、かなり汎用的です。既定のルートは汎用的であるため、アプリケーションで使用される唯一のルートになることもあり得ます。筆者が実際に使用している ASP.NET MVC アプリケーションのほとんどは、従来のルーティングのみを使用しています。

ただし、カスタムルートを使用する場合は、従来のルーティングよりも先に有効になるようにしてください。そうしないと、より包括的な既定のルートが URL と一致してしまう危険があります。とはいえ、ASP.NET Core MVC では、URL の捕捉はコントローラーとメソッドの名前を取り出すことだけではありません。ルートが選択されるのは、コントローラークラスと関連するメソッドの両方がアプリケーションに存在している場合に限られます。たとえば、従来のルーティングが最初のルートとして有効になり、その後に図3-5のカスタムルートが有効になるとしましょう。ユーザーが /today をリクエストしたらどうなるでしょうか。既定のルートは Today コントローラーと Index メソッドに解決されます。しかし、アプリケーションに TodayController クラスや Index アクションメソッドが定義されていない場合、既定のルートは破棄され、次のルートから検索が再開されます。

テーブルの最後にある既定のルートの後に、キャッチオールルートを追加しておくとよいかもしれません。キャッチオールルートはかなり汎用的なルートであり、どのようなケースとも一致するリカバリステップとして機能します。例を見てみましょう。

```
app.UseMvc(routes =>
{
  // カスタムルート
});

// 従来のルーティング
app.UseMvcWithDefaultRoute();

// キャッチオールルート
app.UseMvc(routes =>
{
  routes.MapRoute(name: "catch-all",
                  template: "{*url}",
                  defaults: new { controller="error", action="message" });
});
```

キャッチオールルートは、**ErrorController** クラスの **Message** メソッドにマッピングされます。このメソッドは、**url** という名前のルートパラメーターを受け取ります。アスタリスク（*****）は、URL の残りの部分がこのパラメーターに渡されることを意味します。

■ ルートデータにプログラムからアクセスする

リクエストされた URL と一致するルートに関する情報は、**RouteData** 型のデータコンテナーに保存されます。**home/index** に対するリクエストを実行している最中の **RouteData** の中をのぞいてみましょう（図3-6）。

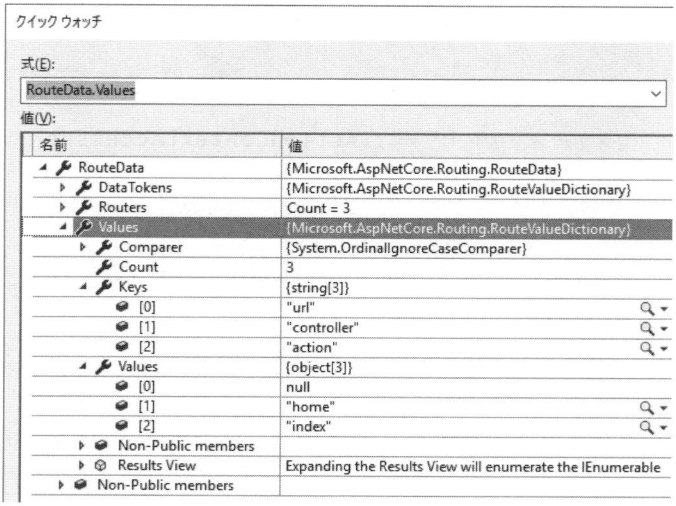

▲図3-6：RouteData の内部構造

リクエストされた URL は既定のルートと一致します。そして、URL パターンに従って1つ目のセグメントが **controller** ルートパラメーターにマッピングされ、2つ目のセ

グメントが**action**ルートパラメーターにマッピングされます。ルートパラメーターは、**{parameter}** 表記を使ってURLテンプレートで定義されます。**{parameter=value}** 表記は、特定のセグメントがない場合に使用されるパラメーターの既定値を定義します。ルートパラメーターにプログラムからアクセスするには、次の式を使用します。

```
var controller = RouteData.Values["controller"];
var action = RouteData.Values["action"];
```

基底クラス**Controller**を継承するコントローラークラスのコンテキストでは、このコードは正常に動作します。

ただし、第4章で説明するように、ASP.NET CoreはPOCO（Plain-Old CLR Object）コントローラーもサポートしています。POCOコントローラーは**Controller**を継承しないコントローラークラスです。この場合、ルートデータの取得はもう少し複雑になります。

```
public class PocoController
{
  private IActionContextAccessor _accessor;
  public PocoController(IActionContextAccessor accessor)
  {
    _accessor = accessor;
  }
  public IActionResult Index()
  {
    var controller = _accessor.ActionContext.RouteData.Values["controller"];
    var action = _accessor.ActionContext.RouteData.Values["action"];
    var text = string.Format("{0}.{1}", controller, action);
    return new ContentResult { Content=text };
  }
}
```

アクションコンテキストアクセサー（**IActionContextAccessor**）をコントローラーに注入する必要があります。ASP.NET Coreには既定のアクションコンテキストアクセサーがありますが、このアクセサーをサービスコレクションに関連付ける責任は開発者にあります。

```
public void ConfigureServices(IServiceCollection services)
{
  // その他のコード
  ...

  // アクションコンテキストアクセサーを登録
  services.AddSingleton<IActionContextAccessor, ActionContextAccessor>();
}
```

コントローラーからルートデータパラメーターにアクセスするにあたって、ここで示したいずれかの方法を使用する必要は必ずしもありません。第4章で説明するように、モデルバインディングインフラストラクチャにより、HTTPコンテキストの値が名前で宣言されたパラメーターに自動的にバインドされるからです。

第3章　ASP.NET MVC の起動　　65

> **重要**
>
> 　**IActionContextAccessor** サービスの注入はお勧めしません。アクションコンテキストアクセサーは性能が不十分だから、というのもありますが、それよりも重要なのは、実際には滅多に必要にならないことです。POCO コントローラーであっても、入力 HTTP データの取得にはモデルバインディングを使用するほうがずっと簡潔で高速です。

3.2.2 │ 高度なルーティング機能

　ルートは制約とデータトークンを使ってさらに制御できます。制約とは、ルートパラメーターに関連付けられた検証ルールのようなものです。制約が検証されなければ、ルートは一致しません。データトークンは、コントローラーで利用可能なルートに関連付けられた単純な情報ですが、URL がルートと一致するかどうかの判定には使用されません。

■ ルート制約

　厳密に言えば、制約は **IRouteConstraint** インターフェイスを実装するクラスであり、基本的には特定のルートパラメーターに渡される値を検証します。たとえば、特定のパラメーターに期待される型の値が渡される場合にのみ、ルートを一致させることができます。ルート制約を定義する方法は次のようになります。

```
app.UseMvc(routes =>
{
  routes.MapRoute(name: "route-today",
                  template: "today/{offset}",
                  defaults: new { controller="date", action="day", offset=0 }
                  constraints: new { offset  = new IntRouteConstraint() });
});
```

　この例では、ルートの **offset** パラメーターは、**IntRouteConstraint** クラスのアクションの対象となります。**IntRouteConstraint** は、ASP.NET Core MVC フレームワークにおいてあらかじめ定義されている制約クラスの1つです。この制約クラスの骨組みを見てみましょう。

```
// IntRouteConstraintクラスの実際の実装を改良したコード
public class IntRouteConstraint : IRouteConstraint
{
  public bool Match(HttpContext httpContext,
                    IRouter route,
                    string routeKey,
                    RouteValueDictionary values,
                    RouteDirection routeDirection)
  {
    object value;
    if (values.TryGetValue(routeKey, out value) && value != null)
    {
      if (value is int) return true;
      int result;
```

```
        var valueString = Convert.ToString(value, CultureInfo.InvariantCulture);
        return int.TryParse(valueString,
                            NumberStyles.Integer,
                            CultureInfo.InvariantCulture,
                            out result);
    }
    return false;
  }
}
```

　制約クラスは、ルート値が含まれたディクショナリから**routeKey**パラメーターの値を取り出し、適度なチェックを実施します。**IntRouteConstraint**クラスは、その値を整数として問題なく解析できることを確認するだけです。

　制約は、その制約の使用法を説明する一意な名前文字列に関連付けることができます。制約名を使用すると、制約をより簡潔に指定できます。

```
routes.MapRoute(name: "route-day",
              template: "date/day/{offset:int}",
              defaults: new { controller="date", action="day", offset=0 });
```

　IntRouteConstraintクラスの名前は**int**であり、**{offset:int}**がクラスのアクションを**offset**パラメーターに関連付けることを意味します。**IntRouteConstraint**はASP.NET Core MVCにおいてあらかじめ定義されているルート制約クラスの1つです。ルート制約クラスの名前は起動時に設定され、完全に文書化されています。カスタム制約クラスを作成する場合は、システムに登録する際に制約の名前を設定してください。

```
public void ConfigureServices(IServiceCollection services)
{
  ...
  services.Configure<RouteOptions>(options =>
      options.ConstraintMap.Add("your-route", typeof(YourRouteConstraint)));
}
```

　このようにすると、**{<パラメーター名>:<制約プレフィックス>}**表記を使って特定のルートパラメーターに制約をバインドできるようになります。

■ 定義済みのルート制約

　あらかじめ定義されているルート制約とそれらのマッピング名を表3-2にまとめておきます。

▼表3-2：定義済みのルート制約

マッピング名	クラス	説明
Int	IntRouteConstraint	ルートパラメーターに整数が設定されるようにする
Bool	BoolRouteConstraint	ルートパラメーターにBoolean値が設定されるようにする

マッピング名	クラス	説明
datetime	DateTimeRouteConstraint	ルートパラメーターに有効な日付が設定されるようにする
decimal	DecimalRouteConstraint	ルートパラメーターに10進数が設定されるようにする
double	DoubleRouteConstraint	ルートパラメーターに倍精度浮動小数点数が設定されるようにする
Float	FloatRouteConstraint	ルートパラメーターに浮動小数点数が設定されるようにする
Guid	GuidRouteConstraint	ルートパラメーターにGUIDが設定されるようにする
Long	LongRouteConstraint	ルートパラメーターに長整数が設定されるようにする
minlength(N)	MinLengthRouteConstraint	ルートパラメーターに指定された長さ以上の文字列が設定されるようにする
maxlength(N)	MaxLengthRouteConstraint	ルートパラメーターに指定された長さを超えない文字列が設定されるようにする
length(N)	LengthRouteConstraint	ルートパラメーターに指定された長さの文字列が設定されるようにする
min(N)	MinRouteConstraint	ルートパラメーターに指定された値よりも大きい整数が設定されるようにする
max(N)	MaxRouteConstraint	ルートパラメーターに指定された値よりも小さい整数が設定されるようにする
range(M, N)	RangeRouteConstraint	ルートパラメーターに指定された範囲内の整数が設定されるようにする
alpha	AlphaRouteConstraint	ルートパラメーターに英字からなる文字列が設定されるようにする
regex(RE)	RegexInlineRouteConstraint	ルートパラメーターに指定された正規表現に準拠する文字列が設定されるようにする
required	RequiredRouteConstraint	ルートパラメーターの値がURLで割り当てられているようにする

　もう気づいているかもしれませんが、あらかじめ定義されているルート制約には、「ルートパラメーターに既知の有効な値の1つが設定されるようにする」というかなり一般的なルート制約が含まれていません。次のような正規表現を使用すれば、ルートパラメーターをそのように制約することができます。

```
{format:regex(json|xml|text)}
```

　URLがformatパラメーターを持つルートと一致するのは、指定された部分文字列のいずれかがパラメーターに設定される場合だけとなります。

68 第2部 ASP.NET MVC のアプリケーションモデル

■ データトークン

ASP.NET MVC では、ルートは URL に含まれている情報に限定されません。URL セグメントはルートがリクエストと一致するかどうかの判定に使用されますが、ルートに追加情報を関連付けておき、あとからプログラムを使って取り出すことが可能です。ルートに情報を追加するには、データトークンを使用します。

データトークンとは、ルートで定義される名前と値のペアのことです。ルートにはデータトークンをいくつでも追加できます。データトークンは自由に利用できる情報であり、URL とルートとのマッチングには使用されません。

```
app.UseMvc(routes =>
{
  routes.MapRoute(name: "catch-all",
                  template: "{*url}",
                  defaults: new { controller="home", action="index" },
                  constraints: new { },
                  dataTokens: new { reason="catch-all" });
});
```

データトークンは、ASP.NET MVC のルーティングシステムにおいて決定的に重要な意味を持つ機能ではありませんが、何かと役に立ちます。たとえば、コントローラーとアクションメソッドのペアにマッピングされたキャッチオールルートがあり、どのルートとも一致しない URL に対して **Home** コントローラーの **Index** メソッドが使用されるとしましょう。要するに、より具体的な URL を特定できない場合は、ホームページが表示されます。

ホームページに対する直接のリクエストと、キャッチオールルートによって表示されるホームページを区別するにはどうすればよいでしょうか。選択肢の1つはデータトークンです。データトークンをプログラムから取り出す方法は次のようになります。

```
var catchall = RouteData.DataTokens["reason"] ?? "";
```

データトークンはルートで定義できますが、プログラムでのみ使用されます。

3.3 | **ASP.NET MVC のメカニズム**

ルーティングは、HTTP リクエストを処理してレスポンスを生成するプロセスの最初の一歩です。ルーティングプロセスの最終的な結果はコントローラーとアクションのペアであり、このコントローラーとアクションにより、物理的な静的ファイルにマッピングされないリクエストが処理されます。コントローラークラスは ASP.NET MVC アプリケーションの中央コンソールです。この点については、第4章で詳しく説明します。ですがその前に、ASP.NET MVC のメカニズムの全体像を捉えておきましょう。

本書の残りの部分では、ASP.NET Core MVC の各コンポーネントに焦点を合わせ、それらを設定／実装する方法を調べます。しかし、全体像を理解し、それらのコンポーネントが互いにどのような関係にあるかを分析しておいて損はありません（図3-7）。

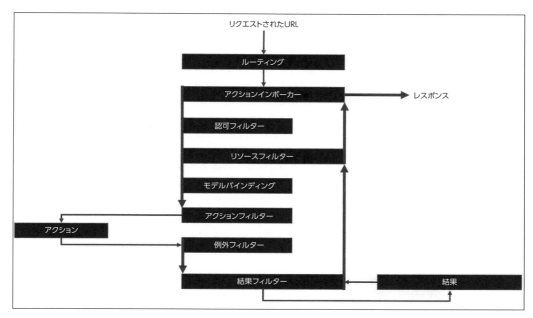

▲図3-7：ASP.NET MVC リクエストの全工程

　このメカニズムは静的ファイルにマッピングされないHTTPリクエストによって開始されます。まず、そのURLはルーティングシステムを通過し、コントローラー名とアクション名にマッピングされます。

> **重要**
>
> 　本章では、「アクション」と「メソッド」の2つの用語をほぼ同じ意味で使用しています。現在の抽象レベルでは、それで問題ありませんでした。しかし、ASP.NET MVCのアーキテクチャ全体では、「アクション」と「メソッド」の概念には相関が認められるものの、それらは同じものではありません。「メソッド」という用語は、コントローラークラスで定義されたパブリックメソッドのうち、`NonAction`属性が指定されていないものを表します。そうしたメソッドは一般に「アクションメソッド」と呼ばれます。これに対し、「アクション」という用語は、コントローラークラスで呼び出すアクションメソッドの名前に対する文字列を表します。`action`ルートパラメーターの値は、通常はコントローラークラスのアクションメソッドの名前と一致するのが慣例となっています。ただし、間接参照が可能であるため、カスタム名を持つメソッドを特定のアクション名にマッピングできます。この点については、第4章で説明します。

3.3.1 ｜ アクションインボーカー

　アクションインボーカーは、ASP.NET MVC インフラストラクチャ全体の心臓部であり、リクエストの処理に必要なすべての手順を調整するコンポーネントです。アクションインボーカーは、コントローラーファクトリとコントローラーコンテキスト（ルートデータとHTTPリクエスト情報が設定されたコンテナーオブジェクト）を受け取ります。図3-7に示したよう

に、アクションインボーカーはアクションフィルターからなる独自のパイプラインを実行し、リクエストを実際に実行する前後に呼び出される特別なアプリケーションコードに対するフックを提供します。

アクションインボーカーは、リフレクションを使って選択されたコントローラークラスのインスタンスを作成し、選択されたメソッドを呼び出します。その過程で、メソッドとコンストラクターのパラメーターを解決し、HTTPコンテキスト、ルートデータ、およびシステムの依存性注入コンテナーを読み込みます。

第4章で説明するように、コントローラーメソッドは**IActionResult**コンテナーでラッピングされたオブジェクトを返すものと期待されます。名前が示唆するように、コントローラーメソッドから返されるのは、クライアントに返送される実際のレスポンスの生成に使用されるデータだけです。コントローラーメソッドがレスポンス出力ストリームに直接書き込みを行うことは決してありません。コントローラーメソッドでは、プログラムからレスポンス出力ストリームにアクセスすることが可能です。しかし、コントローラーメソッドで推奨されるパターンは、データをアクセス結果オブジェクトにまとめ、さらに処理する方法をアクションインボーカーに指示することです。

> **注**
>
> ASP.NET MVCのアクションインボーカーの実際の振る舞いについては、GitHubリポジトリで**ControllerActionInvoker**クラスの実装を参照してください。
>
> http://bit.ly/2kQfNAA

3.3.2 | アクション結果の処理

コントローラーメソッドのアクション結果は、**IActionResult**インターフェイスを実装するクラスです。ASP.NET MVCフレームワークでは、HTML、JSON、テキスト、バイナリコンテンツ、特定のHTTPレスポンスなど、コントローラーメソッドから返されるかもしれないさまざまな種類の出力に対して、何種類かのクラスが定義されています。

IActionResultインターフェイスに定義されているのは、**ExecuteResultAsync**という1つのメソッドだけです。アクションインボーカーは、特定のアクション結果オブジェクトに埋め込まれたデータを処理するために、このメソッドを呼び出します。アクション結果を実行すると、HTTPレスポンス出力フィルターに出力が書き出されます。

次に、アクションインボーカーが内部パイプラインを実行し、リクエストを呼び出します。そうすると、生成された出力がクライアント（通常はブラウザー）に渡されます。

3.3.3 | アクションフィルター

アクションフィルターとは、コントローラーメソッドの実行に伴って実行されるコードのことです。最も一般的な種類のアクションフィルターは、コントローラーメソッドの呼び出しの前後に実行されるフィルターです。たとえば、HTTPヘッダーを追加するだけのアクションフィルターや、コントローラーメソッドの実行を拒否するアクションフィルターを適用できます。コントローラーメソッドの実行が拒否されるのは、リクエストがAjaxを使って送信されなかった場合や、不明なIPアドレスやリファラーURLから送信された場合です。

アクションフィルターは2つの方法のどちらかで実装できます。1つ目の方法では、コント

第 3 章　ASP.NET MVC の起動　　71

ローラークラスでのメソッドのオーバーライドとして実装します。2つ目の方法では、独立した属性クラスとして実装します（こちらのほうが推奨されます）。アクションフィルターについては、第4章でさらに詳しく見ていきます。

3.4 | まとめ

　アーキテクチャに関して言えば、ASP.NET Core の最も重要な点は、開発者が特定のアプリケーションモデルを強制されず、HTTP フロントエンドを構築するだけでよい真の Web フレームワークであることです。従来のASP.NETは、具体的なアプリケーションモデル（Web Forms または MVC）が追加された Web フレームワークとして提供されていました。

　開発者は ASP.NET Core のオープンミドルウェアを追加することで、リクエストを自由に処理することができます。ASP.NET Core では、通信ポートの向こう側にあるコードを利用することで、リクエストを捕捉してレスポンスを返すことができます。そこに存在するのは開発者、HTTP、開発者のコードだけで、間を取り持つものは何もないかもしれません。ですがその一方で、MVC のような高度なアプリケーションモデルを実現することができます。その際には、アプリケーションが認識する URL テンプレートやそうしたリクエストを処理するコンポーネントの定義など、二次的な作業が必要になります。本章では、URL テンプレートとリクエストのルーティングに焦点を合わせました。第4章では、実際にリクエストを処理するコントローラーに目を向けることにします。

第4章

ASP.NET MVC のコントローラー

「みんなそうやっているよ、ハック」
「トム、僕はみんなじゃない」

— マーク・トウェイン、『トム・ソーヤーの冒険』

MVC（Model-View-Controller）パターンを思わせるその名前とは裏腹に、ASP.NET MVC アプリケーションモデルの実質的な中心は柱の1つであるコントローラーにあります。コントローラーはリクエストの処理全体を制御します。コントローラーは入力データを捕捉し、ビジネス層とデータ層のアクティビティを取りまとめ、リクエストに基づいて計算された生データを呼び出し元にとって有効なレスポンスにまとめます。

URL ルーティングフィルターを通過するリクエストはすべてコントローラークラスにマッピングされ、そのクラスに定義されている特定のメソッドを実行することによって処理されます。このため、開発者はリクエストを処理するのに必要な実際のコードをコントローラークラスに記述します。実装上の詳細を含め、コントローラークラスの特徴を簡単に調べてみましょう。

4.1 コントローラークラス

コントローラークラスの記述は次の2つのステップに要約できます。1つは、コントローラーとして検出可能なクラスの実装であり、もう1つは、実行時にアクションとして検出可能な一連のパブリックメソッドの追加です。ただし、はっきりさせておかなければならない重要な点が2つあります —— システムはインスタンス化するコントローラークラスをどのようにして突き止め、呼び出しの対象となるメソッドをどのようにして判断するのでしょうか。

4.1.1 コントローラー名の検出

MVC アプリケーションに渡されるのは、処理の対象となる URL です。その URL は、何らかの方法で、1つのコントローラークラスと1つのパブリックメソッドにマッピングされなければなりません。ルートテーブルを設定するために選択したルーティング戦略（規約に基

74 第2部 ASP.NET MVC のアプリケーションモデル

づくルーティング、属性ルーティング、または両方）に関係なく、最終的には、システムのルートテーブルに登録されているルートに基づいてURLがコントローラーにマッピングされます。

■ 規約に基づくルーティングを使った検出

指定されたURLとあらかじめ定義された従来のルートの1つが一致した場合は、そのルートを解析することによってコントローラーの名前が特定されます。第3章で説明したように、既定のルートは次のように定義されます。

```
app.UseMvc(routes =>
{
  routes.MapRoute(
      name: "default",
      template: "{controller=Home}/{action=Index}/{id?}");
});
```

コントローラー名は、URLのサーバー名に続く最初のセグメントとしてURLテンプレートパラメーターから推測されます。従来のルーティングでは、明示的または暗黙的なルートパラメーターに基づいてコントローラーのパラメーターの値が設定されます。明示的なルートパラメーターとは、上記のように、URLテンプレートの一部として定義されるパラメーターのことです。暗黙的なパラメーターとは、URLテンプレートに定義されず、定数として扱われるパラメーターのことです。次の例では、URLテンプレートは**today**であり、コントローラーのパラメーターの値はルートの**defaults**プロパティを通じて静的に設定されます。

```
app.UseMvc(routes =>
{
  routes.MapRoute(
      name: "route-today",
      template: "today",
      defaults: new { controller="date", action="day", offset=0 });
}
```

ルートから推定される**controller**の値が、実際に使用されるコントローラークラスの正確な名前ではないことがあります。常にそうであるとは限りませんが、ほとんどの場合はニックネームのようなものです。このため、**controller**の値を実際のクラス名に変換するための追加の作業が必要になるかもしれません。

■ 属性ルーティングを使った検出

属性ルーティングでは、コントローラークラスやコントローラーメソッドに特別な属性を追加することで、最終的にメソッド呼び出しとなるURLテンプレートを指定することができます。属性ルーティングの主な利点は、ルートの定義が対応するアクションの近くに配置されることです。このようにすると、そのメソッドがいつどのように呼び出されるのかが読み手に明確に伝わります。さらに、属性ルーティングを選択する場合は、リクエストの処理に使用されるコントローラーやアクションからURLテンプレートが独立した状態に保たれます。このため、進化やマーケティング上の理由であとからURLを変更する場合に、コードをリファクタリングする必要がなくなります。

```
[Route("Day")]
public class DateController : Controller
{
  [Route("{offset}")]     // Day/1のようなURLを処理
  public IActionResult Details(int offset) { ... }
}
```

　属性を使って指定されたルートも、やはりアプリケーションのグローバルルートテーブルに
追加されます。このテーブルは、規約に基づくルーティングを使用する場合にプログラムに
よって明示的に設定されるテーブルと同じものです。

■ 混合ルーティングを使った検出

　規約に基づくルーティングと属性ルーティングは相互排他な戦略ではなく、同じアプリ
ケーションのコンテキストで組み合わせて使用することができます。規約に基づくルーティン
グと属性ルーティングは、URL の解決に使用されるものと同じルートテーブルにデータを追
加します。規約に基づくルーティングは、規約に基づくルートを常にプログラムから追加し
なければならないという意味で、明示的に有効にする必要があります。属性ルーティングは
常に有効であり、明示的に有効にする必要はありません。ただし、Web API や ASP.NET
MVC の古いバージョンでの属性ルーティングは例外です。

　属性ルーティングは常に有効であるため、属性を使って定義されたルートは規約に基づく
ルートよりも優先されます。

4.1.2 ┃ コントローラーの継承

　コントローラークラスは、通常は特定の基底クラス（`Microsoft.AspNetCore.Mvc.`
`Controller`）を直接または間接的に継承するクラスです。ASP.NET Core よりも前にリ
リースされた ASP.NET MVC では、どのバージョンでも、`Controller` 基底クラスを継
承することが厳密な要件となっていました。ASP.NET Core では、継承された機能を持たな
いC# クラスをコントローラークラスとして使用することも可能です。この種のコントローラー
クラスについては後ほど詳しく説明しますが、さしあたり、コントローラーは最初にシステム
の基底クラスを継承しなければならないものとします。

　ルートを無事に解決したシステムは、コントローラーの名前を手に入れます。この名前は
文字列であり、ニックネームのようなものです。そのニックネーム（たとえば `Home`、`Date`
など）は、プロジェクトに含まれているクラスか、プロジェクトで参照している実際のクラ
スと一致しなければなりません。

■ 接尾辞が追加されたクラス名

　システムが簡単に検出できる有効なコントローラークラスを定義するための最も一般的な
方法は、コントローラークラスの名前に `"Controller"` という接尾辞を追加し、コントロー
ラークラスに前述の `Controller` 基底クラスを継承させることです。つまり、コントローラー
名が `Home` であるクラスは、`HomeController` になります。このようなクラスが存在する
場合、システムはリクエストを正常に解決することができます。ASP.NET Core よりも前の
バージョンの ASP.NET MVC は、このような仕組みになっていました。

ASP.NET Core では、コントローラークラスの名前空間は重要ではありませんが、コミュニティで提供されているツールや多くのサンプルでは、コントローラークラスが **Controllers** というフォルダーに配置されていることがよくあります。実際には、コントローラークラスはどの名前空間に属していても、あるいはどのフォルダーに配置されていてもかまいません。**"Controller"** という接尾辞が追加されていて、**Controller** クラスを継承する限り、そのクラスは常に検出されます。

■ 接尾辞のないクラス名

ASP.NET Core では、**"Controller"** という接尾辞が追加されていないコントローラークラスも問題なく検出されます。ただし、注意しなければならない点が2つあります。1つは、**Controller** 基底クラスを継承するクラスにしか検出プロセスが対応しないことです。もう1つは、ルートを解析するときにクラスの名前がコントローラーの名前と一致しなければならないことです。

ルートから抽出されるコントローラー名が **Home** であるとすれば、**Controller** 基底クラスを継承する **Home** というクラスを使用することができます。他の名前ではうまくいきません。つまり、カスタム接尾辞を使用することはできず、名前の最初の部分はルートで指定された名前と常に一致していなければなりません。

注

一般に、コントローラークラスは **Controller** クラスを直接継承し、**Controller** クラスから環境プロパティや機能を取得します。とりわけ、コントローラーは基底クラスから HTTP コンテキストを継承します。**Controller** を継承する中間カスタムクラスを作成し、URL にバインドされる実際のコントローラークラスにその中間クラスを継承させることもできます。そうした中間クラスを使用するかどうかは、作成中のアプリケーションの具体的な要件に照らして抽象化がどれくらい必要であるかによって決まります。要するに、設計上の意思決定ということになります。

4.1.3 | POCO コントローラー

アクションインボーカーは、コントローラーのインスタンスに HTTP コンテキストを注入します。コントローラークラスの中で実行されるコードは、便利な **HttpContext** プロパティを通じて HTTP コンテキストにアクセスできます。システムに組み込まれている基底クラスをコントローラークラスに継承させると、必要なメカニズムがすべて自動的に提供されます。ただし、ASP.NET Core では、共通の基底クラスをコントローラーに継承させる必要はなくなっています。ASP.NET Core のコントローラークラスは、次のように定義された従来の C# オブジェクト（POCO）でもよいからです。

```
public class PocoController
{
  // アクションメソッド
}
```

第4章　ASP.NET MVC のコントローラー　　77

　システムがPOCO コントローラーを問題なく検出できるようにするには、クラス名に "Controller" を追加するか、クラスに Controller 属性を追加します。

```
[Controller]
public class Poco
{
   // アクションメソッド
}
```

　POCO コントローラーを使用するのは一種の最適化です。通常、この最適化は一部の機能を省略することでオーバーヘッドやメモリ消費を削減することに基づいています。既知の基底クラスを継承しないため、共通の処理が利用できなくなったり、実装が少し冗長になったりするかもしれません。そうしたシナリオをいくつか見てみましょう。

■ 基本的なデータを返すコントローラー

　POCO コントローラーは、完全にテスト可能な通常のC# クラスであり、ASP.NET Core 環境にはまったく依存しません。POCO コントローラーが正常に動作するのは、周囲の環境に依存する必要がない場合に限られることに注意してください。たとえば、データを返すための固定のエンドポイントにすぎない非常に単純な Web サービスを作成しているとしましょう。このような場合は、POCO コントローラーが適しているかもしれません（次のコードを見てください）。

```
public class PocoController
{
  public IActionResult Today()
  {
    return new ContentResult() {
        Content = DateTime.Now.ToString("ddd, d MMM")
    };
  }
}
```

　このコードは、ファイルが存在するか、その場で作成されるかにかかわらず、ファイルの内容を返さなければならない場合にも適しています。

■ HTML コンテンツを返すコントローラー

　ContentResult のサービスを利用すれば、ブラウザーにHTML コンテンツを返すことができます。先の例との違いは、ContentType プロパティに適切なMIME タイプを設定し、HTML 文字列を好きなように組み立てることだけです。

```
public class Poco
{
  public IActionResult Html()
  {
    return new ContentResult()
    {
```

78 第2部 ASP.NET MVC のアプリケーションモデル

```
        Content = "<h1>Hello</h1>",
        ContentType = "text/html",
        StatusCode = 200
    };
  }
}
```

この方法で構築できるHTMLコンテンツは、アルゴリズムによって作成されます。ビューエンジンに接続し、Razorテンプレートによって生成されたHTMLを出力したい場合は、追加の作業が必要です❶。さらに重要なのは、フレームワークに関するより深い知識が求められることです。

■ HTMLビューを返すコントローラー

HTMLビューを扱うASP.NETインフラストラクチャへのアクセスは、そうすんなりとはいきません。コントローラーメソッドから適切な**IActionResult**オブジェクトを返さなければなりませんが❷、それを迅速かつ効果的に行うヘルパーメソッドはすべて基底クラスに属しており、POCOコントローラーでは利用できないからです。ビューに基づいてHTMLを返すための次善策は次のようになります。最初に断っておきますが、コード内のアーティファクトのほとんどについては、本章で後ほど、あるいは第5章で説明します。このコードの主なポイントは、POCOコントローラーはメモリ消費が少ないものの、組み込みの機能の一部を利用できない、ということを示している点にあります。

```
public IActionResult Index([FromServices] IModelMetadataProvider provider)
{
  // ViewDataディクショナリを初期化してビュー内でデータを利用できるようにする
  var viewdata = new ViewDataDictionary<MyViewModel>(
      provider, new ModelStateDictionary());

  // ビューのデータモデルにデータを挿入
  viewdata.Model = new MyViewModel() { Title="Hi!" };

  // ビューを呼び出してデータを渡す
  return new ViewResult() { ViewData=viewdata, ViewName="index" };
}
```

メソッドシグネチャの追加のパラメーターについて少し説明しておきましょう。これはASP.NET Coreで広く使用されている（そして推奨されている）依存性注入の一種です。HTMLビューを作成するには、少なくとも外部の**IModelMetadataProvider**を参照する必要があります。率直に言って、外部から依存性を注入しなければ、たいしたことはできないでしょう。このコードの単純化を試みた場合は、次のようになります。

```
public IActionResult Simple()
{
  return new ViewResult() { ViewName="simple" };
```

---

❶ ビューエンジンについては、第6章を参照。
❷ 「4.3.3　アクション結果」を参照。

```
}
```

"simple" という名前のRazorテンプレートを使用できることと、返されるHTMLがす
べてそのテンプレートによって生成されることがわかります。ただし、レンダリングロジック
に手を加えるためにカスタムデータをビューに渡すというわけにはいきません。また、フォー
ムやクエリ文字列を通じて送信されたデータにアクセスすることもできません。

> **注**
>
> HTMLビューを作成するための**ViewResult**クラスとRazor言語の役割と機能について
> は、第5章で説明します。

■■ HTTP コンテキストにアクセスする

POCOコントローラーの最大の問題点は、HTTPコンテキストが欠落していることです。
このため、クエリ文字列やルートパラメーターを含め、送信された生データを調べることは
できません。ただし、このコンテキスト情報にアクセスすることは可能であり、必要な場合
にのみコントローラーに追加できます。そのための方法は2つあります。

1つ目の方法では、アクションに対する現在のコンテキストを注入します。このコンテキス
トは**ActionContext**クラスのインスタンスであり、HTTPコンテキストとルート情報を
ラッピングしています。必要なコードはこれだけです。

```
public class PocoController
{
  [ActionContext]
  public ActionContext Context { get; set; }
  ...
}
```

このコードに基づいて、通常の非POCOコントローラーの場合と同じように、**Request**
オブジェクトや**RouteData**オブジェクトにアクセスできるようになります。**RouteData**
コレクションからコントローラー名を読み取るコードは次のようになります。

```
var controller = Context.RouteData.Values["controller"];
```

もう1つの方法では、モデルバインディング❸と呼ばれる機能を使用します。モデルバイン
ディングについては、HTTPコンテキストで利用可能な特定のプロパティをコントローラー
メソッドに注入するものと見なすことができます。

```
public IActionResult Http([FromQuery] int p1 = 0)
{
  ...
  return new ContentResult() { Content=p1.ToString() };
}
```

---

❸「4.3.2 モデルバインディング」を参照。

メソッドパラメーターに `FromQuery` 属性を追加すると、パラメーターの名前（p1）と URL のクエリ文字列のパラメーターの 1 つが一致するかどうかが検証されます。一致するものが見つかり、かつ型変換が可能である場合、クエリ文字列のパラメーターの値が自動的にメソッドパラメーターに渡されます。同様に、`FromRoute` または `FromForm` 属性を使用すれば、`RouteData` コレクションのデータや HTML フォームを通じて送信されたデータにアクセスできます。

注

ASP.NET Core では、グローバルデータの概念はかなりあいまいです。実際には、アプリケーションのどこからでもグローバルにアクセスできるという意味においてグローバルなものは何もありません。グローバルにアクセス可能とされるデータは明示的に渡されなければなりません。もう少し正確に言うと、そのデータが使用されるかもしれないすべてのコンテキストにインポートされなければなりません。ASP.NET Core には、そのための依存性注入（DI）フレームワークが組み込まれています。開発者は、抽象型（インターフェイスなど）とそれらの具体的な型をこのフレームワークに登録することで、抽象型への参照がリクエストされるたびに具体的な型のインスタンスを返す作業をフレームワークに委ねることができます。この一般的なプログラミング手法については、すでに例をいくつか見てきました。しかし、ここまでの例はどれも、関与する型がすべて暗黙的に登録されている点で特殊なものでした。第 8 章では、依存性注入システムのコーディング方法をさらに詳しく見ていきます。

4.2 コントローラーアクション

リクエストの URL をルート解析すると、最終的に、インスタンス化するコントローラークラスの名前と、そのリクエストに対して実行するアクションの名前が出力されます。コントローラーでアクションを実行すると、コントローラークラスのパブリックメソッドが呼び出されます。アクション名がコントローラークラスのメソッドにどのようにマッピングされるのか見てみましょう。

4.2.1 アクションからメソッドへのマッピング

原則として、コントローラークラスのパブリックメソッドはすべて、同じ名前のパブリックアクションを表します。例として、`/home/index` のような URL について考えてみましょう。前述のルーティングの仕組みからすると、コントローラーの名前は `"home"` であり、`HomeController` という名前のクラスがプロジェクトに含まれていなければなりません。この URL から抽出されるアクション名は `"index"` です。したがって、`HomeController` クラスに `Index` というパブリックメソッドが定義されている必要があります。

追加のパラメーターが使用されることもありますが、以上がアクションからメソッドへのマッピングの基本ルールとなります。

▌ 名前によるマッピング

MVC アプリケーションモデルでのアクションからメソッドへのマッピングをあらゆる角度から理解するために、次の例について考えてみましょう。

第4章 ASP.NET MVC のコントローラー 81

```
public class HomeController : Controller
{
  // 暗黙的なアクション名：Index
  public IActionResult Index()
  {
    ...
  }

  [NonAction]
  public IActionResult About()
  {
    ...
  }

  [ActionName("About")]
  public IActionResult LoveGermanShepherds()
  {
    ...
  }
}
```

　Index はパブリックメソッドであり、属性は何も追加されていないため、同じ名前のアクションに暗黙的にバインドされます。これは最も一般的なシナリオです —— パブリックメソッドを追加するだけで、その名前がコントローラーのアクションとなり、HTTP メソッドを使って外部から呼び出せるようになります。

　興味深いことに、**About** メソッドもパブックメソッドですが、**NonAction** 属性が追加されています。この属性は、コンパイル時のメソッドの可視性には影響を与えませんが、実行時に ASP.NET Core のルーティングシステムからメソッドを見えなくします。このメソッドは、アプリケーションのサーバー側のコードからは呼び出せるものの、ブラウザーや JavaScript コードから呼び出せるアクションにはバインドされません。

　サンプルクラスの3つ目のパブリックメソッドは、**LoveGermanShepherds** という変わった名前ですが、**ActionName** 属性が追加されています。この属性はメソッドを **About** アクションに明示的にバインドします。したがって、ユーザーが **About** アクションをリクエストすると、常に **LoveGermanShepherds** メソッドが実行されます。**LoveGermanShepherds** という名前を使用できるのは、コントローラークラスのスコープ内での呼び出しか、（実際には考えにくいものの）**HomeController** クラスのインスタンスがプログラムによって作成され、開発者のコードを通じて使用される場合だけです。

　ここまでは、GET や POST といった HTTP メソッドの役割については検討しませんでした。メソッドからアクションへのもう1つのマッピングは、リクエストに使用される HTTP メソッドに基づいています。

■ HTTP メソッドによるマッピング

　MVC アプリケーションモデルは、特定の HTTP メソッドが使用された場合にのみメソッドをアクションにバインドできるほど柔軟です。コントローラーメソッドを HTTP メソッドに関連付けるには、パラメーター付きの **AcceptVerbs** 属性を使用するか、**HttpGet**、**HttpPost**、**HttpPut** といった直接的な属性を使用します。**AcceptVerbs** 属性を使用

82 第 2 部 ASP.NET MVC のアプリケーションモデル

する場合は、特定のメソッドを実行するために必要な HTTP メソッドを指定することができます。次の例について考えてみましょう。

```
[AcceptVerbs("post")]
public IActionResult CallMe()
{
   ...
}
```

このようにすると、GET リクエストを使って **CallMe** メソッドを呼び出すことは不可能になります。**AcceptVerbs** 属性には、HTTP メソッドを表す文字列を指定することができます。有効な値は、**get**、**post**、**put**、**options**、**patch**、**delete**、**head** など、既知の HTTP メソッドに対応する文字列です。また、**AcceptVerbs** 属性に複数の文字列を渡したり、同じメソッドに複数の **AcceptVerbs** 属性を追加したりすることも可能です。

```
[AcceptVerbs("get", "post")]
public IActionResult CallMe()
{
   ...
}
```

AcceptVerbs 属性を使用するのか、それとも **HttpGet**、**HttpPost**、**HttpPut** といった個々の属性を使用するのかは、完全に好みの問題です。次のコードは、**AcceptVerbs** を使用する先のコードと同じ意味になります。

```
[HttpPost]
[HttpGet]
public IActionResult CallMe()
{
   ...
}
```

Web 上でリンクをたどったり、アドレスバーに URL を入力したりするときには、HTTP GET コマンドが実行されます。HTTP POST は、HTML フォームの内容を送信するときに実行されます。他の HTTP コマンドを実行できるのは、ASP.NET Core アプリケーションにリクエストを送信するクライアントコードで Ajax を使用する場合だけです。

■ 個々の HTTP メソッドが役立つ状況

MVC ビューで HTML フォームをホストするたびに直面することになる一般的なシナリオを見てみましょう。この場合は、フォームを表示するビューをレンダリングするメソッドが必要であり、フォームが送信する値を処理するためのメソッドも必要です。レンダリングのリクエストには、通常は GET が使用されます。フォームを処理するリクエストには、通常は POST が使用されます。コントローラー内ではどのように対処するのでしょうか。

選択肢の 1 つは、使用される HTTP メソッドに関係なくリクエストを処理できるメソッドを 1 つだけ定義することかもしれません。

第4章　ASP.NET MVC のコントローラー　83

```
public IActionResult Edit(Customer customer)
{
  var method = HttpContext.Request.Method;
  switch(method)
  {
    case "GET":
      return View();
    ...
  }
  ...
}
```

このメソッドの本体では、ユーザーがフォームの表示を求めているのか、それとも送信した値の処理を求めているのかを判断しなければなりません。最大の情報源は、HTTP コンテキストの **Request** オブジェクトの **Method** プロパティです。**HttpGet** などの属性を使用すれば、このコードを個々のメソッドに分割することができます。

```
[HttpGet]
public IActionResult Edit(Customer customer)
{
  ...
}

[HttpPost]
public IActionResult Edit(Customer customer)
{
  ...
}
```

このようにすると、2つのメソッドがそれぞれのアクションにバインドされます。HTTP コマンドに基づいて適切なメソッドを呼び出す ASP.NET Core では、これで問題ありません。ただし、Microsoft C# コンパイラでは、そうはいきません。C# コンパイラでは、名前とシグネチャが同じである2つのメソッドを同じクラスに追加することはできないからです。そこで、次のように書き換えます。

```
[HttpGet]
[ActionName("edit")]
public IActionResult DisplayEditForm(Customer customer)
{
  ...
}

[HttpPost]
[ActionName("edit")]
public IActionResult SaveEditForm(Customer customer)
{
  ...
}
```

84   第2部 ASP.NET MVC のアプリケーションモデル

このようにすると、メソッドがそれぞれ異なる名前を持つようになり、HTTP コマンドは
異なるものの、どちらも同じアクションにバインドされるようになります。

4.2.2 | 属性に基づくルーティング

属性に基づくルーティングは、コントローラーメソッドを URL にバインドするもう1つの
方法です。考え方としては、アプリケーションの起動時に明示的なルートテーブルを定義す
るのではなく、コントローラーメソッドにそのためのルート属性を追加します。内部では、
それらのルート属性により、システムのルートテーブルが設定されます。

▌ Route 属性

Route 属性は、特定のメソッドを呼び出すための有効な URL テンプレートを定義します。
この属性はコントローラークラスとメソッドの2つのレベルで配置できます。両方に配置する
と、URL が連結されます。例を見てみましょう。

```
[Route("goto")]
public class TourController : Controller
{
  public IActionResult NewYork()
  {
    var action = RouteData.Values["action"].ToString();
    return Ok(action);
  }

  [Route("nyc")]
  public IActionResult NewYorkCity()
  {
    var action = RouteData.Values["action"].ToString();
    return Ok(action);
  }

  [Route("/ny")]
  public IActionResult BigApple()
  {
    var action = RouteData.Values["action"].ToString();
    return Ok(action);
  }
}
```

クラスレベルの Route 属性は大きな影響力を持ちます。この属性を追加すると、
TourController というクラスにおいてコントローラー名として tour を含んでいるメソッ
ドはどれも呼び出せなくなります。コントローラークラスのメソッドを呼び出す唯一方法は、
Route 属性によって指定されたテンプレートを使用することです。では、NewYork メソッ
ドを呼び出すにはどうすればよいでしょうか。

このメソッドは Route 属性を持っておらず、親テンプレートを継承します。したがって、
このメソッドを呼び出すための URL は /goto になります。/goto/newyork では404エラー
（URL not found）が返されるので注意してください。NewYork と同じルーティングパター

ンに従う別のメソッドを追加してみましょう。

```
// [Route]が明示的に指定されていない
public IActionResult Chicago()
{
  var action = RouteData.Values["action"].ToString();
  return Ok(action);
}
```

この時点で、コントローラークラスには Route 属性を持たないメソッドが2つ含まれています。このため、/goto を呼び出すと、あいまいな結果になってしまいます（図4-1）。

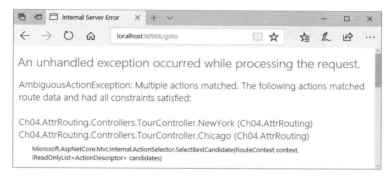

▲図4-1：メソッドに Route 属性がない場合に発生するあいまいなアクションを表す例外

コントローラーメソッド自体に Route 属性が追加されていれば、すべてがより明確になります。指定された URL テンプレートはメソッドを呼び出す唯一の手段です。同じ Route 属性がクラスレベルでも指定されている場合、2つのテンプレートは連結されます。たとえば、NewYorkCity メソッドを呼び出すには、/goto/nyc という URL を使用しなければなりません。

先のコードの BigApple メソッドは、もう1つのシナリオにも対処します。このメソッドの Route 属性には、スラッシュ（/）で始まる値が指定されています。この場合、URL は絶対パスと想定されており、親テンプレートとは連結されません。したがって、BigApple メソッドを呼び出すには、/ny という URL を使用しなければなりません。なお、絶対パスは / または ~/ で始まる URL テンプレートによって識別されます。

■ ルートでルートパラメーターを使用する

ルートはルートパラメーターもサポートしています。これらのパラメーターは HTTP コンテキストから収集されるカスタム値です。興味深いことに、アプリケーションで従来のルーティングも有効にしている場合は、検出されたコントローラーとアクションの名前をルートで使用することができます。先の NewYork メソッドを次のように書き換えてみましょう。

```
[Route("/[controller]/[action]")]
[ActionName("ny")]
public IActionResult NewYork()
```

```
{
  var action = RouteData.Values["action"].ToString();
  return Ok(action);
}
```

このようにすると、パラメーター付きのルートと`ActionName`属性の効果が組み合わされるため、`[Route("goto")]`が設定された`TourController`クラスのメソッドであっても、`/tour/ny`というURLで呼び出せるようになります❹。従来のルーティングにより、コントローラーとアクションのパラメーターが`RouteData`コレクションで定義され、パラメーターにマッピングできるようになります。`ActionName`属性は`NewYork`の名前を`ny`に変更するだけです。だからうまくいくわけです。

よい例がもう1つあります。

```
[Route("go/to/[action]")]
public class VipTourController : Controller
{
  public IActionResult NewYork()
  {
    var action = RouteData.Values["action"].ToString();
    return Ok(action);
  }

  public IActionResult Chicago()
  {
    var action = RouteData.Values["action"].ToString();
    return Ok(action);
  }
}
```

この場合は、コントローラークラスで定義されているすべてのメソッドを`/go/to/XXX`形式のURLで呼び出せるようになります。この場合の`XXX`は、アクションメソッドの名前です（図4-2）。

▲図4-2：ルートパラメーターを持つルート

---

❹［訳注］.NET Core SDK 2.2では、さらにコントローラークラスのRoute属性を無効にしないとうまくいかない。

■ ルートでカスタムパラメーターを使用する

ルートはカスタムパラメーターにも対応できます。カスタムパラメーターとは、URL、クエリ文字列、またはリクエストのボディを通じてメソッドに送信されるパラメーターのことです。入力データを収集するツールや手法については、後ほど説明します。その前に、先の `VipTourController` クラスに定義されている次のメソッドについて考えてみましょう。

```
[Route("for/{days:int}/days")]
public IActionResult SanFrancisco(int days)
{
  var action = string.Format("In {0} for {1} days",
                             RouteData.Values["action"].ToString(),
                             days);
  return Ok(action);
}
```

このメソッドには、整数型の `days` というパラメーターがあります。`Route` 属性は、`days` パラメーターの場所を定義し（カスタムパラメーターには `{}` 表記が使用されます）、型制約を追加します。これにより、`go/to/sanfrancisco/for/4/days` という複雑なURL が見事に処理されるようになります（図4-3）。

▲図4-3：カスタムパラメーターを持つルート

整数に変換できない `days` パラメーターを含んだURL を試した場合は、URL が見つからないため、ステータスコード404 が返されます。これに対し、型制約を省略してカスタムパラメーター `{days}` だけを設定した場合は、URL が認識され、メソッドにそれを処理する機会が与えられます。そして、`days` パラメーターに型の既定値（整数の場合は0）が設定されます。試しに、`go/to/sanfrancisco/for/some/days` というURL を入力してどうなるか確認してみてください。

> **注**
>
> ASP.NET Core では、`HttpGet` や `HttpPost` といったHTTP メソッドごとの属性でルート情報を指定することもできます。結果として、ルートを指定した後にHTTP メソッド属性を指定するのではなく、ルートのURL テンプレートをHTTP メソッド属性に渡すことができます。

4.3 アクションメソッドの実装

コントローラーのアクションメソッドのシグネチャは、プログラマーが自由に決定でき、いかなる制約も受けません。パラメーターのないメソッドを定義する場合、コードに必要な入力データはリクエストから取り出さなければならず、そのためのコードを書かなければなりません。メソッドのシグネチャにパラメーターを追加する場合は、ASP.NET Core のモデルバインディングコンポーネントにより、パラメーターが自動的に解決されます。

ここでは、まず、コントローラーのアクションメソッドから入力データを取り出す方法を説明します。次に、モデルバインダーを使ったパラメーターの自動的な解決に進みます。ASP.NET Core アプリケーションでは、これが最も一般的な選択肢です。最後に、アクション結果のコード化を取り上げます。

4.3.1 基本的なデータの取得

コントローラーのアクションメソッドは、HTTP リクエストを通じて送信された入力データにアクセスできます。入力データは、フォームデータ、クエリ文字列、Cookie、ルート値、送信されたファイルなど、さまざまなソースから取り出すことができます。さっそく詳しく見てみましょう。

■ Request オブジェクトから入力データを取得する

アクションメソッドの本体を記述するときには、おなじみの **Request** オブジェクトに加えて、**Form**、**Cookies**、**Query**、**Headers** といった子コレクションを通じて送信された入力データに直接アクセスできます。後ほど示すように、ASP.NET Core には、モデルバインダーといった非常に魅力的な機能があります。これらの機能を利用すれば、コードの無駄を省いて、テストしやすい状態に保つことができます。とはいえ、従来の **Request** ベースのコードを記述することももちろん可能です。

```
public IActionResult Echo()
{
  // クエリ文字列からデータを明示的に取得
  var data = Request.Query["today"];
  return Ok(data);
}
```

Request.Query ディクショナリには、URL のクエリ文字列から取り出されたパラメーターと値のリストが含まれています。なお、一致するエントリの検索では、大文字と小文字が区別されないことに注意してください。

この方法は完全にうまくいきますが、大きな問題が2つあります。1つ目の問題は、クエリ文字列、送信された値のリスト、URL など、値を取得する場所を知っていなければならないことです。それらのソースごとに異なる API を使用しなければなりません。2つ目の問題は、取得する値はすべて文字列としてコード化されているため、型変換を明示的に行わなければならないことです。

第 4 章　ASP.NET MVC のコントローラー　　89

■ ルートから入力データを取得する

　従来のルーティングを使用する場合は、URL テンプレートにパラメーターを挿入すること
ができます。これらの値はルーティングモジュールによって捕捉され、アプリケーションに提
供されます。しかし、Controller から継承される Request プロパティを使ってアプリケー
ションにルート値を提供するというわけにはいきません。このため、少し異なる方法を用い
てプログラムから取得する必要があります。アプリケーションの起動時に次のルートが登録
されているとしましょう。

```
routes.MapRoute(
    name: "demo",
    template: "go/to/{city}/for/{days}/days",
    defaults: new { controller="Input", action="Go" }
);
```

　このルートには、city と days の2つのカスタムパラメーターが追加されています。コ
ントローラーとメソッドの名前は defaults プロパティを使って静的に設定されています。
city と days の値を取得するにはどうすればよいでしょうか。

```
public IActionResult Go()
{
    // URLテンプレートからデータを明示的に取得
    var city = RouteData.Values["city"];
    var days = RouteData.Values["days"];
    return Ok(string.Format("In {0} for {1} days", city, days));
}
```

　ルートデータにアクセスするには、Controller クラスの RouteData プロパティを使
用します。この場合も、一致するエントリの検索において大文字と小文字は区別されません。
RouteData.Values ディクショナリは String と Object のペアからなるディクショナ
リであり、必要な型変換はすべて明示的に行わなければなりません。

4.3.2 ｜ モデルバインディング

　入力データのために組み込まれているリクエストコレクションを使用する方法はうまくいき
ますが、読みやすさや保守性の観点からすれば、データをコントローラーに提供する専用の
モデルを使用したほうがよいでしょう。このモデルは**入力モデル**とも呼ばれます。ASP.NET
MVC には、バインディングを自動的に行う層があります。この層には、さまざまな値プロ
バイダーのリクエストデータを入力モデルクラスのプロパティにマッピングするためのルール
が組み込まれています。入力モデルクラスを設計するのは主に開発者です。

90　第2部　ASP.NET MVC のアプリケーションモデル

> **注**
>
> 　ほとんどの場合、モデルバインディング層に組み込まれているマッピングルールは、無駄のない有益なデータをコントローラーに提供するのに十分です。ただし、モデルバインディング層のロジックを大幅にカスタマイズすれば、入力データの処理に関する限り、以前とは比べものにならないほど柔軟性を高めることができます。

▐ 既定のモデルバインダー

　送信されてきたリクエストは、`DefaultModelBinder` クラスのインスタンスに対応する組み込みのバインダーオブジェクトによって処理されます。モデルバインディングはアクションインボーカーによって制御され、選択されたコントローラーメソッドのシグネチャを調べ、仮パラメーターの名前と型を確認します。そのようにして、クエリ文字列、フォーム、ルート、または Cookie を使ってリクエストとともにアップロードされたデータの名前と一致するものを突き止めようとします。モデルバインダーは、規約に基づくロジックを使って、送信された値の名前をコントローラーメソッドのパラメーターの名前と照合します。`DefaultModelBinder` クラスは、プリミティブ型と複合型だけでなく、コレクションやディクショナリを処理する方法も知っています。このため、ほとんどの場合は、既定のモデルバインダーで十分に対処できます。

▐ プリミティブ型のバインディング

　最初は不思議に思えるかもしれませんが、モデルバインディングは魔法の力で動いているわけではありません。モデルバインディングのポイントは、コントローラーメソッドに渡したいデータのことだけを考えればよいことです。そのデータがどの方法（クエリ文字列、リクエストのボディ、ルート）で渡されるとしても、データを取得する方法の細かい部分はまったく考えなくてよいのです。

> **重要**
>
> 　モデルバインダーがパラメーターを入力データと照合する順序は決まっています。最初にルートパラメーターで一致するものが見つかるかどうかを確認し、次にフォームで送信されたデータを調べ、最後にクエリ文字列のデータを調べます。

　指定された文字列を指定された回数にわたって繰り返し表示するコントローラーメソッドが必要であるとしましょう。このメソッドに必要な入力データは、文字列と数字です。このメソッドは次のように定義されます。

```
public class BindingController : Controller
{
  public IActionResult Repeat(string text, int number)
  {
    ...
  }
}
```

コントローラーメソッドをこのように設計すると、HTTP コンテキストにアクセスしてデータを取得する手間が省けます。既定のモデルバインダーは、リクエストのコンテキストで利用可能な値がすべて含まれたコレクションから text と number の実際の値を読み取ります。モデルバインダーは、リクエストのコンテキストで検出された名前付きの値を仮パラメーターの名前（この例では text と number）と照合することで、有効な値を探します。つまり、text という名前のフォームフィールド、クエリ文字列フィールド、またはルートパラメーターがリクエストに含まれていた場合、その値は自動的に text パラメーターにバインドされます。仮パラメーターの型と実際の値との間に互換性がある限り、このバインディングはうまくいきます。型変換が不可能な値である場合は、引数例外がスローされます。たとえば、次の URL はうまくいきます。

```
/binding/repeat?text=Dino&number=2
```

これに対し、次の URL は無効な結果を生成するかもしれません。

```
/binding/repeat?text=Dino&number=true
```

このクエリ文字列の text フィールドには Dino という値が含まれています。この値は、Repeat メソッドの String 型の text パラメーターに問題なくバインドされます。これに対し、このクエリ文字列の number フィールドには true が含まれており、この値は int 型の number パラメーターにうまくバインドできません。このため、モデルバインダーは number のエントリに int 型の既定値である 0 が含まれたパラメーターディクショナリを返します。実際にどうなるかは、入力を処理するコード次第です。空のコンテンツを返すこともあれば、例外をスローすることもあります。

既定のモデルバインダーは、string、int、double、decimal、bool、DateTime と関連するコレクションを含め、すべてのプリミティブ型をバインドすることができます。URL で Boolean 型を表すには、文字列の true/false を使用する必要があります。これらの文字列は .NET Core に組み込まれている Boolean 解析関数によって解析されますが、true と false の大文字と小文字は区別されません。yes/no などの文字列を使って Boolean 値を表現した場合、既定のモデルバインダーはその意図を理解できず、パラメーターディクショナリに null 値を追加するため、実際の出力に影響をおよぼすことがあります。

■ 特定のソースからの強制的なバインディング

ASP.NET Core では、特定のパラメーターに特定のデータソースを強制的に適用することで、データソースのモデルバインディングの順序を変えてしまうことができます。これには、FromQuery、FromRoute、FromForm という新しい属性のいずれかを使用します。名前からもわかるように、これらの属性はそれぞれモデルバインディング層にクエリ文字列、ルートデータ、送信データをマッピングさせます。次のコントローラーのコードについて考えてみましょう。

```
[Route("moveto/{city}")]
public IActionResult Visit([FromQuery] string city)
{
  ...
```

```
}
```

FromQuery 属性は、パラメーターをクエリ文字列の一致する名前の値に強制的にバインドします。/moveto/rome?city=london という URL がリクエストされたとしましょう。さて、ローマとロンドンのどちらに行くのでしょうか。rome の値はより優先順位の高いディクショナリを通じて渡されますが、実際のメソッドパラメーターはクエリ文字列によって渡される値にバインドされます。したがって、city パラメーターの値は london になります。興味深いのは、強制的に適用されたソースの中に一致する値が含まれていない場合、パラメーターに設定される値は一致する他の値ではなく、宣言された型の既定値であることです。言い換えるなら、FromQuery、FromRoute、FromForm の3つの属性はどれも、実質的には、モデルバインディングを指定されたデータソースに限定するものとなります。

■ ヘッダーからのバインディング

ASP.NET Core には、FromHeader という新しい属性があります。この属性は、コントローラーメソッドのコンテキストにおいて HTTP ヘッダーに格納されている情報を簡単に取得できるようにするためのものです。HTTP ヘッダーが自動的にモデルバインディングの対象にならないことを不思議に思っているかもしれません。これには2つの理由があります。筆者の見解では、1つ目は技術的というよりも哲学的なものです。HTTP ヘッダーは通常のユーザー入力と見なされないことがあり、モデルバインディングの目的は単にユーザー入力をコントローラーメソッドにマッピングすることにあります。HTTP ヘッダーに含まれている情報は、コントローラーの内部を調べるのに役立つことがあります。認証トークンはその代表的な例ですが、厳密に言えば、やはり「ユーザー入力」ではありません。HTTP ヘッダーがモデルバインダーによって自動的に解決されないもう1つの理由は、純粋に技術的なものであり、HTTP ヘッダーの命名規則に関連しています。

たとえば、Accept-Language のような名前のヘッダーをマッピングするには、対応する名前のパラメーターが必要ですが、C# では変数名にハイフン（-）を使用することはできません。この問題を解決するのが FromHeader 属性です。

```
public IActionResult Accept(
    [FromHeader(Name ="Accept-Language")] string language)
{
  ...
}
```

この属性は、ヘッダー名を引数として受け取り、関連付けられている値をメソッドのパラメーターにバインドします。このコードを実行すると、メソッドの language パラメーターに Accept-Language ヘッダーの現在の値が設定されます。

■ リクエストのボディからのバインディング

URL やヘッダーではなく、リクエストのボディの一部としてリクエストデータを渡したいことがあります。コントローラーメソッドにボディの内容が渡されるようにするには、ボディの内容を特定のパラメーターに対して解析するようにモデルバインディング層に明示的に伝えなければなりません。そのためにあるのが、新しい FromBody 属性です。次に示すように、この属性をメソッドのパラメーターに追加すればよいだけです。

第4章 ASP.NET MVC のコントローラー   93

```
public IActionResult Print([FromBody] string content)
{
  ...
}
```

　このようにすると、リクエスト（GET または POST）の内容全体がまとめて処理されるようになり、可能な限り、型制約に対して有効なパラメーターにマッピングされるようになります。

■ 複合型のバインディング

　メソッドのシグネチャで指定できるパラメーターの数に制限はありません。とはいえ、多くの場合は、パラメーターをずらずら並べるよりも、コンテナークラスを使用したほうがよいでしょう。既定のモデルバインダーの場合は、パラメーターがずらりと並んでいても、複合型のパラメーターが1つだけ指定されていても、結果はほとんど同じであり、どちらの方法も完全にサポートされています。例を見てみましょう。

```
public class ComplexController : Controller
{
  public IActionResult Repeat(RepeatText input)
  {
    ...
  }
}
```

　このコントローラーメソッドは、引数として **RepeatText** 型のオブジェクトを受け取ります。**RepeatText** クラスは DTO（Data Transfer Object）であり、次のように定義されています。

```
public class RepeatText
{
  public string Text { get; set; }
  public int Number { get; set; }
}
```

　このクラスに含まれているのは、先の例で個々のパラメーターとして渡されていた値に対応するメンバーだけです。モデルバインダーは、個別の値と同じように、この複合型にも対応します。

　モデルバインダーは、宣言された型（この場合は **RepeatText**）のパブリックプロパティごとに、送信された値のうちキー名がプロパティ名と一致するものを探します。このマッチングでは、大文字と小文字は区別されません。

■ プリミティブ型の配列のバインディング

　コントローラーメソッドが引数として配列を期待する場合はどうなるでしょうか。たとえば、送信されたフォームの内容を **IList<T>** 型のパラメーターにバインドすることは可能なので

94 第2部 ASP.NET MVC のアプリケーションモデル

しょうか。`DefaultModelBinder` クラスを利用すれば可能ですが、少し工夫が必要です。
図 4-4 を見てください。

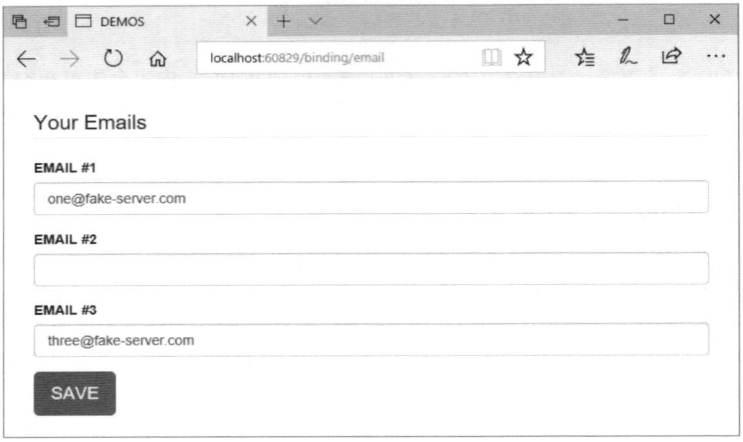

▲図4-4：メールアドレスからなる配列を送信するサンプルフォーム

ユーザーがフォームのボタンをクリックすると、さまざまなテキストボックスの内容が送信
されます。各テキストボックスに一意な名前を付けた場合は、それらの名前に基づいて値を
個別に取得するしかありません。これに対し、テキストボックスに適切な名前が付いていれば、
モデルバインダーの能力を利用して配列を組み立てることができます。複数の関連情報を送
信するためのフォームを作成する HTML は、次のようになるかもしれません。

```
<input name="emails" id="email1" type="text">
<input name="emails" id="email2" type="text">
<input name="emails" id="email3" type="text">
```

入力フィールドにはそれぞれ一意な ID が割り当てられていますが、`name` 属性の値は同じ
です。ブラウザーが送信する情報は次のようになります。

```
emails=one@fake-server.com&emails=&emails=three@fake-server.com
```

同じ名前のアイテムが 3 つ存在します。モデルバインダーはそれらのアイテムを列挙可能な
コレクションにまとめます（図 4-5）。

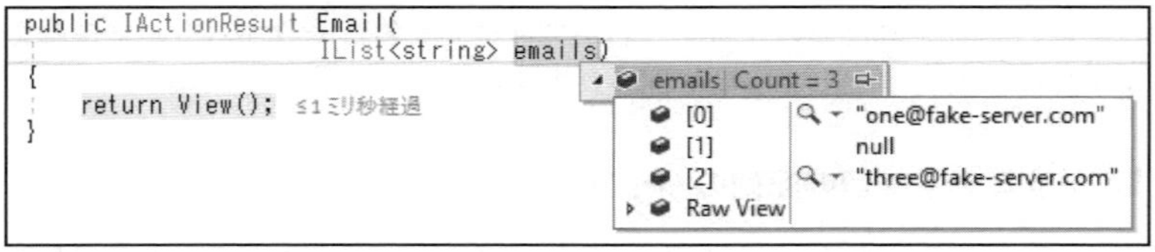

▲図4-5：文字列の配列が送信されている

第4章　ASP.NET MVC のコントローラー　95

要するに、値のコレクションをコントローラーメソッドに渡すには、同じ名前の複数の要素がアップロードされるようにする必要があります。また、通常のモデルバインダーのルールに従い、その名前はコントローラーメソッドのシグネチャと一致するものでなければなりません。

■ バインディング名を制御する

ここで気になるのは、入力フィールドに使用する名前です。先のコードでは、すべての入力フィールドに emails という名前が付いていました。こうした複数形の名前は、文字列の配列が渡されることを期待しているコントローラー側ではしっくりきますが、HTML 側では、単一のメールフィールドに複数形の名前を付けることになります。うまくいくかどうかの問題ではなく、現実世界での呼び方の問題です。ASP.NET Core には、この問題に対処するために Bind 属性が用意されています。

```
<input name="email" id="email1" type="text">
<input name="email" id="email2" type="text">
<input name="email" id="email3" type="text">
```

HTML ソースコードでは、単数形の名前を使用します。そして、コントローラーのコードでは、モデルバインダーが渡された名前を指定されたパラメーターにマッピングします。

```
public IActionResult Email([Bind(Prefix="email")] IList<string> emails)
```

HTML は ID 名で使用できる文字について厳格です。たとえば、ID 属性に割り当てられる値に角かっこ（[]）を含めることはできません。ただし、name 属性に対しては、こうした制約は免除されます。この特性は複合型の配列をバインドするときに役立ちます。

■ 複合型の配列のバインディング

住所などの情報を複数のフィールドに分けて入力するHTMLフォームがあるとしましょう。現実的には、住所を次のように定義することになるかもしれません。

```
public class Address
{
  public string Street { get; set; }
  public string City { get; set; }
  public string Country { get; set; }
}
```

さらに、住所が Company といった大きなデータ構造の一部であることも考えられます。

```
public class Company
{
  public int CompanyId { get; set; }
  public IList<Address> Addresses { get; set; }
  ...
}
```

96 第2部 ASP.NET MVC のアプリケーションモデル

入力フォームが **Company** クラスの構造と一致しているとしましょう。このフォームが送信されると、サーバーが住所のコレクションを受け取ります。モデルバインディングにはどのように対応するのでしょうか。この場合も、HTML マークアップをどのように定義するかによります。複合型の場合は、この配列もマークアップで明示的に作成しなければなりません。

```
<input type="text" id="..." name="company.Addresses[0].Street" ... />
<input type="text" id="..." name="company.Addresses[0].City" ... />
<input type="text" id="..." name="company.Addresses[1].Street" ... />
<input type="text" id="..." name="company.Addresses[1].City" ... />
```

この HTML 構造は、次のコントローラーメソッドのシグネチャと一致します。

```
public IActionResult Save(Company company)
```

バインドされるオブジェクトは **Company** クラスのインスタンスです。このクラスの **Addresses** コレクションプロパティには、2つの要素が含まれています。これはかなりうまい方法であり、実際にうまくいきますが、完璧ではありません。

具体的に言うと、コレクションに追加されるアイテムの正確な数がわかっていればうまくいきますが、そうでなければ失敗するかもしれません。また、送信される値のインデックスが連続していなければ、バインディングはうまくいきません。通常、インデックスは0始まりですが、インデックスが何の値から始まるとしても、インデックスが途切れた時点でコレクションのバインディングは終了してしまいます。たとえば、**addresses[0]** の後に **addresses[2]** と **addresses[3]** が続いている場合、コントローラーメソッドに自動的に渡されるのは最初の1つだけです。

重要

> こうした情報の打ち切りの概念は、モデルバインダーによって認識・処理されるデータにのみ適用されることに注意してください。ブラウザーは HTML フォームに入力されたデータをすべて正しく送信します。ただし、モデルバインディングを利用しない場合は、すべての送信データを取得して相互に関連付けるために、かなり高度な解析アルゴリズムを自分で準備しなければなりません。

4.3.3 │ アクション結果

アクションメソッドが生成する結果はさまざまです。たとえば、アクションメソッドを Web サービスとして機能させ、リクエストに応じて通常の文字列や JSON 文字列を返すことができます。同様に、呼び出し元に返すコンテンツがないことや、別の URL へのリダイレクトが必要であることをアクションメソッドに判断させることもできます。一般に、アクションメソッドは **IActionResult** 型のオブジェクトを返します。

IActionResult は、アクションメソッドに代わってさらに処理を行うための共通のプログラミングインターフェイスです。そうした追加の処理は、リクエスト元のブラウザーに対するレスポンスの生成に関係しています。

第 4 章　ASP.NET MVC のコントローラー　　97

■ アクション結果を表す型

ASP.NET Core には、**IActionResult** インターフェイスを実装する具体的な型がいろいろ定義されています。表4-1 に、その一部をまとめておきます。なお、この表には、セキュリティと Web API に関連するアクション結果型は含まれていません。

▼表4-1：あらかじめ定義されている IActionResult 型の一部

型	説明
ContentResult	生のテキストコンテンツ（HTML であるとは限らない）をブラウザーに送信する
EmptyResult	ブラウザーにコンテンツを送信しない
FileContentResult	ファイルの内容をブラウザーに送信する。ファイルの内容はバイト配列として表される
FileStreamResult	ファイルの内容をブラウザーに送信する。ファイルの内容は **Stream** オブジェクトとして表される
LocalRedirectResult	レスポンスコード HTTP 302 をブラウザーに送信することで、現在のサイトに対してローカルな URL にリダイレクトさせる。指定できるのは相対 URL のみ
JsonResult	JSON 文字列をブラウザーに送信する。**JsonResult** クラスの **ExecuteResult** メソッドは、コンテントタイプを JSON に設定した上でJavaScriptシリアライザーを呼び出すことで、指定されたマネージドオブジェクトを JSON としてシリアライズする
NotFoundResult	ステータスコード 404 を返す
PartialViewResult	ページビューの一部を表すHTML コンテンツをブラウザーに送信する
PhysicalFileResult	ファイルの内容をブラウザーに送信する。ファイルはパスとコンテントタイプによって識別される
RedirectResult	レスポンスコード HTTP 302 をブラウザーに送信することで、ブラウザーを特定の URL へリダイレクトさせる
RedirectToActionResult	**RedirectResult** と同じように、レスポンスコード HTTP 302 とリダイレクト先の新しい URL をブラウザーに送信する。この URL はアクションとコントローラーのペアに基づいて組み立てられる
RedirectToRouteResult	**RedirectResult** と同様に、レスポンスコード HTTP 302 とリダイレクト先の新しい URL をブラウザーに送信する。この URL はルート名に基づいて組み立てられる
StatusCodeResult	指定されたステータスコードを返す
ViewComponentResult	ビューコンポーネントから取り出したHTML コンテンツをブラウザーに送信する
ViewResult	完全なページビューを表すHTML コンテンツをブラウザーに送信する
VirtualFileResult	ファイルの内容をブラウザーに送信する。ファイルはその仮想パスに基づいて識別される

リクエストに対してファイルの内容で応答するか、あるいはバイト配列で表される何らかのバイナリコンテンツで応答したい場合は、ファイル関連のアクション結果クラスを使用します。

98　第 2 部　ASP.NET MVC のアプリケーションモデル

> **注**
>
> 　ASP.NET MVC の 以 前 の バ ー ジ ョ ン で 提 供 さ れ て い た `JavascriptResult` と
> `FilePathResult` の 2 つのアクション結果型は、ASP.NET Core ではサポートされなくなって
> います。`FilePathResult` は、`PhysicalFileResult` と `VirtualFileResult` に分割され
> ています。JavaScript を返したい場合は、`ContentResult` を適切な MIME タイプで使用します。
> また、`HttpStatusCodeResult`、`HttpNotFoundResult`、`HttpUnauthorizedResult` の
> 3 つののアクション結果型も提供されなくなっていますが、それぞれ `StatusCodeResult`、
> `NotFoundResult`、`UnauthorizedResult` に名前が変更されただけです。

■ セキュリティ関連のアクション結果

　ASP.NET Core では、認証や認可といったセキュリティ関連のアクションに対応するアク
ション結果型も用意されています。表4-2に、それらのアクション結果型をまとめておきます。

▼表 4-2：セキュリティ関連の IActionResult 型

型	説明
`ChallengeResult`	ステータスコード401（unauthorized））を返し、指定されたアクセス拒否パスへリダイレクトする。この型のインスタンスを返すことには、フレームワークのチャレンジメソッドの明示的な呼び出しと同じ効果がある
`ForbidResult`	ステータスコード403（forbidden）を返し、指定されたアクセス拒否パスへリダイレクトする。この型のインスタンスを返すことには、フレームワークのフォービッドメソッドの明示的な呼び出しと同じ効果がある
`SignInResult`	ユーザーをサインインさせる。この型のインスタンスを返すことには、フレームワークのサインインメソッドの明示的な呼び出しと同じ効果がある
`SignOutResult`	ユーザーをサインアウトさせる。この型のインスタンスを返すことには、フレームワークのサインアウトメソッドの明示的な呼び出しと同じ効果がある
`UnauthorizedResult`	ステータスコード401（unauthorized）を返すだけで、それ以上アクションを実行しない

　サインインプロセスに関する限り、コントローラーメソッドから `SignInResult` オブジェ
クトを返すことには、新しい認証 API のメソッドを明示的に呼び出してサインインするのと
同じ効果があります[5]。設計上の観点からすると、コントローラーメソッドの呼び出し（ログ
インフォームに入力した後のPOST メソッドなど）では、アクション結果に基づいてプリン
シパルオブジェクトを作成するほうが明確でしょう。ただし、これは主に好みの問題です。

■ Web API のアクション結果

　ASP.NET Core のアクション結果型には、ASP.NET MVC フレームワークの古いバージョ
ンでは提供されていなかった、Web API フレームワークに特化した型も含まれています。表
4-3に、Web API 固有のアクション結果型をまとめておきます。

---

[5] 認証 API については、第8章を参照。

▼表4-3：Web API 関連の IActionResult 型

型	説明
AcceptedResult	ステータスコード202と、リクエストのステータスを監視するためのURIを返す
AcceptedAtActionResult	ステータスコード202とともに、リクエストのステータスを監視するためのURIをコントローラーとアクションのペアとして返す
AcceptedAtRouteResult	ステータスコード202とともに、リクエストのステータスを監視するためのURIをルート名として返す
BadRequestObjectResult	ステータスコード400を返し、必要に応じてモデル状態ディクショナリにエラーを設定する
BadRequestResult	ステータスコード400を返す
CreatedResult	ステータスコード201と作成されたリソースのURIを返す
CreatedAtActionResult	ステータスコード201と、コントローラーとアクションのペアとして表されたリソースのURIを返す
CreatedAtRouteResult	ステータスコード201と、ルート名として表されたリソースのURIを返す
NoContentResult	ステータスコード204を返し、コンテンツは返さない。EmptyResultと似ているが、EmptyResultはステータスコード202を設定する
OkObjectResult	ステータスコード200を返し、指定されたコンテンツをシリアライズする前にコンテンツネゴシエーションを行う
OkResult	ステータスコード200を返す
UnsupportedMediaTypeResult	ステータスコード415を返す

　ASP.NET の以前のバージョンでは、Web API フレームワークはリクエストを REST 形式で受け取って処理する別のフレームワークとして提供されていました。ASP.NET Core の Web API フレームワークは、そのコントローラーサービスとアクション結果型を含め、メインフレームワークに統合されています。

4.4 アクションフィルター

　アクションフィルターは、アクションメソッドの呼び出しの前後に実行されるコードであり、メソッド自体にコーディングされた振る舞いを変更または拡張するために使用できます。

4.4.1 アクションフィルターの構造

　次のインターフェイスには、アクションフィルターのすべてが示されています。

```
public interface IActionFilter
{
  void OnActionExecuting(ActionExecutingContext filterContext);
  void OnActionExecuted(ActionExecutedContext filterContext);
}
```

つまり、アクションフィルターはアクションを実行する前後にコードを実行するためのフックを提供します。アクションフィルターの中からリクエストやコントローラーのコンテキストにアクセスし、パラメーターの読み取りや変更を行うことができます。

▓ アクションフィルターの組み込み実装

Controllerクラスを継承するユーザー定義の各コントローラーは、IActionFilterインターフェイスの既定の実装を取得することになります。実際には、Controller基底クラスには、オーバーライド可能なOnActionExecutingメソッドとOnActionExecutedメソッドが定義されています。つまり、どのコントローラークラスでも、基底クラスのメソッドをオーバーライドするだけで、特定のメソッドが呼び出される前、呼び出された後、または両方のタイミングで何をするかを決定するチャンスが得られます。この機能は、POCOコントローラーには対応していません。

Indexメソッドが呼び出されるたびに特別なレスポンスヘッダーを追加するコードを見てみましょう。

```
public class FilterController : Controller
{
  protected DateTime StartTime;
  public override void OnActionExecuting(ActionExecutingContext filterContext)
  {
    var action = filterContext.ActionDescriptor.RouteValues["action"];
    if (string.Equals(action, "index",
                      StringComparison.CurrentCultureIgnoreCase))
    {
      StartTime = DateTime.Now;
    }
    base.OnActionExecuting(filterContext);
  }

  public override void OnActionExecuted(ActionExecutedContext filterContext)
  {
    var action = filterContext.ActionDescriptor.RouteValues["action"];
    if (string.Equals(action, "index",
        StringComparison.CurrentCultureIgnoreCase))
    {
      var timeSpan = DateTime.Now - StartTime;
      filterContext.HttpContext.Response.Headers.Add(
          "duration", timeSpan.TotalMilliseconds.ToString());
    }
    base.OnActionExecuted(filterContext);
  }

  public IActionResult Index()
  {
    return Ok("Just processed Filter.Index");
  }
}
```

図4-6は、このメソッドがどのようにして実行にかかった時間をミリ秒単位で計測し、そ

の値を duration という新しいレスポンスヘッダーに書き出すのかを示しています。

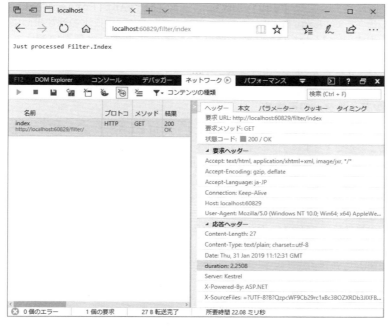

▲図4-6：Index メソッドに追加されたカスタムレスポンスヘッダー

■ フィルターの分類

　アクションフィルターは、ASP.NET Core パイプラインで呼び出されるフィルターの一種にすぎません。フィルターは、それらが実際に実行するタスクに応じて、何種類かに分類されます。ASP.NET Core パイプラインで呼び出されるフィルターは、表4-4の5種類に分類されます。

▼表4-4：ASP.NET Core パイプラインで使用されるフィルターの種類

種類	説明
認可フィルター	リクエスト元のユーザーに現在のリクエストを実行する権限が与えられているかどうかを判断するためにパイプラインで最初に実行されるフィルター
リソースフィルター	認可が完了した後、パイプラインの残りの部分の前と、パイプライン化されたすべてのコンポーネントの後に実行される。キャッシュに役立つ
アクションフィルター	コントローラーのアクションメソッドの前と後に実行される
例外フィルター	このフィルターが登録されている場合は、処理されない例外が発生したときに実行される
結果フィルター	アクションメソッドの結果を実行する前と後に実行される

　これらのフィルターは同期または非同期で実装されます。どちらを使用するかは、好みや状況によります。

ASP.NET Coreには、組み込みフィルターがいくつか用意されています。後ほど示すように、特定の目的に合わせてさらにフィルターを作成することができます。組み込みフィルターの中でも注目すべきは、`RequireHttps`、`ValidateAntiForgeryToken`、`Authorize`の3つです。`RequireHttps`は、コントローラーメソッドの呼び出しにHTTPSを適用します。`ValidateAntiForgeryToken`は、卑劣な攻撃を回避するために、HTMLPOSTで送信されたトークンを調べます。`Authorize`は、認証されたユーザーだけがコントローラーメソッドを利用できるようにします。

■ フィルターの可視性

アクションフィルターは、メソッドごとに適用するか、コントローラークラス全体に適用することができます。アクションフィルターをコントローラークラスに適用した場合は、そのコントローラーに定義されているすべてのアクションメソッドに適用されます。これに対し、グローバルフィルターは、アプリケーションの起動時に登録されると、すべてのコントローラークラスのすべてのアクションメソッドに自動的に適用されるフィルターです。

グローバルフィルターは、通常のアクションフィルターと同じです。単に、アプリケーションの起動時にプログラムから登録されるというだけです。

```
public void ConfigureServices(IServiceCollection services)
{
  services.AddMvc(options =>
  {
      options.Filters.Add(new OneActionFilterAttribute());
      options.Filters.Add(typeof(AnotherActionFilterAttribute));
  });
}
```

フィルターは、インスタンスに基づいて、あるいは型に基づいて追加することができます。型を使用する場合は、ASP.NET Coreの依存性注入フレームワークを通じて実際のインスタンスが取得されます。最初に呼び出されるのはグローバルフィルターです。次に呼び出されるのはコントローラーレベルで定義されたフィルターであり、最後にアクションメソッドで定義されたフィルターが呼び出されます。なお、コントローラークラスで`OnActionExecuting`をオーバーライドする場合、そのコードはメソッドレベルのフィルターが適用される前に実行されます。コントローラークラスで`OnActionExecuted`をオーバーライドする場合、そのコードはメソッドレベルのフィルターが適用された後に実行されます。

4.4.2 | さまざまなアクションフィルター

これらのアクションフィルターは、ASP.NET Coreの中にアスペクト指向のフレームワークを埋め込みます。一般に、アクションフィルターを記述する際には、`ActionFilterAttribute`クラスを継承し、独自の振る舞いを追加するだけです。

ここでは、サンプルアクションフィルターをいくつか紹介します。

> **注**
>
> 　アクションフィルターは、特定の振る舞いをカプセル化するカスタムコンポーネントです。アクションフィルターを記述するのは、この振る舞いを分離して簡単に複製できるようにしたい場合です。振る舞いの再利用性は、アクションフィルターを記述するかどうかを判断する決め手の1つですが、あくまでも決め手の1つにすぎません。アクションフィルターは、コントローラーのコードから無駄を削ぎ落として有益なものに保つのにも役立ちます。原則として、コントローラーメソッドのコードが分岐や条件文だらけになっている場合は、そうした分岐コードや繰り返し使用されるコードの一部をアクションフィルターへ移動できるかどうか検討してみてください。それが可能であれば、コードがかなり読みやすくなるはずです。

■ カスタムヘッダーを追加する

　アクションフィルターの一般的な例の1つは、特定のアクションメソッドに対するリクエストにカスタムヘッダーを追加するフィルターです。少し前に、**OnActionExecuted** コントローラーメソッドをオーバーライドすることで、これを可能にする方法を示しました。そのコードをコントローラーから抜き出して別のクラスにまとめる方法は次のようになります。

```
public class HeaderAttribute : ActionFilterAttribute
{
  public string Name { get; set; }
  public string Value { get; set; }

  public override void OnActionExecuted(ActionExecutedContext filterContext)
  {
    if (!string.IsNullOrEmpty(Name) && !string.IsNullOrEmpty(Value))
      filterContext.HttpContext.Response.Headers.Add(Name, Value);
    return;
  }
}
```

　このようにすると、コードが扱いやすい単位に切り出されます。いくつでも必要なだけコントローラーアクションに関連付けることができますし、コントローラーのすべてのアクションに、あるいはすべてのコントローラーにグローバルに関連付けることもできます。そのために必要なのは、次に示すように、属性を追加することだけです。

```
[Header(Name="Action", Value="About")]
public IActionResult About()
{
  ...
}
```

　次に、もう少し複雑な例として、アプリケーションのビューのローカライズが必要な例を見てみましょう。

104　第2部　ASP.NET MVC のアプリケーションモデル

■ リクエストのカルチャを設定する

ASP.NET Core は、多言語アプリケーションをサポートするために、十分な実用性を持つ特別なインフラストラクチャを提供します。ASP.NET の以前のバージョンには、このようなフレームワークは存在しませんが、このフレームワークを構築するためのツールは存在します。古い ASP.NET MVC コードからなる大規模なコードベースがある場合は、ユーザーの優先カルチャを読み取り、リクエストごとに適用するロジックが存在する可能性があります。

第8章では、複数のカルチャに対応し、カルチャを切り替えるための ASP.NET Core の新しいミドルウェアを取り上げます。ここでは、グローバルアクションフィルターを使って同じロジックを書き換える方法を示します。つまり、原理は同じですが、ASP.NET Core ミドルウェアを使って実装する場合は、パイプラインにおいて手前にあるカルチャスイッチによって呼び出されます。

```csharp
[AttributeUsage(AttributeTargets.Class | AttributeTargets.Method,
                AllowMultiple=false)]
public class CultureAttribute : ActionFilterAttribute
{
  public string Name { get; set; }
  public static string CookieName => "_Culture";

  public override void OnActionExecuting(ActionExecutingContext filterContext)
  {
    var culture = Name;
    if (string.IsNullOrEmpty(culture))
      culture = GetSavedCultureOrDefault(filterContext.HttpContext.Request);

    // 現在のスレッドでカルチャを設定
    SetCultureOnThread(culture);

    // 通常どおりの処理に進む
    base.OnActionExecuting(filterContext);
  }

  private static string GetSavedCultureOrDefault(HttpRequest httpRequest)
  {
    var culture =
        httpRequestBase.Cookies[CookieName] ?? CultureInfo.CurrentCulture.Name;
    return culture;
  }

  private static void SetCultureOnThread(string language)
  {
    var cultureInfo = new CultureInfo(language);
    CultureInfo.CurrentCulture = cultureInfo;
    CultureInfo.CurrentUICulture = cultureInfo;
  }
}
```

このコードは、アクションメソッドを実行する直前に **_Culture** というカスタム Cookie を調べます。この Cookie には、ユーザーが選択した言語が含まれていることがあります。こ

のCookie が見つからない場合、フィルターの既定値は現在のカルチャであり、そのカルチャを現在のスレッドに割り当てます。**Culture** フィルターをすべてのコントローラーメソッドに適用するには、グローバルに登録します。

```
public void ConfigureServices(IServiceCollection services)
{
  services.AddMvc(options =>
  {
    options.Filters.Add(new CultureAttribute());
  });
}
```

注

グローバルに登録されたフィルターは、クラスまたはメソッドレベルで明示的に割り当てられたフィルターと何ら変わりません。アクションフィルターを記述する際には、**AttributeUsage** 属性を使ってフィルターのスコープを制御できます。

```
[AttributeUsage(AttributeTargets.Class | AttributeTargets.Method,
                AllowMultiple=false)]
```

具体的には、**AttributeTargets** 列挙型を使ってこの属性を配置できる場所を指定し、**AllowMultiple** プロパティを使ってこの属性を同じ場所で使用できる回数を指定します。**AttributeUsage** 属性は、アクションフィルターだけでなく、あなたが作成するすべてのカスタム属性に対応します。

■ メソッドを Ajax 呼び出しに限定する

ここまで見てきたアクションフィルターは、アクションメソッドの実行にいくつかのタイミングで割り込むことを目的としたコンポーネントです。ここで、特定のメソッドが特定のアクションの処理に適しているかどうかを判断するのに役立つコードを追加したいとしましょう。この種のカスタマイズには、**アクションセレクター**という別の種類のフィルターが必要です。

アクションセレクターには、**アクション名セレクター**と**アクションメソッドセレクター**の2種類があります。アクション名セレクターは、セレクターで修飾されたメソッドを特定のアクション名の解決に使用できるかどうかを決定します。アクションメソッドセレクターは、一致する名前のメソッドを特定のアクションの解決に使用できるかどうかを決定します。一般に、アクションメソッドセレクターは実行時の条件に基づいてレスポンスを返します。先ほど使用した**ActionName** 属性は、アクション名セレクターの典型的な例です。これに対し、アクションメソッドセレクターの一般的な例は**NonAction** 属性と**AcceptVerbs** 属性です。たとえば、リクエストの送信にJavaScript が使用された場合にのみメソッドを受け取るカスタムメソッドセレクターがあるとしましょう。

このカスタムメソッドセレクターを実装するために必要なのは、**ActionMethodSelectorAttribute** クラスを継承し、**IsValidForRequest** メソッドをオーバーライドするクラスだけです。

```
public class AjaxOnlyAttribute : ActionMethodSelectorAttribute
{
  public override bool IsValidForRequest(RouteContext routeContext,
                                         ActionDescriptor action)
  {
    return routeContext.HttpContext.Request.IsAjaxRequest();
  }
}
```

IsAjaxRequest メソッドは**HttpRequest**クラスの拡張メソッドです。

```
public static class HttpRequestExtensions
{
  public static bool IsAjaxRequest(this HttpRequest request)
  {
    if (request == null)
      throw new ArgumentNullException("request");
    if (request.Headers != null)
      return request.Headers["X-Requested-With"] == "XMLHttpRequest";
    return false;
  }
}
```

AjaxOnly属性が指定されたメソッドは、ブラウザーの**XmlHttpRequest**オブジェクトによって実行された呼び出しだけを処理できるようになります。

```
[AjaxOnly]
public IActionResult Details(int customerId)
{
  var model = ...;
  return PartialView(model);
}
```

ルートをたどるとAjax専用メソッドにマッピングされるはずのURLを呼び出そうとした場合は、URLが見つからないことを示す例外がスローされます。

注

たとえば、リクエスト元のクライアントのユーザーエージェントを調べて、モバイルデバイスからの呼び出しを見分けたい場合も、同じ方法を利用できます。

4.5 | まとめ

　コントローラーはASP.NET アプリケーションの心臓部であり、ユーザーからのリクエストとサーバーシステムの機能の間を取り持ちます。コントローラーはユーザーインターフェイスのアクションにリンクされ、中間層とやり取りします。コントローラーは結果を得ることを目的としてアクションを実行しますが、それらの結果を直接返すわけではありません。コントローラー内では、リクエストの処理と、結果を提供するためのさらなるアクション（HTMLビューのレンダリングなど）がきれいに分離されます。

　設計上の観点からすると、コントローラーはランタイム環境をほぼ直接参照し、リクエストのHTTP コンテキストを知っているという点で、プレゼンテーション層の一部です。ASP.NET Core では、POCO コントローラーが導入され、サポートされていますが、個人的には、POCO 以外のコントローラーを使用するケースがほとんどです。

　コントローラーアクションメソッドは、ファイルの内容、JSON、テキスト、リダイレクトレスポンスなど、さまざまなアクション結果を返すことができます。第5章では、Web アプリケーションのアクション結果の型としては最も一般的な HTML ビューを取り上げます。

第5章

ASP.NET MVC のビュー

すべてを真実として受け入れる必要はない。必要なら受け入れるだけでいい。
— フランツ・カフカ、『審判』

　ASP.NET MVC のリクエストの大半は、ブラウザーに HTML マークアップが返される
ことを要求します。アーキテクチャに関して言えば、HTML マークアップを返すリクエスト
と、テキストや JSON データを返すリクエストとの間に違いはまったくありません。ただし、
HTML マークアップの生成には多くの作業が必要になることがある（そして常に高い柔軟性
が求められる）ため、ASP.NET MVC にはそのためのシステムコンポーネントとしてビュー
エンジンが組み込まれています。ビューエンジンは、ブラウザーによって処理される HTML
を生成するためのコンポーネントであり、アプリケーションデータとマークアップテンプレー
トを組み合わせることで HTML マークアップを作成します。

　本章では、ビューエンジンの構造と振る舞いについて説明し、ビューエンジンの振る舞い
をどれくらいカスタマイズできるのかを探ります。さらに、コントローラーを使用しないペー
ジ（Razor ページ）も取り上げます。Razor ページは、基本的には、コントローラーのアクショ
ンメソッドを介さずに直接呼び出される HTML テンプレートです。

5.1 │ HTML コンテンツの提供

　ASP.NET Core アプリケーションでは、HTML をさまざまな方法で提供することができ
ます。ここでは、緻密さや開発者による制御の度合いが低いものから順に見ていきましょう。

5.1.1 │ 終端ミドルウェアからの HTML の提供

　第2章で説明したように、ASP.NET Core アプリケーションは、終端ミドルウェアに基づ
いて構築された非常に薄い Web サーバーにすぎないことがあります。終端ミドルウェアはリ
クエストを処理する機会が与えられるコードであり、基本的には、HTML リクエストを処理
する関数です。このコードでは、ブラウザーによって HTML として扱われる文字列を返すこ

110 第 2 部 ASP.NET MVC のアプリケーションモデル

とを含め、あらゆることが可能です。同じ目的を持つ**Startup**クラスの例を見てみましょう。

```
public class Startup
{
  public void Configure(IApplicationBuilder app)
  {
    app.Run(async context =>
    {
        var obj = new SomeWork();
        await context.Response.WriteAsync("<h1>" + obj.Now() + "</h1>");
    });
  }
}
```

　HTML フォーマットのテキストをレスポンスの出力ストリームに書き出す（そしておそらく適切な MIME タイプを設定する）だけで、HTML コンテンツをブラウザーに提供することができます。そのすべてが、フィルターなどの中間コンポーネントを介すことなく、非常に直接的な方法で行われます。この方法はうまくいきますが、保守性を備えた柔軟なソリューションからはほど遠いものです。

5.1.2 │ コントローラーからの HTML の提供

　それよりも現実的なのは、ASP.NET Core アプリケーションで MVC アプリケーションモデルを活用し、コントローラークラスを利用することです。第 4 章で説明したように、リクエストはすべてコントローラークラスのメソッドにマッピングされます。選択されたメソッドは HTTP コンテキストにアクセスできるようになり、送信されたデータを調べて実行するアクションを判断できます。そして、必要な情報がすべて揃ったところで、レスポンスの準備に取りかかります。HTML コンテンツは、アルゴリズムに基づいてその場で準備することができます。ですが、それよりも簡単なのは、特定の HTML テンプレートを使用することです。このテンプレートには、計算されたデータが設定されるプレースホルダーが含まれています。

■ アクションメソッドから HTML をテキストとして提供する

　次のコードは、何らかの方法でデータを取得し、有効な HTML レイアウトとして書式設定するコントローラーメソッドのパターンを示しています。

```
public IActionResult Info(int id)
{
  var data = _service.GetInfoAsHtml(id);
  return Content(data, "text/html");
}
```

　このコントローラーメソッドは、制御が渡された時点で、HTML マークアップで構成されていることがわかっているテキスト文字列を取得します。あとは、適切な MIME タイプを設定した上で、このテキストを返すだけです。このアプローチは、モデルバインディングを通じて入力データを扱いやすい .NET 型にマッピングできることや、より構造化されたコードを利用する点では、HTML を出力ストリームに直接書き出す方法よりもほんの少しだけましです。

ただし、HTMLの物理的な生成は依然としてアルゴリズムに基づいています。つまり、レイアウトを変更するには、コードを変更した後、コンパイルする必要があります。

▌ Razor テンプレートから HTML を提供する

HTMLコンテンツを提供する最も一般的な方法は、目的のレイアウトを表現するテンプレートファイルと、そのテンプレートを解析してライブデータを設定するスタンドアロンエンジンを利用することです。ASP.NET MVC の Razor は、HTML 形式のテンプレートを表現するために使用されるマークアップ言語です。そして**ビューエンジン**は、それらのテンプレートをHTML にレンダリングするシステムコンポーネントです。

```
public IActionResult Info(int id)
{
  var model = _service.GetInfo(id);
  return View("template", model);
}
```

ビューエンジンは`View`関数の呼び出しによって起動します。この関数は、使用するRazor テンプレートファイル（`.cshtml`拡張子を持つファイル）の名前を含んだオブジェクトと、最終的な HTML レイアウトで表示されるデータを含んだビューモデルオブジェクトを返します。

この方法の利点は、マークアップテンプレート（最終的な HTML ページのベース）と、このテンプレートに基づいて表示されるデータがきれいに分かれていることです。ビューエンジンは、Razor パーサーやページコンパイラといった他のコンポーネントのアクティビティを取りまとめるシステムツールです。開発者から見て、Razor テンプレート（HTML のようなファイル）を編集し、ブラウザーに返される HTML のレイアウトを変更するのに十分です。

5.1.3 │ **Razor ページからの HTML の提供**

ASP.NET Core 2.0 以降では、Razor ページを使って HTML コンテンツを提供することもできます。基本的には、コントローラーやコントローラーアクションを介さずに、Razorテンプレートファイルを直接使用するというものです。Razor ページファイルが**Pages**フォルダーに配置されていて、その相対パスと名前が URL と一致する限り、コンテンツがビューエンジンによって処理され、HTML が生成されます。

Razorページと通常のコントローラーベースのビューとの大きな違いは、Razorページがコードとマークアップを含んだ（ASPX ページと同様の）単一のファイルになる可能性があることです。MVC コントローラーに慣れている場合、Razor ページは根本的に無益で無意味なものに見えるかもしれません。そして、コントローラーメソッドがビジネスロジックをまったく使用せずにビューをレンダリングするようなレアなケースでしか使い道がないだろうと考えるでしょう。逆に、MVC アプリケーションモデルに慣れていない場合は、Razor ページによってこのフレームワークに取り組むためのハードルが下がる可能性があります。

112　**第 2 部　ASP.NET MVC のアプリケーションモデル**

> **注**
>
> 　奇妙なことに、ビューが静的な HTML ファイルよりも少しだけ複雑なものである限り、
> Razor ページはうまく適合します。ただし、Razor ページはかなり複雑なものになることも
> あります。Razor ページでは、データベースアクセス、依存性注入、送信やリダイレクトが
> 可能です。ただし、そうした機能を追加すると、通常のコントローラーベースのビューとの
> 差はほとんどなくなります。

5.2 ｜ ビューエンジン

　ビューエンジンは、MVC アプリケーションモデルの中心的なコンポーネントであり、あ
なたが定義したビューから HTML を生成します。通常、ビューは HTML 要素と C# コー
ドが混在したものになります。まず、最も一般的なケースでのビューエンジンのトリガー
（**Controller** 基底クラスの **View** メソッド）から見ていきましょう。

5.2.1 ｜ ビューエンジンの呼び出し

　次に示すように、ビューエンジンを呼び出すには、コントローラーメソッドから **View** メソッ
ドを呼び出します。

```
public IActionResult Index()
{
  return View();  // View("index");と同じ
}
```

　View メソッドは、**ViewResult** オブジェクトを作成するためのヘルパーメソッドです。
ViewResult オブジェクトを作成するには、ビューテンプレート、オプションのマスター
ビュー、そして最終的な HTML に組み込まれる生データに関する情報が必要です。

■ View メソッド

　先のコードでは、**View** メソッドにパラメーターはありませんでしたが、データが実際に渡
されないわけではありません。このメソッドの完全なシグネチャを見てみましょう。

```
protected ViewResult View(String viewName, String masterViewName,
                          Object viewModel)
```

　コントローラーメソッドのより一般的なパターンは次のようになります。

```
public IActionResult Index(...)
{
  var model = GetRawDataForTheView(...);
  return View(model);
}
```

この場合、ビューの既定の名前はアクションの名前です。アクションの名前は、メソッドの名前から暗黙的に推測されるか、**ActionName** 属性を通じて明示的に設定されます。ビューは **Views** プロジェクトフォルダーに配置される Razor ファイル（拡張子は **.cshtml**）です。既定のマスタービューは **_Layout.cshtml** という名前の Razor ファイルであり、ビューのベースとなる HTML レイアウトを含んでいます。また、**model** 変数は、最終的な HTML を生成するためにテンプレートに適用されるデータモデルを指定します。

Razor 言語の構文の詳細については、第6章を参照してください。

ViewResult オブジェクトを処理する

View メソッドは、Razor テンプレート、マスタービュー、ビューモデルの名前をまとめて、**IActionResult** インターフェイスを実装する1つのオブジェクトとして返します。このオブジェクトのクラス名は **ViewResult** であり、アクションメソッドの処理後に得られた結果を要約します。コントローラーメソッドから制御が戻った時点では、HTML はまだ生成されておらず、出力ストリームにはまだ何も書き出されていません。

```
public interface IActionResult
{
  Task ExecuteResultAsync(ActionContext context)
}
```

このように、**IActionResult** インターフェイスは基本的に単一のメソッドで構成されています。このメソッドはその名も **ExecuteResultAsync** です。**ViewResult** クラス（およびアクション結果クラスとして機能するその他のクラス）の内部には、レスポンスの体裁を整えるために埋め込まれたデータを処理するロジックが含まれています。

ただし、**ExecuteResultAsync** メソッドのトリガーはコントローラーではありません。コントローラーから制御が戻ると、アクションインボーカーによってアクション結果が取得され、実行されます。**ViewResult** クラスのインスタンスがその **ExecuteResultAsync** メソッドを呼び出すと、ビューエンジンが起動して実際の HTML を生成します。

HTML の組み立て

ビューエンジンは、ブラウザー用の HTML 出力を物理的に組み立てるコンポーネントです。このコンポーネントは、リクエストが HTML を返すコントローラーアクションとして解決されるたびに呼び出され、ビューのテンプレートとコントローラーから渡されるデータを組み合わせることで出力を準備します。

テンプレートは、ビューエンジン固有のマークアップ言語（Razor など）で表現されます。データは、ディクショナリにまとめられた状態で、あるいは強く型指定されたオブジェクトとして渡されます。ビューエンジンとコントローラーとのやり取りの仕組みを俯瞰的に捉えると、図5-1のようになります。

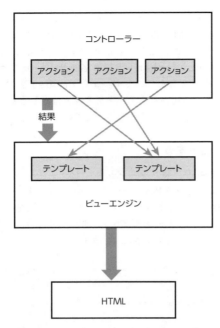

▲図5-1：コントローラーとビューエンジン

5.2.2 │ Razor ビューエンジン

　ASP.NET Core のビューエンジンは、固定のインターフェイス（`IViewEngine`）を実装するクラスにすぎません。アプリケーションはそれぞれビューエンジンを1つ以上使用することができ、さまざまな状況でそれらすべてのビューエンジンを使用することができます。ただし、ASP.NET Core では、各アプリケーションの既定のビューエンジンは `RazorViewEngine` の1つだけです。ビューエンジンにおいて開発に最も影響を与える部分は、ビューのテンプレートを定義するための構文です。

　Razor の構文はかなり明確でわかりやすいものです。ビューテンプレートは、基本的には、プレースホルダーがいくつか含まれた HTML ページです。各プレースホルダーには、コードスニペットによく似た実行可能な式が含まれています。プレースホルダーのコードはビューのレンダリング時に評価され、結果として生成されたマークアップが HTML テンプレートに組み込まれます。コードスニペットは、C# で記述してもよいですし、.NET Core プラットフォームでサポートされている他の .NET 言語で記述することもできます。

> **注**
> ASP.NET Core に組み込まれている `RazorViewEngine` クラスに加えて、カスタム構文に基づくカスタムビューエンジンを実装することも可能です。

■ Razor ビューエンジンの概要

　Razor ビューエンジンは、ディスク上の物理的な位置からテンプレートを読み込みます。

第5章　ASP.NET MVC のビュー　115

ASP.NET Core プロジェクトには `Views` というルートフォルダーがあり、テンプレートは特定の構造のサブフォルダーに格納されます。通常、`Views` フォルダーはいくつかのサブフォルダーに分かれており、それらのサブフォルダーには既存のコントローラーにちなんだ名前が付いています。コントローラーごとのサブフォルダーには実際のファイルが含まれており、それらの名前はアクションの名前と一致するはずです。Razor ビューエンジンの拡張子は `.cshtml` でなければなりません。

　ASP.NET MVC では、各ビューテンプレートの配置先は、そのテンプレートを使用するコントローラーの名前が付いたフォルダーでなければなりません。複数のコントローラーが同じビューを呼び出すことが想定される場合は、そのビューテンプレートファイルを `Shared` フォルダーへ移動します。

　なお、Web サイトをデプロイするときには、プロジェクトレベルで存在する `Views` フォルダーのディレクトリ構造と同じものを本番環境のサーバーで再現しなければなりません。

■ ビューロケーションフォーマット

　Razor ビューエンジンには、ビューテンプレートの配置方法を制御するためのプロパティがいくつか定義されています。Razor ビューエンジンの内部の仕組みに合わせて、マスタービュー、通常のビュー、部分ビューが含まれる既定のフォルダーを提供する必要があります。これについては、既定のプロジェクト設定で提供するだけでなく、区分（エリア）が使用される場合にも提供する必要があります。

　表5-1 は、Razor ビューエンジンでサポートされている位置プロパティとあらかじめ定義されている値を示しています。`AreaViewLocationFormats` プロパティは文字列のリストであり、各文字列は仮想パスを定義するプレースホルダー文字列を指しています。また、`ViewLocationFormats` プロパティも文字列のリストであり、各文字列はビューテンプレートの有効な仮想パスを指しています。

▼表5-1：Razor ビューエンジンの既定の位置プロパティのフォーマット

プロパティ	既定の位置プロパティのフォーマット
`AreaViewLocationFormats`	`~/Areas/{2}/Views/{1}/{0}.cshtml`
	`~/Areas/{2}/Views/Shared/{0}.cshtml`
`ViewLocationFormats`	`~/Views/{1}/{0}.cshtml`
	`~/Views/Shared/{0}.cshtml`

　このように、位置を表すパスは完全修飾パスではなく、プレースホルダーを最大で3つ含めることができます。

- プレースホルダー `{0}` は、コントローラーメソッドから呼び出されるビューの名前を表す。
- プレースホルダー `{1}` は、URL で使用されるコントローラーの名前を表す。
- プレースホルダー `{2}` が指定された場合は、区分名を表す。

> **注**
>
> 　従来の ASP.NET MVC 開発に慣れている場合は、ASP.NET Core に部分ビューとレイアウトに対するビューロケーションフォーマットのようなものがないことを知って驚くかもしれません。第 6 章で説明するように、一般に、ビュー、部分ビュー、レイアウトは同じようなものであり、システムによって処理・検出される方法も同じです。そうした意思決定の根拠はこの点にあるのでしょう。したがって、部分ビューやレイアウトビューのカスタム位置を追加する場合は、単に **ViewLocationFormats** リストに追加します。

■ ASP.NET MVC の区分

　MVC アプリケーションモデルの区分は、1 つのアプリケーションのコンテキストにおいて関連する機能をグループ化するための機能です。区分を使用することは複数のサブアプリケーションを使用することに相当し、大きなアプリケーションをより小さな機能グループに分割する手段の 1 つとなります。

　区分によってもたらされる機能グループは名前空間に似ています。MVC プロジェクトでは、（Visual Studio のメニューを使って）区分を追加すると、コントローラー、モデル型、ビューが明確に列挙されたプロジェクトフォルダーが追加されます。これにより、アプリケーションの区分ごとに複数の **HomeController** クラスを使用できるようになります。区分を使用するかどうかは開発者次第であり、必ずしも機能的であるとは限りません。また、区分を役割（ロール）と 1 対 1 に対応させるという方法もあります。

　結局のところ、区分は技術的あるいは機能的なものではなく、主にプロジェクトやコードの設計と構成に関連するものです。区分を使用すると、ルーティングに影響がおよびます。区分の名前は、従来のルーティングで考慮されるパラメーターの 1 つです。詳細については、ASP.NET Core のドキュメント❶を参照してください。

■ 位置プロパティのフォーマットをカスタマイズする

　この 10 年間の ASP.NET MVC プログラミングを振り返って見ると、筆者はそれなりに複雑な実際のアプリケーションのほとんどでカスタムビューエンジンを使用してきました。多くの場合、それらは既定の Razor ビューエンジンをカスタマイズしたものでした。

　既定以外の設定を使用する最大の理由は、ビューや部分ビューの数が数十を超える場合は常に、ビューと部分ビューを特定のフォルダーに整理して、ファイルをすばやく取り出せるようにする必要があることです。Razor ビューにはどのような名前を付けてもよく、それらの名前はどのような命名規則に従うものでもよいことになっています。命名規則やフォルダー構成のカスタマイズは厳密には必要ありませんが、どちらもコードの管理や保守に役立ちます。

　筆者が普段使用している命名規則は、ビューの名前に接頭辞を付けるものです。たとえば、部分ビューの名前はすべて **pv_** で始まり、レイアウトファイルの名前はすべて **layout_** で始まります。このようにすると、同じフォルダーに多くのファイルが含まれていても、それらが名前でグループ化されるため、すぐに見分けることができます。また、少なくとも部分ビューとレイアウトについては、サブフォルダーを追加することにしています。ASP.NET Core でビューの位置をカスタマイズする方法は次のようになります。

---

❶ https://docs.microsoft.com/ja-jp/aspnet/core/mvc/controllers/areas?view=aspnetcore-2.2

```
public void ConfigureServices(IServiceCollection services)
{
  services
    .AddMvc()
    .AddRazorOptions(options =>
    {
       // ビューロケーションフォーマットの現在のリストを削除
       // この時点で、リストには既定のビューロケーションフォーマットが含まれている
       options.ViewLocationFormats.Clear();

       // {0} - アクション名
       // {1} - コントローラー名
       // {2} - 区分名
       options.ViewLocationFormats.Add("/Views/{1}/{0}.cshtml");
       options.ViewLocationFormats.Add("/Views/Shared/{0}.cshtml");
       options.ViewLocationFormats.Add("/Views/Shared/Layouts/{0}.cshtml");
       options.ViewLocationFormats.Add("/Views/Shared/PartialViews/{0}.cshtml");
    });
}
```

　Clearを呼び出すと、ビューの位置を表す文字列からなる既定のリストが空になるため、システムがカスタマイズされた位置ルールにのみ従うようになります。図5-2は、結果としてサンプルプロジェクトに含まれるフォルダー構造を示しています。部分ビューが検出されるのはViews/SharedまたはViews/Shared/PartialViewsの下に配置されている場合だけであり、レイアウトファイルが検出されるのはViews/SharedまたはViews/Shared/Layoutsの下に配置されている場合だけになります。

▲図5-2：カスタマイズされたビューの配置先

第2部　ASP.NET MVC のアプリケーションモデル

> **注**
>
> 　部分ビューとレイアウトファイルの概念がよくわからなくても心配はいりません。第6章で例を使って詳しく説明します。

■ ビューロケーションエキスパンダー

　ビューロケーションフォーマットはビューエンジンの静的な設定であり、アプリケーションの起動時に定義され、アプリケーションのライフタイムにわたって有効なままとなります。ビューのレンダリングが必要になるたびに、登録されている位置のリストからビューエンジンが目的のテンプレートを含んでいる位置を見つけ出します。該当するテンプレートが見つからない場合は、例外がスローされます。ここまではよいでしょう。

　そうではなく、リクエストごとにビューの位置を動的に判断する必要がある場合はどうなるでしょうか。おかしなユースケースに思える場合は、マルチテナントアプリケーションを思い浮かべてください。アプリケーションがサービスとして複数の顧客によって同時に使用されるとしましょう。コードベースは常に同じであり、論理ビューのセットも常に同じですが、ユーザーごとにスタイルやレイアウトが異なるビューを提供することができます。

　この種のアプリケーションでは、既定のビューからなるコレクションを定義し、顧客がカスタムビューを追加できるようにするのが一般的です。たとえば、Contoso という顧客が`index.cshtml` ビューにアクセスしたら、既定のビュー（`Views/Home/index.cshtml`）ではなく、`Views/Contoso/Home/index.cshtml` が表示されるようにしたいとしましょう。さて、どのようにコーディングすればよいでしょうか。

　従来の ASP.NET MVC では、カスタムビューエンジンを作成し、ビューを検出するロジックを上書きする必要がありました。作業量はそれほどではありませんが（コードはほんの数行です）、ビューエンジンを独自に作成し、その内部構造を熟知している必要がありました。ASP.NET Core では、ビューを動的に解決する新しい種類のコンポーネントとしてビューロケーションエキスパンダーが提供されています。ビューロケーションエキスパンダーは`IViewLocationExpander` インターフェイスを実装するクラスです。

```
public class MultiTenantViewLocationExpander : IViewLocationExpander
{
  public void PopulateValues(ViewLocationExpanderContext context)
  {
    var tenant = context.ActionContext.HttpContext.Request.GetDisplayUrl();
    context.Values["tenant"] = "contoso"; //tenant;
  }

  public IEnumerable<string> ExpandViewLocations(
      ViewLocationExpanderContext context, IEnumerable<string> viewLocations)
  {
    if (!context.Values.ContainsKey("tenant") ||
        string.IsNullOrWhiteSpace(context.Values["tenant"]))
      return viewLocations;

    var tenant = context.Values["tenant"];
    var overriddenViewNames = viewLocations
        .Select(f => f.Replace("/Views/", "/Views/" + tenant + "/"))
```

```
        .Concat(viewLocations)
        .ToList();
    return overriddenViewNames;
  }
}
```

PopulateValues メソッドでは、HTTP コンテキストにアクセスし、使用するビューのパスを決定するキーの値を割り出します。これについては、リクエストしている URL から何らかの方法で取り出されたテナントのコードであることが考えられます。パスの特定に使用するキー値は、ビューロケーションエキスパンダーのコンテキストで格納されます。ExpandViewLocations メソッドでは、ビューロケーションフォーマットの現在のリストを受け取り、現在のコンテキストに基づいて適切に編集した上で返します。一般に、リストの編集では、コンテキスト固有のビューロケーションフォーマットを追加することになります。

このコードを実行し、http://contoso.yourapp.com/home/index からリクエストを受け取った場合は、図5-3 に示すようなビューロケーションフォーマットのリストが返されます。

```
public IEnumerable<string> ExpandViewLocations(ViewLocationExpanderContext context, IEnumerable<string>
{
    if (!context.Values.ContainsK        [0]    "/Views/contoso/{1}/{0}.cshtml"
        string.IsNullOrWhiteSpace       [1]    "/Views/contoso/Shared/{0}.cshtml"
        return viewLocations;           [2]    "/Views/contoso/Shared/Layouts/{0}.cshtml"
                                        [3]    "/Views/contoso/Shared/PartialViews/{0}.cshtml"
    var tenant = context.Values['       [4]    "/Views/{1}/{0}.cshtml"
    var overriddenViewNames = vie       [5]    "/Views/Shared/{0}.cshtml"
        .Select(f => f.Replace("/       [6]    "/Views/Shared/Layouts/{0}.cshtml"
        .Concat(viewLocations)          [7]    "/Views/Shared/PartialViews/{0}.cshtml"
        .ToList();                 ▶ Raw View
    return overriddenViewNames;
}                                  ▲ overriddenViewNames Count = 8
```

▲図5-3：マルチテナントアプリケーションでカスタムロケーションエキスパンダーを使用

テナント固有のロケーションフォーマットがリストの先頭に追加されており、上書きされたビューが既定のビューよりも優先されることがわかります。

カスタムエキスパンダーは次のようにして起動時に登録しなければなりません。

```
public void ConfigureServices(IServiceCollection services)
{
  services
    .AddMvc()
    .AddRazorOptions(options =>
    {
      options.ViewLocationExpanders.Add(new MultiTenantViewLocationExpander());
    });
}
```

既定では、システムに登録されているビューロケーションエキスパンダーはありません。

5.2.3 │ カスタムビューエンジンの追加

ASP.NET Core では、ビューロケーションエキスパンダーが提供されるようになったため、

120 第 2 部 ASP.NET MVC のアプリケーションモデル

少なくともビューの取得方法や処理方法のカスタマイズに関しては、カスタムビューエンジンの必要性は劇的に低下しています。カスタムビューエンジンは、次に示す **IViewEngine** インターフェイスに基づくものとなります。

```
public interface IViewEngine
{
  ViewEngineResult FindView(ActionContext context, string viewName,
                         bool isMainPage);
  ViewEngineResult GetView(string executingFilePath, string viewPath,
                         bool isMainPage);
}
```

FindView メソッドは、指定されたビューを特定するためのものです。ASP.NET Core では、ロケーションエキスパンダーを使ってこのメソッドの振る舞いを大幅にカスタマイズできます。**GetView** メソッドは、ビューオブジェクトを作成するためのものです。ビューオブジェクトは、最終的なマークアップを生成するために出力ストリームにレンダリングされます。テンプレート言語を変更するといった何か変わったことをする必要がなければ、原則として **GetView** メソッドの振る舞いを上書きする必要はありません。

最近では、ほとんどのニーズには Razor 言語と Razor ビューで十分であるため、別のビューエンジンを使用するケースは減多にありません。しかし、一部の開発者が Markdown（マークダウン）言語を使って HTML コンテンツを表現する別のビューエンジンを作成し、進化させる作業に着手しています。筆者が思うに、これは間違いなくカスタムビューエンジンを実際に使用する数少ないケースの 1 つでしょう。

いずれにしても、カスタムビューエンジンを使用することになった場合は、次に示すように、**ConfigureServices** を使ってシステムに追加することができます。

```
services.AddMvc()
  .AddViewOptions(options =>
  {
    options.ViewEngines.Add(new SomeOtherViewEngine());
  });
```

また、Razor ビューエンジンは ASP.NET Core に登録されている唯一のビューエンジンです。したがって、このコードは新しいエンジンを追加するだけです。既定のエンジンをカスタムエンジンと置き換えたい場合は、新しいエンジンを登録する前に **ViewEngines** コレクションを空にする（**Clear** メソッドを呼び出す）必要があります。

5.2.4 | Razor ビューの構造

厳密に言えば、ビューエンジンの主な目的は、テンプレートファイルからビューオブジェクトを作成し、ビューデータを提供することです。このビューオブジェクトはアクションインボーカーによって使用され、最終的に実際の HTML レスポンスが生成されます。このため、ビューエンジンはそれぞれ独自のビューオブジェクトを定義します。ここでは、既定の Razor ビューエンジンによって管理されるビューオブジェクトを詳しく見ていきます。

第 5 章　ASP.NET MVC のビュー　　121

■ ビューオブジェクトの概要

すでに述べたように、ビューエンジンを起動するのは、特定のビューをレンダリングするために **Controller** 基底クラスの **View** メソッドを呼び出すコントローラーメソッドです。その時点で、アクションインボーカー（ASP.NET Core のリクエストの実行を制御するシステムコンポーネント）が登録済みのビューエンジンのリストを調べて、各ビューエンジンにビュー名を処理する機会を与えます。これは **FindView** メソッドのサービスによって実現されます。

ビューエンジンの **FindView** メソッドは、ビュー名を受け取り、サポートしているフォルダーツリーに特定の名前と正しい拡張子を持つテンプレートファイルが存在するかどうかを確認します。一致するものが見つかった場合は、ファイルの内容を解析して新しいビューオブジェクトを作成するために **GetView** メソッドが呼び出されます。元をたどれば、ビューオブジェクトは **IView** インターフェイスを実装するオブジェクトです。

```
public interface IView
{
    string Path { get; }
    Task RenderAsync(ViewContext context);
}
```

アクションインボーカーは、HTML を生成して出力ストリームに書き出すために **RenderAsync** を呼び出すだけです。

■ Razor テンプレートを解析する

Razor テンプレートファイルは、言語のコードから静的なテキストを切り離すために解析されます。Razor テンプレートは、基本的には HTML テンプレートであり、C#（または一般に ASP.NET Core プラットフォームがサポートするその他の言語）で記述されたプログラムコードが点在しています。C# コードはすべて **@** 記号で始まっていなければなりません。サンプルの Razor テンプレートファイルを見てみましょう（このサンプルテンプレートには、第6章で取り上げる内容が少し含まれています。第6章では、Razor テンプレートの構文部分を詳しく見ていきます）。

```
<!-- Views/Homeフォルダーにあるtest.cshtml -->

<h1>Hi everybody!</h1>
<p>It's @DateTime.Now.ToString("hh:mm")</p>
<hr>
Let me count till ten.
<ul>
@for(var i=1; i<=10; i++)
{
    <li>@i</li>
}
</ul>
```

122 第2部 ASP.NET MVC のアプリケーションモデル

　テンプレートファイルの内容は、静的な HTML コンテンツとコードスニペットという2種類のテキストアイテムのリストに分かれます。Razor パーサーにより、表5-2に示すようなリストが生成されます。

▼表5-2：サンプル Razor テンプレートの解析によって検出される内容のリスト

内容	内容の種類
`<h1>Hi everybody!</h1><p>It's`	静的コンテンツ
`DateTime.Now.ToString("hh:mm")`	コードスニペット
`</p><hr>Let me count till ten.<ul>`	静的コンテンツ

`for(var i=1; i<=10; i++)`
`{`
`　:`
`}`
	コードスニペット

`<li>`	静的コンテンツ（**for** ループで再帰的に処理される）
`i`	コードスニペット（**for** ループで再帰的に処理される）
`</li>`	静的コンテンツ（**for** ループで再帰的に処理される）
`</ul>`	静的コンテンツ

　@ 記号は、パーサーにとって、静的コンテンツとコードスニペットとの切り替えが発生する場所の目印になります。**@** 記号に続くテキストはすべて、サポートされている言語（この場合は C#）の構文ルールに従って解析されます。

■ Razor テンプレートからビューオブジェクトを構築する

　Razor テンプレートファイルから検出されたテキストアイテムに基づき、テンプレートを完全に表現する C# クラスが動的に構築されます。動的に作成された C# クラスは、.NET プラットフォームのコンパイラサービス（Roslyn）を使ってコンパイルされます。**test.cshtml** という名前のサンプル Razor ファイルが **Views/Home** に配置されていると仮定すれば、実際の Razor ビュークラスによって次のコードが自動的に生成されます。

```
// 以下のコードは実際に生成されるコードを正確に反映するものではなく、
// 基本的な事柄を示すことを目的としている
// 明瞭さと簡潔さを期して、ここでの目的にそぐわないものは削除してある
// ただし、振る舞いの大部分は示されている

public class _Views_Home_Test_cshtml : RazorPage<dynamic>
{
  public override async Task ExecuteAsync()
  {
    WriteLiteral("<h1>Hi everybody!</h1>\r\n<p>It¥'s ");
    Write(DateTime.Now.ToString("hh:mm"));
    WriteLiteral("</p>\r\n<hr>\r\nLet me count till ten.\r\n<ul>\r\n");
    for(var i=1; i<=10; i++)
    {
      WriteLiteral("<li>");
      Write(i);
      WriteLiteral("</li>");
```

```
      }
      WriteLiteral("</ul>\r\n");
   }
}
```

　このクラスは **RazorPage<T>** を継承しており、**RazorPage<T>** は **IView** インターフェイスを実装します。**RazorPage<T>** ページにあらかじめ定義されている（**Microsoft. AspNetCore.Mvc.Razor** 名前空間で提供される）メンバーのおかげで、魔法のようなオブジェクトを使ってリクエストや Razor テンプレート本体のカスタムデータにアクセスできます。**Html**、**Url**、**Model**、**ViewData** はその代表的な例です。これらのプロパティオブジェクトを実際に使用する方法については、第6章でHTML ビューを生成するための Razor 構文について説明するときに取り上げます。

　ほとんどの場合、Razor ビューは複数の **.cshtml** ファイルを組み合わせた結果として生成されます。これには、ビューそのもの、レイアウトファイル、オプションのグローバルファイル（**_viewstart.cshtml**、**_viewimports.cshtml**）が含まれます。表5-3に、最後の2つのファイルの役割をまとめておきます。

▼表5-3：Razor システムのグローバルファイル

ファイル名	目的
_ViewStart.cshtml	ビューをレンダリングする前に実行されるコードを含んでいる。このファイルを使って、アプリケーション内のすべてのビューに共通する設定コードを追加できる。通常は、すべてのビューに対する既定のレイアウトファイルを指定するために使用される。このファイルはルート **Views** フォルダーに配置されていなければならず、従来の ASP.NET MVC でもサポートされている
_ViewImports.cshtml	すべてのビューに共有させたい Razor ディレクティブを含んでいる。このファイルのコピーはさまざまなビューフォルダーに配置できる。同じファイルの別のコピーが内側のレベルに配置されていない限り、同じフォルダーかその下のフォルダーに含まれているすべてのビューにファイルの内容が適用される。このファイルは従来の ASP.NET ではサポートされない。従来の ASP.NET では、同じ目的を達成するために **web.config** ファイルを使用する

　Razor ファイルが複数の場合、コンパイルプロセスは段階的に進みます。最初にレイアウトファイルが処理され、続いて **_ViewStart** と実際のビューが処理されます。**_ViewStart** の共通コードがレンダリングされてからビューがレンダリングされ、マージされた出力がレイアウトに書き出されます。

注

　ASP.NET Core MVC アプリケーションを実行するにあたってグローバルに必要になると考えられるのは、表 5-3 のファイルだけです。Visual Studio 2017 では、あらかじめ定義されているアプリケーションテンプレートによって **_ValidationScriptsPartial. cshtml** などのファイルが作成されることがあります。各自の目的に役立つ場合を除いて、これらのファイルは無視しても問題ありません。

第2部　ASP.NET MVC のアプリケーションモデル

▌ Razor ディレクティブ

Razor パーサーとコードジェネレーターの振る舞いは、レンダリングコンテキストをさらに細かく設定できるオプションディレクティブによって制御されます。よく使用される Razor ディレクティブを表5-4にまとめておきます。

▼表5-4：最もよく使用される Razor ディレクティブ

ディレクティブ	目的
`@using`	コンパイルコンテキストに名前空間を追加する。C# の `using` 命令と同じ `@using MyApp.Functions`
`@inherits`	動的に生成される Razor ビューオブジェクトに使用する実際の基底クラスを指定する。既定では、基底クラスは `RazorPage<T>` だが、このディレクティブを使って `RazorPage<T>` を継承するカスタム基底クラスを使用できる `@inherits MyApp.CustomRazorPage`
`@model`	ビューにデータを渡すためのクラスの型を指定する。このディレクティブを使って指定された型は、`RazorPage<T>` のジェネリックパラメーター `T` になる。型が指定されない場合、`T` は既定で `dynamic` になる `@model MyApp.Models.HomeIndexViewModel`
`@inject`	特定のプロパティ名にバインドされた指定された型のインスタンスをビューコンテキストに注入する。このディレクティブはシステムの依存性注入インフラストラクチャを利用する `@inject IHostingEnvironment CurrentEnvironment`

`@using` ディレクティブと `@model` ディレクティブは、ほぼすべての Razor ビューでよく使用されるものです。`@inject` ディレクティブは、Razor ビューと ASP.NET Core の依存性注入システムとの接続ポイントを表します。`@inject` を使用することで、登録されている型を解決し、その新しいインスタンスをビューで使用できるようになります。注入されたインスタンスにアクセスするには、Razor ビューのために動的に生成されたコードでその名前を持つプロパティを使用します。

▌ コンパイル済みのビュー

Razor ビューは、ビューが呼び出された時点で動的に生成され、コンパイルされます。生成されたアセンブリはキャッシュされ、Razor ビューテンプレートが書き換えられていることをシステムが検出するまで削除されません。テンプレートが書き換えられていることをシステムが検出した場合は、Razor ビューが最初にアクセスされたときにビューの生成とコンパイルが再び実行されます。

ASP.NET Core 1.1 以降では、Razor ビューを事前にコンパイルし、アセンブリとしてアプリケーションとともにデプロイすることもできます。プリコンパイルを要求するのは比較的簡単です —— 手動で、あるいは（サポートされている場合は）IDE のインターフェイスを使って `.csproj` ファイルの内容を変更します。

実際に必要なのは、`Microsoft.AspNetCore.Mvc.Razor.ViewCompilation` パッケージへの参照を追加し、`.csproj` ファイルに次のコードが含まれるようにすることだけです。

```
<PropertyGroup>
  <TargetFramework>netcoreapp2.0</TargetFramework>
  <MvcRazorCompileOnPublish>true</MvcRazorCompileOnPublish>
  <PreserveCompilationContext>true</PreserveCompilationContext>
</PropertyGroup>
```

　全体的に見て、プリコンパイルされたビューを検討する理由は2つあります。ただし、そうした理由の妥当性を見きわめる責任は開発チームにあります。1つ目の理由は、プリコンパイルされたビューをデプロイすると、特定のビューに最初にアクセスしたユーザーにページが少しすばやく表示されることです。2つ目の理由は、検出されないままになっていたコンパイルエラーがプリコンパイルステップで捕捉された場合はすぐに修正できることです。筆者からすると、1つ目の理由よりも2つ目の理由のほうがずっと説得力があります。

5.3 | ビューにデータを渡す

　Razor ビューにデータを渡すには、組み合わせて使用できる3つの方法があります。2つの組み込みディクショナリ（**ViewData** および **ViewBag**）の1つを使用するか、強く型指定されたビューモデルクラスを使用することができます。ASP.NET Core には、**@inject** ディレクティブを使って依存関係を注入するという4つ目の方法もあります。純粋に機能だけに関して言えば、これら3つの方法に違いはなく、パフォーマンスに関してもごくわずかな差があるだけです。

　ただし、設計、読みやすさ、その後の保守性に関しては、大きな違いが存在します。そうした違いを考えると、強く型指定されたビューモデルクラスを使用するほうに分があります。

5.3.1 | 組み込みディクショナリ

　コントローラーからビューにデータを渡す最も単純な方法は、名前と値のペアからなるディクショナリに情報を追加することです。これには次の2つの方法があります。

■ ViewData ディクショナリ

　ViewData は、典型的な名前と値のペアからなるディクショナリです。このプロパティの実際の型は **ViewDataDictionary** です。**ViewDataDictionary** はシステムのディクショナリ型をどれも継承しないものの、.NET Core で定義されている共通のディクショナリインターフェイスを提供します。

　Controller 基底クラスには、**ViewData** プロパティが定義されています。このプロパティの内容は、ビューの内部で動的に作成される **RazorPage<T>** クラスのインスタンスに自動的に書き込まれます。つまり、コントローラーの **ViewData** プロパティに格納されている値はすべて、開発者が何もしなくても、ビューで利用できるようになります。

```
public IActionResult Index()
{
  ViewData["PageTitle"] = "Hello";
  ViewData["Copyright"] = "(c) Dino Esposito";
  ViewData["CopyrightYear"] = 2017;
```

```
    return View();
}
```

`index.cshtml`ビューでは、モデルの型を宣言する必要はなく、単に渡されたデータを読み戻せばよいだけです。壁に最初の亀裂が入るのは、このときです。ビューを作成する開発者には、ディクショナリを通じて渡されるデータが何なのか見当もつかないかもしれません。内部のドキュメントやライブ通信チャネルを頼りにするしかないかもしれませんし、ブレークポイントを設定してVisual Studioでディクショナリを調べるはめになるかもしれません（図5-4）。たとえコントローラーとビューを作成するのが同じ人であったとしても、楽しい作業ではないでしょう。

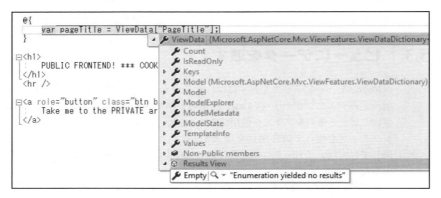

▲図5-4：Visual StudioでViewDataディクショナリの内容を確認する

また、`ViewData`のエントリは名前（マジック文字列など）で識別されるため、入力を間違える可能性が常にあります。この場合は、プリコンパイルされたビューであっても、予想外の実行時例外や誤ったコンテンツを防ぐことはできません。マジック文字列の代わりに定数を使用すれば少しはましになりますが、そうした定数やビューに渡されるデータコレクション全体を内部のドキュメントに記載しておかなければなりません。

`ViewData`ディクショナリは、文字列とオブジェクトのペアからなるディクショナリです。つまり、格納されるデータはすべてジェネリックオブジェクトとして提供されます。比較的小さなディクショナリからビューの内容を表示するだけならそれほど問題ではないかもしれませんが、ディクショナリが大きい場合はボックス化とボックス化解除のパフォーマンスが問題になるかもしれません。比較や型に依存するその他の演算に`ViewData`のエントリを使用する必要がある場合は、型変換を行って適切な値を取得しなければなりません。

`ViewData`のような強く型指定されないディクショナリを使用する最も説得力のある理由は、プログラミングが手っ取り早く済むことです。ただし、コードが脆弱になるという代償が常に伴います。コードの脆弱性を抑えるには、必然的に、強く型指定されたクラスを使用するのと同じ効果（明瞭さ）が得られるように努力しなければなりません。強く型指定されたクラスを選択していれば、そもそもする必要のなかった苦労です。

> **第 5 章　ASP.NET MVC のビュー**　**127**

重要

　Web アプリケーションで **ViewData** ディクショナリを包括的に使用することはお勧めしません。しかし、強く型指定されたモデルの更新に問題があることがわかっているものの（ソースコードが手元にないなど）、それでもビューに追加のデータを渡す必要があるなど、極端なケースで助けになることもあります。先に述べたように、実際には、ディクショナリとビューモデルを組み合わせて使用しても問題は何もありません。ディクショナリを強く型指定されたビューモデルと併用できる変わった状況がもう 1 つあります。ビューから子の部分ビューにデータを渡すときです。この状況については、第 6 章で部分ビューについて説明するときに取り上げます。

■ 動的な ViewBag オブジェクト

　ViewBag も、**Controller** 基底クラスで定義され、その内容がビュークラスに自動的に書き込まれるプロパティです。**ViewData** との違いは、プログラムから直接アクセスできるため、**ViewData** によってサポートされる標準的なディクショナリアクセスが回避されることです。例を見てみましょう。

```
public IActionResult Index()
{
  ViewBag.CurrentTime = DateTime.Now;
  ViewBag.CurrentTimeForDisplay = DateTime.Now.ToString("HH:mm");
  return View();
}
```

　ViewBag のインデクサーを使用するためのアクセスはどれも無残に失敗し、例外がスローされます。つまり、次の 2 つの式は同等ではなく、うまくいくのは 1 つ目の式だけです。

```
ViewBag.CurrentTimeForDisplay = DateTime.Now.ToString("HH:mm");      // OK
ViewBag["CurrentTimeForDisplay"] = DateTime.Now.ToString("HH:mm");   // 例外
```

　興味深いのは、**ViewBag** 自体には **CurrentTime** や **CurrentTimeForDisplay** といったプロパティの定義が含まれていないことです。**ViewBag** オブジェクト参照の隣にプロパティ名を入力しても、コンパイルエラーにはなりません。というのも、**ViewBag** は **Controller** 基底クラスで **DynamicViewData** プロパティとして定義されており、**DynamicViewData** が次のように定義された ASP.NET Core 型だからです。

```
namespace Microsoft.AspNetCore.Mvc.ViewFeatures.Internal
{
  public class DynamicViewData : DynamicObject
  {
    :
  }
}
```

　C# 言語は DLR（Dynamic Language Runtime）を通じて動的な機能をサポートしており、**DynamicObject** クラスは DLR の一部です。C# コンパイラは、動的な型の変数への参照

が検出されるたびに、型チェックを省略し、DLRによって解釈されるコードを生成することで、その呼び出しが実行時に解決されるようにします。つまり、（仮に）エラーが発生するとしたら、プリコンパイルされたビューであっても実行時まで検出されないことになります。

　ViewBag には、興味深い点がもう1つあります。その内容が **ViewData** ディクショナリの内容と自動的に同期されることです。このようになるのは、**DynamicViewData** クラスのコンストラクターが **ViewData** ディクショナリへの参照を受け取り、受け取った値を対応する **ViewData** エントリとの間で読み書きするためです。このため、次の2つの式は同等です。

```
var p1 = ViewData["PageTitle"];
var p2 = ViewBag.PageTitle;
```

　では、**ViewBag** を使用するポイントはどこにあるのでしょうか。

　結局のところ、**ViewBag** はよさそうに見えるだけです。**ViewBag** によってディクショナリベースの読みにくいコードが取り除かれるため、コードの見た目が少しよくなります。それと引き換えに、すべての読み書きにDLRによって解釈されるコードを使用することになります。その過程で、実際には存在しないプロパティを定義できることがあるため、実行時の null 参照例外からも逃れられなくなります。

> **注**
>
> 　**ViewBag** のような動的なオブジェクトは、ASP.NET Core のコントローラーやビューからデータを渡す状況ではほとんど意味がありません。しかし、C# の動的な機能を使用することには大きな見返りがあります。たとえば、LINQ やソーシャルネットワークの API では、そうした動的な機能を利用します。

5.3.2 ｜ 強く型指定されたビューモデル

　ビューモデルクラスを使用することを嫌っている開発者がいるようです。記述しなければならないクラスが増え、事前の計画が少し必要になるからです。ですが、強く型指定されたビューモデルにより、開発者はビューのデータフローに専念できるようになります。このため、原則としては、ビューにデータを渡す方法として推奨されます。

　ディクショナリを使用する方法と比較した場合、ビューモデルクラスの違いはビューに渡すデータのレイアウトだけです。ビューモデルクラスのデータはオブジェクト値がまばらに含まれたコレクションではなく、各データが本来の型を保ったまま階層構造にうまく配置されたものとなります。

■ ビューモデルクラスのガイドライン

　ビューモデルクラスは、ビューにレンダリングされるデータを完全に表現するクラスです。このクラスの構造は、ビューの構造と可能な限り一致するものになるはずです。ある程度の再利用は常に可能ですが（多少は望ましくもありますが）、一般的には、Razor ビューテンプレートごとに専用のビューモデルクラスを1つ使用すべきです。

　よくある間違いは、エンティティクラスをビューモデルクラスとして使用することです。たとえば、データモデルに **Customer** 型のエンティティが含まれているとしましょう。顧客レコードの編集が可能な Razor ビューにデータを渡すにはどうすればよいでしょうか。編集し

たい**Customer**オブジェクトへの参照をそのままビューに渡したくなるかもしれません。そ
れはよい方法かどうかは状況によります。結局のところ、ビューの実際の構造と内容によっ
てすべてが決まるからです。たとえば、そのビューで顧客の国を変更できる場合は、選択可
能な国のリストをビューに渡す必要があるでしょう。一般に、理想的なビューモデルは次の
ようなクラスです。

```
public class CustomerEditViewModel
{
  public Customer CurrentCustomer { get; set; }
  public IList<Country> AvailableCountries { get; set; }
}
```

　エンティティモデルをビューに直接渡してもかまわないのは、実際にCRUD（Create,
Read, Update, Delete）ビューを使用している場合だけです。ですが率直に言って、近頃で
は、純粋なCRUDビューはチュートリアルや要約記事にしか存在しません。
　ビューモデルクラスの作成は常に共通の基底クラスから始めることをお勧めします。シン
プルで効果的な出発点となるコードを見てみましょう。

```
public class ViewModelBase
{
  public ViewModelBase(string title = "")
  {
    Title = title;
  }

  public string Title { get; set; }
}
```

　このクラスの主な目的はHTMLビューをモデル化することであるため、最低でも、ページ
のタイトルを設定するための**Title**プロパティを定義する必要があります。アプリケーショ
ン内のすべてのページに共通する他のプロパティが洗い出されていれば、さらにプロパティを
追加できます。また、フォーマット関連のメソッドは**ViewModelBase**クラスで定義する
ようにし、Razorビューの中に同じ大量のC#コードを配置しないようにするとよいでしょう。
　先の**ViewModelBase**クラスのようなものからすべてのビューモデルクラスを派生させる
べきでしょうか。理想的には、使用するレイアウトクラスごとにビューモデル基底クラスを1
つ使用すべきです。それらのビューモデルクラスは、特定のレイアウトに共通するプロパティ
を使って**ViewModelBase**クラスを拡張するものとなります。また、特定のレイアウトに
基づく各ビューには、そのレイアウトのビューモデル基底クラスから派生したクラスのインス
タンスが設定されます。

■ ビューへのデータフローを一元化する

　次に示すのは、基本的ながら重要なRazorコードです。このコードには、現在の時刻を内
部でレンダリングする**<div>**要素と、前のページに戻るためのリンクが含まれています。

第2部　ASP.NET MVC のアプリケーションモデル

```
@model IndexViewModel
@using Microsoft.Extensions.Options;
@inject IOptions<GlobalConfig> Settings

<div>
  <span>
    @DateTime.Now.ToString(Settings.Value.DateFormat)
  </span>
  <a href="@Model.ReturnUrl">Back</a>
</div>
```

　ビューへのデータの流れは1つだけではありません。実際には、次の3種類のソースからデータが流れ込みます。

- ビューモデル（**Model** プロパティ）
- 注入された依存関係（**Settings** プロパティ）
- システムの**DateTime** オブジェクトへの静的な参照

　だからといって支障があるわけではありませんが、ビューを数百も使用するかなり複雑なアプリケーションでは、先のアプローチではビューを動作させるのに苦労するかもしれません。
　静的な参照、さらには（ASP.NET Core の自慢の種である）依存関係として注入される参照は、データが流れる帯域幅を拡大させるため、Razor ビューで直接使用するのは避けるべきです。管理しやすいビューの構築方法に関するガイドラインを探している場合は、データにアクセスする方法（ビューモデルクラス）をビューごとに1つに限定することを目標にすべきです。そうすれば、ビューで静的な参照やグローバル参照が必要になった場合に、それらのプロパティをビューモデルクラスに追加するだけで済みます。特に言うと、現在の時刻は**ViewModelBase** クラスに追加できるプロパティの1つにすぎない可能性があります。

5.3.3 │ 依存性注入システムによるデータの注入

　ASP.NET Core では、依存性注入システムに登録されている型のインスタンスをビューに注入することも可能です。これには、**@inject** ディレクティブを使用します。先に述べたように、**@inject** ディレクティブによってデータをビューに流し込めるチャネルが1つ増えることになるため、長い目で見れば、コードの保守が難しくなるかもしれません。
　とはいえ、短命なアプリケーションにおいて、あるいは単にショートカットとしてであれば、ビューへの外部参照の注入は完全にサポートされていて開発者が自由に使用できる機能です。別の設計でどのようなメリットが期待されるにせよ、**ViewData** ディクショナリと**@inject** ディレクティブを組み合わせることで、必要なデータをRazor ビューから非常にすばやく確実に取得できることは注目に値します。この手法を筆者が採用しているわけでも勧めるわけでもありませんが、この手法がサポートされていることは確かであり、間違いなくうまくいきます。

5.4 | Razor ページ

　従来の ASP.NET MVC には、URL を使って直接 Razor テンプレートを参照する方法はありません。URL を使用できるのは、静的な HTML ページをリンクするか、コントローラーのアクションメソッドによって生成された HTML 出力をリンクする場合です。ASP.NET Core も例外ではありません。ただし、ASP.NET Core 2.0 以降では、Razor ページという新しい機能が利用できるようになりました。この機能を利用すれば、コントローラーをいっさい呼び出さずに、Razor テンプレートを直接 URL で呼び出すことができます。

5.4.1 | Razor ページの存在理由

　とはいえ、場合によっては、かなり静的なマークアップを提供するだけのコントローラーメソッドを使用することがあります。標準的な Web サイトの会社概要やお問い合わせページはその典型的な例です。次のコードを見てみましょう。

```
public class HomeController
{
  public IActionResult About()
  {
    return View();
  }

  public IActionResult ContactUs()
  {
    return View();
  }
}
```

　見てのとおり、コントローラーからビューに渡されるデータはなく、実際のビューで期待されるようなレンダリングロジックはほとんどありません。このような単純なリクエストのためにフィルターを使用したり、コントローラーの計算量を増やしたりする必要がはたしてあるでしょうか。まさにそのためにあるのが Razor ページです。

　Razor ページを使用するもう 1 つのシナリオは、Razor ページを使用することで、ある意味、ASP.NET プログラミングに精通するためのハードルが下がることです。どういうことか見てみましょう。

5.4.2 | Razor ページの実装

　Razor ページを使用する主な理由は、持てるインフラストラクチャをすべて駆使した完全な Razor ビューどころか、静的な HTML に毛が生えたようなものがあればよい場合に、コントローラーのコストを節約することです。Razor ページでは、データベースへのアクセス、フォームの送信、データの検証など、かなり高度なプログラミングシナリオをサポートできます。ですが、そうしたものが必要であるとしたら、なぜ通常のページを使用するのでしょうか。

132　第 2 部　ASP.NET MVC のアプリケーションモデル

▌ @page ディレクティブ

次に示すのは、単純ながら実際に動作する Razor ページのコードです。Razor コードがここまで単純なのは偶然ではありません。

```
@page
@{
  var title = "Hello, World!";
}

<html>
  <head>
    <title>@title</title>
  </head>
  <body>
    <!-- 比較的静的なマークアップ -->
  </body>
</html>
```

Razor ページは、ルートディレクティブ（@page ディレクティブ）以外にレイアウトのない Razor ビューのようなものです。Razor ページでは、@inject ディレクティブや C# 言語を含め、Razor 構文のすべての要素が完全にサポートされます。

Razor ビューを Razor ページに変換する上で、@page ディレクティブは欠かせない存在です。処理が開始されるとすぐに（どのコントローラーにもバインドされていなくても）リクエストをアクションとして扱うように ASP.NET Core に命令するのは、このディレクティブだからです。なお、@page ディレクティブはサポートされている他のディレクティブの振る舞いに影響を与えるため、ページの最初の Razor ディレクティブでなければなりません。

▌ サポートされているフォルダー

Razor ページは、Pages フォルダーの下に配置される標準の .cshtml ファイルです。通常、Pages フォルダーはルートレベルに配置されます。Pages フォルダーでは、サブフォルダーを必要なレベルまで作成することが可能であり、各サブフォルダーに Razor ページを配置することができます。つまり、Razor ページの位置はファイルシステムディレクトリでのファイルの位置とほぼ同じです。

なお、Razor ページを Pages フォルダーの外に配置することはできません。

▌ URL へのマッピング

Razor ページを呼び出すための URL は、Pages フォルダーでのファイルの物理的な位置とファイル名によって決まります。Pages フォルダーに直接配置された about.cshtml というファイルには、/about という URL でアクセスできます。同様に、Pages/Misc フォルダーに配置された contact.cshtml というファイルには、/misc/contact という URL でアクセスできます。原則として、マッピングでは Razor ページファイルの Pages フォルダーを基準とした相対パスを使用し、ファイル拡張子を省略します。

アプリケーションが MiscController というクラスも使用していて、Contact というアクションメソッドが定義されている場合はどうなるのでしょうか。/misc/contact とい

第5章　ASP.NET MVC のビュー　133

うURLが使用されたときに呼び出されるのは**MiscController**クラスでしょうか。それともRazorページでしょうか。優先されるのはコントローラー（**MiscController**）です。

また、Razorページの名前が**index.cshtml**である場合は、URLで**index**という名前も省略できます。つまり、**/index**と**/**のどちらのURLでもページにアクセスできます。

5.4.3 | Razor ページからのデータの送信

Razorページのもう1つの現実的なシナリオは、ページがフォームを送信するだけの場合です。この機能は、お問い合わせページのような基本的なフォームベースのページにもってこいです。

■ Razor ページにフォームを追加する

次のコードは、フォームが配置されたRazorページで、フォームを初期化し、その内容を送信する方法を示しています。

```
@inject IContactRepository ContactRepo
@functions {
  [BindProperty]
  public ContactInfo Contact { get; set; }

  public void IActionResult OnGet()
  {
    Contact.Name = "";
    Contact.Email = "";
    return Page();
  }

  public void IActionResult OnPost()
  {
    if (ModelState.IsValid)
    {
      ContactRepo.Add(Contact);
      return RedirectToPage();
    }
    return Page();
  }
}

<html>
<body>
  <p>Let us call you back!</p>
  <div asp-validation-summary="All"></div>
  <form method="POST">
    <div>Name: <input asp-for="ContactInfo.Name" /></div>
    <div>Email: <input asp-for="ContactInfo.Email" /></div>
    <button type="submit">SEND</button>
  </form>
</body>
</html>
```

このページは、マークアップゾーンとコードゾーンの2つの主要な部分に分かれています。マークアップゾーンは、タグヘルパーやHTMLヘルパーを含め、Razorビューのすべての機能を備えた標準的なRazorビューです。コードゾーンには、ページを初期化し、その送信データを処理するコードがすべて含まれています。

フォームを初期化する

`@functions` ディレクティブは、ページまわりのすべてのコードのコンテナーであり、一般に `OnGet` と `OnPost` の2つのメソッドで構成されます。`OnGet` は、マークアップの入力要素を初期化するために呼び出されます。`OnPost` は、フォームから送信される内容を処理するために呼び出されます。

HTMLの入力要素とコード要素間のバインディングは、モデルバインディング層を使って実行されます。`BindProperty` 属性が追加された `Contact` プロパティは、`OnGet` メソッドで初期化され、その値がHTMLでレンダリングされます。フォームがポストバックされると、(モデルバインディングにより) 送信された値が同じプロパティに含まれます。

フォームの入力を処理する

`OnPost` メソッドは、`ModelState` プロパティを使ってエラーを調べます (検証インフラストラクチャ全体はコントローラーの場合と同じように機能します)。そして、何も問題がなければ、送信されたデータの処理という問題に取りかかります。エラーが見つかった場合は、`Page` 関数の呼び出しによってページがレンダリングされ、同じURLでGETリクエストが実行されます。

フォームの入力の処理は、現実的にはデータベースへのアクセスを意味します。データベースには、アプリケーションの `DbContext` オブジェクトを使って直接アクセスするか、専用のリポジトリを使ってアクセスします。どちらの場合も、依存性注入を通じてそのツールへの参照をページに注入しなければなりません。同様に、`@inject` ディレクティブを使用すれば、Razorページのコンテキストで必要な情報にアクセスできるようになります。

> **重要**
>
> Razorページのドキュメントを調べてみれば、さらに高度なシナリオで利用できるオプションやツールがもう少し見つかるでしょう。ですが率直に言って、Razorページの真価は基本的なシナリオをすばやくカバーできることにあります。これ以上のレベルになると、Razorページの複雑さとコントローラーの複雑さはほぼ同じになります。しかも、コントローラーでは、はるかに深いコードの階層化とはるかに明確な関心の分離が実現されます。ここで説明したものよりも複雑なシナリオで (コントローラーではなく) Razorページを使用するのは、個人の好みの問題にすぎません。

5.5 まとめ

　ビューはWebアプリケーションのベースとなる部分です。ASP.NET Coreのビューは、テンプレートファイルを処理し、その結果を呼び出し元から提供されたデータと組み合わせた結果です。テンプレートファイルは一般にRazorテンプレートファイルです。また、呼び出し元は一般にコントローラーメソッドですが、常にそうであるとは限りません。本章では、まず、ビューエンジンのアーキテクチャについて説明し、Razorビューのレンダリングを詳しく取り上げました。次に、ビューにデータを渡すためのさまざまなアプローチを比較しました。最後に、非常に単純で基本的なビューをすばやく準備するのに役立つRazorページを調べました。Razorページは、ASP.NET CoreでのWebプログラミングを別の視点から理解するためのツールでもあります。

　本章には、多くのRazorコードが含まれています。RazorはHTMLのような構文を持つマークアップ言語ですが、さまざまな拡張が可能であり、特殊な機能を備えています。第6章では、Razorの構文を詳しく見ていきます。

第6章

Razor の構文

人は自らの不運、過ち、良心などといったことに立ち向かわなければならない。なぜって、それ以外に戦わなければならないものなどあるだろうか。

— ジョセフ・コンラッド、『The Shadow Line』

ASP.NET Core アプリケーションは、一般にコントローラーで構成されていますが、常にそうであるとは限りません。また、コントローラーメソッドは、通常はアクションの結果として **ViewResult** オブジェクトを返しますが、常にそうであるとは限りません。アクションの結果はその後アクションインボーカーによって処理され、実際のレスポンスが生成されます。アクションの結果が **ViewResult** オブジェクトである場合は、ビューエンジンが起動して何らかの HTML マークアップを生成します。ビューエンジンは、特定のフォルダー構造からテンプレートを取り出し、提供されたデータをテンプレートに挿入するように設計されています。テンプレートを表現する方法と、テンプレートにデータが注入される方法は、ビューエンジンの内部の実装と、ビューエンジンが理解し、HTML を生成するために解析する内部マークアップ言語によって決まります。

ASP.NET Core には、既定のビューエンジン（Razor ビューエンジン）が1つ含まれています。そして、Razor はアプリケーションの HTML ビューのレイアウトを定義するために使用するマークアップ言語です。ここまでの章では、すでに Razor 言語の例をいくつか見てきました。本章では、Razor 言語の要素を系統的かつ包括的に見ていきます。

6.1 | 構文の要素

Razor ファイルは、HTML 式とコード式という2つの主要な構文要素を含んだテキストファイルです。HTML 式が文字どおりに出力されるのに対し、コード式は評価され、その出力が HTML 式にマージされます。コード式とは、プログラミング言語の構文のことです。

プログラミング言語は Razor ファイルの拡張子によって識別されます。既定の拡張子は **.cshtml** であり、この場合、コード式のプログラミング言語は C# です。どのプログラミング言語が使用されるとしても、Razor のコード式の始まりは常に **@** 文字によって表されます。

138 第2部　ASP.NET MVC のアプリケーションモデル

6.1.1 │ コード式の処理

　第5章では、Razor パーサーがソースコードをどのように処理するのか、そして静的な HTML 式と動的なコード式が順番に並んだリストをどのように生成するのかについて説明しました。コード式は、コードにインラインで埋め込まれる値（変数、通常の式など）のこともあれば、ループや条件といった制御フロー要素からなる複雑な文のこともあります。

　興味深いことに、Razorでは常にコードスニペットの始まりを指定しなければなりませんが、その後の部分については、選択されたプログラミング言語の構文に基づいて、コード式がどこで終わるのかを内部パーサーが突き止めます。

■ インライン式

　次の例について考えてみましょう。

```
<div>
  @CultureInfo.CurrentUICulture.DisplayName
</div>
```

　コードスニペットの **CultureInfo.CurrentUICulture.DisplayName** という式が評価され、その出力が出力ストリームに書き出されます。インライン式の例をもう1つ見てみましょう。

```
@{
  var message = "Hello";
}

<div>
  @message
</div>
```

　@message 式は、**message** 変数の現在の値を出力します。ただし、この2つ目のコードには、構文要素がもう1つ含まれています ―― **@{ ... }** コードブロックです。

■ コードブロック

　コードブロックには、複数行にまたがる文（宣言および計算）を入力することができます。**@{ ... }** ブロックの内容は、マークアップタグで囲まれていない限り、コードと見なされます。マークアップタグは主に HTML タグですが、原則として、特定のシナリオにおいて意味をなすものであれば、HTML 以外のカスタムタグを使用することもできます。次の例について考えてみましょう。

```
@{
  var culture = CultureInfo.CurrentUICulture.DisplayName;
  Your culture is @culture
}
```

　この場合、コードブロックにはコードと静的なマークアップの両方が含まれている必要が

あります。ブラウザーに送信したいマークアップがテキストであり、（**<span>** のように視覚的な手がかりを持たない要素を含め）どの HTML 要素でも囲まれていないとしましょう。上記のコードを実行すると、パーサーが現在のプログラミング言語の構文に従って **"Your culture is ..."** というテキストを処理しようとします。これはコンパイルエラーになるでしょう。そこで、コードを次のように書き換えます。

```
@{
  var culture = CultureInfo.CurrentUICulture.DisplayName;
  <text>Your culture is @culture</text>
}
```

<text> タグを使って静的なテキストをそのまま出力すべきであることを伝えると、そのまわりにあるマークアップ要素がレスポンスにレンダリングされなくなります。

■ 文

Razor のコードスニペットは、**if/else** や **for/foreach** などの制御フロー文が含まれていたとしても、マークアップと一緒に使用することができます。HTML テーブルを作成する簡単な例を見てみましょう。

```
<body>
  <h2>My favorite cities</h2>
  <hr />
  <table>
    <thead>
      <th>City</th>
      <th>Country</th>
      <th>Ever been there?</th>
    </thead>
  @foreach (var city in Model.Cities) {
    <tr>
      <td>@city.Name</td>
      <td>@city.Country</td>
      <td>@city.Visited ?"Yes" :"No"</td>
    </tr>
  }
  </table>
</body>
```

ソースの中ほど（**@foreach** の行）にある波かっこ（**{}**）は、パーサーによって正しく認識され、解釈されます。

丸かっこ（**()**）を使用すれば、複数のトークン（マークアップとコードなど）を同じ式で組み合わせることができます。

```
<p> @("Welcome, " + user) </p>
```

作成した変数はすべて、単一のコードブロックに属しているコードと同じように取得して使用することができます。

140　第 2 部　ASP.NET MVC のアプリケーションモデル

■ 出力のエンコーディング

　Razor によって処理される内容はすべて自動的にエンコードされるため、HTML 出力は特に何もしなくても非常に安全であり、クロスサイトスクリプティング（XSS）インジェクションへの耐性があります。このことを念頭に置き、出力を明示的にエンコードするのは避けるようにしてください。そのようにすると、テキストが二重にエンコードされることになってしまいます。

　ただし、エンコードされていない HTML マークアップを出力しなければならない状況があるかもしれません。その場合は、`Html.Raw` ヘルパーメソッドを使用する必要があります。その方法を見てみましょう。

```
Compare this @Html.Raw("<b>Bold text</b>")
to the following: @("<b>Bold text</b>")
```

　`Html` オブジェクトはどこから来たのでしょうか。厳密に言えば、`Html` オブジェクトは HTML ヘルパーと呼ばれるものであり、すべての Razor ビューが継承する `RazorPage` 基底クラスに定義されているプロパティの 1 つです。次項で示すように、Razor には興味深い HTML ヘルパーがいろいろ揃っています。

■ HTML ヘルパー

　HTML ヘルパーは、`HtmlHelper` クラスの拡張メソッドです。大まかに言えば、HTML ヘルパーは HTML ファクトリ以外の何ものでもありません。このメソッドをビューで呼び出すと、入力パラメーターが提供されている場合は、その結果として何らかの HTML が挿入されます。HTML ヘルパーはマークアップを内部バッファーにためてから出力します。ビューオブジェクトでは、`HtmlHelper` クラスのインスタンスが `Html` というプロパティとして提供されます。

　ASP.NET Core には、`CheckBox`、`ActionLink`、`TextBox` などの HTML ヘルパーが最初から組み込まれています。よく使用される HTML ヘルパーを表6-1 にまとめておきます。

▼表 6-1：よく使用される HTML ヘルパーメソッド

メソッド	型	説明
BeginForm、BeginRouteForm	Form	システムが`<form>`タグのレンダリングに使用するHTML フォームを表す内部オブジェクトを返す
EndForm	Form	閉じていない`<form>`タグを閉じる `void` メソッド
CheckBox、CheckBoxFor	Input	チェックボックス入力要素の HTML 文字列を返す
Hidden、HiddenFor	Input	隠し入力要素の HTML 文字列を返す
Password、PasswordFor	Input	パスワード入力要素の HTML 文字列を返す
RadioButton、RadioButtonFor	Input	ラジオボタン入力要素の HTML 文字列を返す
TextBox、TextBoxFor	Input	テキスト入力要素の HTML 文字列を返す
Label、LabelFor	Label	HTML ラベル要素の HTML 文字列を返す
ActionLink、RouteLink	Link	HTML リンクの HTML 文字列を返す

メソッド	型	説明
DropDownList、DropDownListFor	List	ドロップダウンリストの HTML 文字列を返す
ListBox、ListBoxFor	List	リストボックスの HTML 文字列を返す
TextArea、TextAreaFor	TextArea	テキストエリアの HTML 文字列を返す
ValidationMessage、ValidationMessageFor	Validation	検証メッセージの HTML 文字列を返す
ValidationSummary	Validation	検証の概要メッセージの HTML 文字列を返す

　例として、HTML ヘルパーを使ってテキストボックスを作成し、プログラムからテキストを設定してみましょう。

```
@Html.TextBox("LastName", Model.LastName)
```

　HTML ヘルパーにはそれぞれ属性値や他の関連情報を指定できるオーバーロードが定義されています。たとえば、class 属性を使ってテキストボックスのスタイルを設定する方法は次のようになります。

```
@Html.TextBox("LastName",
              Model.LastName,
              new Dictionary<String, Object>{{"class", "myCoolTextBox"}})
```

　表6-1には、xxxFor という名前のヘルパーがいくつか含まれています。それらはもう一方のヘルパーとどのように異なるのでしょうか。xxxFor ヘルパーには、指定できるのが次のようなラムダ式だけであるという違いがあります。

```
@Html.TextBoxFor(model => model.LastName,
                 new Dictionary<String, Object>{{"class", "myCoolTextBox"}})
```

　テキストボックスの場合、ラムダ式は入力フィールドに表示するテキストを指定します。xxxFor ヘルパーが特に役立つのは、ビューに挿入するデータがモデルオブジェクトにまとめられている場合です。この場合はビューの結果が読みやすくなり、型が厳密に指定されます。

　HTML ヘルパーの使用に関しては賛否が大きく分かれています。HTML ヘルパーはそもそも HTML サブルーチン（呼び出してパラメーターを渡すと目的のマークアップが得られる）として導入されたものです。HTML ヘルパーが複雑なものになるに従い、パラメーター（多くの場合は深いパラメーターグラフ）を渡すために記述しなければならないC# コードの量は増えていきます。HTML ヘルパーにより、複雑なマークアップのレンダリングのややこしさは多少隠ぺいされます。ですがその一方で、マークアップ構造が開発者から見えないために把握することは不可能となり、ブラックボックスとして扱われることになります。CSS を使って内部要素のスタイルを設定するときでさえ、CSS プロパティがAPI で定義されていなければならないために設計作業が必要になります。

　HTML ヘルパーはASP.NET Core において完全にサポートされていますが、数年前と比べてHTML ヘルパーの魅力は大幅に失われています。ASP.NET Core では、複雑な

142 **第 2 部　ASP.NET MVC のアプリケーションモデル**

HTML を柔軟かつ表現豊かな方法でレンダリングするための新しいツールとして、**タグヘルパー**が提供されています ❶。個人的には、最近は CheckBox 以外の HTML ヘルパーをほとんど使用していません。

■ 特殊なケース：Boolean とチェックボックス

HTML フォームにチェックボックスが含まれているとしましょう。よい例は、典型的なログインフォームの「ログイン情報を記憶する」チェックボックスです。CheckBox ヘルパーを使用しない場合、HTML は次のようになります。

```
<input name="rememberme" type="CheckBox" />
```

ブラウザーは HTML 規格に従い、このチェックボックスがオンの場合は次のコードを送信します。

```
rememberme=on
```

チェックボックスがオフの場合、この入力フィールドは無視され、送信されません。ここで、送信されたデータがモデルバインディングによってどのように扱われるのかが気になります。モデルバインディング層は on を true として解釈するように設定されていますが、RememberMe という名前の値が送信されなければ、たいしたことはできません。CheckBox ヘルパーの場合は、同じ RememberMe という名前の <input> 隠し要素を追加し、その値を false に設定します。チェックボックスがオンの場合は同じ名前で 2 つの値が送信されることになりますが、この場合、モデルバインディング層が受け取るのは 1 つ目の値だけです。

これ以外のシナリオで通常の HTML や（それよりもよいのは）タグヘルパーを使用する代わりに HTML ヘルパーを使用するのは、主に好みの問題です。

■ コメント

最後はコメントです。本番環境のコードでは必要のないものかもしれませんが、開発環境のコードでは絶対に必要であり、Razor ビューでコメントを使用しなければならないことがあるかもしれません。@{　...　} を使って複数行にまたがるコードに取り組んでいる場合、コメントを配置するにはプログラミング言語の構文を使用します。マークアップブロックをコメントにしたい場合は、@* ... *@ 構文を使用します。その方法は次のようになります。

```
@*
  <div> Some Razor markup </div>
*@
```

願ってもないことに、Visual Studio ではこれらのコメントが検出され、指定された色で表示されます。

---

❶「6.2　Razor のタグヘルパー」を参照。

6.1.2 | レイアウトテンプレート

Razorのレイアウトテンプレートはマスターページの役割を果たします。レイアウトテンプレートは、マッピングされたビューに基づいてビューエンジンがレンダリングを行うための骨組みを定義します。それにより、サイトの各部分の外観と使い勝手が統一されます。

各ビューのレイアウトテンプレートを定義するには、単に親ビュークラスの**Layout**プロパティを設定します。このプロパティには、ハードコーディングされたファイルを指定するか、実行時の条件評価によって生成されるパスを指定することができます。第5章で説明したように、**_ViewStart.cshtml**ファイルを使用すれば、既定のプロパティを**Layout**プロパティに代入することができます。それにより、すべてのビューを対象とする既定のグラフィカルテンプレートが定義されます。

■ レイアウトのガイドライン

厳密に言えば、レイアウトテンプレートはビュー（または部分ビュー）と何ら変わりません。レイアウトテンプレートの内容がビューエンジンによって解析・処理される方法はビューとまったく同じです。ただし、ほとんどのビュー（およびすべての部分ビュー）とは異なり、レイアウトテンプレートは完全なHTMLテンプレートであり、**<html>**要素で始まって**</html>**要素で終わります。

> **注**
>
> ビューのレイアウトを別個のリソースとして設定する必要はありません。結局のところ、レイアウトと通常のビューがRazorエンジンによって処理される方法は同じです。つまり、HTMLビューのテンプレート全体をHTML要素で囲んでしまってもよいのです。

レイアウトファイルは完全なHTMLテンプレートであるため、メタ情報（およびファビコンやよく使用されるCSS/JavaScriptファイル）が指定される総合的な**<head>**ブロックを組み込むべきです。スクリプトファイルを**<head>**セクションとボディの最後のどちらに配置するかは開発者次第です。テンプレートの本体では、すべての派生ビューのレイアウトを定義します。一般的なレイアウトテンプレートには、ヘッダー、フッター、そしておそらくサイドバーが含まれています。これらの要素に表示される内容はすべてのビューに継承され、ローカライズされたテキストとして静的に設定されるか、渡されたデータからバインドされます。後ほど見ていくように、レイアウトページは外部からデータを受け取ることができます。

現実のアプリケーションでは、レイアウトファイルをいくつ使用すべきでしょうか。

一概には言えません。確かに、レイアウトファイルを少なくとも1つは使用したほうがよいかもしれませんが、すべてのビューが完全なHTMLビューであるとしたら、レイアウトがなくても問題は何もありません。原則として推奨されるのは、サイトのマクロな部分ごとにレイアウトを1つ使用することです。たとえば、ホームページでレイアウトを1つ使用し、それとはまったく異なる内部ページを使用することが現実にあり得ます。内部ページの数は、それらのページをどのようにグループ化できるかによって決まります。アプリケーションによっては、管理者ユーザーがデータや設定を入力するためのバックオフィスが必要かもしれません。その場合はさらに別のレイアウトが必要になるでしょう。

144 **第 2 部 ASP.NET MVC のアプリケーションモデル**

> **重要**
>
> どのビューでも、画像、スクリプト、スタイルシートといったリソースを参照するときには、チルダ演算子を使って Web サイトのルートを参照することが推奨されます。ASP.NET Core では、Razor エンジンによってチルダが自動的に展開されます。チルダがサポートされるのは、Razor エンジンによって解析されるコードブロックの中だけであることに注意してください。通常の HTML ファイル（拡張子が `.html`）の中ではチルダは展開されず、Razor ファイルの `<script>` 要素の中でも展開されません。パスをコードブロックとして表現するか、JavaScript を使って URL を修正してください。

■ レイアウトにデータを渡す

開発者がプログラムから参照するのは、ビューとそのビューモデルだけです。従来の ASP.NET では、`Controller` クラスの `View` メソッドにレイアウトをプログラムから設定できるオーバーロードが定義されています。このオーバーロードは、ASP.NET Core では定義されていません。ビューエンジンはレンダリングの対象となるビューにレイアウトが含まれていることを検出すると、最初にそのレイアウトの内容を解析し、ビューテンプレートにマージします。

レイアウトには適用の対象となるビューモデルの種類を定義できますが、現実には、実際のビューに渡されたビューモデルオブジェクトがあれば、それを受け取るだけです。このため、レイアウトのビューモデルは、実際にはビューに使用されるビューモデルの親クラスでなければなりません。このため、使用するレイアウトごとに専用のビューモデル基底クラスを定義し、実際のビューに使用されるビューモデルクラスに継承させるのがよいでしょう（表6-2）。

▼表 6-2：レイアウトとビューモデルクラス

ビューモデル	レイアウト	説明
`HomeLayoutViewModel`	`HomeLayout`	`HomeLayout` テンプレートのビューモデル
`InternalLayoutViewModel`	`InternalLayout`	`InternalLayout` テンプレートのビューモデル
`BackofficeLayoutViewModel`	`BackofficeLayout`	`BackofficeLayout` テンプレートのビューモデル

さらによいのは、すべてのレイアウトのビューモデルクラスに単一の親クラス（第5章で説明した `ViewModelBase` クラスなど）を継承させることです。

とはいえ、レイアウトビューには、他のビューと同じように、依存性注入やディクショナリを通じてデータを渡せることを覚えておいてください。

■ カスタムセクションを定義する

どのレイアウトにも、外部からビューの内容を注入するためのポイントが少なくとも1つ必要です。この注入ポイントは `RenderBody` メソッドの呼び出しで構成されます。このメソッドは、レイアウトとビューのレンダリングに使用される基底のビュークラスで定義されます。ただし、ビューの内容を複数の位置に注入しなければならないこともあります。そのような場合は、レイアウトテンプレートで名前付きセクションを1つ以上定義し、マークアップを使っ

てそれらをビューに設定させることができます。

```
<body>
  <div class="page">
    @RenderBody()
  </div>
  <div id="footer">
    @RenderSection("footer")
  </div>
</body>
```

　各セクションは名前で識別され、オプションとして宣言されていない限り、必須セクションと見なされます。**RenderSection** メソッドには、そのセクションが必須かどうかを指定するオプションの Boolean 引数を渡すことができます。セクションをオプションとして宣言する方法は次のようになります。

```
<div id="footer">
  @RenderSection("footer", false)
</div>
```

　次のコードは、機能的には上記のコードと同じですが、可読性が大幅によくなっています。

```
<div id="footer">
  @RenderSection("footer", required:false)
</div>
```

　required はキーワードなどではなく、**RenderSection** メソッドの仮パラメーターの名前です（この名前は IntelliSense に表示されます）。使用できるカスタムセクションの数に制限はありません。カスタムセクションはレイアウトのどこで使用してもかまいませんが、ビューにデータが挿入されたときに結果として有効な HTML が生成されることが前提となります。
　ビュートテンプレートに必須として宣言されたセクションが含まれていない場合は実行時例外がスローされます。ビューテンプレートでセクションの内容を定義する方法は次のようになります。

```
@section footer {
  <p>Written by Dino Esposito</p>
}
```

　Razor ビューテンプレートでは、セクションの内容を好きな場所で定義できます。

6.1.3 │ 部分ビュー

　部分ビューとは、ビューに含まれる個々の HTML のことであり、完全に独立したエンティティとして扱われます。実際には、あるビューエンジンを対象としてビューを定義し、別のビューエンジンを要求する部分ビューを参照することも可能です。部分ビューは HTML の

146 第2部 ASP.NET MVC のアプリケーションモデル

サブルーチンに似ており、主に次の2つのシナリオで役立ちます。1つは、再利用可能なユーザーインターフェイスのみの HTML スニペットを使用する場合であり、もう1つは、複雑なビューを管理しやすい大きさに分割する場合です。

■ 再利用可能な HTML スニペット

部分ビューはそもそも、再利用可能な HTML ベースのユーザーインターフェイスを定義するための手段として導入されたものです。しかし、部分ビューはその名のとおり、少し小さいだけのビューであり、テンプレートと渡された（あるいは注入された）データに基づいて構築されます。部分ビューは再利用可能ですが、スタンドアロンの HTML スニペットとは言い難いものです。

再利用可能なテンプレートをスタンドアロンウィジェットに発展させるにあたって部分ビューに欠けているのはビジネスロジックです。つまり、部分ビューはレンダリングツールにすぎません。バナーとメニュー、そしておそらくテーブルとサイドバーを分離するのには申し分ありませんが、自律的な Web の一部ではありません。ASP.NET Core のビューコンポーネントはまさにそのために存在します。

■ 複雑なビューを分割する

全体的に見てさらに興味深いのは、大きく複雑なフォームを管理しやすい大きさに分割する手段として部分ビューを使用することです。大規模なフォーム（特にマルチステップ方式のフォーム）はますます一般的となっており、部分ビューを利用しなければ表現や扱いに苦慮することがあります。

ユーザーエクスペリエンスの観点からすると、入力フィールドを満載した大きなフォームを分割するにあたってタブはうってつけの方法です。しかし、大きなフォームはユーザーにとって問題だけではありません。次に示すタブベースのフォームを見てみましょう。これらのタブは Bootstrap CSS クラスを使って取得されています。

```
<form class="form-horizontal" id="largeform"
      role="form" method="post"
      action="@Url.Action("largeform", "sample")">
  <div>
    <!-- Navタブ -->
    <ul class="nav nav-tabs" role="tablist">
      @Html.Partial("pv_largeform_tabs")
      <li role="presentation" class="active">
        <a href="#tabGeneral" role="tab" data-toggle="tab">General</a>
      </li>
      <li role="presentation">
        <a href="#tabEmails" role="tab" data-toggle="tab">Emails</a>
      </li>
      <li role="presentation">
        <a href="#tabPassword" role="tab" data-toggle="tab">Password</a>
      </li>
    </ul>

    <!-- Tabペイン -->
    <div class="tab-content">
```

```
        <div role="tabpanel" class="tab-pane active" id="tabGeneral">
          @Html.Partial("pv_largeform_general")
        </div>
        <div role="tabpanel" class="tab-pane" id="tabEmails">
          @Html.Partial("pv_largeform_emails")
        </div>
        <div role="tabpanel" class="tab-pane" id="tabPassword">
          @Html.Partial("pv_largeform_password")
        </div>
      </div>
    </div>
  </form>
```

　このようなフォームを記述しなければならない場合、部分ビューを使用しないとしたら、タブのマークアップ全体をメインビューに埋め込むことになります。タブ自体がそれぞれ単純なビューになる可能性があることを考えると、1つの場所で書いたり読んだり編集したりするマークアップは圧倒されるほどの量になります。このような状況で使用される部分ビューはとても再利用できるものではありませんが、部分ビューとしてはかなり効果的なものになるでしょう。

■ 部分ビューにデータを渡す

　ビューエンジンは部分ビューを他のビューと同じように扱います。このため、部分ビューには通常のビューやレイアウトと同じ方法でデータを渡すことができ、強く型指定されたビューモデルクラスやディクショナリを使用することが可能です。ただし、部分ビューを呼び出すときにデータを渡さない場合、部分ビューは（親ビューに渡されるものと同じ）強く型指定されたビューモデルを受け取ります。

```
@Html.Partial("pv_Grid")
```

　ビューのディクショナリの内容は常に親ビューとそのすべての部分ビューによって共有されます。部分ビューに別のビューモデルが渡された場合、親ビューのビューモデルへの参照は失われます。

　次に、特殊なケースについて考えてみましょう。親ビューが顧客データオブジェクトの配列を受け取り、その配列をループで処理します。続いて、各顧客データオブジェクトが実際にレンダリングを行うために部分ビューに渡されます。

```
@foreach(var customer in Model.Customers)
{
  @Html.Partial("pv_customer", customer)
}
```

　このようにすると、顧客情報のレンダリングが完全に **pv_customer** 部分ビューに切り出されます。それにより、**pv_customer** 部分ビューはこのアプリケーションにおいて顧客情報をレンダリングする唯一の手段となります。ここまではよいでしょう。親ビューに渡される顧客データオブジェクトに含まれていない情報があり、それらの情報を部分ビューに渡す必要がある場合はどうすればよいでしょうか。この場合は次の3つの選択肢があります。

148 第2部 ASP.NET MVC のアプリケーションモデル

- 関連するクラスをリファクタリングすることで、部分ビューが必要なデータをすべて受け取るようにする。ただし、この方法では部分ビューの全体的な再利用性が低下するかもしれない。
- 元のデータオブジェクトと追加のデータを結合する匿名の型を使用する。
- **ViewData** を使って追加のデータを渡す。

6.2 | Razor のタグヘルパー

HTML ヘルパーを使用すれば、使用したいマークアップを完全に記述せずに、プログラムから表現することができます。ある意味、HTML ヘルパーは特定の HTML を生成するために設定されるスマート HTML ファクトリです。これらの HTML ヘルパーは C# コードで記述され、C# コードスニペットとして Razor テンプレートに追加されます。

タグヘルパーの効果は、突きつめれば HTML ヘルパーと同じです。つまり、タグヘルパーは HTML ファクトリとして機能しますが、はるかに簡潔で自然な構文を使用します。特筆すべきは、タグヘルパーをリンクするにあたって C# コードがまったく必要ないことです。

> **注**
>
> タグヘルパーは ASP.NET Core 固有の機能です。従来の ASP.NET MVC でタグヘルパーに最も近い効果を得るには、HTML ヘルパーを使用するか、（さらによいのは）テンプレートベースの HTML ヘルパーを使用します。

6.2.1 | タグヘルパーを使用する

タグヘルパーは、1つ以上のマークアップ要素にバインドできるサーバー側のコードであり、実行時にマークアップ要素の DOM を調べて、生成されるマークアップを変更することができます。タグヘルパーはアセンブリにコンパイルされる C# クラスであり、タグヘルパーを使用するには特別なビューディレクティブを認識しなければなりません。

■ タグヘルパーの登録

Razor ビューで **@addTagHelper** ディレクティブを指定すると、Razor パーサーが指定されたクラスをリンクし、未知のマークアップ属性やマークアップ要素をそれらの内容に対して処理するようになります。

```
@addTagHelper *, YourTagHelperLibrary
```

この構文は、現在のビューにおいて、**YourTagHelperLibrary** アセンブリに含まれているすべてのクラスを潜在的なタグヘルパーとしてリンクします。＊記号の代わりに型名を指定すると、指定されたアセンブリからそのクラスだけが選択されます。**_ViewImports.cshtml** ファイルに **@addTagHelper** ディレクティブを挿入した場合、処理の対象となっている Razor ビューにこのディレクティブが自動的に追加されます。

■ HTML 要素にタグヘルパーをバインドする

一見すると、タグヘルパーは Razor パーサーによって処理されるカスタム HTML 属性やカスタム HTML 要素のように見えます。サンプルタグヘルパーを使用する方法を見てみましょう。

```
<img src="~/images/app-logo.png" asp-append-version="true" />
```

別の例も見てみましょう。

```
<environment names="Development">
  <script src="~/content/scripts/yourapp.dev.js" />
</environment>
<environment names="Staging, Production">
  <script src="~/content/scripts/yourapp.min.js" asp-append-version="true" />
</environment>
```

タグヘルパーとして登録されたアセンブリは、ブラウザー用の実際のマークアップを生成するために、マークアップ式で検出された属性や要素のうちどれをサーバー側で処理するのかを Razor パーサーに伝えます。タグヘルパーとして認識された属性や要素は、Visual Studio において特別な色で表示されます。

具体的に言うと、**asp-append-version** タグヘルパーは、バインドされた要素を書き換えて、参照されているファイルの URL にタイムスタンプが追加されるようにすることで、その URL がブラウザーにキャッシュされないようにします。先の **<img>** 要素に対して実際に生成されるマークアップは次のようになります。

```
<img src="/images/app-logo.png?v=yqomE4A3_PDemMMVt-umA" />
```

ファイルの内容のハッシュとして計算されたバージョンクエリ文字列パラメーターが自動的に追加されています。これにより、ファイルが変更されるたびに新しいバージョン文字列が生成され、ブラウザーのキャッシュが無効になることがわかります。この単純な対処法により、開発時に外部リソース（画像、スタイルシート、スクリプトファイルなど）が変化したらブラウザーのキャッシュを空にするという長年の問題が解決されます。

> **注**
>
> 参照先のファイルが存在しない場合、バージョン文字列は生成されません。その場合は、現在検出されている ASP.NET Core ホスティング環境に基づいて **environment** タグヘルパーがマークアップを生成します。どのタグヘルパーも特定の HTML 要素にバインドするように設定されています。複数のタグヘルパーを同じ HTML 要素にバインドすることも可能です。

6.2.2 | 組み込みのタグヘルパー

ASP.NET Core には、さまざまなタグヘルパーが最初から組み込まれています。これらの

タグヘルパーはすべて同じアセンブリで定義されており、**_ViewImports.cshtml** ファイルから参照することになるでしょう。そのようにすると、すべての Razor ビューで組み込みのタグヘルパーを利用できるようになります。

```
@addTagHelper *, Microsoft.AspNetCore.Mvc.TagHelpers
```

組み込みのタグヘルパーは幅広い機能をカバーしています。たとえば、**<form>**、**<input>**、**<textarea>**、**<label>**、**<select>** など、Razor テンプレートで使用できる同じ HTML 要素に影響を与えるものがあります。他の多くのタグヘルパーは、ユーザーに表示されるメッセージを検証するために存在しています。こうしたシステムタグヘルパーの名前はすべて **asp-*** で始まります。詳細については、ASP.NET Core のドキュメント❷を参照してください。

■ タグヘルパーの全体的な構造

ここでは、タグヘルパーの内部構造とそれらを特徴付ける基本原理について説明します。そうすれば、組み込みのタグヘルパーを取り上げるこの後の項の内容を理解するのに役立つはずです。

タグヘルパークラスは、それらが参照できる 1 つ以上の HTML 要素によって識別されます。タグヘルパークラスのほとんどの部分は、実際の振る舞いの実装に使用される **public** プロパティと **private** メソッドで構成されています。各 **public** プロパティには、必要に応じて、関連するタグヘルパー属性の名前を追加することができます。例として、アンカータグヘルパーの C# クラスの宣言を見てみましょう。

```
[HtmlTargetElement("a", Attributes = "asp-action")]
[HtmlTargetElement("a", Attributes = "asp-controller")]
[HtmlTargetElement("a", Attributes = "asp-area")]
[HtmlTargetElement("a", Attributes = "asp-fragment")]
[HtmlTargetElement("a", Attributes = "asp-host")]
[HtmlTargetElement("a", Attributes = "asp-protocol")]
[HtmlTargetElement("a", Attributes = "asp-route")]
[HtmlTargetElement("a", Attributes = "asp-all-route-data")]
[HtmlTargetElement("a", Attributes = "asp-route-*")]
public class AnchorTagHelper : TagHelper, ITagHelper
{
  ...
}
```

このコードについては、このタグヘルパーを関連付けることができるのは、指定された属性のいずれかが設定された **<a>** 要素だけであると解釈することができます。つまり、Razor に含まれている **<a href="...">...</a>** 要素に上記の **asp-*** 属性が 1 つも設定されていない場合、それ以上処理は行われず、一字一句そのまま出力されます。図6-1は、登録されているタグヘルパーによって実際にサポートされる **asp-*** 属性を Visual Studio が検出できることを示しています。

---

❷ https://docs.microsoft.com/ja-jp/dotnet/api/microsoft.aspnetcore.mvc.taghelpers

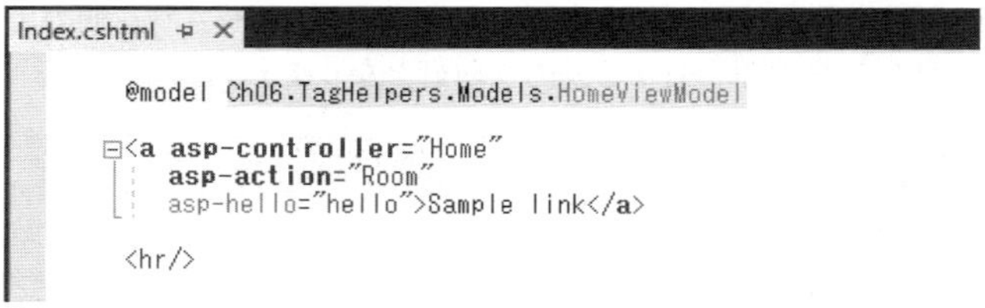

```
Index.cshtml ⊣ ×

    @model Ch06.TagHelpers.Models.HomeViewModel

<a asp-controller="Home"
   asp-action="Room"
   asp-hello="hello">Sample link</a>

   <hr/>
```

▲図6-1：有効なタグヘルパー属性と無効なタグヘルパー属性

　このように、Visual Studio は登録されているタグヘルパーのいずれにおいても **asp-hello** が **<a>** 要素の有効な属性ではないことを検知しています。

■ アンカータグヘルパー

　アンカータグヘルパーは **<a>** 要素に適用されるヘルパーであり、参照先の URL を非常に柔軟に指定できるようにします。実際には、ターゲットURLを区分／コントローラー／アクションコンポーネントに分割する、ルート名で指定する、さらにはホスト、フラグメント、プロトコルといったURLのセグメントを指定することも可能です。図6-1は、アンカータグヘルパーの使い方を示しています。

> **注**
>
> 　**href** 属性とルート属性の両方が指定された場合、このタグヘルパークラスは例外をスローします。

■ フォームタグヘルパー

　フォームタグヘルパーは、コントローラーとアクション名を使って、あるいはルート名を使ってアクション URL を設定する属性をサポートしています。

```
<form asp-controller="room" asp-action="book">
 ...
</form>
```

　次の Razor コードは、**method** 属性にPOST を指定し、**action** 属性にURL を指定しています。このURLは指定されたコントローラーとアクションの組み合わせです。また、フォームタグヘルパーは、クロスサイトリクエストフォージェリ（CSRF）攻撃を回避するために作成されたリクエスト検証トークンを隠しフィールドに注入するという興味深いトリックも実行します。

```
<form method="POST" action="/room/book">
  <input name="__RequestVerificationToken" type="hidden" value="..." />
 ...
</form>
```

　さらに、フォームタグヘルパーはフィールドに格納された値を暗号化し、Cookie として追

加します。次に示すように、受け取り側のコントローラーにサーバー側の属性が設定されている限り、これはCSRF攻撃に対する強力な防御となります。

```
[AutoValidateForgeryToken]
public class RoomController : Controller
{
    ...
}
```

AutoValidateForgeryToken 属性は、リクエスト検証Cookie を読み取って復号し、その値をリクエスト検証隠しフィールドの value 属性の内容と比較します。それらの値が一致しない場合は、例外がスローされます。AutoValidateForgeryToken 属性を指定しない限り、この二重のチェックは実施されません。一般に、この属性はコントローラーレベルで使用するのが得策ですが、さらによいのは、グローバルフィルターとして使用することです。その場合は、IgnoreValidateForgeryToken 属性を使用することで、一部のメソッドでのみ検証を無効にすることができます。

> **注**
>
> ASP.NET Core には、ValidateForgeryToken という名前の同じような属性もあります。AutoValidateForgeryToken 属性との違いは、ValidateForgeryToken 属性が POST リクエストだけをチェックすることです。

■ 入力タグヘルパー

入力タグヘルパーは、<input> 要素をモデル式にバインドします。このバインディングには、asp-for 属性が使用されます。なお、asp-for 属性が<label> 要素でも有効であることに注意してください。

```
<div class="form-group">
  <label class="col-md-4 control-label" asp-for="Title"></label>
  <div class="col-md-4">
    <input class="form-control input-lg" asp-for="Title">
  </div>
</div>
```

<input> 要素の asp-for 属性は、式に基づいて name、id、type、value の4つの属性を生成します。この例では、Title の値はバインド先のビューモデルにおいて一致するプロパティを表します。<label> 要素の asp-for 属性は、for 属性と（必要に応じて）ラベルの内容を設定します。結果は次のようになります。

```
<div class="form-group">
  <label class="col-md-4 control-label" for="Title">Title</label>
  <div class="col-md-4">
    <input class="form-control input-lg"
           type="text" id="Title" name="Title" value="...">
  </div>
</div>
```

```
</div>
```

`<input>`要素の`value`属性には、式によって生成された値が設定されます。なお、`Customer.Name`のような複雑な式を使用することも可能です。

`asp-for`属性は、フィールド（要素）の最適な型を特定するために、ビューモデルクラスで定義されている可能性があるデータアノテーションも調べます。ただし、マークアップですでに指定されている属性が上書きされることはありません。また、`asp-for`属性はデータアノテーションに基づいて、エラーメッセージや検証ルールを読み取るHTML5の検証属性を生成することもできます。これらの`data-*`検証属性は、検証タグヘルパーなどで使用されます。また、設定によっては、クライアント側のjQuery検証でも使用されます。

なお、ビューモデルの構造が変化したのにタグヘルパーの式が更新されない場合は、コンパイルエラーになります。

■ 検証タグヘルパー

検証タグヘルパーには、個々のプロパティの検証とサマリの2種類があります。検証メッセージヘルパーは、`<div>`要素で`asp-validation-for`属性を使用します。

```
<span asp-validation-for="Email"></span>
```

この`<span>`には、`Email`という`<input>`フィールドに出力があるかもしれないことを示すHTML5の検証メッセージが設定されています。エラーメッセージをレンダリングしなければならない場合は、`<span>`要素の本文としてレンダリングされます。

検証サマリヘルパーは、`<div>`要素で`asp-validation-summary`属性を使用します。その出力は、フォームでの検証エラーをすべて列挙する`<ul>`要素です。列挙されるエラーは、この属性の値によって決まります。有効な値は、エラーをすべて列挙する`All`と、モデルのエラーのみを列挙する`ModelOnly`です。

```
<div asp-validation-summary="All"></div>
```

■ 選択リストタグヘルパー

特に興味深いのは、`<select>`要素のタグヘルパーです。というのも、Web開発者にとって長年の課題となっていた、列挙型をドロップダウンリストにバインドする方法をこれ以上ないほど簡潔かつ効果的に解決するからです。

```
<select id="room" name="room" class="form-control"
        asp-for="@Model.CurrentRoomType"
        asp-items="@Html.GetEnumSelectList(typeof(RoomCategories))">
</select>
```

`<select>`要素の`asp-for`属性は、リストにおいて選択されたアイテムを特定するために評価する式を指定します。`asp-items`属性は、アイテムからなるリストを指定します。`Html.GetEnumSelectList`という新しい拡張メソッドは、引数として渡された列挙型

154　第2部　ASP.NET MVC のアプリケーションモデル

を SelectListItem オブジェクトのリストとしてシリアライズします。

```
public enum RoomCategories
{
  [Display(Name = "Not specified")]
  None = 0,
  Single = 1,
  Double = 2
}
```

　列挙型のいずれかの要素に Display 属性が追加されている場合、レンダリングされる名前がリテラル値ではなく指定されたテキストになるというちょっとした趣向が施されています。興味深いのは、生成されるオプションの値が列挙されたエントリの（名前ではなく）数値であることです。

6.2.3 ┃ カスタムタグヘルパーの作成

　タグヘルパーは Razor テンプレートを読みやすく簡潔に保つのに役立ちます。ですが筆者は、ビュー固有の言語のようなものを作成するためではなく、単に、長く繰り返しの多いマークアップコードブロックの記述を自動化するためにタグヘルパーを使用します。そのようにすればするほど、実際には HTML から遠ざかることになります。

▍ メールタグヘルパーの目的

　メールアドレスをテキストとして表示するビューがあるとしましょう。それらのテキスト文字列をクリックすると、Outlook の新しいメールウィンドウが表示されるようにしたら便利ではないでしょうか。HTML では、これを実現するのは簡単です。そのテキストをアンカーに変換し、mailto プロトコル文字列を指定するだけです。

```
<a href="mailto:you@yourserver.com">you@yourserver.com</a>
```

　Razor では、次のようになるでしょう。

```
<a href="mailto:@Model.Email">@Model.Email</a>
```

　それほど読みにくいわけでも管理しにくいわけでもありませんが、メールの既定の件名、本文、CC アドレスなども指定したい場合はどうすればよいのでしょうか。この場合、記述しなければならないコードはずっと複雑なものになります。件名が null ではないことを確認した上で、mailto プロトコル文字列に追加しなければなりません。処理の対象となる他の属性でも同じ作業が必要となります。おそらく、StringBuilder ローカル変数を使って最終的な mailto URL を蓄積することになるでしょう。このコードは、データをマークアップに変えるための定型的な変換にすぎないため、意味もなくビューを汚すだけでしょう。

▍ タグヘルパーを設計する

　タグヘルパーにより、コードが読みやすくなり、変換の詳細が見えないように（ビューか

らも）隠ぺいされます。この場合は、次のように記述できます。

```
<email to="@Model.Email.To"
       subject="@Model.Email.Subject">
  @Model.Email.Body
</email>
```

　タグヘルパークラスはビューに登録しなければなりません。ビューごとに登録するか、**_ViewImports.cshtml** ファイルですべてのビューに対して登録します。必要なコードは次のようになります。

```
@addTagHelper *, Your.Assembly
```

　新しいタグヘルパーでは、カスタム要素を使用します。また、CC などのプロパティを追加することで、さらに凝ったものにすることもできます。

■ タグヘルパーを実装する

　一般的なタグヘルパークラスは、**TagHelper** クラスを継承し、**ProcessAsync** メソッドをオーバーライドします。このメソッドは、ヘルパーの制御下にあるすべてのタグの出力を生成します。
　先に述べたように、Razor の要素をタグヘルパーにバインドするには、**HtmlTargetElement** 属性を使用します。この属性には、タグヘルパーがバインドする要素の名前を指定します。

```
[HtmlTargetElement("email")]
public class MyEmailTagHelper : TagHelper
{
  public override async Task ProcessAsync(TagHelperContext context,
                                          TagHelperOutput output)
  {
    // emailのbody要素のRazorコンテンツを評価
    var body = (await output.GetChildContentAsync()).GetContent();

    // <email>を<a>と置き換える
    output.TagName = "a";

    // mailto URLを準備する
    var to = context.AllAttributes["to"].Value.ToString();
    var subject = context.AllAttributes["subject"].Value.ToString();
    var mailto = "mailto:" + to;
    if (!string.IsNullOrWhiteSpace(subject))
      mailto = string.Format("{0}&subject={1}&body={2}",
                             mailto, subject, body);

    // 出力を準備する
    output.Attributes.Clear();
    output.Attributes.SetAttribute("href", mailto);
    output.Content.Clear();
    output.Content.AppendFormat("Email {0}", to);
```

```
    }
}
```

図6-2は、このタグヘルパーを使用するサンプルのRazorビューを示しています。

```
<email to="@email" subject="@subject">
    Hello!
</email>
```

▲図6-2：Visual Studio 2017で実行中のサンプルタグヘルパー

生成されるマークアップは次のようになります。

```
<a href="mailto:dino.esposito@jetbrains.com&amp;subject=Talking about ASP.NET Core&amp;body=Hello!">
  Email dino.esposito@jetbrains.com
</a>
```

実行中のページは図6-3のようになります。

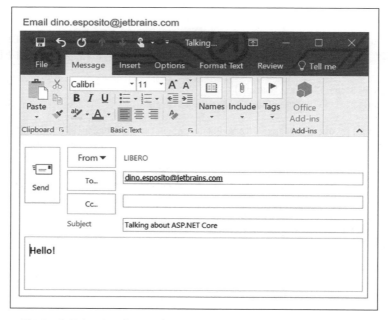

▲図6-3：実行中のサンプルページ

　ターゲット要素の名前だけではタグヘルパーの対象となる要素を絞り込むのに不十分な場合は、属性を追加するとよいでしょう。

```
[HtmlTargetElement("email", Attributes="to, subject")]
```

このように設定されたタグヘルパーは、属性が両方とも指定されていて、かつ `null` ではない `<email>` 要素にのみ適用されます。タグヘルパーがカスタムマークアップと一致しない場合はマークアップがそのまま出力され、各ブラウザーによって何らかの方法で処理されることになります。

■ タグヘルパーと HTML ヘルパー

ASP.NET Core には、Razor ビューのマークアップ言語の抽象度を引き上げるためのよく似たツールが2つあります。1つは、従来の ASP.NET MVC でもサポートされている HTML ヘルパーであり、もう1つはタグヘルパーです。どちらのツールも同じ働きをし、どちらも比較的複雑で繰り返しの多い Razor タスクに対して使いやすい構文を提供します。ただし、HTML ヘルパーはプログラムから呼び出される拡張メソッドです。

```
@Html.MyDropDownList(...)
```

- HTML ヘルパーはマークアップを組み込みます（またはプログラムから生成します）。ただし、そのマークアップは外部から隠ぺいされます。この内部マークアップの単純な属性を編集する必要があるとしましょう。たとえば、ある要素に CSS クラスを追加します。変更内容が一般的なもので、その HTML ヘルパーのすべてのインスタンスに適用される限り、このタスクは簡単です。HTML ヘルパーのインスタンスごとに異なる CSS 属性を指定できるようにしたい場合は、CSS 属性を HTML ヘルパーの入力パラメーターとして提供しなければなりません。この変更は、内部マークアップと周囲の API の両方に大きな影響を与えます。

- タグヘルパーは、ビューに直接含まれるマークアップの周囲のコードにすぎません。このコードは、個別に指定されるテンプレートの操作方法に関するものにすぎません。

6.3 | Razor ビューコンポーネント

ビューコンポーネントは ASP.NET MVC 環境において比較的新しいものです。厳密に言えば、ビューコンポーネントはロジックとビューを両方とも含んでいるコンポーネントです。この点に関しては、従来の ASP.NET で使用される子アクションの改訂バージョンであり、それに取って代わるものです。

6.3.1 | ビューコンポーネントの記述

ビューのコンテキストでは、C# のコードブロックを使ってビューコンポーネントを参照し、必要な入力データを渡します。ビューコンポーネントは、内部で独自のロジックを実行し、渡されたデータを処理し、レンダリングできる状態のビューを返します。

タグヘルパーとは異なり、ASP.NET Core では、ビューコンポーネントはあらかじめ定義されていません。このため、ビューコンポーネントはアプリケーションごとに作成されることになります。

第2部 ASP.NET MVC のアプリケーションモデル

■ ビューコンポーネントの実装

ビューコンポーネントは **ViewComponent** を継承するクラスであり、**InvokeAsync** メソッドを定義しています。このメソッドのシグネチャは、Razor ビューから渡される入力データと一致します。ビューコンポーネントの基本コードのレイアウトはだいたい次のようなものになります。

```
public async Task<IViewComponentResult> InvokeAsync( /* 入力データ */ )
{
  var data = await RetrieveSomeDataAsync(/* 入力データ */);
  return View(data);
}
```

ビューコンポーネントクラスの内部では、データベースやサービスを参照したり、依存性注入をシステムに要求したりすることがあるかもしれません。そうした操作は、データを格納場所から取り出して HTML ブロックにまとめるまったく別のビジネスロジックです。

■ ビューコンポーネントを Razor ビューに関連付ける

ビューコンポーネントクラスはプロジェクトのどこに配置してもかまいませんが、ビューコンポーネントによって使用されるビューはすべて特定の場所に配置しなければなりません。具体的には、ビューコンポーネントごとに子フォルダーが1つ含まれた **Components** フォルダーを作成する必要があります。通常は、**Components** フォルダーを **Views/Shared** フォルダーに配置することで、ビューコンポーネントが完全に再利用可能になるようにします。複数のビューコンポーネントを1つのコントローラーに限定するのが理にかなっている場合は、**Components** フォルダーを **Views** のコントローラーフォルダーに配置してもよいでしょう。

ビューコンポーネントフォルダーの名前は、ビューコンポーネントクラスの名前と同じです。ビューコンポーネントクラスの名前が **ViewComponent** で終わっている場合は、この接尾辞を削除しなければなりません。このフォルダーには、使用されている Razor ビューがすべて配置されます。**InvokeAsync** メソッドから制御を戻すときにビューの名前が指定されていない場合は、**default.cshtml** ファイルが想定されます。このビューは通常のディレクティブを含んだ通常の Razor ビューです。

■ ビューコンポーネントを呼び出す

ビューコンポーネントをビューの中から呼び出すコードは次のようになります。この **Component.InvokeAsync** メソッドに任意のパラメーターを渡せることに注目してください。それらのパラメーターは参照先のコンポーネント内で実装されている **InvokeAsync** メソッドに渡されます。**Component.InvokeAsync** メソッドは、生成されるマークアップのプレースホルダーです。

```
@await Component.InvokeAsync("LatestBookings", new { maxLength = 4 })
```

ビューコンポーネントはコントローラーからも呼び出すことができます。この場合は、次のようなコードを使用します。

```
public IActionResult LatestBookings(int maxNumber)
{
  return ViewComponent("LatestBookings", maxNumber);
}
```

　この方法は部分ビューを返す方法と似ています。どちらの場合も、呼び出し元はHTML
フラグメントを受け取ります。部分ビューとビューコンポーネントの違いはすべて、それらの
内部実装にあります。部分ビューは、渡されたデータをテンプレートに埋め込むRazor テン
プレートです。ビューコンポーネントは、入力パラメーターを受け取り、取り出したデータ
をテンプレートに埋め込みます。

6.3.2 │ **Composition UI パターン**

　ビューコンポーネントの目的はビューのコンポーネント化を促進することであるため、複
数の異なるウィジェットを合成したものとなります。これは「Composition UI」パターンで
あり、その力強いネーミングにもかかわらず、非常に直観的な概念です。

▐ データの集約と UI テンプレート

　アプリケーションのビューの中には、さまざまなクエリからのデータを集約することによっ
て作成するのが理想的なものがあります。この場合、クエリは必ずしもデータベースクエリ
であるとは限らず、ビューに必要な形式でデータを返す演算となります。標準的なビューモ
デルオブジェクトを定義し、さまざまな演算（おそらく並列処理）によって出力されたデー
タをアプリケーションコントローラーに挿入させることができます。ダッシュボードビューの
ビューモデルを見てみましょう。

```
public class DashboardViewModel
{
  public IList<MonthlyRevenue> ByMonth { get; set; }
  public IList<EmployeeOfTheMonth> TopPerformers { get; set; }
  public int PercentageOfPeopleInTheOffice { get; set; }
}
```

　このように、標準的なビューモデルオブジェクトの定義では、同じビューでユーザーに表
示したいまったく異なる3種類の情報（毎月の収益、成績優秀な社員、オフィス稼働率）を
集約します。
　これらの情報は同じデータベースに格納されていることもあれば、複数のデータベースや複
数のサーバーに分散していることもあります。このため、一般的には、アプリケーションサー
ビスがデータを取得するために3つの呼び出しを開始します。

```
public DashboardViewModel Populate()
{
  var model = new DashboardViewModel();

  // 毎月の収益クエリを呼び出す
  model.ByMonth = RetrieveMonthlyRevenues(DateTime.Now.Year);
```

```
    // 成績優秀な社員クエリを呼び出す
    model.TopPerformers = RetrieveTopPerformersRevenues(DateTime.Now.Year,
                                                        DateTime.Now.Month);

    // オフィス稼働率クエリを呼び出す
    model.PercentageOfPeopleInTheOffice = RetrieveOccupancy(DateTime.Now);

    return model;
}
```

このアプローチでは、データの取得が一元的に管理されます。このビューは3つの部分ビューで構成され、部分ビューはそれぞれ1つのデータブロックを受け取ることになるでしょう。

```
<div>@Html.Partial("pv_MonthlyRevenues", Model.ByMonth)</div>
<div>@Html.Partial("pv_TopPerformers", Model.TopPerformers)</div>
<div>@Html.Partial("pv_Occupancy", Model.PercentageOfPeopleInTheOffice)</div>
```

もう1つのアプローチは、このビューを3つに分割し、それぞれを1つのクエリタスクに割り当てることです。ビューコンポーネントは、部分ビューに専用のクエリロジックを追加したものにすぎません。この場合、先ほどのビューを次のように記述することができます。

```
<div>@await Component.InvokeAsync("MonthlyRevenues", DateTime.Now.Year)</div>
<div>@await Component.InvokeAsync("TopPerformers", DateTime.Now)</div>
<div>@await Component.InvokeAsync("Occupancy", DateTime.Now)</div>
```

ダッシュボードビューのレンダリングを受け持つコントローラーでは、アプリケーションサービスを呼び出す必要はなく、ビューをレンダリングするだけでよくなります。ビューをレンダリングすると、これらのビューコンポーネントが呼び出されます。

■ ビューコンポーネントと子アクション

一見すると、ビューコンポーネントは従来のASP.NET MVCの部分ビューと子アクションにとてもよく似ています。ASP.NET Coreでは、部分ビューはサポートされていますが、子アクションはサポートされていません。子アクションとは異なり、ビューコンポーネントはコントローラーのパイプラインを通過しないため、子アクションよりも高速です。つまり、モデルバインディングやアクションフィルターはありません。

ビューコンポーネントは部分ビューと比べてどうなのでしょうか。

部分ビューは、データを受け取ってレンダリングするテンプレートにすぎず、バックエンドのロジックをいっさい持ちません。通常はコードレスであるか、レンダリングロジックを含んでいるだけです。ビューコンポーネントは、一般に、データベースに問い合わせてデータを取得します。

■ ビューコンポーネントの影響

ビューを複数の独立したコンポーネントに分割することは、主に作業を体系化するのに役立ちます。ビューを独立したコンポーネントに分割し、複数の開発者にそれぞれ異なるコン

ポーネントを担当させれば、ビューを作成するプロセスの並列性を高めることができます。とはいえ、ビューコンポーネントを使用したからといってアプリケーションが高速になるとは限りません。

ビューコンポーネントのレンダリング（およびその後のデータの挿入）は個別に行われるため、結果としてデータベースロジックが最適なものではなくなるかもしれません。データが無関係な複数のソースに格納されている場合を除いて、ビューコンポーネントがクエリを別々に実行するために、複数の接続と複数のコマンドが必要になるかもしれません。

原則として、ビューを複数のコンポーネントに分割することが、全体的なクエリロジックに影響をおよぼさないようにすることが肝心です。例として、Web サイトのホームページにボックスを2つレンダリングしなければならないとしましょう。1つ目のボックスには、3個の最新のニュースの見出しが表示されます。2つ目のボックスには、10個の最新ニュースの写真、見出し、要約が表示されます。それぞれのビューコンポーネントは、同じデータベーステーブルに対して2つの異なるクエリを実行することになります。データ取得プロセスが一元的に管理されていれば、クエリは1つだけで済むはずです。

6.4 | まとめ

ASP.NET Core の Razor 言語は、従来の ASP.NET MVC の Razor 言語と基本的には同じです。ASP.NET Core の Razor 言語には、フレームワークの新しい機能（タグヘルパーと依存性注入）をサポートするための2つのディレクティブに加えて、ビューコンポーネントも追加されています。ビューコンポーネントは、再利用可能なアプリ内 HTML ウィジェットを可能にする新しい種類のコンポーネントです。これらの変更以外は、Razor 言語の働きは ASP.NET Core でも ASP.NET MVC でも同じです。

ASP.NET Core アプリケーションモデルの説明は以上になります。第7章からは、横断的関心事に進み、依存性注入、例外処理、構成といった話題を取り上げることにします。

第3部

横断的関心事

ASP.NET Coreプロジェクトと MVC アプリケーションモデルに慣れてきたところで、構成、認証、データアクセスを含め、本番環境でのソリューションの構築につながる現実の問題に目を向けることにしましょう。

第7章では、ASP.NET Core に組み込まれている依存性注入インフラストラクチャの主な役割を紹介し、グローバルな構成データの管理、エラーと例外の処理、コントローラーの設計といった普遍的な課題に取り組みます。

第8章では、ASP.NET Core でユーザー認証を実装する方法と、ASP.NET Core の新しいポリシーベースの API を使ってユーザーを認証する方法を示します。ASP.NET Core はよく知られている認証の概念を利用しますが、その実装は経験豊富な ASP.NET 開発者が知っているものとはかなり異なっています。

第9章では、現代のデザインファーストアプローチによるデータアクセスを取り上げます。ドメイン駆動設計（Domain-Driven Design：DDD）は、Eric Evans の大きな影響力を持つイノベーションです。ここでは、DDD に基づき、永続性を提供するアプリケーションバックエンドの現代のパターンをマスターします。続いて、データを読み書きするための ASP.NET Core の機能にその知識を応用します。第9章を読み終える頃には、NoSQL ストアやクラウドを含め、あらゆるものに関与するデータアクセスに対処できるようになるでしょう。

第7章

設計について考える

不注意な人間が2人揃わなければ事故は起こらない。
——フランシス・スコット・フィッツジェラルド、『グレート・ギャツビー』

　本章では、すべての Web アプリケーションに共通する課題を取り上げます。これには、グローバルな構成データ、エラーや例外を処理するためのパターン、コントローラークラスの設計、そしてコードの層にまたがってデータをやり取りするための依存性注入（Dependency Injection：DI）のような現代の機能が含まれます。ASP.NET Core アプリケーションの基本コンポーネントの設計において、ASP.NET Core の DI インフラストラクチャは根本的な役割を果たします。

　前置きはこれくらいにして、さっそく ASP.NET Core フレームワークに組み込まれている DI インフラストラクチャの内部を詳しく見ていきましょう。

7.1 ┃ 依存性注入（DI）インフラストラクチャ

　Dependency Injection は、アプリケーション内のあらゆるコードからサービスを利用できるようにするために広く利用されている開発パターンです。クラスなどのコードコンポーネントからサービスなどの外部コードを参照する必要がある場合は、次の2つの選択肢があります。

- サービスコンポーネントの新しいインスタンスを呼び出し元のコードで直接作成する。
- サービスの有効なインスタンスを誰かが作成していて、そのインスタンスが渡されることを期待する。

　さっそく具体的な例を見てみましょう。

7.1.1 | 依存関係を分離するためのリファクタリング

たとえば、ロガーなどの外部機能のラッパーとして機能するクラスがあるとしましょう。次のコードでは、このクラスはその外部機能の実装と深く結び付いています。

```
public class BusinessTask
{
  public void Perform()
  {
    // 依存関係を取得
    var logger = new Logger();

    // タスクを実行
    ...

    // 依存関係を使用
    logger.Log("Done");
  }
}
```

このサンプルビジネスクラスを移動する場合は、参照しているコンポーネントやその依存関係もすべて移動しない限り、コードが動かなくなります。たとえば、ロガーがデータベースを使用する場合は、このクラスを使用するすべての場所で、そのデータベースへの接続が可能でなければなりません。

■ アプリケーションコードを依存関係から切り離す

オブジェクト指向設計の古くからある賢明な原則の1つは、「常に、実装ではなくインターフェイスに対してプログラムすべきである」というものです。この原則を先のコードに当てはめると、ロガーコンポーネントからインターフェイスを抜き出し、そのインターフェイスへの参照をビジネスクラスに注入することになります。

```
public class BusinessTask
{
  private ILogger _logger;

  public BusinessTask(ILogger logger)
  {
    // 依存関係を取得
    _logger = logger;
  }

  public void Perform()
  {
    // タスクを実行
    ...

    // （注入された）依存関係を使用
    _logger.Log("Done");
```

```
  }
}
```

　ロガー機能は**ILogger**インターフェイスとして抽象化され、コンストラクターを使って注入されるようになります。このコードから次の2つのことがわかります。

- ロガーをインスタンス化するタスクがビジネスクラスの外へ移動されている。
- このインターフェイスを実装するあらゆるクラスにビジネスクラスが透過的に対応できるようになる。

　これはDIの基本的な形式であり、「最低限のものではあるが実際にうまくいく実装である」ということを強調するために、**Poor Man's Dependency Injection**パターンと呼ばれることがあります。

DIフレームワークの概要

　クラスが外部の依存関係を受け取るように設計されていると、必要なインスタンスをすべて作成する作業は呼び出し元のコードへ移動します。ただし、Dependency Injection パターンをあちこちで使用する場合は、注入するインスタンスを取得するために大量のコードを記述しなければならなくなります。たとえば、ビジネスクラスはロガーに依存し、ロガーはデータソースプロバイダーに依存します。そして、データソースプロバイダーにも別の依存関係があるかもしれません。

　DIフレームワークを利用すれば、同じような状況で作業量を減らすことができます。DIフレームワークは、リフレクションや（より一般的には）動的にコンパイルされるコードを使って目的のインスタンスを取得します。しかも、開発者はコードを1行書けばよいだけです。DIフレームワークはIoC（Inversion-of-Control）フレームワークとも呼ばれます。

```
var logger = SomeFrameworkIoC.Resolve(typeof(ILogger));
```

　DIフレームワークは、基本的に、抽象型（通常はインターフェイス）を具体的な型にマッピングするという仕組みになっています。既知の抽象型がプログラムから要求されるたびに、マッピング先の具体的な型のインスタンスがフレームワークによって作成され、返されます。DIフレームワークのルート（root）オブジェクトは一般に**コンテナー**と呼ばれます。

Service Locator パターン

　外部の依存関係を疎結合方式で呼び出すパターンはDependency Injection だけではありません。Service Locator もそうしたパターンの1つです。Service Locator パターンを使って先のサンプルビジネスクラスを取得する方法は次のようになります。

```
public class BusinessTask
{
  public void Perform()
  {
    // タスクを実行
```

```
    ...

    // ロガーへの参照を取得
    var logger = ServiceLocator.GetService(typeof(ILogger));

    // （特定された）依存関係を使用
    logger.Log("Done");
  }
}
```

ServiceLocator は擬似クラスであり、指定された抽象型と一致するインスタンスを
作成することが可能なインフラストラクチャを表します。Dependency Injection パターンと
Service Locator パターンの重要な違いは、Dependency Injection パターンを使用する場
合はそれに合わせてコードを設計しなければならないことです。このため、コンストラクター
や他のメソッドのシグネチャが変化するかもしれません。Service Locator パターンはそれよ
りも保守的ですが、依存関係を特定するには開発者がソースコードを最初から最後まで調べ
る必要があることから、読みにくいコードになります。とはいえ、既存の大規模なコードベー
スで依存関係をリファクタリングするという状況では、Service Locator パターンは理想的
な選択肢です。

ASP.NET Core において Service Locator の役割を果たすのは、HTTP コンテキストの
RequestServices オブジェクトです。サンプルコードを見てみましょう。

```
public void Perform()
{
  // タスクを実行
  ...

  // ロガーへの参照を取得
  var logger = HttpContext.RequestServices.GetService<ILogger>();

  // （特定された）依存関係を使用
  logger.Log("Done");
}
```

このサンプルコードはコントローラークラスの一部であると想定されます。このため、
HttpContext が **Controller** 基底クラスのプロパティとして設計されていることに注意
してください。

7.1.2 │ ASP.NET Core の DI システムの概要

ASP.NET Core には、アプリケーションの起動直後に初期化される DI フレームワークが
組み込まれています。このフレームワークの最も特徴的な部分から見ていきましょう。

■ あらかじめ定義された依存関係

コンテナーは、アプリケーションコードから利用できる状態になった時点で、すでにいく
つかの依存関係を含んでいます（表7-1）。

第 7 章　設計について考える　**169**

▼表7-1：ASP.NET Core の DI システムにおいて既定でマッピングされる抽象型

抽象型	説明
IApplicationBuilder	アプリケーションのリクエストパイプラインを設定するメカニズムを提供する
ILoggerFactory	ロガーコンポーネントを作成するためのパターンを提供する
IHostingEnvironment	アプリケーションが動作している Web ホスティング環境に関する情報を提供する

　ASP.NET Core アプリケーションでは、表7-1 の型であれば、事前の設定なしにコード注入ポイントに注入することができます❶。ただし、他の型を注入するには、最初に登録ステップを実行しなければなりません。

▌▌ カスタム依存関係を登録する

　ASP.NET Core の DI システムに型を登録するには、組み合わせて使用することが可能な 2 つの方法があります。型の登録は、抽象型を具体的な型に解決する方法をシステムに伝えるという方法で行います。このマッピングは静的に設定することもできますし、動的に特定することもできます。
　一般に、静的なマッピングはスタートアップクラスの **ConfigureServices** メソッドで実行します。

```
public class Startup
{
  public void ConfigureServices(IServiceCollection services)
  {
    // 具体的な型CustomerServiceをICustomerServiceインターフェイスにバインド
    services.AddTransient<ICustomerService, CustomerService>();
  }
}
```

　型をバインドするには、DI システムで定義されている **AddXxx** 拡張メソッドの 1 つを使用します。DI システムの **AddXxx** 拡張メソッドは **IServiceCollection** インターフェイスで定義されています。このコードを実行すると、**ICustomerService** を実装する型のインスタンスが要求されるたびに、**CustomerService** クラスのインスタンスが返されます。具体的に言うと、**AddTransient** メソッドはそのつど **CustomerService** 型の新しいインスタンスが返されるようにします。ただし、次項で説明するように、ライフタイムオプションは他にもあります。
　抽象型の静的な解決では思うようにいかないことがあります。実際には実行時の条件に応じて型 T を異なる型に解決しなければならないとしたらどうでしょうか。そこで登場するのが動的な解決です。動的な解決では、依存関係を解決するためのコールバック関数を指定することができます。

---

❶ 注入ポイントについては、「2.2.3　依存性注入ライブラリとの統合」の「注入ポイント」を参照。

```
public void ConfigureServices(IServiceCollection services)
{
  services.AddTransient<ICustomerService>(provider =>
  {
    // ICustomerServiceの解決方法を決定するロジック
    if (SomeRuntimeConditionHolds())
      return new CustomerServiceMatchingRuntimeCondition();

    else
      return new DefaultCustomerService();
  });
}
```

　現実的には、条件を評価するためのランタイムデータを渡す必要があります。コールバック関数からHTTPコンテキストを取得するには、Service Locator APIを使用する必要があります。

```
public void ConfigureServices(IServiceCollection services)
{
  services.AddTransient<ICustomerService>(provider =>
  {
    // ICustomerServiceの解決方法を判断するロジック
    var context = provider.GetRequiredService<IHttpContextAccessor>();
    if (SomeRuntimeConditionHolds(context.HttpContext.User))
      return new CustomerServiceMatchingRuntimeCondition();

    else
      ...
  });
}
```

> **注**
>
> 　DIシステムにカスタム型を追加したり、システムの抽象型を別の実装にバインドしたりするには、**IServiceCollection** の **AddXxx** 拡張メソッドの1つを呼び出さなければなりません。

▐ 依存関係のライフタイム

　ASP.NET Coreには、マッピング先の具体的な型のインスタンスをDIシステムにリクエストする方法が何種類かあります。それらすべての方法を表7-2にまとめておきます。

▼表7-2：DIシステムによって作成されるインスタンスのライフタイムオプション

メソッド	説明
AddTransient	呼び出しのたびに指定した型の新しいインスタンスが呼び出し元に返される
AddSingleton	指定した型の最初に作成されたインスタンスが呼び出し元に返される。型に関係なく、各アプリケーションが独自のインスタンスを取得する
AddScoped	AddSingletonと同じだが、スコープは現在のリクエストになる

　AddSingleton メソッドのオーバーロードを使用するだけで、それ以降のすべての呼び出しで特定のインスタンスが返されるようにすることもできます。このアプローチは、呼び出し元に返されるオブジェクトが特定の状態に設定されている必要がある場合に役立ちます。

```
public void ConfigureServices(IServiceCollection services)
{
  // シングルトン
  services.AddSingleton<ICustomerService, CustomerService>();

  // カスタムインスタンス
  var instance = new CustomerService();
  instance.SomeProperty = ...;

  services.AddSingleton<ICustomerService>(instance);
}
```

　この場合は、最初にインスタンスを作成し、必要な状態に設定した上で、AddSingleton に渡しています。

> **重要**
>
> 　ここで重要となるのは、特定のライフタイムで登録されたコンポーネントが、それよりも短いライフタイムで登録された他のコンポーネントに依存できないことです。つまり、登録されたコンポーネントのライフタイムが一時的である、あるいはスコープ付きのライフタイムである場合、そのコンポーネントをシングルトンに注入すべきではありません。そのようにすると、シングルトンへの依存性によって一時的な（またはスコープ付きの）インスタンスがその想定されたライフタイムよりも長生きしてしまうため、アプリケーションが矛盾した状態になるかもしれません。このことがアプリケーションのバグとして現れるとは限りませんが、（アプリケーションに関する限り）シングルトンによって間違ったオブジェクトが操作されるおそれがあります。一般に、連結されたオブジェクトのライフタイムが同じではない場合は問題があると考えてください。

■ 外部の DI フレームワークに接続する

　ASP.NET Core の DI システムは ASP.NET のニーズに合わせて設計されているため、別の DI フレームワークであなたがよく知っている機能や特徴がすべて提供されるとは限りません。ASP.NET Core の優れた点は、外部の DI フレームワークであっても、.NET Core に移植されていて、コネクターが存在していれば、接続できることです。次のコードは、その方法を示しています。

```
public IServiceProvider ConfigureServices(IServiceCollection services)
{
  // ASP.NET CoreのDIシステムを設定
  services.AddTransient<ICustomerService, CustomerService>();
  ...

  // 外部DIフレームワークの既存のマッピングをインポート
  var builder = new ContainerBuilder();
  builder.Populate(services);
  var container = builder.Build();

  // パイプラインの残りの部分で使用するサービスプロバイダーを置き換え
  return container.Resolve<IServiceProvider>();
}
```

　アプリケーションで外部のDIフレームワークを使用したい場合は、まず、スタートアップクラスで**ConfigureServices**メソッドのシグネチャを変更する必要があります。このメソッドの戻り値の型は**void**ではなく**IServiceProvider**でなければなりません。先のコードでは、**ContainerBuilder**クラスは接続しようとしているDIフレームワーク（Autofacなど）のコネクターです。**Populate**メソッドはAutofac内の型マッピングをすべてインポートします。それ以降、**IServiceProvider**でのルートの依存関係の解決にはAutofacフレームワークが使用されるようになります。パイプラインの残りの部分では、このインターフェイスが依存関係の解決に使用されます。

7.1.3 | DI コンテナーの特徴

　ASP.NET Core のDIコンテナーは、まだ登録されていない型のインスタンス化が要求された場合に**null**を返します。同じ抽象型に対して具体的な型が複数登録されている場合は、最後に登録された型のインスタンスを返します。あいまいさやパラメーターに互換性がないことが原因でコンストラクターを解決できない場合、DIコンテナーは例外をスローします。

　複雑なシナリオに対処しなければならない場合は、特定の抽象型に対して登録されている具体的な型をすべてプログラムから取得することができます。このリストを取得するには、**IServiceProvider**インターフェイスで定義されている**GetServices<TAbstract>**メソッドを使用します。また、よく知られているDIフレームワークの中には、開発者がキーや条件に基づいて型を登録できるものがあります。この機能はASP.NET Core ではサポートされていません。この機能がアプリケーションでどうしても必要な場合は、関連する型専用のファクトリクラスを作成することを検討してみてください。

7.1.4 | 各層でのデータとサービスの注入

　サービスをDIシステムに登録した後、それらのサービスを使用するために必要なのは、必要な場所でインスタンスをリクエストすることだけです。ASP.NET Core では、コントローラーやビューで —— **Configure**メソッドとミドルウェアクラスを使って —— サービスをパイプラインに注入することができます。

第7章　設計について考える　173

■ データとサービスを注入する方法

　サービスをコンポーネントに注入する主要な方法は、そのコンストラクターを使用することです。ミドルウェアクラス、コントローラー、ビューは常にDIシステムを通じてインスタンス化されます。続いて、シグネチャに追加のパラメーターが指定されている場合は、それらが自動的に解決されます。

　コンストラクターでの注入に加えて、コントローラークラスで**FromServices**属性を使ってインスタンスを取得することもできます。さらに、Service Locatorインターフェイスを使用するという手もあります。Service Locatorを使用するのは、依存関係を正しく解決するにあたって実行時の条件を確認する必要がある場合です。

■ パイプラインにサービスを注入する

　サービスはASP.NET Coreアプリケーションのスタートアップクラスに注入することができます。ただし、この時点で可能なのはコンストラクターによる注入だけであり、サポートされるのは表7-1の型だけです。

```
// コンストラクターによる注入
public Startup(IHostingEnvironment env, ILoggerFactory loggerFactory)
{
  // アプリケーションを初期化
}
```

　次に、パイプラインにリクエストの前処理や後処理を行うコンポーネントを設定する過程で、ミドルウェアクラスのコンストラクターを通じて依存関係を注入することができます（ただし、ミドルウェアクラスを使用することが前提となります）。さらに、Service Locatorを使用するという手もあります。

```
app.Use((context, next) =>
{
  var service = context.RequestServices.GetService<ICustomerService>();
  ...
  next();
  ...
});
```

■ コントローラーにサービスを注入する

　MVCアプリケーションモデルでは、サービスの注入のほとんどをコントローラークラスのコンストラクターで行います。サンプルコントローラーを見てみましょう。

```
public class CustomerController : Controller
{
  private readonly ICustomerService _service;

  // サービスを注入
  public CustomerController(ICustomerService service)
```

174 第3部 横断的関心事

```
  {
    _service = service;
  }
  ...
}
```

また、モデルバインディングメカニズムを上書きし、メソッドのパラメーターをメンバーにマッピングすることもできます。

```
public IActionResult Index([FromServices] ICustomerService service)
{
  ...
}
```

`FromServices` 属性を指定すると、`ICustomerService` インターフェイスに関連付けられている具体的な型のインスタンスを DI システムが作成して返すようになります。また、コントローラーメソッドの本体では、HTTP コンテキストとその `RequestServices` オブジェクトを参照することで、いつでも Service Locator API を使用することができます。

■ ビューにサービスを注入する

第5章で示したように、Razor ビューで `@inject` ディレクティブを使用すれば、指定された型のインスタンスを DI システムに取得させ、特定のプロパティにバインドさせることができます。

```
@inject ICustomerService Service
```

このコードを実行すると、**"Service"** という名前のプロパティを Razor ビューで利用できるようになります。このプロパティには、DI システムによって解決された `ICustomerService` 型のインスタンスが設定されています。割り当てられたインスタンスのライフタイムは、DI コンテナーの `ICustomerService` 型の設定によって決まります。

7.2 │ 構成データの取得

現実の Web サイトはすべて中央エンジンとして構造化されており、HTTP ベースのエンドポイントを通じて外部に接続されます。ASP.NET MVC がアプリケーションモデルとして使用される場合、それらのエンドポイントはコントローラーとして実装されます。第4章で説明したように、コントローラーは送信されてきたリクエストを処理し、返送されるレスポンスを生成します。当然ながら、Web サイトのロジックを含んでいる中央エンジンの振る舞いは完全にハードコーディングされるわけではなく、パラメーター化された情報を含んでいることがあり、それらの値は外部ソースから読み取られます。

従来の ASP.NET アプリケーションにおいて、構成データを取得するためにサポートされていたのは、`web.config` ファイルを読み書きする最低限の API だけでした。開発者はたいてい、アプリケーションの起動時にアプリケーション内のどこからでも参照可能なグローバルデータ構造にすべての情報を集めていました。ASP.NET Core では、`web.config` ファ

イルはもう存在しませんが、構成データを扱うためのより機能的で洗練されたインフラストラクチャが提供されています。

7.2.1 | サポートされているデータプロバイダー

ASP.NET Core アプリケーションの構成には、実行時にさまざまなデータソースから収集した名前と値のペアからなるリストが使用されます。データを設定するための最も一般的なシナリオは、JSON ファイルを読み取ることです。ただし、他にもさまざまな方法が存在します。最も関連性が高いと思われる選択肢を表7-3にまとめておきます。

▼表7-3：ASP.NET Core を構成するための最も一般的なデータソース

データソース	説明
テキストファイル	JSON、XML、INI を含め、特別なファイルフォーマットのデータを読み取る
環境変数	ホスティングサーバーで設定されている環境変数からデータを読み取る
メモリ内ディクショナリ	メモリ内の.NET ディクショナリクラスからデータを読み取る

また、構成 API には、コマンドラインパラメーターに基づくデータプロバイダーも組み込まれています。このデータプロバイダーは名前と値のペアからなるリストをコマンドラインパラメーターへの引数から直接生成します。ただし、Web アプリケーションを起動するコンソールアプリケーションのコマンドラインからはほとんど制御できないため、ASP.NET アプリケーションではあまり使用されません。コマンドラインプロバイダーはコンソールアプリケーション開発のほうでよく使用されています。

■ JSON データプロバイダー

JSON ファイルは ASP.NET Core アプリケーションを構成するためのデータソースとして使用することができます。JSON ファイルの構造は開発者が自由に決定することができ、複数レベルの入れ子にすることもできます。特定の JSON ファイルの検索は、アプリケーションの起動時に、指定されたコンテントルートフォルダーから始まります。

後ほど詳しく見ていくように、構成データ全体は階層形式の DOM（Document Object Model）として構築され、複数のデータソースから取得したデータを結合したものになることがあります。つまり、必要な構成ツリーを構築するために JSON ファイルをいくつでも必要なだけ使用することができます。また、それぞれのファイルが独自のカスタムスキーマを使用することもあります。

■ 環境変数プロバイダー

サーバーインスタンスで定義された環境変数は、自動的に、構成ツリーに追加される対象となります。開発者に求められるのは、それらの環境変数をプログラムから構成ツリーに追加することだけです。それらの環境変数は単一のブロックとして追加されます。フィルタリングが必要な場合は、代わりにメモリ内プロバイダーを使用し、選択した環境変数をディクショナリに追加するほうがよいでしょう。

176 第3部 横断的関心事

■ メモリ内プロバイダー

メモリ内プロバイダーは名前と値のペアからなるディクショナリです。このディクショナリ
はプログラムによって設定され、構成ツリーに追加されます。ディクショナリに格納する実
際の値は開発者が取得しなければなりません。このため、メモリ内プロバイダーを通じて渡
されるデータは、定数のこともあれば、永続的なデータストアから読み取られることもありま
す。

■ カスタム構成プロバイダー

事前に定義された構成データプロバイダーを使用することに加えて、カスタムプロバイダーを
作成することもできます。この場合、データプロバイダーは**IConfigurationSource**インター
フェイスを実装するクラスになります。ただし、その実装では、**ConfigurationProvider**
を継承するカスタムクラスを参照する必要もあります。

カスタム構成データプロバイダーのごく一般的な例は、特別なデータベーステーブルを使っ
てデータを読み取るものです。このデータプロバイダーにより、使用するデータベーステーブ
ルのスキーマとレイアウトは最終的に見えなくなります。データベース駆動のデータプロバイ
ダーを作成するには、まず、構成ソースオブジェクトを作成します。このオブジェクトはデー
タプロバイダーのラッパーにすぎません。

```
public class MyDatabaseConfigSource : IConfigurationSource
{
  public IConfigurationProvider Build(IConfigurationBuilder builder)
  {
    return new MyDatabaseConfigProvider();
  }
}
```

実際のデータの取得は構成データプロバイダーで行われます。構成データプロバイダーに
は、使用する**DbContext**に関する詳細、テーブルと列の名前、接続文字列が含まれており、
それらの情報は隠ぺいされます（次のコードでは、第9章で説明するEntity Framework
Coreの要素を使用しています）。

```
public class MyDatabaseConfigProvider : ConfigurationProvider
{
  private const string ConnectionString = "...";

  public override void Load()
  {
    using (var db = new MyDatabaseContext(ConnectionString))
    {
      db.Database.EnsureCreated();
      Data = !db.Values.Any()
                ? GetDefaultValues()
                : db.Values.ToDictionary(c => c.Id, c => c.Value);
    }
  }
```

第7章　設計について考える　177

```
   private IDictionary<string, string> GetDefaultValues ()
   {
      // 使用する既定値を決定する疑似コード
      var values = DetermineDefaultValues();

      return values;
   }
}
```

　このサンプルコードには、接続文字列、テーブル、列を処理する **DbContext** クラスの実装は含まれていません。通常は、**MyDatabaseContext** のコードも別に用意しなければならないとしましょう。**MyDatabaseContext** を使用するコードは、**Values** という名前のデータベーステーブルを参照します。

注

　DbContextOptions オブジェクトをデータプロバイダーへの引数として渡す方法を見つけた場合は、かなり一般的な Entity Framework ベースのデータプロバイダーを使用することも可能です。ASP.NET Core のドキュメントで、この手法の例が公開されています。

https://docs.microsoft.com/ja-jp/aspnet/core/fundamentals/configuration/index?view=aspnetcore-2.2#custom-configuration-provider

---

7.2.2 構成データの DOM を構築する

　構成データプロバイダーは必要不可欠なコンポーネントですが、Web アプリケーションにおいてパラメーター化された情報を実際に取得して使用するには、それだけでは不十分です。選択されたデータプロバイダーが提供できる情報はすべて、単一の（可能であれば階層形式の）DOM にまとめなければなりません。

■ 構成ルートを作成する

　次に示すように、構成データは一般にスタートアップクラスのコンストラクターで構築されます。**IHostingEnvironment** インターフェイスの注入が必要になるのは、このインターフェイスをどこかで使用する場合だけです。通常は、JSON ファイルやその他の構成ファイルの位置を特定するためのベースパスを設定している場合に限られます。

```
public IConfigurationRoot Configuration { get; }

public Startup(IHostingEnvironment env)
{
  var dom = new ConfigurationBuilder()
      .SetBasePath(env.ContentRootPath)
      .AddJsonFile("MyAppSettings.json")
      .AddInMemoryCollection(new Dictionary<string, string> {
                           { "Timezone", "+1" }})
      .AddEnvironmentVariables()
      .Build();
```

```
    // 構成ルートオブジェクトをスタートアップメンバーに保存して参照可能にする
    Configuration = dom;
}
```

　　ConfigurationBuilderクラスは、構成データの値を集めてDOMを構築します。集めたデータはスタートアップクラス内で保存し、パイプラインを初期化するときに使用できるようにしておくべきです。次に対処しなければならないのは、構成データをどのようにして読み取るかです —— 構成ルート（root）への参照は実際の値にアクセスするための手段にすぎません。ですがその前に、構成に使用されるテキストファイルについて少し説明しておきましょう。

■ 構成ファイルの高度な一面

　　カスタムデータプロバイダーを作成する場合は、構成データをどのようなフォーマットで格納するのも自由です。また、名前と値のペアとして格納されているデータは引き続き標準の構成DOMにバインドすることができます。ASP.NET Coreは、JSON、XML、INIの3つのフォーマットを標準サポートしています。

　　それぞれのデータを構成ビルダーに追加するには、**AddJsonFile**、**AddXmlFile**、**AddIniFile**などの拡張メソッドを使用します。これらのメソッドはすべて同じシグネチャを共有しています。このシグネチャには、ファイル名に加えて2つのBoolean型のパラメーターが含まれています。

```
// IConfigurationBuilder型の拡張メソッド
public static IConfigurationBuilder AddJsonFile(
    this IConfigurationBuilder builder,
    string path,
    bool optional,
    bool reloadOnChange);
```

　　optionalパラメーターは、ファイルをオプションと見なすべきかどうかを指定します。このパラメーターの値が**false**で、かつファイルが見つからない場合は、例外がスローされます。**reloadOnChange**パラメーターは、ファイルの変更を監視すべきかどうかを指定します。このパラメーターの値が**true**の場合は、ファイルが変更されるたびに、それらの変更内容を反映させるために構成ツリーが自動的に再構築されます。

```
var builder = new ConfigurationBuilder()
    .SetBasePath(env.ContentRootPath)
    .AddJsonFile("MyAppSettings.json", optional: true, reloadOnChange: true);
Configuration = builder.Build();
```

　　このため、テキストファイルから構成データを読み込む場合は、フォーマットがJSON、XML、INIのどれであろうと、このようにするほうがうまく対応できます。

第 7 章 設計について考える | 179

> **注**
>
> ASP.NET Core では、環境ごとの構成ファイルもサポートされています。つまり、`MyAppSettings.json` に加えて、`MyAppSettings.Development.json` や（おそらく）`MyAppSettings.Staging.json` なども使用できます。必要になると思われる JSON ファイルをすべて追加しておくと、システムがコンテキストに基づいて適切と思われるファイルだけを選択してくれます。アプリケーションが動作している現在の環境は、`ASPNETCORE_ENVIRONMENT` 環境変数の値によって特定されます。Visual Studio 2017 では、プロジェクトのプロパティページで直接設定できます。IIS や Azure App Service では、それぞれのポータルを使って追加するだけです。

■ 構成データを読み取る

構成データをプログラムから読み取るには、構成ルートオブジェクトで `GetSection` メソッドを呼び出し、読み取りたい情報を正確に指定するパス文字列を渡します。階層形式のプロパティを区切るには、コロン（`:`）を使用します。次のような JSON ファイルがあるとしましょう。

```
{
  "paging" : {
    "pageSize" : "20"
  },
  "sorting" : {
    "enabled" : "false"
  }
}
```

JSON スキーマでの値へのパスがわかっている場合は、構成データを読み取るためにさまざまな方法を利用できます。たとえば、ページサイズを読み取るためのパス文字列は `paging:pagesize` になります。開発者が指定するパス文字列は現在の構成 DOM に適用され、事前に定義されたすべてのデータソースからデータが集められます。なお、パス文字列の大文字と小文字はいかなる場合も区別されません。

構成データを読み取る最も簡単な方法は、次に示すように、インデクサー API を使用することです。

```
// 返される値は文字列
var pageSize = Configuration["paging:pageSize"];
```

既定では、構成データは文字列として返されるため、返されたデータをさらに使用するには実際の具体的な型に変換しなければならないことに注意してください。ただし、強く型指定された API も用意されています。

```
// 返される値は整数（型変換が可能である場合）
var pageSize = Configuration.GetValue<int>("paging:pageSize");
```

`GetSection` メソッドを使用する場合は、構成サブツリー全体を選択し、インデクサーと強く型指定された API の両方を利用することができます。

```
var pageSize = Configuration.GetSection("Paging").GetValue<int>("PageSize");
```

　また、**GetValue**メソッドと**Value**プロパティを使用するという方法もあります。どちらも構成データを文字列として返します。なお、**GetSection**メソッドは構成ツリーに対する汎用的なクエリツールであり、JSONファイルに特化したものではありません。

> **注**
>
> 　構成APIは読み取り専用として設計されています。ただし、このAPIを使って定義済みのデータソースに書き戻すことはできない、という意味にすぎません。プログラムからテキストファイルを上書きしたり、データベースを更新したりするなど、データソースの内容を他の方法で編集できる場合は、構成ツリーを再び読み込めばよいからです。そのために必要なのは、**IConfigurationRoot**オブジェクトの**Reload**メソッドを呼び出すことだけです。

7.2.3 | 構成データを渡す

　パス文字列を使って構成データを厳密に読み取る方法は、低レベルのツールとしては便利ですが、あまり親切な方法ではありません。ASP.NET Coreには、強く型指定された変数やメンバーに構成データをバインドするためのメカニズムが用意されています。ただし、この点について詳しく見ていく前に、構成データをコントローラーやビューに渡す方法を調べておく必要があります。

■ 構成データを注入する

　ここまでは、構成APIをスタートアップクラスから使用してきました。スタートアップクラスはアプリケーションのパイプラインを設定する場所なので、構成データを読み戻すのにうってつけです。ですが、構成データはコントローラーメソッドやビューに読み込まなければならない場合がほとんどです。これには古い方法と新しい方法があります。

　古い方法では、**IConfigurationRoot**オブジェクトをグローバルオブジェクトに変換することで、アプリケーション内のどこからでも参照できるようにします。この方法はうまくいきますが、現在では推奨されなくなっています。新しい方法では、DIシステムを使ってコントローラーとビューに構成ルートオブジェクトを提供します。

```
public class HomeController : Controller
{
  private readonly IConfigurationRoot _config;

  public HomeController(IConfigurationRoot config)
  {
    _config = config;
  }
  ...
}
```

　HomeControllerクラスのインスタンスが作成されると、構成ルートが注入されます。ただし、**null**参照が渡されないようにするために、スタートアップクラスで作成された構成

ルートオブジェクトを DI システムにシングルトンとして登録しておく必要があります。

```
services.AddSingleton<IConfigurationRoot>(Configuration);
```

このコードをスタートアップクラスの**ConfigureServices** メソッドに配置します。
Configuration オブジェクトは、スタートアップクラスのコンストラクターで作成される
構成ルートオブジェクトです。

■ 構成データを POCO クラスにマッピングする

従来の ASP.NET MVC において構成データを扱うためのベストプラクティスは、すべての
データをいったんグローバルコンテナーオブジェクトに読み込むことです。グローバルオブジェ
クトはコントローラーメソッドからアクセスすることが可能であり、その内容はリポジトリや
ビューといったバックエンドクラスに引数として注入することができます。従来の ASP.NET
MVC では、文字列ベースの任意のデータをグローバルコンテナーの強く型指定されたプロパ
ティにマッピングするのは完全に開発者の役目となります。

これに対し、ASP.NET Core では、いわゆる Options パターンを利用することで、構成
DOM の名前と値のペアを構成コンテナーモデルに自動的にバインドすることができます。
Options パターンは、次のコーディング戦略にわかりやすい名前を付けたものです。

```
public void ConfigureServices(IServiceCollection services)
{
  // Optionsサブシステムを初期化
  services.AddOptions();

  // 構成DOMの指定されたセクションを特定の型にマッピングする
  // 注：ここで使用する構成は、スタートアップクラスのコンストラクターで
  // 作成された構成ルートである
  services.Configure<PagingOptions>(Configuration.GetSection("paging"));
}
```

Options サブシステムを初期化した後は、構成 DOM の指定されたセクションから読み取っ
たすべての値を、**Configure<T>** メソッドの引数として使用されているクラスのパブリッ
クメンバーにバインドさせることができます。このバインディングはコントローラーのモデル
バインディングと同じルールに従い、入れ子になったオブジェクトに再帰的に適用されます。
データとバインディングオブジェクトの構造に基づいてバインディングを行うことが不可能で
ある場合、バインディングは自動的に失敗します。

PagingOptions は、構成データの一部（またはすべて）を格納するために作成される
POCO クラスです。実装例は次のようになります。

```
public class PagingOptions
{
  public int PageSize { get; set; }
  ...
}
```

182 第3部 横断的関心事

　構成APIの全体的な振る舞いは、コントローラーレベルでリクエストを処理しているときのモデルバインディングの仕組みに似ています。構成APIの強く型指定されたオブジェクトをコントローラーやビューで使用するには、そのオブジェクトをDIシステムに注入する手段が必要です。具体的には、`IOptions<T>`抽象型を使用する必要があります。

　`AddOptions`拡張メソッドの目的はまさに`IOptions`型をDIシステムに登録することにあります。したがって、あとは`IOptions<T>`を必要な場所に注入するだけです。

```
// PagingOptionsはコントローラークラスの内部メンバー
protected PagingOptions _options { get; set; }

public CustomerController(IOptions<PagingOptions> config)
{
  _options = config.Value;
}
```

　Optionsパターンをすべてのコントローラーで使用する場合は、上記の`_options`プロパティを基底クラスへ移動し、その基底クラスをコントローラークラスに継承させるとよいかもしれません。

　また、Razorビューでは、`@inject`ディレクティブを使って`IOptions<T>`型のインスタンスを注入します。

7.3 | 階層化アーキテクチャ

　ASP.NET Coreはテクノロジです。しかし、テクノロジであるからには、それだけで使用してもあまり意味はありません。言い換えるなら、強力なテクノロジを活用する最善の方法は、ビジネスドメインに適用することです。ソフトウェアテクノロジの場合、実用性の高い真っ当なアーキテクチャがなければ、複雑なアプリケーションでそれ以上先に進むことはできません。

　Visual Studioでカスタムコントローラークラスを作成するのは簡単です。プロジェクトを右クリックして新しいクラスを追加するだけであり、POCOクラスを追加することも可能です。コントローラークラスでは、一般に、そのコントローラーが管理するユーザーアクションごとにメソッドを1つ定義します。アクションメソッドのコードはどのようなものになるでしょうか。

　アクションメソッドでは、入力データを集めて、アプリケーションの中間層に対する1つ以上の呼び出しを準備することが考えられます。次に、計算や結果を受け取り、ビューに渡さなければならないモデルを設定します。最後に、ユーザーエージェントのためのレスポンスを準備します。この一連の作業によって複数行のコードが追加されることがあり、メソッドがほんのいくつかあるだけのコントローラークラスでさえ、かなり読みにくくなってしまいます。入力データの取得はモデルバインディング層によって主に解決される問題です。結局のところ、レスポンスの生成は、アクション結果の処理を開始するメソッドを1回呼び出すことにすぎません。アクションメソッドの中心にあるのは、タスクを実行し、ビューに渡されるデータを準備するコードです。このコードはどこに属するのでしょうか。コントローラークラスに直接埋め込むべきでしょうか。

　コントローラークラスはスタックの一番上の部分にすぎないため、プレゼンテーション層にマッピングするのは簡単です。プレゼンテーション層の下にはいくつかの層があり、それらが一体となって（クラウドへの配置やスケーリングが容易な）コンパクトなアプリケーションが

構成されます。コントローラーとそれらの依存関係を設計するためのパターンは、図7-1に示すLayered Architectureパターンです。

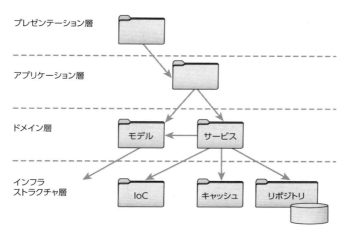

▲図7-1：階層化アーキテクチャの概念図

　従来の3層アーキテクチャと比較すると、階層化アーキテクチャには4つ目の層があります。また、データアクセス層の概念が拡張されており、データアクセスといったその他必要なインフラストラクチャと、メール、ログ、キャッシュといった横断的関心事をすべてカバーするようになっています。

　従来の3層アーキテクチャのビジネス層は、アプリケーション層とドメイン層に分割されています。このように分割するのは、アプリケーションとドメインの2種類のビジネスロジックが存在することを明確にするためです。

- アプリケーションロジックは、プレゼンテーションによって開始されるタスクのオーケストレーションを受け持つ。アプリケーション層は、ユーザーインターフェイスに合わせてデータの変換が行われる場所である。
- ドメインロジックは、複数のプレゼンテーション層で再利用可能な、基本的なビジネスロジックを表す。ドメインロジックはビジネスルールや基本的なビジネスタスクに関するロジックであり、完全にビジネス上の視点に立ったデータモデルを使用する。

　ASP.NET MVCアプリケーションのプレゼンテーション層はコントローラーで構成されます。また、アプリケーション層はコントローラー固有のサービスクラスで構成されます。文献では、これらのクラスはアプリケーションサービスまたはワーカーサービスと呼ばれます。

7.3.1 ｜ プレゼンテーション層

　プレゼンテーション層は、システムの他の部分にデータを流し込みます。理想的には、画面上のデータの構造をうまく反映したデータモデルが使用されます。一般的に言えば、プレゼンテーション層の各画面はシステムのバックエンドにコマンドを送信します。画面上のデータは入力モデルのクラスにまとめられ、バックエンドからのレスポンスはビューモデルのクラ

スとして返されます。入力モデルとビューモデルが同じものであるかどうかは状況によります。それと同時に、実際のタスクを実行するためにバックエンドで使用されるデータモデルと同じものであるかどうかも状況によります。単一のエンティティを入力、ロジック、永続化、ビューに使用できるとしたら、それはそのアプリケーションがかなり単純であることの表れです。あるいは、そうとは知らずに技術的負債をせっせと作り出しているのかもしれません。

■ 入力モデル

ASP.NET MVC では、ユーザーのクリックによってリクエストが生成され、それらのリクエストはコントローラークラスによって処理されます。リクエストはそれぞれアクションに変換され、コントローラークラスで定義されている **public** メソッドにマッピングされます。では、入力データはどうなるのでしょうか。

ASP.NET でも、入力データがクエリ文字列として送信されるのか、フォームのデータとして送信されるのか、HTTP ヘッダーや Cookie として送信されるのかにかかわらず、入力データはすべて HTTP リクエストにまとめられます。入力データはサーバーにアクションを実行させるために送信されるデータです。しかし、どう捉えようと、入力データは単なる入力パラメーターです。入力データは任意の値や変数として扱うこともできますし、コンテナーとして機能するクラスにまとめることもできます。そうした入力クラスにより、アプリケーションの入力モデル全体が形成されます。

入力モデルによってシステムの中心部に運び込まれるデータは、ユーザーインターフェイスで期待されるデータとまったく同じです。このため、分離された入力モデルを利用すれば、ビジネス上の視点に立ってユーザーインターフェイスを設計しやすくなります。それらのデータはアプリケーション層によって取り出され、適切に処理されます。

■ ビューモデル

リクエストにはそれぞれレスポンスが返されます。ほとんどの場合、ASP.NET MVC からのレスポンスは HTML ビューです。ASP.NET MVC において HTML ビューの生成を制御するのはコントローラーです。コントローラーはシステムのバックエンドを呼び出し、レスポンスを受け取ります。そして、HTML ビューの生成に使用する HTML テンプレートを選択し、そのテンプレートとデータを専用のシステムコンポーネント（ビューエンジン）に渡します。テンプレートとデータはビューエンジンによって組み合わされ、ブラウザーで表示するためのマークアップが生成されます。

第5章で説明したように、ASP.NET MVCでは、最終的なHTMLビューに組み込まれるデータをビューエンジンに渡す方法がいくつかあります。**ViewData** などのパブリックディクショナリを使用するか、**ViewBag** などの動的なオブジェクトを使用するか、ビューエンジンに渡されるプロパティがすべて定義された特別なクラスを使用することができます。レスポンスに組み込まれるデータを運ぶためのクラスを作成すれば、ビューモデルを作成するのに役立ちます。そうした入力モデルクラスを受け取ってビューモデルクラスを返すのは、アプリケーション層です。

```
[HttpGet]
public IActionResult List(CustomerSearchInputModel input)
{
  var model = _applicationLayer.GetListOfCustomers(input);
```

```
    return View(model);
}
```

　将来的には、永続化に最適なフォーマットとプレゼンテーションに最適なフォーマットは異なるものになるでしょう。プレゼンテーション層は許容されるデータの境界（フォーマット）を明確に定義するものとなり、アプリケーション層はそうしたフォーマットのデータだけをやり取りするものとなります。

7.3.2 アプリケーション層

　アプリケーション層は、システムのバックエンドへの入口であると同時に、プレゼンテーションとバックエンドの間の連絡口でもあります。アプリケーション層を構成する各メソッドは、プレゼンテーション層のユースケースとほぼ1対1にバインドされます。本書が推奨するのは、コントローラーごとにサービスクラスを作成し、コントローラーのアクションメソッドの処理をサービスクラスに任せることです。サービスクラスのメソッドでは、入力モデルのクラスを受け取り、ビューモデルのクラスを返します。データをプレゼンテーション層に適切にマッピングし、バックエンドで処理できるようにするために必要な変換はすべて、サービスクラスの内部で実行されることになります。

　アプリケーション層の主な目的は、ビジネスプロセスをユーザーが思い描いているとおりに抽象化し、それらのプロセスをアプリケーションのバックエンドにある保護された隠しアセットにマッピングすることです。たとえばEコマースシステムでは、ユーザーにショッピングカートが表示されます。しかし、物理的なデータモデルには、ショッピングカートのようなエンティティは存在しないかもしれません。プレゼンテーション層とバックエンドの間を取り持ち、必要な変換をすべて実行するのはアプリケーション層です。

　アプリケーション層に作業を集中させると、コントローラーがすべてのオーケストレーション作業をアプリケーション層にデリゲートするようになるため、コントローラーが突然スリムになるでしょう。また、アプリケーション層はHTTP コンテキストにまったく感知せず、完全にテスト可能です。

7.3.3 ドメイン層

　ドメイン層は、ビジネスロジックにおいてユースケースごとにほぼ共通する部分を表します。ユースケースとは、言ってしまえば、ユーザーとシステムの間のインタラクションのことであり、Web サイトへのアクセスに使用されるデバイスやWeb サイトのバージョンによって異なることがあります。ドメインロジックによって提供されるコードやワークフローは、アプリケーションの機能に特化したものではなく、ビジネスドメインに特化したものとなります。

　ドメイン層は、ドメインモデルとドメインサービスという2種類のクラスで構成されます。ドメインモデルでは、ビジネスルールとドメインプロセスを表現するクラスに焦点を合わせます。ここでの目的は、永続化の対象となるデータの集約を特定することはありません。ここで特定される集約はすべてビジネスの理解とモデル化によって得られたものでなければならないからです。図7-2に示すように、ドメイン層のクラスは永続化に関知しません。ドメインモデルクラスを使用するのは、あくまでも、あなたがコーディングしやすい方法でビジネスタスクを実行するためです。

▲図7-2：ドメインモデルのクラスは外部から状態を受け取る

　ドメインモデルクラスには状態が注入されます。たとえば、ドメインモデルの`Invoice`クラスは請求書の処理方法を知っていますが、処理するデータは外部から受け取ります。ドメインモデルと永続化層の連絡口はドメインサービスです。ドメインサービスとは、データアクセスの上に位置するクラスのことです。このクラスは、データを受け取り、状態をドメインモデルクラスに読み込み、変更された状態をドメインモデルクラスから取り出してデータアクセス層に返します。

　ドメインサービスの最も単純な例と言えば、リポジトリです。通常、ドメインサービスクラスには、データアクセス層への参照が含まれています。

> **重要**
>
> 　前述のドメインモデルの概念は、ドメイン駆動設計（DDD）でのドメインモデルの概念と似ています。しかし、現実的に見て、ドメインモデルの重要なポイントはビジネスロジックと振る舞いです。場合によっては、クラスを使ってビジネスルールをモデル化すると、設計が単純になることがあります。この単純化はドメインモデルに付加価値をもたらしますが、決してソリューションを「DDDしている」と呼べるほどのものではありません。このため、すべてのアプリケーションにドメインモデルが本当に必要なわけではありません。

7.3.4 インフラストラクチャ層

　インフラストラクチャ層は、具体的なテクノロジに関連する部分です。そうしたテクノロジには、データの永続化、外部のWebサービス、特定のセキュリティAPI、ログ機能、トレース機能、IoCコンテナー、メール、キャッシュなどが含まれます。データの永続化には、Entity FrameworkといったO/RM（Object/Relational Mapping）フレームワークが使用されます。

　インフラストラクチャ層のコンポーネントと言えば、永続化層です。永続化層は古くからあるデータアクセス層のことですが、リレーショナルデータストア以外のデータソースをカバーするために拡張されています。永続化層はデータを読み書きする方法を知っており、リポジトリクラスで構成されています。

　概念的には、リポジトリクラスはEntity Frameworkエンティティといった永続化エンティティでCRUD（Create, Read, Update, Delete）操作を行うだけのクラスです。ただし、リポジトリに追加するロジックはどれくらい複雑なものでもよいことになっています。リポジトリに追加するロジックが増えれば増えるほど、データアクセスツールというよりもドメインサービスやアプリケーションサービスの色合いが濃くなっていきます。

　要するに、階層化アーキテクチャのポイントは、コントローラーからバックエンドの最下部までの依存関係の連鎖を確立することにあります。依存関係の連鎖では、その途中でアプリケーションサービスを通過し、（必要に応じて）ドメインモデルクラスを利用します。

7.4 | 例外の処理

ASP.NET Core には、従来の ASP.NET MVC の例外処理機能の多くが含まれています。エラーページへの自動的なリダイレクトなど、`web.config` ファイルのセクションに関連するものは含まれていません。とはいえ、ASP.NET Core での例外処理の手法は、従来のASP.NET とだいたい同じです。

とりわけ、ASP.NET Core では、例外処理ミドルウェアとコントローラーベースの例外フィルターがサポートされています。

7.4.1 | 例外処理ミドルウェア

ASP.NET Core の例外処理ミドルウェアは、一元的なエラーハンドラーを提供します。概念的には、このエラーハンドラーは従来のASP.NETの`Application_Error`ハンドラーに相当します。例外処理ミドルウェアは、処理されなかった例外をすべてキャッチし、カスタムロジックを使ってリクエストを最適なエラーページへ転送します。

例外処理ミドルウェアは、それぞれ開発者とユーザーに合わせて作成された2種類のミドルウェアに分かれています。当然ながら、本番環境では（あるいはステージング環境でも）ユーザーのエラーページを使用し、開発時には開発者のエラーページを使用するとよいでしょう。

■ 本番環境でのエラー処理

どちらのミドルウェアを選択するとしても、設定方法は常に同じです。パイプラインにミドルウェアを追加するには、スタートアップクラスの`Configure`メソッドを使用します。

```
public class Startup
{
  public void Configure(IApplicationBuilder app)
  {
    app.UseExceptionHandler("/App/Error");
    app.UseMvc();
  }
}
```

`UseExceptionHandler` 拡張メソッドは、URL を受け取り、そのURL に対する新しいリクエストをASP.NET パイプラインに直接配置します。最終的には、指定されたエラーページへのルーティングは標準のHTTP 302 リダイレクトではなく、ASP.NET パイプラインが通常どおりに処理する優先的な内部リクエストとなります。

開発者の観点からは、最適なエラーメッセージを割り出せるページへユーザーを「転送」することになります。ある意味、エラー処理はアプリケーションロジックのメインコースから切り離されています。ですがその一方で、エラーリクエストの内部的な性質により、エラーを処理するコードでは、検出された例外のすべての情報に完全にアクセスできます。従来のリダイレクトでは、HTTP 302 レスポンスを飛び越えて「次」のリクエストに明示的に渡されない限り、例外情報は失われていました。

> **注**
>
> 例外処理ミドルウェアをパイプラインの先頭に配置して、アプリケーションによってキャッチされない可能性があるすべての例外が検出されるようにしてください。

例外に関する情報を取得する

例外処理ミドルウェアが正しく設定されている場合、処理されなかった例外により、アプリケーションの実行制御は共通のエンドポイントに渡されることになります。先のコードでは、エンドポイントは **AppController** クラスの **Error** メソッドです。このメソッドの必要最小限の実装を見てみましょう。最も注目すべき部分は、例外情報をどのようにして取得するかです。

```
public IActionResult Error()
{
  // エラー情報を取得
  var error = HttpContext.Features.Get<IExceptionHandlerFeature>();
  if (error == null)
    return View(model);

  // 検出された例外オブジェクトに格納されている情報を使用
  var exception = error.Error;
  ...
}
```

従来の ASP.NET とは異なり、ASP.NET Core には、おなじみの **GetLastError** メソッドが定義された **Server** オブジェクトは組み込まれていません。処理されない例外に関する情報を取得するための公式ツールは、HTTP コンテキストの **Features** オブジェクトです。

ステータスコードを捕捉する

コードの実行によって生じた内部サーバーエラー（HTTP 500）をキャッチして処理するなら、ここまでのコードで十分です。しかし、ステータスコードが異なる場合はどうすればよいでしょうか。たとえば、例外が発生するのは URL が存在しないことが原因である場合はどうなるのでしょうか。HTTP 500 以外のステータスコードと一致する例外を処理するには、別のミドルウェアを追加します。

```
app.UseStatusCodePagesWithReExecute("/App/Error/{0}");
```

HTTP 500 以外の例外が検出された場合、**UseStatusCodePagesWithReExecute** 拡張メソッドは実行制御を特定の URL に渡します。このため、先のエラー処理コードを少し修正する必要があります。

第 7 章 設計について考える 189

```csharp
public IActionResult Error([Bind(Prefix = "id")] int statusCode = 0)
{
  // 適切なページに切り替える
  switch(statusCode)
  {
    case 404:
      return Redirect(...);
    ...
  }

  // 内部エラーの場合はエラー情報を取得
  var error = HttpContext.Features.Get<IExceptionHandlerFeature>();
  if (error == null)
    return View(model);

  // 検出した例外オブジェクトに格納されている情報を使用
  var exception = error.Error;
  ...
}
```

　たとえばHTTP 404エラーが発生した場合、静的なページやビューにリダイレクトするの
か、それとも単に **Error** メソッドによって処理されるビューのエラーメッセージを調整する
のかは、開発者次第です。

■ 開発環境でのエラー処理

　ASP.NET Core はモジュール性が非常に高く、必要な機能はほぼ例外なく明示的に有効
にしなければなりません。このことは（従来の ASP.NET の開発者の間で「死の黄色い画面」
と呼ばれていた）エラーページのデバッグにも当てはまります。例外が発生したときに実際
のメッセージやスタックトレースを表示するには、さらに別のミドルウェアを使用する必要が
あります。

```csharp
app.UseDeveloperExceptionPage();
```

　このミドルウェアはカスタムページへの転送をサポートせず、その場でシステムエラーペー
ジを組み立てるだけです。このページは例外発生時のシステムステータスのスナップショット
を提供します（図7-3）。

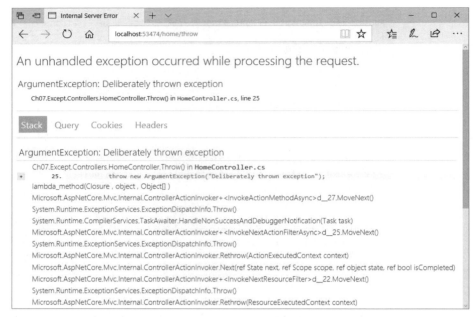

▲図7-3：開発者の例外ページ

　ほとんどの場合、本番環境と開発環境の例外処理ミドルウェアは自動的に切り替えられるようにしておくとよいでしょう。ホスティング環境 API のサービスを利用すれば簡単です。

```
Public void Configure(IApplicationBuilder app, IHostingEnvironment env)
{
  if (env.IsDevelopment())
  {
    app.UseDeveloperExceptionPage();
    app.UseStatusCodePagesWithReExecute("/App/Error/{0}");
  }
  else
  {
    app.UseExceptionHandler("/App/Error");
    app.UseStatusCodePagesWithReExecute("/App/Error/{0}");
  }
  ...
}
```

　`IHostingEnvironment` のメソッドを使って現在の環境を特定し、どちらの例外ミドルウェアを有効にするのかをインテリジェントに判断します。

7.4.2 | 例外フィルター

　模範的な開発の原則として、リモート Web サービスやデータベース呼び出しなど、例外を発生させる可能性があるコードはすべて `try/catch` ブロックで囲むべきです。また、コ

ントローラーのコードを例外フィルターで囲むこともできます。

■ 例外フィルターを準備する

　厳密に言えば、例外フィルターは `IExceptionFilter` インターフェイスを実装するクラスのインスタンスです。このインターフェイスは次のように定義されています。

```
public interface IExceptionFilter : IFilterMetadata
{
  void OnException(ExceptionContext context);
}
```

　このフィルターは `ExceptionFilterAttribute` とそのすべての派生クラスで実装されます（コントローラークラスもそうした派生クラスの1つです）。つまり、`OnException` メソッドをコントローラーでオーバーライドすれば、コントローラーアクションの実行中に発生する例外をすべてキャッチするハンドラーとして、あるいはコントローラーやアクションメソッドに適用されるフィルターとして使用することができます。

　例外フィルターは、グローバルに、コントローラーごとに、あるいはアクションごとに実行できます。コントローラーアクションごとに実行する場合、それらの例外フィルターがコントローラーアクションの外側で呼び出されることはありません。

> **重要**
>
> 　例外フィルターでは、モデルバインディング例外、ルート例外、そして HTTP 500 以外のステータスコードを生成する例外はキャッチできません。HTTP 500 以外の主要なステータスコードと言えば HTTP 404 ですが、HTTP 401 や HTTP 403 といった認可の例外もあります。

■ 起動時の例外を処理する

　ここまで見てきた例外処理メカニズムはどれもアプリケーションパイプラインの中で動作するものです。しかし、パイプラインの設定が完了するずっと前の、アプリケーションの起動時にも例外が発生することがあります。起動時の例外をキャッチするには、`Program.cs` で `WebHostBuilder` クラスの設定を調整しなければなりません。

　ここまでの章で説明してきたすべての設定に加えて、`CaptureStartupErrors` という設定を追加することができます。

```
public static void Main(string[] args)
{
  var host = new WebHostBuilder()
      ...
      .CaptureStartupErrors(true)
      .Build();
  ...
}
```

　既定では、スタートアッププロセスがエラーによって異常終了すると、ホストが自動的に

終了します。`CaptureStartupErrors`に`true`を指定すると、ホストがスタートアップクラスの例外をキャッチし、エラーページの表示を試みるようになります。このエラーページは、`WebHostBuilder`クラスに追加できる別の設定の値に基づいて、汎用的なページか詳細なページにすることができます。

```
public static void Main(string[] args)
{
  var host = new WebHostBuilder()
      ...
      .CaptureStartupErrors(true)
      .UseSetting("detailedErrors", "true")
      .Build();
  ...
}
```

`detailedErrors`設定が有効になっている場合に提供されるエラーページは、図7-3と同じテンプレートを使用します。

7.4.3 | 例外のロギング

ASP.NET Core では、`UseExceptionHandler`ミドルウェアで処理される例外は自動的にログに記録されます。ただし、ロガーコンポーネントが少なくとも1つシステムに登録されていることが前提となります。ロガーインスタンスはすべてシステムに組み込まれているロガーファクトリを通過します。ロガーファクトリはDIシステムに既定で追加される数少ないサービスの1つです。

■ ロギングプロバイダーをリンクする

ASP.NET Core のLogging API は、ロギングプロバイダーと呼ばれる特別なコンポーネントに基づいています。ロギングプロバイダーを利用すれば、コンソール、デバッグウィンドウ、テキストファイル、データベースなど、1つ以上のターゲットにログを送信できます。ASP.NET Core には、さまざまなロギングプロバイダーが組み込まれており、カスタムプロバイダーを追加することも可能です。

ロギングプロバイダーをシステムにリンクする一般的な方法は、`ILoggerFactory`サービスの拡張メソッドを使用することです。

```
public void Configure(IApplicationBuilder app, ILoggerFactory loggerFactory)
{
   // 2種類のロギングプロバイダーを登録
  loggerFactory.AddConsole();
  loggerFactory.AddDebug();
}
```

同じアプリケーションにロギングプロバイダーをいくつでも必要なだけ追加することができます。ロギングプロバイダーを追加する際には、必要に応じてログレベルを指定することで、適切なログレベルのメッセージだけをロギングプロバイダーに受け取らせることもできます。

■ ログを作成する

　ロギングプロバイダーはそれぞれのターゲットにメッセージを格納するという仕組みになっています。ログとは、何らかの方法（名前など）で識別される関連するメッセージの集まりのことです。ログをプログラムから書き込むには、**ILogger** インターフェイスのサービスを利用します。ログを作成するには2つの方法があります。

　1つ目の方法は、ロガーファクトリから直接ロガーを作成することです。次のコードは、ロガーを作成し、一意な名前を付ける方法を示しています。一般に、ロガーはコントローラーのスコープ内でログを管理します。

```
public class CustomerController : Controller
{
  ILogger logger;
  public CustomerController(ILoggerFactory loggerFactory)
  {
    logger = loggerFactory.CreateLogger("Customer Controller");
    logger.LogInformation("Some message here");
  }
}
```

　CreateLogger メソッドは、指定された名前のログを登録済みのロギングプロバイダーにまたがって作成します。**LogInformation** メソッドは、ログへの書き込みが可能なメソッドの1つにすぎません。**ILogger** インターフェイスでは、サポートしているログレベルごとにロギングメソッドが1つ定義されています。たとえば、（フラグメントをなくすために）情報利得を持つメッセージを出力する**LogInformation**メソッドや、より深刻な警告メッセージを出力する**LogWarning** メソッドが定義されています。ロギングメソッドには、テキスト文字列、書式設定文字列、さらにはシリアライズする例外オブジェクトを渡すこともできます。

　2つ目の方法は、DI システムを使って**ILogger<T>** の依存関係を解決することです。この方法では、ロガーファクトリは使用しません。

```
public class CustomerController : Controller
{
  ILogger _logger;

  public CustomerController(ILogger<CustomerController> logger)
  {
    _logger = logger;
  }

  // アクションメソッドの内部メンバーを使用
  ...
}
```

　ここで作成されるログは、コントローラークラスの完全名を接頭辞として使用します。

7.5 | まとめ

ASP.NET Core アプリケーションを作成するには、ASP.NET Core の DI システムに精通している必要があります。ASP.NET Core の DI システムを理解すれば、インターフェイスと具体的な型についてよく考えるようになります。「実装ではなくインターフェイスに対してプログラムする」という古くからの原則は、現在でも有効です。ASP.NET Core では、開発者が既定の機能をカスタム機能と置き換えられるようにするために、ありとあらゆる場所でインターフェイスが定義されています。データを渡すために使用されるインターフェイスの最初の例は、構成データです。さらに関連性が高い例は、コントローラー、アプリケーションサービス、リポジトリ、（必要に応じて）ドメインモデルクラスが積み上げられた、階層構造のアプリケーションコードです。

ASP.NET の過去のバージョンでは、大部分が個々のチームや開発者の自制心に委ねられたベストプラクティスだったものが、ASP.NET Core では当たり前のものとなっています。ASP.NET Core は、結果として得られるコードの品質が他のどのバージョンのフレームワークよりも高いものになるような設計になっています。一般的なベストプラクティスのほとんどは、ASP.NET Core の柱に組み込まれています。

ASP.NET Core に組み込まれている一般的なベストプラクティスに関しては、よい例がもう1つあります。この例は、第8章でアプリケーションに安全にアクセスするための API について説明するときに登場します。

第8章

アプリケーションのセキュリティ

変化も変化の必要もないところに知性は存在しない。

— H. G. ウェルズ、『タイムマシン』

　Web アプリケーションのセキュリティにはさまざまな側面があります。何よりもまず、Web のセキュリティはやり取りされるデータの機密性を保証することに関連しています。次に、セキュリティはデータの改ざんを回避することにも関連しており、送信中の情報の整合性を保証します。Web のセキュリティには、実行中のアプリケーションに悪意を持つコードが注入されるのを阻止するという一面もあります。さらに、セキュリティは認証・認可されたユーザーだけがアクセスできるアプリケーション（およびアプリケーションの一部）の構築にも関連しています。

　本章では、ASP.NET Core でのユーザー認証の実装方法を取り上げ、ユーザーの認可に対処する新しいポリシーベースの API を調べます。ですがその前に、セキュリティのインフラストラクチャをざっと見ておきましょう。

8.1 ┃ Web セキュリティのインフラストラクチャ

　HTTP プロトコルはセキュリティを念頭において設計されたものではありませんが、あとからセキュリティが追加されています。わかりきったことに聞こえるかもしれませんが、HTTP は暗号化されないため、接続された2つのシステム間でやり取りされるデータを第三者が傍受し、収集することは依然として可能です。

8.1.1 ┃ HTTPS プロトコル

　HTTPS は、HTTP プロトコルのセキュリティで保護されたバージョンです。Web サイトで HTTPS を使用すると、ブラウザーと Web サイト間の通信はすべて暗号化されます。HTTPS ページでやり取りされる情報はすべて自動的に暗号化され、完全な機密性が確保されます。暗号化はセキュリティ証明書の内容に基づいて実行されます。データが送信され

る方法は、TLS（Transport Layer Security）とその前身であるSSL（Secure Sockets Layer）など、Webサーバーで有効になっているセキュリティプロトコルによって決まります。

SSLは史上初のセキュアなトランスポートプロトコルであり、1995年にNetscapeで作成されました。それから1年のうちにバージョン3.0まで行きましたが、1996年以降は更新されていません。セキュアなプロトコルを作成する試みとしてSSLが完成を見なかったことは明らかです。1999年にリリースされたTLS 1.0にはSSL 3.0との互換性がなかったため、人々はSSLを捨ててTLSに乗り換えるしかありませんでした。2015年には、SSL 2.0とSSL 3.0の両方が非推奨となっています。現在では、Webサーバーの設定においてSSL 2.0とSSL 3.0を無効にすることが強く推奨されており、TLS 1.xだけを有効にすべきです。

8.1.2 │ セキュリティ証明書の処理

HTTPSと証明書について話をするときによく登場するのは、**SSL証明書**という表現です。この表現を聞く限り、それらの証明書はセキュアなプロトコルに関連するものに思えます。ですが厳密には、証明書とプロトコルは別ものです。したがって、SSL証明書とTLS証明書を比較するのは筋の通らない話です。

HTTPSベースのWebサーバーでは、Webサーバーで使用するセキュアなプロトコルは構成によって決まります。証明書は秘密鍵と公開鍵を保持し、ドメイン名と所有者のIDをバインドするだけです。

エンドユーザーにとって、HTTPSの大きな利点は、オンラインバンキングのWebサイトといったHTTPSサイトのページにアクセスしたときに、そのWebサイトが本物であると確信できることです。つまり、あなたが見ていて操作しているページは、そのページが主張しているとおりのページである、というわけです。ショックを受けるかもしれませんが、HTTPSを使用していないページには、このことは必ずしも当てはまりません。HTTPSが使用されていないとしたら、実際のURLが偽物だったり、悪意を持つサイトであったりする危険が常にあります。あなたが操作しているページは、本物のページに見えるだけかもしれません。このような理由により、ログインページは常にHTTPSサイトでホストすべきです。あなたはユーザーとして、HTTPSベースではないログインページからのサインインには常に注意すべきです。

8.1.3 │ HTTPSへの暗号化の適用

HTTPSで接続しているWebページにブラウザーがリクエストを送信すると、最初の応答として、そのWebサイトに設定されているHTTPS証明書が返されます。この証明書には、セキュアな対話を可能にするのに必要な公開鍵が含まれています。

次に、Webサイトに設定されているプロトコル（通常はTLS）のルールに従い、ブラウザーとWebサイトがハンドシェイクを完了します。ブラウザーがその証明書を信頼する場合は、対称公開鍵/秘密鍵を生成し、公開鍵をWebサイトと共有します。

8.2 │ ASP.NET Coreでの認証

ユーザー認証は、ASP.NET Coreにおいて従来のASP.NETから最も大きく変化している部分の1つです。とはいえ、全体的な認証方法は、プリンシパル、ログインフォーム、チャレンジと認可の属性など、やはりおなじみの概念に基づいています。ただし、それらの実装

方法は大きく異なっています。外部認証の基本原理を含め、ASP.NET Core で利用可能な Cookie ベースの認証 API について見ていきましょう。

8.2.1 | Cookie ベースの認証

ASP.NET Core のユーザー認証では、Cookie を使ってユーザーの ID を追跡します。非公開のページにアクセスしようとするユーザーはすべて、有効な認証 Cookie を持っていない限り、ログインページへリダイレクトされます。ログインページでは、クライアント側で認証情報を集め、それらの情報をサーバー側で検証します。何も問題がなければ、Cookie が生成されます。それ以降、生成された Cookie は期限切れになるまで、そのユーザーが同じブラウザーから送信するすべてのリクエストに含まれるようになります。このワークフロー自体は、従来の ASP.NET とほとんど変わりません。

ASP.NET Web Forms や ASP.NET MVC の経験者にとって、ASP.NET Core で大きく変わったのは次の2つの点です。

- **web.config** ファイルがなくなっている。つまり、ログインパス、Cookie の名前、そして有効期限を指定したり取得したりする方法が変更されている。

- **IPrincipal** オブジェクト（ユーザーの識別情報をモデル化するためのオブジェクト）がユーザー名ではなくクレームに基づいている。

■ 認証ミドルウェアを有効にする

新しい ASP.NET Core アプリケーションで Cookie 認証を有効にするには、**Microsoft. AspNetCore.Authentication.Cookies** パッケージを参照する必要があります。ただし、ASP.NET Core 2.0 以降でアプリケーションに実際に入力するコードは、同じ ASP.NET Core フレームワークの以前のバージョンとは異なっています。

認証ミドルウェアはサービスとして提供されます。このため、スタートアップクラスの **ConfigureServices** メソッドで設定しなければなりません。

```
public void ConfigureServices(IServiceCollection services)
{
  services.AddAuthentication(CookieAuthenticationDefaults.AuthenticationScheme)
    .AddCookie(options =>
    {
      options.LoginPath = new PathString("/Account/Login");
      options.Cookie.Name = "YourAppCookieName";
      options.ExpireTimeSpan = TimeSpan.FromMinutes(60);
      options.SlidingExpiration = true;
      options.AccessDeniedPath = new PathString("/Account/Denied");
      ...
    });
}
```

AddAuthentication 拡張メソッドには、使用する認証方式を指定する文字列を引数として渡します。この方法をとるのは、認証方式を1つだけサポートする場合です。「8.2.2 複数の認証方式に対処する」で説明するように、複数の認証方式やハンドラーをサポートす

る場合は、このコードを少し調整する必要があります。次に、**AddAuthentication** メソッドから返されるオブジェクトを使って、認証ハンドラーを表す別のメソッドを呼び出す必要があります。上記の例では、**AddCookie** メソッドを呼び出し、設定されている Cookie をユーザーのサインインと認証に使用するようフレームワークに命令しています。Cookie や Bearer といった各認証ハンドラーには、独自の構成プロパティが定義されています。

　Configure メソッドでは、指定された認証サービスを使用する旨を宣言するだけであり、それ以上のオプションは指定しません。

```
public void Configure(IApplicationBuilder app)
{
  app.UseAuthentication();
  ...
}
```

　先のコードには、さらに説明が必要な名前や概念がいくつか含まれています。中でも注目すべきは、認証方式です。

■ Cookie 認証のオプション

　従来の ASP.NET MVC アプリケーションにおいて **web.config** ファイルの **<authentication>** セクションに格納されていた情報のほとんどは、認証ミドルウェアのオプションとしてプログラムから設定されるようになっています。前項のコードに含まれていたのは、最も一般的なオプションの一部です。各オプションの詳細を表8-1にまとめておきます。

▼表 8-1：Cookie 認証のオプション

オプション	説明
AccessDeniedPath	リクエストされたリソースを表示する許可が現在の ID に与えられていない場合に、認証済みのユーザーをリダイレクトするパスを指定する。このオプションはユーザーをリダイレクトしなければならない URL を設定し、ステータスコード HTTP 403 を返さない
Cookie	作成中の認証 Cookie のプロパティを含んでいる **CookieBuilder** 型のコンテナーオブジェクト
ExpireTimeSpan	認証 Cookie の有効期限を設定する。絶対時間か相対時間かは **SlidingExpiration** プロパティの値によって決まる
LoginPath	匿名ユーザーを自身の認証情報でサインインさせるためにリダイレクトするパスを指定する
ReturnUrlParameter	最初にリクエストされた URL を渡すために使用されるパラメーターの名前を指定する。匿名ユーザーの場合はログインページへリダイレクトされる
SlidingExpiration	**ExpireTimeSpan** プロパティの値が絶対時間か相対時間かを指定する。相対時間の場合、この値はインターバルと見なされる。インターバルの半分以上が経過している場合、認証ミドルウェアは Cookie を再発行する

　LoginPath や **AccessDeniedPath** といったパスプロパティの値が文字列ではないことに注意してください。**LoginPath** プロパティと **AccessDeniedPath** プロパティの型は、実際には **PathString** です。.NET Core の **PathString** 型は、**String** 型とは異なり、

リクエスト URL を構築するときに正しいエスケープを提供します。このため、本質的に、より URL に特化した文字列型です。

　ASP.NET Core のユーザー認証ワークフローの全体的な設計は、かつてないほどの柔軟性を実現するものとなっており、ワークフローのあらゆる部分を思いどおりにカスタマイズできます。例として、リクエストごとに使用される認証ワークフローをどのように制御できるか確認してみましょう。

8.2.2 　複数の認証方式に対処する

　従来の ASP.NET では、認証チャレンジは自動的に開始され、そのことに関して開発者にできることはほとんどありませんでした。自動的な認証チャレンジでは、現在のユーザーの正しい認証情報が見つからないことが判明した時点で、あらかじめ設定されたログインページが自動的に提供されます。ASP.NET Core 1.x では、既定では認証チャレンジが自動的に開始されるものの、この設定は変更することが可能です。ASP.NET Core 2.0 では、自動的な認証チャレンジを無効にする設定が再び削除されています。

　ただし、ASP.NET Core では、複数の認証ハンドラーを個別に登録し、各リクエストでどの認証ハンドラーを使用しなければならないかをプログラムから、あるいは構成を通じて決定することが可能です。

■ 複数の認証ハンドラーを有効にする

　ASP.NET Core では、複数の認証ハンドラーの中からどれかを選択することが可能です。認証には、Cookie ベースの認証、Bearer 認証、ソーシャルネットワークや ID サーバーに基づく認証、その他思いつく限りの実装可能な認証方式が使用されます。ASP.NET Core 2.0 以降で複数の認証ハンドラーを登録するには、スタートアップクラスの **ConfigureServices** メソッドでそれらを 1 つずつ指定するだけです。

　登録された認証ハンドラーはそれぞれ名前で識別されます。認証ハンドラーの名前は従来の任意の文字列であり、認証ハンドラーを参照するためにアプリケーションで使用されます。認証ハンドラーの名前は**認証方式**と呼ばれます。認証方式は、Cookies や Bearer といったマジック文字列として指定できます。ただし、一般的な状況では、コードで使用するときの入力ミスを最小限に抑えるために、あらかじめ定数が定義されています。マジック文字列を使用する場合は、大文字と小文字が区別されることに注意してください。

```
// 認証方式を"Cookies"に設定
services.AddAuthentication(options =>
  {
    options.DefaultChallengeScheme =
        CookieAuthenticationDefaults.AuthenticationScheme;
    options.DefaultSignInScheme =
        CookieAuthenticationDefaults.AuthenticationScheme;
    options.DefaultAuthenticateScheme =
        CookieAuthenticationDefaults.AuthenticationScheme;
  })
  .AddCookie(options =>
  {
    options.LoginPath = new PathString("/Account/Login");
```

```
    options.Cookie.Name = "YourAppCookieName";
    options.ExpireTimeSpan = TimeSpan.FromMinutes(60);
    options.SlidingExpiration = true;
    options.AccessDeniedPath = new PathString("/Account/Denied");
  })
  .AddOpenIdConnect(options =>
  {
    options.Authority = "http://localhost:6000";
    options.ClientId = "...";
    options.ClientSecret = "...";
    ...
  });
```

　AddAuthentication メソッドの呼び出しに続いて、認証ハンドラーの定義を数珠つな
ぎで指定するだけです。それに加えて、複数の認証ハンドラーが登録されている場合は、既
定のチャレンジ、認証、サインイン方式を指定する必要もあります。つまり、ユーザーがサ
インイン時にID の証明を求められたときに、提示されたトークンに対して認証を試みるため
の認証ハンドラーを指定します。各認証ハンドラーでは、各自の目的に合わせてサインイン
方式を上書きすることができます。

■ 認証ミドルウェアを適用する

　従来のASP.NET MVC と同様に、ASP.NET Core でも、認証の対象となるコントローラー
クラスやアクションメソッドの指定には、**Authorize** 属性を使用します。

```
[Authorize]
public class CustomerController : Controller
{
  // このコントローラーのアクションメソッドは、
  // AllowAnonymous属性が明示的に指定されているものを除いて、
  // すべて認証の対象となる
  ...
}
```

　コメントに示されているように、**AllowAnonymous** 属性を使って特定のアクションメソッ
ドに匿名のマークを付けることで、認証の対象から外すこともできます。
　したがって、アクションメソッドに **Authorize** 属性が指定されている場合、そのアク
ションメソッドを使用できるのは認証済みのユーザーだけとなります。しかし、複数の認証
ミドルウェアが利用できる場合、どれを適用すればよいのでしょうか。ASP.NET Core では、
Authorize 属性に新しいプロパティが追加されています。このプロパティを利用すれば、
リクエストごとに認証方式を選択できるようになります。

```
[Authorize(ActiveAuthenticationSchemes = "Bearer")]
public class ApiController : Controller
{
  // APIのアクションメソッド
  ...
}
```

第8章　アプリケーションのセキュリティ　　201

このコードでは、**ApiController** サンプルクラスのすべてのパブリックエンドポイント
が Beare トークンによって認証されるユーザー ID の対象となります。

8.2.3 ｜ ユーザーの識別情報のモデル化

ASP.NET Core アプリケーションにログインしているユーザーは、何らかの一意な方法で
表現されなければなりません。ASP.NET フレームワークが最初に設計されたのは Web が始
まったばかりの頃で、ログインしているユーザーを一意に識別するならユーザー名だけで十分
でした。実際のところ、従来の ASP.NET では、認証 Cookie に保存されるのはユーザー名
だけであり、それがユーザー ID をモデル化する方法でした。

ここで指摘しておきたいのは、ユーザーに関する情報が 2 つのレベルに分かれていること
です。ほぼすべてのアプリケーションに何らかのユーザーストアがあり、ユーザーに関する情
報はすべてそこに保存されます。そうしたユーザーストアのデータアイテムは、主キーと多
くの説明フィールドで構成されます。ユーザーがアプリケーションにログインすると、認証
Cookie が作成され、ユーザー固有の情報の一部がコピーされます。最低でも、（アプリケーショ
ンのバックエンドに含まれているものと同じ）ユーザーを識別する一意な値を Cookie に保存
しなければなりません。ただし、セキュリティ環境に関連する追加情報であれば認証 Cookie
に保存することも可能です。

要するに、ドメイン層と永続化層には、ユーザーを表す 1 つのエンティティと、名前と値
のペアからなるコレクションがあります。認証 Cookie から読み取られるユーザー情報を直接
提供するのは、このコレクションです。それらの名前と値のペアは**クレーム**と呼ばれます。

■ クレームの概要

ASP.NET Core のクレームは、認証 Cookie に格納される内容です。開発者が認証
Cookie に格納できるのは、クレーム（名前と値のペア）だけです。これまでと比べて、
Cookie に追加できる情報と、（データベースからデータをさらに取得せずに）直接 Cookie か
ら読み込める情報は大幅に増えています。

ユーザーの識別情報はクレームを使ってモデル化できます。ASP.NET Core では、多くの
クレームがあらかじめ定義されています。具体的に言うと、既知の情報を格納することを目
的としてさまざまなキー名が定義されています。また、新しいクレームを定義することも可
能です。結局のところ、クレームの定義は開発者とそのアプリケーション次第です。

ASP.NET Core では、次のように設計された **Claim** クラスが定義されています。

```
public class Claim
{
  public string Type { get; }
  public string Value { get; }
  public string Issuer { get; }
  public string OriginalIssuer { get; }
  public IDictionary<string, string> Properties { get; }

  // その他のプロパティ
}
```

クレームには、作成しているクレームの種類（タイプ）を指定するプロパティがあります。たとえば、クレームタイプは特定のアプリケーションにおけるユーザーの役割（ロール）を表します。クレームには文字列値も含まれています。たとえば、**Role** クレームの値は **"admin"** かもしれません。最初の発行者の名前を指定すれば、クレームの説明は完成です。なお、クレームが中間発行者から転送される場合は、実際の発行者の名前も含まれます。また、クレームの値を補完するために、追加のプロパティからなるディクショナリを使用することもできます。それらのプロパティはすべて読み取り専用であり、それらの値を設定する唯一の方法はコンストラクターです。クレームはイミュータブル（不変）なエンティティです。

■ クレームをプログラムで使用する

ユーザーが有効な認証情報を提供したら（より一般的には、ユーザーが既知のID にバインドされたら）、認識されたID に関する重要な情報を保存しなければなりません。先に述べたように、ASP.NET の以前のバージョンでは、保存できるのはユーザー名に限られていました。ASP.NET Core はクレームを利用するため、表現力が格段に増しています。

認証Cookie に格納するデータを準備する方法は一般に次のようになります。

```
// ユーザーのIDにバインドするクレームのリストを準備
var claims = new Claim[] {
  new Claim(ClaimTypes.Name, "123456789"),
  new Claim("display_name", "Sample User"),
  new Claim(ClaimTypes.Email, "sampleuser@yourapp.com"),
  new Claim("picture_url", "¥images¥sampleuser.jpg"),
  new Claim("age", "24"),
  new Claim("status", "Gold"),
  new Claim(ClaimTypes.Role, "Manager"),
  new Claim(ClaimTypes.Role, "Supervisor")
};

// クレームからIDオブジェクトを作成
var identity =
    new ClaimsIdentity(claims,
                       CookieAuthenticationDefaults.AuthenticationScheme);

// IDからプリンシパルオブジェクトを作成
var principal = new ClaimsPrincipal(identity);
```

ID オブジェクト（**ClaimsIdentity** 型）をクレームから作成し、プリンシパルオブジェクト（**ClaimsPrincipal** 型）をID オブジェクトから作成します。ID を作成する際には、その認証方式も指定します（つまり、クレームの処理方法を指定します）。このコードでは、**CookieAuthenticationDefaults.AuthenticationScheme** という値（**Cookies** の文字列値）を渡すことで、クレームが認証Cookie に格納されることを指定しています。

このコードには、注意しなければならない点が2つあります。

- クレームタイプは文字列値だが、ロール、名前、メールなど、一般的なクレームタイプを表す定数が多数定義されている。独自の文字列を使用するか、`ClaimTypes`クラスに定数として定義されている文字列を使用することができる。
- 同じクレームリストに複数のロールを追加することができる。

クレームに関する仮定

クレームはすべて平等に扱われますが、一部のクレームはもっと平等です。`Name`と`Role`の2つのクレームは、ASP.NET Coreのインフラストラクチャから（適度に）特別な扱いを受けるクレームです。次のコードについて考えてみましょう。

```
var claims = new[]
{
  new Claim("PublicName", userName),
  new Claim(ClaimTypes.Role, userRole),

  // その他のクレーム
};
```

クレームのリストには2つの要素が含まれています。1つは`PublicName`であり、もう1つは`Role`です（`ClaimTypes.Roles`定数を使用しています）。見てのとおり、`Name`という名前のクレームはありません。クレームのリストは開発者が自由に作成できるため、もちろんエラーではありません。しかし、ほとんどの場合は、少なくとも`Name`と`Role`が含まれています。ASP.NET Coreでは、クレームのリストを指定すること以外に、`ClaimsIdentity`クラスの追加のコンストラクターを使用することもできます。この認証方式では、指定されたリスト（`claims`）にIDの名前とロールが含まれているクレームを指定することができます。

```
var identity = new ClaimsIdentity(
    claims,
    CookieAuthenticationDefaults.AuthenticationScheme,
    "PublicName",
    ClaimTypes.Role);
```

このコードにより、`Role`という名前のクレームがロールクレームになります。指定されたクレームのリストに`Name`クレームが含まれているかどうかに関係なく、ユーザーの名前として`PublicName`クレームを使用する必要があります。

名前とロールがクレームのリストで指定されるのは、それら2つの情報が`IsInRole`や`Identity.Name`といった`IPrincipal`インターフェイスの関数をサポートするために使用されるからです（古いASP.NETコードとの下位互換性を維持することが主な目的となります）。クレームのリストで指定されたロールは、`ClaimsPrincipal`クラスの`IsInRole`の実装によって自動的にサポートされます。同様に、既定では、ユーザーの名前は`Name`ステータスを持つクレームの値になります。

要するに、`Name`クレームと`Role`クレームには既定の名前がありますが、必要であれば、それらの名前を上書きすることができます。それらの名前の上書きは、`ClaimsIdentity`クラスのオーバーロードされたコンストラクターで行われます。

■ サインインとサインアウト

ユーザーをサインインさせるための必要条件は、プリンシパルオブジェクトが利用可能であることです。ユーザーのサインインを処理し、その過程で認証Cookieを作成する実際のメソッドは、`Authentication`という名前のHTTPコンテキストオブジェクトに定義されています。

```
// プリンシパルオブジェクトを取得
var principal = new ClaimsPrincipal(identity);

// ユーザーをサインインさせる（および認証Cookieを作成）
await HttpContext.SignInAsync(
    CookieAuthenticationDefaults.AuthenticationScheme,
    principal);
```

厳密に言うと、サインインプロセスにおいてCookieが作成されるのは、認証方式としてCookieが選択されている場合だけです。サインインプロセスで発生する処理の正確な順序は、選択された認証方式の認証ハンドラーによって決まります。

`Authentication`オブジェクトは`AuthenticationManager`クラスのインスタンスです。このクラスには、さらに`SignOutAsync`と`AuthenticateAsync`の2つの興味深いメソッドが定義されています。名前からもわかるように、`SignOutAsync`メソッドは認証Cookieを取り消し、ユーザーをアプリケーションからサインアウトさせます。

```
await HttpContext.SignOutAsync(
    CookieAuthenticationDefaults.AuthenticationScheme);
```

このメソッドを呼び出すときには、サインアウトする認証方式を指定しなければなりません。`AuthenticateAsync`メソッドは、認証Cookieを検証し、ユーザーが認証されているかどうかを確認するだけです。この場合も、認証Cookieの検証は選択された認証方式に基づいて行われます。

■ クレームの内容を読み取る

ASP.NET Coreの認証は、半分はよく知っている世界で、もう半分は未知の空間です。従来のASP.NETプログラミングの経験が長い人は特にそう感じるでしょう。従来のASP.NETでは、システムによって認証Cookieが処理された後は、ユーザー名に簡単にアクセスできるようになります。そして既定では、それが提供される唯一の情報となります。ユーザーに関する情報をさらに利用できるようにしなければならない場合は、カスタムクレームを作成し、その内容をCookieにシリアライズします —— 実質的には、カスタムプリンシパルオブジェクトを作成することになります。最近になって、従来のASP.NETにクレームのサポートが追加されています。ASP.NET Coreでは、クレームを使用する以外に方法はありません。カスタムプリンシパルを作成する場合、クレームの内容は自分で読み取らなければなりません。

`ClaimsPrincipal`オブジェクトには、特定のクレームを取得するためのプログラミングインターフェイスがあります。このオブジェクトにプログラムからアクセスするには、`HttpContext.User`プロパティを使用します。Razorビューの例を見てみましょう。

第8章 アプリケーションのセキュリティ　　205

```
@if (User.Identity.IsAuthenticated)
{
  var pictureClaim = User.FindFirst("picture_url");
  if (pictureClaim != null)
  {
    var picture = pictureClaim.Value;
    <img src="@picture" alt="" />
  }
}
```

　ページをレンダリングするときに、ログインしているユーザーのアバターを表示したいとしましょう。この情報がクレームとして提供されていれば、上記のコードはクレームを取得するための LINQ 対応のコードとなります。`FindFirst` メソッドは、同じ名前のクレームが複数存在する場合に、最初のクレームだけを返します。すべてのクレームを取得したい場合は、代わりに `FindAll` メソッドを使用します。クレームの実際の値を読み取るには、`Value` プロパティの値を展開します。

> **注**
>
> 　ログインページで認証情報の検証が完了したら、Cookie に保存したいクレームをすべて取り出しておく必要があります。Cookie に格納する情報が多ければ多いほど、ほぼ自由に利用できるユーザー情報が増えることに注意してください。場合によっては、ユーザーキーを Cookie に格納しておき、サインインが開始されたら、そのキーを使ってデータベースから一致するレコードを取り出すこともできます。この方法は高くつきますが、ユーザー情報が常に最新の状態に保たれるようになります。また、ユーザーが一度ログアウトしてから再びログインしなくても、Cookie を作成するときに更新できるようになります。クレームの実際の内容をどこから読み取るかは開発者次第です。たとえば、データベース、クラウド、または Active Directory から読み取ることができます。

8.2.4 | 外部認証

　外部認証とは、Web サイトを訪れるユーザーを認証するために、外部の適切に構成されたサービスを利用することです。一般的に言えば、外部認証は双方にとって有利な手法です。エンドユーザーにとってのメリットは、登録したいと考えている Web サイトごとにアカウントを作成する必要がなくなることです。開発者にとってのメリットは、担当している Web サイトごとに必要不可欠な定型コードを追加し、ユーザーの認証情報の格納と検証を行うという作業から解放されることです。ただし、外部認証サーバーとして使用する Web サイトはどれでもよい、というわけではありません。外部認証サーバーでは特定の機能が利用可能でなければなりませんが、現在のソーシャルネットワークに関しては、ほぼすべてのソーシャルネットワークを外部認証サービスとして利用することができます。

■ 外部認証サービスのサポートを追加する

　ASP.NET Core は、ID プロバイダーを通じて外部認証を完全にサポートしています。ほとんどの場合は、適切な NuGet パッケージをインストールすればよいだけです。たとえば、Twitter の認証情報を使ってユーザーを認証できるようにしたいとしましょう。この場

合、プロジェクトでの最初の作業は、**Microsoft.AspNetCore.Authentication.
Twitter** パッケージを追加し、関連する認証ハンドラーをインストールすることです。

```
services.AddAuthentication(TwitterDefaults.AuthenticationScheme)
  .AddTwitter(options =>
  {
    options.SignInScheme = CookieAuthenticationDefaults.AuthenticationScheme;
    options.ConsumerKey = "...";
    options.ConsumerSecret = "...";
  });
```

SignInScheme プロパティは、認証されたIDを保存するために使用される認証ハンドラーの識別子です。この例では、認証 Cookie が使用されます。このミドルウェアの効果を確認するために、例として、Twitter ベースの認証を開始するコントローラーメソッドを追加してみましょう。

```
public async Task TwitterAuth()
{
  var props = new AuthenticationProperties
  {
    RedirectUri = "/"      // 認証後の移動先
  };

  await HttpContext.ChallengeAsync(TwitterDefaults.AuthenticationScheme,
                                   props);
}
```

この Twitter ハンドラーの内部メカニズムでは、アプリケーションの ID（API キーとシークレット）を渡してユーザーの検証を有効にするための URL はあらかじめわかっています。何も問題がなければ、ユーザーにおなじみの Twitter の認証ページが表示されます。ユーザーがすでにローカルデバイスで Twitter に認証されている場合は、特定のアプリケーションに Twitter にアクセスする許可を与えてもよいかどうかを確認するだけです。

次ページの図 8-1 は、サンプルアプリケーションがユーザー認証を試みるときに表示する Twitter の確認ページを示しています。

Twitter がユーザーを正常に認証した後、アプリケーションが次に何をすればよいかは **SignInScheme** プロパティによって決まります。外部認証プロバイダー（この例では Twitter）から返されるクレームに Cookie が含まれている必要がある場合は、**"Cookies"** という値を指定できます。これに対し、たとえば中間フォームを使って情報を確認し、情報がすべて入力されるようにしたい場合は、一時的なサインイン方式を導入することで、このプロセスを 2 つに分割する必要があります。この少し複雑なシナリオについては、次項で改めて取り上げます。さしあたり、単純なシナリオでの流れをひととおり見ておきましょう。

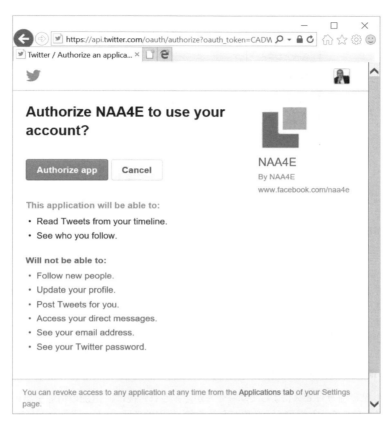

▲図8-1：アプリケーションにTwitterアカウントを使用する許可を与える

　`RedirectUri` オプションは、認証が正常に完了したときの移動先を指定します。認証サービスによって提供されたクレームのリストを利用するだけの単純なシナリオでは、システムにサインインする各ユーザーについて知っているデータがあってもまったく手出しできません。さまざまなソーシャルネットワークから既定で返されるクレームのリストは一様ではありません。たとえば、ユーザーがFacebookを使って接続している場合は、ユーザーのメールアドレスが返されるかもしれません。これに対し、ユーザーがTwitterやGoogleを使って接続している場合、メールアドレスは返されないかもしれません。ソーシャルネットワークを1つだけサポートする場合は大きな問題ではありません。しかし、複数のソーシャルネットワークをサポートする（しかも、その数がどんどん増えていくかもしれない）場合は、情報を正規化して、足りないクレームをすべてユーザーに入力させるための中間ページを準備しなければなりません。

　図8-2は、ログインを要求する保護されたリソースへのアクセスを試みたときのクライアントブラウザー、Webアプリケーション、外部認証サービス間のワークフローを示しています。

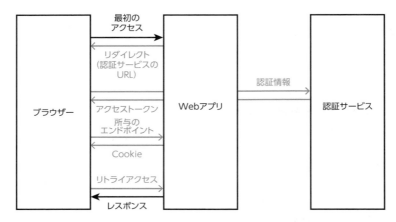

▲図8-2：保護されたリソースへのアクセスを試みたときに認証が外部サービスによって提供される状況での全体的なワークフロー

図8-2には、ブラウザー、Webアプリケーション、認証サービスを表す3つのボックスがあります。一番上の太い矢印は、「ブラウザー」ボックスと「Webアプリ」ボックスを接続します。一番下の太い矢印は、「Webアプリ」ボックスと「ブラウザー」ボックスを接続します。他のグレーの矢印は、外部認証サービスを使ってユーザーを認証するプロセスのさまざまなステップを表しています。

情報の入力を求める

外部認証サービスによってユーザーが認証された後は、追加の情報を集めるために、サービスの構成を少し調整する必要があります。基本的には、新しい認証ハンドラーを追加します。

```
services.AddAuthentication(options =>
{
  options.DefaultChallengeScheme =
      CookieAuthenticationDefaults.AuthenticationScheme;
  options.DefaultSignInScheme =
      CookieAuthenticationDefaults.AuthenticationScheme;
  options.DefaultAuthenticateScheme =
      CookieAuthenticationDefaults.AuthenticationScheme;
})
.AddCookie(options =>
{
  options.LoginPath = new PathString("/Account/Login");
  options.Cookie.Name = "YourAppCookieName";
  options.ExpireTimeSpan = TimeSpan.FromMinutes(60);
  options.SlidingExpiration = true;
  options.AccessDeniedPath = new PathString("/Account/Denied");
})
.AddTwitter(options =>
{
  options.SignInScheme = "TEMP";
  options.ConsumerKey = "...";
```

```
    options.ConsumerSecret = "...";
  })
  .AddCookie("TEMP");
```

外部 Twitter プロバイダーから制御が戻ると、**TEMP** 方式に基づいて一時的な Cookie が
作成されます。ユーザーのチャレンジを処理するコントローラーメソッドでリダイレクトパス
が適切に設定されていれば、Twitter から返されたプリンシパルを調べて、さらに編集でき
るようになります。

```
public async Task TwitterAuthEx()
{
  var props = new AuthenticationProperties
  {
    RedirectUri = "/account/external"
  };
  await HttpContext.ChallengeAsync(TwitterDefaults.AuthenticationScheme,
                                   props);
}
```

このようにすると、Twitter（またはその他のサービス）がカスタムワークフローを完了す
るために**AccountController**の**External**メソッドへリダイレクトするようになります。
External メソッドがコールバックされたときにどうするかは開発者次第です。さらに情報
を集めるためのHTMLフォームを表示したいとしましょう。このフォームを構築する際には、
特定のプリンシパルのクレームリストを使用することができます。

```
public async Task<IActionResult> External()
{
  var authenticateResult = await HttpContext.AuthenticateAsync("TEMP");
  var principal = authenticateResult.Principal;

  // プリンシパルのクレームにアクセスし、
  // 足りない情報の入力だけを求めるHTMLフォームを準備
  ...

  return View();
}
```

そうすると、情報を入力するためのフォームがユーザーに表示されます。このフォームの
コードは、入力されたデータを検証した上でポストバックします。入力フォームの内容を保
存するコントローラーメソッドの本体では、最後に重要なステップを2つ実行する必要があり
ます。先に示したように、プリンシパルを取得してCookie方式でサインインし、**TEMP** 方式
からサインアウトします。コードは次のようになります。

```
await HttpContext.SignInAsync(
    CookieAuthenticationDefaults.AuthenticationScheme, principal);
await HttpContext.SignOutAsync("TEMP");
```

この時点で（ようやく）認証Cookie が作成されます。

210　第 3 部　横断的関心事

> **注**
>
> 先のサンプルコードに含まれている `TEMP` と `CookieAuthenticationDefaults.AuthenticationScheme` は内部の識別子にすぎません。アプリケーション全体で統一されている限り、それらの名前は変更してもかまいません。

■ 外部認証の問題点

　Facebook や Twitter を使った外部認証は、ユーザーにとって便利なこともありますが、常にそうであるとは限りません。何事も一長一短です。そこで、アプリケーションで外部認証を使用するときに直面する課題をいくつか挙げてみましょう。

　最初の課題は、あなたが選択したソーシャルネットワークや ID サーバーにユーザーがログインしなければならないことです。外部の認証情報を使用するという発想が受け入れられるかどうかはユーザー次第です。一般に、アプリケーション自体がソーシャルネットワークに密に統合されているか、外部認証に完全に依存してもおかしくないほどソーシャルである場合を除いて、ソーシャル認証は常にオプションと見なすべきです。あなたがサポートしているソーシャルネットワークのアカウントをユーザーが持っていない可能性があることを常に考慮してください。

　開発者にとっての課題は、外部認証を利用する場合はアプリケーションごとに認証設定を行わなければならないことです。ほとんどの場合は、とにかくユーザー登録に対処し、必須フィールドをすべて埋める必要があります。つまり、アカウント管理に関する限り、多くの作業が必要になります。さらに、ローカルユーザーストアのアカウントと外部アカウントとの間でリンクを維持する必要もあります。

　結論から言えば、外部認証は必ずしも時間の節約にはなりません。アプリケーション自体の性質と見合っている場合に、アプリケーションのユーザーに提供する機能と見なすべきです。

8.3 │ ASP.NET Identity によるユーザーの認証

　ここまでは、ASP.NET Core のユーザー認証の基本原理について説明してきました。しかし、それらの機能はすべてユーザー認証の向こう側にあり、通常はまとめて「メンバーシップシステム」と呼ばれます。メンバーシップシステムは、ユーザー認証のプロセスと ID データを管理するだけでなく、ユーザーの管理、パスワードのハッシュ化、検証とリセット、ロールとそれらの管理、さらには 2 要素認証（2FA）といった高度な機能にも対処します。

　カスタムメンバーシップシステムの構築はそれほど難しいものではありませんが、繰り返しの多い作業になりがちです。また、そのつど一からやり直さなければならず、しかもアプリケーションを構築するたびにその必要が生じます。それに加え、複数のアプリケーションにわたって最小限のオーバーヘッドで再利用できるようにするには、メンバーシップシステムを抽象化する必要がありますが、これもそう簡単ではありません。長年にわたってさまざまな試みがなされており、そのうちのいくつかは Microsoft によるものです。メンバーシップシステムに関する個人的な見解としては、同じ複雑さの複数のメンバーシップシステムを作成して管理するとしたら、独自の拡張ポイントを持つカスタムシステムの構築に時間を割くほうがおそらく賢明です。それ以外の場合は、本章ですでに説明したような基本的なユーザー認証か、ASP.NET Identity のどちらかを選択することになります。

8.3.1 | ASP.NET Identity の概要

ASP.NET Identity は、メンバーシップシステムを抽象化する層を提供する本格的で、包括的で、大規模なフレームワークです。単純なデータベーステーブルから認証情報を読み取ってユーザーを認証するだけでよい場合、そこまでのフレームワークは必要ありません。一方で、ASP.NET Identity はストレージをセキュリティ層から切り離すことを目的として設計されています。このため、コンテキストに応じて機能を適合させるための拡張ポイントを大量に含んだ高機能な API を提供するだけでなく、多くの場合は設定を行うだけでよい API も含んでいます。

ASP.NET Identity の設定を行う際には、ストレージ層（リレーショナルとオブジェクト指向の両方）の詳細と、ユーザーを最も効果的に表す ID モデルの詳細を指定します。図8-3は、ASP.NET Identity のアーキテクチャを示しています。

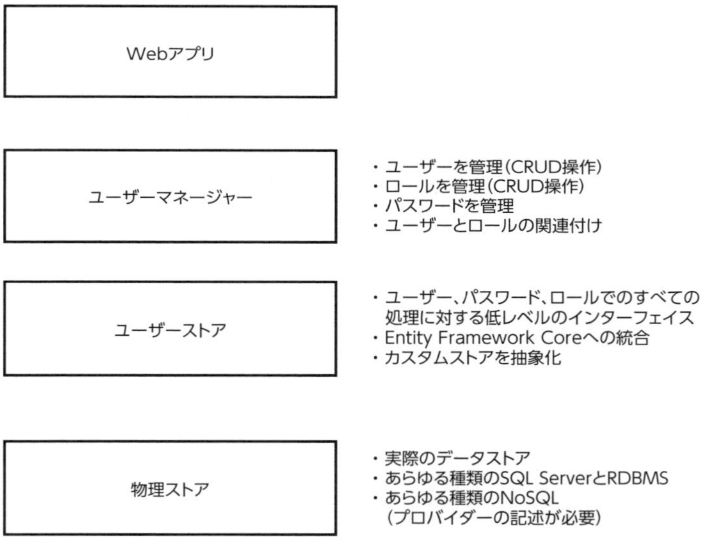

```
┌─────────────────────┐
│      Webアプリ       │
└─────────────────────┘


┌─────────────────────┐    ・ユーザーを管理(CRUD操作)
│  ユーザーマネージャー  │    ・ロールを管理(CRUD操作)
│                     │    ・パスワードを管理
└─────────────────────┘    ・ユーザーとロールの関連付け


┌─────────────────────┐    ・ユーザー、パスワード、ロールでのすべての
│   ユーザーストア      │     処理に対する低レベルのインターフェイス
│                     │    ・Entity Framework Coreへの統合
└─────────────────────┘    ・カスタムストアを抽象化


┌─────────────────────┐    ・実際のデータストア
│    物理ストア        │    ・あらゆる種類のSQL ServerとRDBMS
│                     │    ・あらゆる種類のNoSQL
└─────────────────────┘     (プロバイダーの記述が必要)
```

▲図8-3：ASP.NET Identity の全体的なアーキテクチャ

■ ユーザーマネージャー

ユーザーマネージャーは、ASP.NET Identity によってサポートされるすべての処理を実行する中央コンソールです。先に述べたように、これらの処理には、既存のユーザーの取得、新しいユーザーの作成、ユーザーの更新または削除を行う API が含まれます。ユーザーマネージャーは、パスワード管理、外部ログイン、ロール管理、さらにはより高度な機能をサポートする機能も提供します。そうした高度な機能には、ユーザーのロックアウト、2要素認証（2FA）、必要に応じたメール送信、パスワードの強度の検証が含まれます。

プログラムでは、`UserManager<TUser>` クラスのサービスを使って上記の機能を呼び出します。ジェネリック型は抽象化されたユーザーエンティティを表します。つまり、このクラスを利用すれば、コーディングされたすべてのタスクをそのユーザーのモデルに対して実行することができます。

212　第3部　横断的関心事

■ ユーザー ID の抽象化

　ASP.NET Identity では、ユーザーのモデルは ASP.NET Identity のメカニズムに渡されるパラメーターになります。ユーザー ID を抽象化するメカニズムとユーザーストアの抽象化のおかげで、その仕組みはほぼ透過的なものとなります。

　ASP.NET Identity に組み込まれているユーザー基底クラスには、主キー、ユーザー名、パスワードハッシュ、メールアドレス、電話番号など、ユーザーエンティティに必要と思われる一般的なプロパティがひととおり定義されています。また、メールの確認、ロックアウト状態、アクセスに失敗した回数、ロールとログインのリストなど、より高度なプロパティも定義されています。ASP.NET Identity のユーザー基底クラスは **IdentityUser** です。**IdentityUser** クラスは直接使用することもできますし、そこから派生クラスを作成することもできます。

```
public class YourAppUser : IdentityUser
{
  // アプリケーション固有のプロパティ
  public string Picture { get; set; }
  public string Status { get; set; }
}
```

　IdentityUser クラスの一部の要素はフレームワークで直接実装されています。**Id** プロパティは、このクラスをデータベースに保存するときに主キーとして扱われます。この部分を変更することは不可能ですが、変更する理由はなかなか思いつきません。既定では、主キーは文字列として実装されますが、このフレームワークの設計では主キーの型も抽象化されているため、**IdentityUser** を継承するときに自由に変更できます。

```
public class YourAppUser : IdentityUser<int>
{
  // アプリケーション固有のプロパティ
  public string Picture { get; set; }
  public string Status { get; set; }
}
```

　Id プロパティは、実際には次のように定義されています。

```
public virtual TKey Id { get; set; }
```

注

　ASP.NET Identity の以前の（従来の ASP.NET 用の）バージョンでは、主キーは GUID として実装されており、一部のアプリケーションでちょっとした問題を引き起こしています。ASP.NET Core では、必要であれば GUID を使用することもできます。

第 8 章 アプリケーションのセキュリティ | 213

■ ユーザーストアの抽象化

IdentityUser またはその派生クラスは、ストレージ API のサービスを使って永続化層に保存されます。よく使用される API は Entity Framework Core（以下、EF Core）に基づいていますが、ユーザーストアは抽象化されているため、情報を格納する方法がわかっているフレームワークであれば、基本的にどのフレームワークでも統合できます。主要なストレージインターフェイスは **IUserStore<TUser>** です。その一部を見てみましょう。

```
public interface IUserStore<TUser, in TKey> : IDisposable where TUser
                                            : class, IUser<TKey>
{
  Task CreateAsync(TUser user);
  Task UpdateAsync(TUser user);
  Task DeleteAsync(TUser user);
  Task<TUser> FindByIdAsync(TKey userId);
  Task<TUser> FindByNameAsync(string userName);
  ...
}
```

このように、**IdentityUser** クラスをベースとする CRUD API として抽象化されていることがわかります。クエリ機能はかなり基本的なもので、ユーザーを名前または ID で取得できるだけです。

一方で、ASP.NET Identity の具体的なユーザーストアは、**IUserStore** インターフェイスが提案するものよりもずっと高機能です。表8-2に、そうした追加の機能に対するストレージインターフェイスをまとめておきます。

▼表8-2：追加のストレージインターフェイス

インターフェイス	目的
IUserClaimStore	ユーザーに関するクレームを格納するための関数をまとめたもの。クレームをユーザーエンティティのプロパティとは別の情報として格納する場合に役立つ
IUserEmailStore	パスワードのリセットなど、メール情報を格納するための関数をまとめたもの
IUserLockoutStore	総当たり攻撃を追跡するために、ロックアウトデータを格納するための関数をまとめたもの
IUserLoginStore	外部プロバイダーから取得した、リンクされたアカウントを格納するための関数をまとめたもの
IUserPasswordStore	パスワードの格納と関連する処理の実行をサポートする関数をまとめたもの
IUserPhoneNumberStore	2要素認証（2FA）で使用する電話情報を格納するための関数をまとめたもの
IUserRoleStore	ロール情報を格納するための関数をまとめたもの
IUserTwoFactorStore	2要素認証（2FA）に関連するユーザー情報を格納するための関数をまとめたもの

これらのインターフェイスはすべて実際のユーザーストアによって実装されています。カス

タム SQL Server スキーマを対象としたものやカスタム NoSQL ストアなど、カスタムユーザーストアを作成する場合は、これらのインターフェイスを実装しなければなりません。ASP .NET Identity には、Entity Framework ベースのユーザーストアが存在します。このユーザーストアは `Microsoft.AspNetCore.Identity.EntityFrameworkCore` という NuGet パッケージによって提供され、表8-2に示したインターフェイスをサポートしています。

■ ASP.NET Identity の構成

ASP.NET Identity への取り組みを開始するには、まず、ユーザーストアコンポーネントを選択し（または作成し）、そのデータベースを準備する必要があります。EF Core ベースのユーザーストアを選択する場合は、`DbContext` クラスの作成がアプリケーションでの最初の作業となります。`DbContext` クラスの役割とそのすべての依存関係については、EF Core をテーマとする第9章で詳しく説明します。

簡単に言うと、`DbContext` クラスは EF Core を使ってプログラムからデータベースにアクセスするための中央コンソールです。ASP.NET Identity で使用する `DbContext` クラスは、システムに組み込まれている基底クラス（`IdentityDbContext`）を継承し、ユーザーと他のエンティティ（ログイン、クレーム、メールなど）に対する `DbSet` クラスを含んでいます。`DbContext` のレイアウトは次のようになります。

```
public class YourAppDatabase : IdentityDbContext<YourAppUser>
{
   ...
}
```

実際のデータベースに対する接続文字列の設定には、後ほど示すように、EF Core の通常のコードを使用します。この点については、第9章でも詳しく説明します。

`IdentityDbContext` では、`IdentityUser` クラスとその他多くのオプションコンポーネントを注入します。このクラスの完全なシグネチャは次のようになります。

```
public class IdentityDbContext<
    TUser, TRole, TKey, TUserLogin, TUserRole, TUserClaim> : DbContext
    where TUser : IdentityUser<TKey, TUserLogin, TUserRole, TUserClaim>
    where TRole : IdentityRole<TKey, TUserRole>
    where TUserLogin : IdentityUserLogin<TKey>
    where TUserRole : IdentityUserRole<TKey>
    where TUserClaim : IdentityUserClaim<TKey>
{
   ...
}
```

このように、ユーザー ID、ロールタイプ、ユーザー ID の主キー、外部ログインをリンクするための型、ユーザーとロールのマッピングを表す型、そしてクレームを表す型を注入することができます。

ASP.NET Identity を有効にするための最後の手順は、このフレームワークを ASP.NET Core に登録することです。この手順はスタートアップクラスの `ConfigureServices` メソッドで実行します。

第8章　アプリケーションのセキュリティ　215

```csharp
public void ConfigureServices(IServiceCollection services)
{
  // 使用する接続文字列を取得（または指定）
  // ConfigurationはStartupクラスのコンストラクターで
  // 設定されているものとする（第7章を参照）
  var connString = Configuration.GetSection("database").Value;

  // SQL ServerデータベースのDbContextを登録するための通常のEFコード
  services.AddDbContext<YourAppDatabase>(options =>
    options.UseSqlServer(connString));

  // 作成済みのDbContextをASP.NET Identityフレームワークに関連付ける
  services.AddIdentity<YourAppUser, IdentityRole>()
      .AddEntityFrameworkStores<YourIdentityDatabase>();
}
```

　選択したデータベースを接続するための接続文字列が判明した後は、通常の EF Core コードを使ってそのデータベースの**DbContext**をASP.NET Core スタックに注入します。次に、**IdentityUser** モデル、**IdentityRole** モデル、EF Core ベースのユーザーストアを登録します。

　また、認証時に作成される Cookie のパラメーターを構成時に指定することもできます。例を見てみましょう。

```csharp
services.ConfigureApplicationCookie(options =>
{
  options.Cookie.HttpOnly = true;
  options.Cookie.Expiration = TimeSpan.FromMinutes(20);
  options.LoginPath = new PathString("/Account/Login");
  options.LogoutPath = new PathString("/Account/Logout");
  options.AccessDeniedPath = new PathString("/Account/Denied");
  options.SlidingExpiration = true;
});
```

　同様に、Cookie の名前を変更することもできます。一般に、Cookie は完全に制御できます。

8.3.2 | ユーザーマネージャーの操作

　UserManager オブジェクトは、ASP.NET Identity ベースのメンバーシップシステムを利用したり管理したりするための中心的なオブジェクトです。**UserManager** オブジェクトのインスタンスは、アプリケーションの起動時に ASP.NET Identity を登録するときに依存性注入（DI）システムに自動的に追加されます。このため、**UserManager** オブジェクトのインスタンスを直接作成することはありません。

```csharp
public class AccountController : Controller
{
  UserManager<YourAppUser> _userManager;
```

```
public AccountController(UserManager<YourAppUser> userManager)
{
  _userManager = userManager;
}

// その他のコード
...
}
```

　このインスタンスをコントローラークラスで使用する必要がある場合は、何らかの方法で注入するだけです。たとえば、先のコードで示したように、コンストラクターを使って注入することができます。

■ ユーザーを処理する

　ASP.NET Identity を使って新しいユーザーを作成するには、**CreateAsync** メソッドを呼び出し、アプリケーションで使用しているユーザーオブジェクトを渡します。このメソッドから返されるのは **IdentityResult** 型のオブジェクトです。このオブジェクトには、エラーオブジェクトのリストと、成功または失敗を示すBoolean 型のプロパティが含まれています。

```
public class IdentityResult
{
  public IEnumerable<IdentityError> Errors { get; }
  public bool Succeeded { get; protected set; }
}

public class IdentityError
{
  public string Code { get; set; }
  public string Description { get; set; }
}
```

　CreateAsync メソッドには、オーバーロードが2つあります。1つ目のオーバーロードはユーザーオブジェクトを受け取るだけですが、2つ目のオーバーロードはパスワードも受け取ります。1つ目のオーバーロードはユーザーのパスワードを設定しません。**ChangePasswordAsync** メソッドを利用すれば、パスワードをあとから設定または変更することが可能です。

　メンバーシップシステムにユーザーを追加する際には、システムに追加されるデータの整合性を検証する方法と場所を特定する必要があります。検証方法が組み込まれたユーザークラスを使用すべきでしょうか。それとも、検証を別の層として実装すべきでしょうか。ASP.NET Identityが選択したのは2つ目の方法でした。**IUserValidator<TUser>** インターフェイスをサポートすれば、特定の型に対するカスタムバリデーターを実装することができます。

```
public interface IUserValidator<TUser>
{
  Task<IdentityResult> ValidateAsync(UserManager<TUser> manager, TUser user)
}
```

このインターフェイスを実装するクラスを作成し、アプリケーションの起動時に DI システムに登録します。

メンバーシップシステムからユーザーを削除するには、`DeleteAsync` メソッドを呼び出します。このメソッドのシグネチャは `CreateAsync` メソッドのものと同じです。既存のユーザーの状態を更新するには、`SetUserNameAsync`、`SetEmailAsync`、`SetPhoneNumberAsync`、`SetTwoFactorEnabledAsync` など、あらかじめ定義されているさまざまなメソッドを使用します。クレームを編集するには、`AddClaimAsync`、`RemoveClaimAsync` などのメソッドを使用します。なお、ログインについても同様のメソッドが定義されています。

特定の更新メソッドを呼び出すたびに、そのベースとなっているユーザーストアが呼び出されます。あるいは、編集作業をメモリ内のユーザーオブジェクトで行い、`UpdateAsync` メソッドを使ってすべての変更内容を一度に適用することもできます。

■ ユーザーを取得する

ASP.NET Identity のメンバーシップシステムには、ユーザーデータを取得するパターンが2つあります。1つ目のパターンは、パラメーター（ID、メール、ユーザー名など）を使ってユーザーオブジェクトを取得するものであり、2つ目のパターンは LINQ を使用するものです。1つ目のクエリメソッドを使用するパターンは次のようになります。

```
var user1 = await _userManager.FindByIdAsync(123456);
var user2 = await _userManager.FindByNameAsync("dino");
var user3 = await _userManager.FindByEmailAsync("dino@yourapp.com");
```

ユーザーストアが `IQueryable` インターフェイスをサポートしている場合は、LINQ クエリを構築することができます。この場合は、`UserManager` オブジェクトの `Users` コレクションを使用します。

```
var emails = _userManager.Users.Select(u => u.Email);
```

メールアドレスや電話番号といった特定の情報があれば十分である場合は、`GetEmailAsync` や `GetPhoneNumberAsync` といった個々の API 呼び出しを使って取得するとよいでしょう。

■ パスワードを処理する

ASP.NET Identity では、パスワードは自動的にハッシュ化されます。パスワードのハッシュ化には RFC 2898 のアルゴリズムが使用され、反復回数は1万回となっています。セキュリティの観点から見て、パスワードを格納する方法としてはきわめて安全です。パスワードのハッシュ化は `IPasswordHasher` インターフェイスのサービスを通じて実行されます。この場合も、ハッシュ関数を独自に作成したものと置き換えることで、DI システムに新しいハッシュ関数を追加することができます。

パスワードの強度を検証する（そして弱いパスワードを拒否する）には、組み込みのバリデーターインフラストラクチャを使用しますが、カスタムバリデーターを作成することも可能です。組み込みのバリデーターを使用する場合は、選択したバリデーターを設定するだけです。

その際には、パスワードの最低限の長さを指定し、英字や数字が必須かどうかを指定します。例を見てみましょう。

```
public void ConfigureServices(IServiceCollection services)
{
  services.AddIdentity<YourAppUser, IdentityRole>(options=>
  {
    // 6文字以上でなければならず、数字が含まれていなければならない
    options.Password.RequireUppercase = false;
    options.Password.RequireLowercase = false;
    options.Password.RequireDigit = true;
    options.Password.RequiredLength = 6;
  })
  .AddEntityFrameworkStores<YourDatabase>();
}
```

　カスタムバリデーターを使用する場合は、IPasswordValidator インターフェイスを実装するクラスを作成します。そして、アプリケーションの起動時に AddIdentity を呼び出した後、AddPasswordValidator を使って登録します。

■ ロールを処理する

　結局のところ、ロールは単なるクレームです。実際には、先に述べたように、Role という名前のクレームがあらかじめ定義されています。大まかに言えば、ロールはアクセス許可やロジックがマッピングされない単なる文字列であり、アプリケーションにおいてユーザーが演じる役割を説明します。アプリケーションにスパイスを利かせて現実的なものにするには、ロジックとアクセス許可をロールにマッピングする必要があります。ただし、この作業は開発者が自分で行わなければなりません。

　一方で、メンバーシップシステムでのロールの意図はもっと明確です。ASP.NET Identity のようなメンバーシップシステムには、ユーザーと関連情報を保存したり取得したりするために本来なら開発者が行わなければならない作業の多くが組み込まれています。ユーザーをロールにマッピングすることも、メンバーシップシステムによって実行される作業の一部です。この場合、ロールはそのユーザーがアプリケーションでできることやできないことをリストアップするものとなります。ASP.NET Core と ASP.NET Identity では、ロールはクレームの名前付きのグループとしてユーザーストアに保存されます。

　ASP.NET Identity アプリケーションでは、クレーム、ユーザー、サポートされているロール、そしてユーザーとロールのマッピングが別々に格納されます。ロールに関連する処理はすべて RoleManager オブジェクトにカプセル化されています。UserManager オブジェクトと同様に、RoleManager オブジェクトはアプリケーションの起動時に AddIdentity が呼び出されたときに DI システムに追加されます。同様に、RoleManager のインスタンスは DI システムを通じてコントローラーに注入されます。これらのロールは独立したストアであるロールストアに格納されます。Entity Framework の場合は、同じ SQL Server データベースの別のテーブルに格納されます。

　ロールをプログラムから管理する方法は、ユーザーをプログラムから管理する方法とほぼ同じです。ロールを作成する方法は次のようになります。

第8章 アプリケーションのセキュリティ　219

```
// Adminロールを定義
var roleAdmin = new IdentityRole
{
  Name = "Admin"
};

// ASP.NET IdentityシステムでAdminロールを作成
var result = await _roleManager.CreateAsync(roleAdmin);
```

ASP.NET Identity では、ロールはユーザーにマッピングされるまで有効になりません。

```
var user = await _userManager.FindByNameAsync("dino");
var result = await _userManager.AddToRoleAsync(user, "Admin");
```

　ただし、ユーザーをロールに追加するために使用するのは、**UserManager** クラスの API です。**UserManager** クラスには、**AddToRoleAsync** メソッドに加えて、**RemoveFromRoleAsync** や **GetUsersInRoleAsync** といったメソッドが定義されています。

■■ ユーザーを認証する

　ASP.NET Identity は複雑で高度なフレームワークであるため、ユーザーの認証には多くの手順が必要となります。これらの手順は、認証情報の検証、失敗した場合の対処、ユーザーのロックアウト、無効になっているユーザーへの対処、2要素認証（が有効になっている場合）のロジックの処理などで構成されます。続いて、**ClaimsPrincipal** オブジェクトにクレームを追加し、認証Cookie を作成しなければなりません。

　これらの手順はすべて **SignInManager** クラスの API にカプセル化されています。**SignInManager** オブジェクトは、**UserManager** オブジェクトや **RoleManager** オブジェクトと同様に、DI システムを通じて取得されます。ログインページの手順をすべて実行するには、**PasswordSignInAsync** メソッドを使用します。

```
public async Task<IActionResult> Login(string user, string password,
                                       bool rememberMe)
{
  var shouldConsiderLockout = true;
  var result = await _signInManager.PasswordSignInAsync(
      user, password, rememberMe, shouldConsiderLockout);
  if (result.Succeeded)
  {
    // 必要に応じてリダイレクト
    ...
  }
  return View("error", result);
}
```

　PasswordSignInAsync メソッドには、（テキストの）ユーザー名とパスワードに加えて、2つの Boolean フラグを指定します。これらのフラグは、最終的に作成される認証Cookie の

永続性と、ロックアウトを考慮すべきかどうかを指定します。

> **注**
>
> 　ユーザーのロックアウトは、ユーザーがシステムにログインできないようにする手段として ASP.NET Identity に組み込まれている機能です。この機能は 2 つの情報によって制御されます。1 つは、アプリケーションにおいてロックアウトが有効になっているかどうかであり、もう 1 つは、ロックアウトの終了日です。ロックアウトを有効または無効にするためのメソッドと、ロックアウトの終了日を設定するためのメソッドが定義されています。ユーザーがシステムにログインできるのは、ロックアウトが無効になっている場合か、ロックアウトは有効であるものの、現在の日付がロックアウトの終了日を過ぎている場合です。

　サインインプロセスの結果は `SignInResult` 型のオブジェクトにまとめられます。このオブジェクトは、認証が成功したかどうか、2 要素認証（2FA）が要求されるかどうか、あるいはユーザーがロックアウトされたかどうかを知らせます。

8.4 | 認可ポリシー

　ソフトウェアアプリケーションの認可層は、特定のリソースへのアクセス、特定の操作の実行、または特定のリソースでの特定の操作の実行を現在のユーザーに許可します。ASP.NET Core では、認可層を準備するための方法として、ロールを使用する方法とポリシーを使用する方法の 2 つがあります。前者（ロールベースの認可）は ASP.NET の以前のバージョンから引き継がれたものです。ポリシーベースの認可は ASP.NET Core のまったく新しい機能であり、非常に強力で柔軟な手法でもあります。

8.4.1 | ロールベースの認可

　認証からさらにもう一歩踏み込むのが認可です。認証は、ユーザーのアクティビティを追跡するための ID を特定し、既知のユーザーだけがシステムにアクセスできるようにするものです。認可はもう少し具体的で、事前に定義されたアプリケーションのエンドポイントをユーザーが呼び出すための要件を定義します。アクセス許可や（その先の）認可層の対象となるタスクの一般的な例には、ユーザーインターフェイスの要素を表示または非表示にする、アクションを実行する、そこからさらに他のサービスにアクセスすることが含まれます。ASP.NET の初期の頃から、ロールは認可層を実装するための主な手段となっています。

　厳密に言えば、ロールは振る舞いが関連付けられていない単なる文字列です。しかし、ロールの値は ASP.NET と ASP.NET Core のセキュリティ層によってメタ情報として扱われます。たとえば、どちらのセキュリティ層もプリンパルオブジェクトでロールの有無を確認します（プリンシパルの ID オブジェクトの `IsInRole` メソッドを参照してください）。それに加えて、特定のロールに属しているユーザー全員にアプリケーションがアクセス許可を付与するための手段となります。

　ASP.NET Core では、ログインしているユーザーのクレームにロール情報が含まれているかどうかは、そのベースとなっている ID ストアによります。たとえば、ソーシャル認証を使用している場合、ロールを目にすることは決してありません。Twitter や Facebook を通じて認証されるユーザーは、アプリケーションにとって重要かもしれないロール情報をいっさい

第8章　アプリケーションのセキュリティ　221

提供しません。ただし、ドメイン固有の内部ルールに基づき、アプリケーションがそのユーザー
にロールを割り当てることがあります。

　まとめてみましょう。ロールは単なるメタ情報であり、アプリケーションはその情報を
特定の操作を許可または拒否するアクセス許可に変えることができます ―― そして、そ
れができるのはアプリケーションだけです。ASP.NET Core が提供するのは、ロールを保
存、取得、設定するためのちょっとしたインフラストラクチャだけです。サポートされて
いるロールと、ユーザーとロールのマッピングからなるリストは、通常は（カスタムまたは
ASP.NET Identity ベースの）メンバーシップシステムに格納され、ユーザーの認証情報
が検証されるときに取り出されます。続いて、ロール情報が何らかの方法でユーザーアカウ
ントに関連付けられ、システムに提供されます。ID オブジェクト（ASP.NET Core では
ClaimsIdentity）の**IsInRole**メソッドは、ロールベースの認可を実装するために使
用されます。

▌ Authorize 属性

　Authorize 属性は、コントローラーまたはそのメソッドの一部をセキュリティで保護す
るための宣言です。

```
[Authorize]
public class CustomerController : Controller
{
  ...
}
```

　Authorize 属性に引数を指定しない場合は、単にユーザーが認証済みかどうかを
確認します。このコードでは、システムに問題なくサインインできるユーザー全員が
CustomerController クラスのメソッドをどれでも呼び出すことができます。一部のユー
ザーだけを選択するには、ロールを使用します。

　Authorize 属性の**Roles** プロパティは、指定されたロールのいずれかが割り当てられ
ているユーザーにのみコントローラーメソッドへのアクセスを許可します。次のコードでは、
Adminユーザーと**System**ユーザーはどちらも**BackofficeController** クラスのメソッ
ドをすべて呼び出すことができます。

```
[Authorize(Roles="Admin, System")]
public class BackofficeController : Controller
{
  ...

  [Authorize(Roles="System")]
  public IActionResult Reset()
  {
    // Systemユーザーだけがアクセスできる
    ...
  }

  [Authorize]
  public IActionResult Public()
```

```
    {
        // 認証さえ済んでいれば、割り当てられているロールに関係なくアクセスできる
        ...
    }

    [AllowAnonymous)]
    public IActionResult Index()
    {
        // 認証されていなくてもアクセスできる
        ...
    }
}
```

　Index メソッドでは、認証はまったく要求されません。**Public** メソッドにアクセスできるのは、認証済みのユーザーだけです。**Reset** メソッドにアクセスできるのは、**System** ユーザーだけです。残りのすべてのメソッドには、**Admin** ユーザーか **System** ユーザーのどちらかであればアクセスできます。

　コントローラーにアクセスするには複数のロールが必要である、という場合は、**Authorize** 属性を複数回適用できます。あるいは、カスタム認可フィルターを作成するという手もあります。次のコードでは、**Admin** ロールと **System** ロールが割り当てられているユーザーにのみ、コントローラーを呼び出すためのアクセス許可が付与されます。

```
[Authorize(Roles="Admin")]
[Authorize(Roles="System")]
public class BackofficeController : Controller
{
    ...
}
```

　必要であれば、**Authorize** 属性の **ActiveAuthenticationSchemes** プロパティを使って認証方式を1つ以上指定することもできます。

```
[Authorize(Roles="Admin, System", ActiveAuthenticationSchemes="Cookies"]
public class BackofficeController : Controller
{
    ...
}
```

　ActiveAuthenticationSchemes プロパティには、現在のコンテキストにおいて認可層が信頼する認証コンポーネントをコンマ区切りの文字列のリストとして指定します。つまり、**BackofficeController** クラスへのアクセスがユーザーに許可されるのは、そのユーザーが **Cookies** 方式で認証されていて、指定されたロールのいずれかに割り当てられている場合だけです。先に述べたように、**ActiveAuthenticationSchemes** プロパティに渡される文字列値は、アプリケーションの起動時に認証サービスに登録される認証ハンドラーと適合しなければなりません。このため、認証方式は実質的に認証ハンドラーを選択するラベルとなります。

■ 認可フィルター

`Authorize`属性によって指定された情報は、システムに事前に定義された認可フィルターによって使用されます。この認可フィルターはASP.NET Coreの他のフィルターよりも先に実行されます。というのも、リクエストされた操作を実行する権限がユーザーにあるかどうかを確認するためのものだからです。ユーザーにそのような権限がない場合、認可フィルターはパイプラインをそこで打ち切り、現在のリクエストを取り消します。

カスタム認可フィルターを作成することは可能ですが、通常、その必要はありません。実際には、既定のフィルターが使用する既存の認可層を設定することが推奨されます。

■ ロール、アクセス許可、オーバールール

ロールは、アプリケーションのユーザーをできることとできないことに基づいてグループ化するための簡単な方法です。ただし、ロールの表現力には限りがあり、少なくとも現代のほとんどのアプリケーションのニーズを満たすのには不十分です。例として、比較的単純な認可アーキテクチャについて考えてみましょう。Webサイトの一般ユーザーと、バックオフィスにアクセスしてコンテンツを更新する権限を持つパワーユーザーがいます。ロールベースの認可層は、ユーザーと管理者という2つのロールに基づいて構築できます。この認可層に基づき、各ユーザーグループがアクセスできるコントローラーやメソッドを定義することになります。

困ったことに、現実世界では、それほど単純にはいきません。現実には、特定のユーザーロールの権限内でユーザーができることとできないことには、たいていわずかな違いがあるからです。たとえば、バックオフィスへのアクセスを付与する場合でも、顧客データを編集する権限だけが付与されるユーザーもいれば、コンテンツを編集する権限だけが付与されるユーザーや、両方の権限を付与されるユーザーもいます。図8-4のような認可方式を実装するにはどうすればよいのでしょうか。

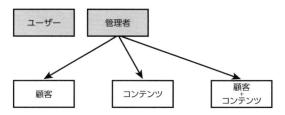

▲図8-4：ロールとロールに対するオーバールール

図8-4はボックスと矢印で構成されています。「ユーザー」ボックスと「管理者」ボックスは網掛けになっており、「管理者」ボックスから「顧客」ボックス、「コンテンツ」ボックス、「顧客+コンテンツ」ボックスへ矢印が伸びています。

ロールは基本的に平坦な概念です。図8-4のような単純な階層であっても、平坦にするにはどうすればよいのでしょうか。たとえば、`User`、`Admin`、`CustomerAdmin`、`ContentsAdmin`の4種類のロールを作成するという方法があります。`Admin`ロールは`CustomerAdmin`と`ContentsAdmin`を結合したものになります。

これでうまくいくことはいくのですが、オーバールールの数が増えれば、要求されるロールの数は大幅に増えることになります。しかも、オーバールールはビジネスによってまったく異なります。

224　第3部　横断的関心事

　結論から言うと、ロールは下位互換性の維持や非常に単純なシナリオでは有益ですが、認可に対処するための最も効果的な方法であるとは限りません。他の状況では別の方法が必要です。そこで登場がするのがポリシーベースの認可です。

8.4.2 │ ポリシーベースの認可

　ASP.NET Core のポリシーベースの認可フレームワークは、認可をアプリケーションのロジックから切り離すことを目的として設計されています。ポリシーは要件のコレクションとして考案されものであり、要件は現在のユーザーが満たしていなければならない条件を表します。最も単純なポリシーは、ユーザーが認証されていることです。一般的な要件の1つはユーザーがロールに関連付けられていることです。また、ユーザーが特定のクレームを持っている、あるいは特定の値が含まれた特定のクレームを持っていることも要件の1つです。できるだけ一般的な言葉で表現するなら、要件はユーザー ID に関するアサーションであり、特定のメソッドへのアクセスをユーザーに許可するには、このアサーションが真であることを証明しなければなりません。

■ ポリシーを定義する

　ポリシーオブジェクトを作成するコードは次のようになります。

```
var policy = new AuthorizationPolicyBuilder()
    .AddAuthenticationSchemes("Cookie, Bearer")
    .RequireAuthenticatedUser()
    .RequireRole("Admin")
    .RequireClaim("editor", "contents")
    .RequireClaim("level", "senior")
    .Build();
```

　AuthorizationPolicyBuilder オブジェクトは、さまざまな拡張メソッドを使って要件を集めた後、ポリシーオブジェクトを作成します。要件はこのように、認証ステータスと認証方式、ロール、そして認証Cookie（またはBearer トークン）を通じて読み取られたクレームの組み合わせに基づくものとなります。

注
Bearer トークンは、認証 Cookie の代わりにユーザー ID に関する情報を運ぶ手段として使用されるもので、一般に、モバイルアプリなど、ブラウザー以外のクライアントから呼び出される Web サービスで使用されます。Bearer トークンについては、第10章で説明します。

　あらかじめ定義されている拡張メソッドでは要件をうまく定義できない場合は、いつでもカスタムアサーションを使って新しい要件を定義できます。そのための方法は次のようになります。

```
var policy = new AuthorizationPolicyBuilder()
    .AddAuthenticationSchemes("Cookie, Bearer")
    .RequireAuthenticatedUser()
```

第8章 アプリケーションのセキュリティ 225

```
    .RequireRole("Admin")
    .RequireAssertion(ctx =>
    {
      return ctx.User.HasClaim("editor", "contents") ||
             ctx.User.HasClaim("level", "senior");
    })
    .Build();
```

　RequireAssertion メソッドには、ラムダ式が渡されています。このラムダ式は、**HttpContext** オブジェクトを受け取って Boolean 型の値を返すものです。したがって、アサーションは条件文です。ポリシーの定義において複数の **RequireRole** を数珠つなぎにする場合は、それらすべてのロールがユーザーに割り当てられていなければならないことに注意してください。そうではなく論理和（OR）条件を表現したい場合は、アサーションを使用しなければなりません。このポリシーによって許可されるユーザーは、コンテンツの編集者（**contents**）かシニアユーザー（**senior**）です。

　ポリシーを定義した後は、認可ミドルウェアに登録しなければなりません。

■ ポリシーを登録する

　認可ミドルウェアは最初にスタートアップクラスの **ConfigureServices** メソッドでサービスとして登録されます。その際には、このサービスの必須ポリシーをすべて指定します。それらのポリシーは、ビルダーオブジェクトを使って作成し、**AddPolicy** 拡張メソッドを使って追加することができます（または宣言するだけでもかまいません）。

```
services.AddAuthorization(options=>
{
  options.AddPolicy("ContentsEditor", policy =>
  {
    policy.AddAuthenticationSchemes(
        CookieAuthenticationDefaults.AuthenticationScheme);
    policy.RequireAuthenticatedUser();
    policy.RequireRole("Admin");
    policy.RequireClaim("editor", "contents");
  });
};
```

　認可ミドルウェアに追加されるポリシーにはそれぞれ名前が付いています。ポリシーの名前は、コントローラークラスの **Authorize** 属性内でポリシーを参照するために使用されます。次のコードは、コントローラーメソッドでアクセス許可を定義するために、ロールの代わりにポリシーを設定する方法を示しています。

```
[Authorize(Policy = "ContentsEditor")]
public IActionResult Save(Article article)
{
  ...
}
```

　Authorize 属性を使ってポリシーを宣言方式で設定すると、そのメソッドが実行され

る前に、そのポリシーをASP.NET Coreの認可層に適用できるようになります。あるいは、ポリシーをプログラムから適用することもできます。そのために必要なコードは次のようになります。

```
public class AdminController : Controller
{
  private IAuthorizationService _authorization;

  public AdminController(IAuthorizationService authorizationService)
  {
    _authorization = authorizationService;
  }

  public async Task<IActionResult> Save(Article article)
  {
    var allowed = await _authorization.AuthorizeAsync(User, "ContentsEditor");
    if (!allowed.Succeeded)
      return new ForbiddenResult();

    // メソッドの実装
    ...
  }
}
```

認可サービスへの参照は、この場合もDIシステムを通じて注入されます。**AuthorizeAsync**メソッドは、アプリケーションのプリンシパルオブジェクトとポリシー名を受け取り、**AuthorizationResult**オブジェクトを返します。このオブジェクトには、Boolean型の**Succeeded**というプロパティが定義されています。このプロパティの値が**false**の場合は、**Failure**プロパティの**FailCalled**プロパティまたは**FailRequirements**プロパティでその理由を調べることができます。プログラムによるアクセス許可のチェックが失敗した場合は、**ForbiddenResult**オブジェクトを返さなければなりません。

> **注**
>
> アクセス許可のチェックに失敗した場合に返される**ForbiddenResult**と**ChallengeResult**の間には微妙な違いがあります。ASP.NET Core 1.xでは、その違いはさらに微妙なものになります。**ForbiddenResult**は失敗したことを率直に表明するレスポンスであり、ステータスコードHTTP 401が返されます。**ChallengeResult**はもう少し穏やかなレスポンスであり、ユーザーがログインしている場合は**ForbiddenResult**になり、ログインしていない場合はログインページへリダイレクトされます。ただし、ASP.NET Core 2.0以降では、**ChallengeResult**によってログインしていないユーザーがログインページへリダイレクトされることはなくなっています。したがって、アクセス許可のチェックに失敗した場合の妥当な反応は、**ForbiddenResult**を返すことだけです。

▍Razorビューのポリシー

ここまでは、コントローラーメソッドでのポリシーのチェックについて説明してきました。第5章で説明したRazorページを使用している場合は特にそうですが、同じチェックを

第 8 章 アプリケーションのセキュリティ **227**

Razor ビューでも実行することができます。

```
@{
  var authorized = await Authorization.AuthorizeAsync(User, "ContentsEditor")
}
@if (!authorized)
{
  <div class="alert alert-error">
    You're not authorized to access this page.
  </div>
}
```

このコードを動作させるには、まず、認可サービスの依存関係を注入しなければなりません。

```
@inject IAuthorizationService Authorization
```

　認可サービスをビューで使用すると、現在のユーザーがアクセスできない部分のユーザーインターフェイスを隠してしまうのに役立ちます。

> **重要**
>
> 　ユーザーインターフェイスの要素（セキュリティで保護されたページへのリンクなど）の表示または非表示が認可サービスでのアクセス許可のチェックにのみ基づいているとしたら、十分に安全であるとは言えません。この方法がうまくいくのは、コントローラーメソッドのレベルでもアクセス許可のチェックを行っている場合だけです。コントローラーメソッドがシステムのバックエンドにアクセスする唯一の手段であることと、ブラウザーに URL を入力すればいつでもページに直接アクセスできることを覚えておいてください。つまり、リンクが非表示になっているからといってまったく安全であるとは言えないのです。理想的な方法は、入口でアクセス許可をチェックすることです。そして、入口はコントローラーにあります。唯一の例外は、ASP.NET Core 2.0 以降で Razor ページを使用することです。

■ カスタム要件

　標準の要件は、クレームと認証をカバーし、アサーションに基づいてカスタマイズを行うための汎用的なメカニズムを提供します。ただし、カスタム要件を作成することも可能です。ポリシーの要件は、要件クラスと認可ハンドラーの 2 つの要素で構成されます。要件クラスはデータを含んでいるだけであり、認可ハンドラーはそのデータをユーザーに対して検証します。標準の要件を使って目的のポリシーをうまく表現できない場合は、カスタム要件を作成してください。

　例として、**ContentsEditor** ポリシーを拡張し、ユーザーの経験年数が 3 年以上でなければならないという要件を追加するとしましょう。カスタム要件のサンプルクラスは次のようになります。

```
public class ExperienceRequirement : IAuthorizationRequirement
{
  public int Years { get; private set; }
```

```
  public ExperienceRequirement(int minimumYears)
  {
    Years = minimumYears;
  }
}
```

　要件には、認可ハンドラーが少なくとも1つ含まれていなければなりません。認可ハンドラーは**AuthorizationHandler<T>**型のクラスであり、**T**は要件の型を表します。**ExperienceRequirement**型のサンプルハンドラーのコードは次のようになります。

```
public class ExperienceHandler : AuthorizationHandler<ExperienceRequirement>
{
  protected override Task HandleRequirementAsync(
      AuthorizationHandlerContext context,
      ExperienceRequirement requirement)
  {
    // クレームにアクセスするためのUserオブジェクトを保存
    var user = context.User;
    if (!user.HasClaim(c => c.Type == "EditorSince"))
      return Task.CompletedTask;

    var since = int.Parse(user.FindFirst("EditorSince").Value);
    if (since >= requirement.Years)
      context.Succeed(requirement);

    return Task.CompletedTask;
  }
}
```

　この認可ハンドラーは、ユーザーに関連付けられているクレームを読み取り、カスタムクレーム**EditorSince**を調べます。このクレームが見つからない場合は、それ以上何もせずに制御を戻します。**Succeed**メソッドが呼び出されるのは、カスタムクレームが存在し、指定された年数以上の整数値がカスタムクレームに含まれている場合だけです。カスタムクレームは何らかの方法でユーザーにリンクされている情報（**Users**テーブルの列など）であり、認証Cookieに保存されているものと想定されます。ただし、ユーザーへの参照さえ確保してしまえば、クレームからユーザー名を取り出し、データベースや外部サービスに対してクエリを実行することで、経験年数を調べてその情報を認可ハンドラーで使用できるようになります。

> **注**
>
> 　ここで言うのも何ですが、**EditorSince**の値が**DateTime**型で、ユーザーの編集者としての経験年数を計算できるようになっていれば、この例はもう少し現実的なものになっていたでしょう。

　認可ハンドラーは、**Succeed**メソッドを呼び出すことで、要件の検証が成功したことを示します。要件が満たされなかった場合、認可ハンドラーでは何もせずに、単に制御を戻すことができます。しかし、（他のハンドラーが同じ要件の検証に成功していたとしても）要件

が満たされなかったことを明らかにしたい場合は、`AuthorizationHandlerContext`オブジェクトで`Fail`メソッドを呼び出します。

> **重要**
>
> 　一般に、認可ハンドラーからの`Fail`呼び出しは例外的な状況と見なすべきです。実際には、認可ハンドラーはたいてい成功します。成功しないとしても、1つの要件に複数のハンドラーが関連付けられていて、別のハンドラーが成功するかもしれないため、通常は何もしません。とはいえ、たとえ何があろうと他のハンドラーの成功を阻止したくなるような重大な状況に対する選択肢として、`Fail`の呼び出しが残されています。また、`Fail`がプログラムから呼び出されたとしても、認可層は他の要件を1つ残らず評価します。なぜなら、ハンドラーにロギングといった副作用があるかもしれないからです。

　ポリシーにカスタム要件を追加する方法は次のようになります。これはカスタム要件なので、拡張メソッドはありません。このため、ポリシーオブジェクトの`Requirements`コレクションを使って処理を進める必要があります。

```
services.AddAuthorization(options =>
{
  options.AddPolicy("AtLeast3Years",
      policy => policy
          .Requirements
          .Add(new ExperienceRequirement(3)));
});
```

　また、新しいハンドラーを`IAuthorizationHandler`型のスコープで登録する必要もあります。

```
services.AddSingleton<IAuthorizationHandler, ExperienceHandler>();
```

　先に述べたように、1つの要件に対して複数のハンドラーを使用することができます。認可層の同じ要件に対して複数のハンドラーがDIシステムに登録されている場合は、少なくとも1つの要件が成功すれば十分です。

　認可ハンドラーの実装では、リクエストのプロパティやルート（route）データを調べなければならないことがあります。

```
if (context.Resource is AuthorizationFilterContext)
{
  var url = mvc.HttpContext.Request.GetDisplayUrl();
  ...
}
```

　ASP.NET Coreの`AuthorizationHandlerContext`オブジェクトには、フィルターコンテキストオブジェクトが設定される`Resource`というプロパティが定義されています。コンテキストオブジェクトは、どのフレームワークを使用するかによって異なります。たとえば、MVCとSignalRはそれぞれ異なるコンテキストオブジェクトを送信します。

Resource プロパティの値をキャスト（型変換）するかどうかは、アクセスしなければならない情報によります。たとえば、ユーザー情報は常に存在するため、型変換は必要ありません。これに対し、ルーティング情報やURLやリクエストの情報といったMVC固有の情報が必要な場合は、型変換が必要です。

8.5 | まとめ

　ASP.NET Core アプリケーションは認証と認可の2つの層を通過することによって保護されます。認証は、特定のユーザーエージェントからのリクエストにIDを関連付けることを目的とするステップです。認可は、リクエストされている操作を実行する権限がそのIDにあるかどうかを何らかの方法で確認するためのステップです。

　認証では、認証Cookieの作成を中心とする基本的なAPIが呼び出されます。また、カスタマイズ性の高いメンバーシップシステムを提供する専用フレームワーク（ASP.NET Identity）のサービスを利用することもできます。認可には、従来のロールベースの認可とポリシーベースの認可の2種類があります。ロールベースの認可は、従来のASP.NET MVCと同じ仕組みで動作します。ポリシーベースの認可は、より高機能で表現力の高いアクセス許可モデルを実現する新しい手法です。ポリシーは、クレームに基づく要件とカスタムロジックのコレクションです。カスタムロジックは、HTTPコンテキストまたは外部ソースから注入可能なその他の情報に基づきます。要件は、1つ以上のハンドラーに関連付けられます。要件を実際に評価するのはハンドラーです。

　ASP.NET Identity の説明では、データベース関連のオブジェクトや概念に触れました。次章では、ASP.NET Core のデータアクセスに取り組むことにします。

第9章

アプリケーションデータへのアクセス

無知であることを隠せば、誰からも攻撃されず、何も学ばぬままとなる。
— レイ・ブラッドベリ、『華氏451度』

Eric Evans がドメイン駆動設計（DDD）を発表したのは10年以上も前のことです。時代を画したEvans の著書には、ソフトウェア開発の根幹を揺るがす内容が記されています。その重要性が低いわけではないと前置きした上で、永続化はシステムの設計時にアーキテクトが最後に検討すべき課題であるというのです。本章では、現代の Web アプリケーションにおけるデータアクセスの意味を理解し、アプリケーションの実際のバックエンドに対してそれなりに汎用的なパターンを組み立てるために、そこから始めることにします。永続化は明らかにアプリケーションのバックエンドの一部です。その上位層としてどのような抽象層が使用されるとしても、永続化が何らかの永続化ストアでデータを読み書きするフレームワークでできていることは間違いありません（永続化ストアはクラウドプラットフォーム上のリモートサーバーに配置されているかもしれません）。NoSQL ストアを使用するアプリケーションは増える一方であり、膨大な数のアプリケーションがデータを処理するためにコマンドとクエリの2種類のスタックを使用しています。

現代の ASP.NET Core アプリケーションのデータアクセスを説明するにあたって、データアクセスライブラリの詳細をざっと調べて終わり、というわけにはいきません。本章のビジョンは、テクノロジファーストではなくデザインファーストです。そこで、DDD のよく知られている **Layered Architecture** パターンにヒントを得た、アプリケーションバックエンドの汎用的なパターンの本質を理解することから始めます。続いて、アプリケーションデータを実際に読み書きするためのデータアクセスオプションを調べます。その際には、Entity Framework Core の主な機能を取り上げます。

9.1 | 汎用的なアプリケーションバックエンドを目指して

Layered Architecture（階層化アーキテクチャ）パターンを提案するにあたって、Evans は標準的な3層アーキテクチャ（プレゼンテーション、ビジネス、データ）に2つの大きな変

更を加えています。1つ目の変更点は、ティアからレイヤーの概念に焦点を移したことです。ティアが物理的に異なるアプリケーションやサーバーを指すのに対し、レイヤーはアプリケーションのコンポーネントを論理的に分離したものです。2つ目の変更点は、このアーキテクチャにおいて認識されるレイヤー（層）の数です。階層化アーキテクチャは、プレゼンテーション、アプリケーション、ドメイン、インフラストラクチャの4つの層に基づいています。

標準的な3層アーキテクチャと比較すると、ビジネス層がアプリケーションロジックとドメインロジックに分割されていることと、データ層の名前が「インフラストラクチャ層」というはるかに汎用的な名前に変更されていることがわかります（図9-1）。

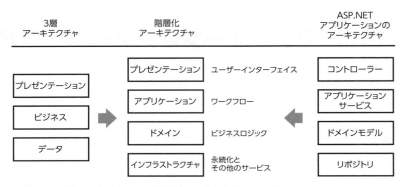

▲図9-1：3層アーキテクチャと階層化アーキテクチャの比較

図9-1から、ASP.NETアプリケーションのさまざまな部分が階層化アーキテクチャの各層にどのようにマッピングされるのかがよくわかります。図9-1に示されている層のうち、位置や接続文字列といったデータベースの詳細について知っていることが想定されるのは、インフラストラクチャ層のコンポーネントだけです。システムの他の部分は、データの実際の保存方法に依存しないような設計にするのが理想的です。一番上のアプリケーション層から見えるのは、アプリケーション層が必要とする形状のデータだけです。つまり、保存されているデータがアプリケーションの動作に不可欠であることは変わりませんが、アプリケーションが知っているのは必要なデータを読み書きすることだけという状態にすべきです。そうした細かい部分は隠しておくことが可能であり、またできるだけそうすべきです。

9.1.1 モノリシックなアプリケーション

ボトムアップ方式の設計は数十年にわたって広く使用されてきた設計理念です。この従来の設計方式では、システムについてあなたが理解していることが最初に形となって現れるのがデータモデルです。プロセスはもちろん、肝心のユーザーインターフェイスやユーザーエクスペリエンスを含め、他の部分はすべてそのデータモデルに基づいて構築されます。

モノリシックな（一体型の）アプリケーションでは、データは最下部の永続化層からフロントエンドへ向かい、再びフロントエンドから永続化層へ向かいます。データは2つの変換ポイントを通過します。これらの変換ポイントでは、ユーザーインターフェイスから集めたデータをストレージのニーズに合わせて変換し、バックエンドに格納されているデータを表示目的に合わせて調整します（図9-2）。

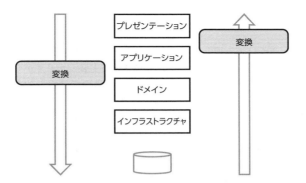

▲図9-2：モノリシックなアプリケーションでのデータの形状

　図9-2に示されているように、データが通過するパスは、ストレージからフロントエンドへのパスと、フロントエンドからストレージへのパスの2つに分かれています。となれば、アプリケーションスタックを2つに分割することを検討すべきではないでしょうか。コマンドスタックとクエリ（読み取り）スタックを別々に扱うほうが開発効率がよくなるのではないでしょうか。この疑問が、NoSQLストアや、従来のRDBMSでのXMLとJSONのサポートにつながりました。まさにその象徴と言えるがCQRS（Command and Query Responsibility Segregation）パターンです。コマンドスタックとクエリスタックを分割することで、データを格納する方法と読み取る方法が異なるのが理想的とされる現実の状況に対処しやすくなります。

　どうしても必要というわけではありませんが、現在のほとんどの状況では、設計の出発点としてLayered ArchitectureとCQRSを組み合わせるのがおそらく最も効果的です（図9-3）。

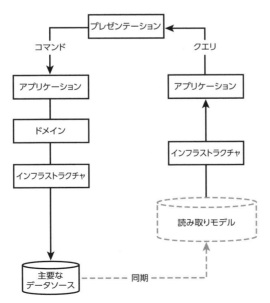

▲図9-3：　Layered ArchitectureパターンとCQRSパターンの組み合わせ

9.1.2 | CQRS

　2つのスタック —— 1つは読み取りスタック、もう1つはアプリケーションの状態を更新するスタック —— に対して心を開いた瞬間に、さまざまな実装シナリオが見えてきます。ありとあらゆる状況に最適なシナリオなどありません。この状況では画一的なパターンはうまくいきませんが、CQRSの全体的な概念はどのような状況でも有益かもしれません。

　ベテランの開発者なら、リレーショナルデータモデルの原理とエンドユーザーが要求する実際のビューの複雑さをうまく組み合わせるが可能な、理想的なデータモデルを考え出すのがいかに難題であったかを覚えているはずです。アプリケーションスタックが1つだけの場合は、使用できるデータモデルも1つだけになります。このデータモデルは永続化指向ですが、フロントエンドのニーズをうまく満たすように調整されます。DDDのような開発手法によって追加される抽象層と組み合わせるときは特にそうですが、バックエンド（ビジネスロジックやデータアクセスロジック）の設計はすぐに手に負えなくなってしまいます。

　ここで注目すべきは、CQRSが設計の問題を2つの小さな問題に分割することで単純化を図ることです。そして、外部制約がない状態で、問題ごとに正しい設計方法を見つけ出せるようにします。一方で、このことはアプリケーションアーキテクチャに新しいビジョンをもたらします。スタックを別々にすることの利点は、コマンドの実装とクエリの実装に別々のオブジェクトモデルを使用できることにあります。必要であれば、コマンドについては完全なドメインモデルを使用する一方で、プレゼンテーションについては専用のDTO（Data Transfer Object）を使用することができます。それらのDTOはSQLクエリから簡単に割り出せるはずです。また、プレゼンテーション層に複数のフロントエンド（Web、モバイルWeb、モバイルアプリなど）が必要な場合は、追加の読み取りモデルを作成するだけで済みます。この場合の複雑さは、個々の複雑さの「総和」であり、それらの「直積」になることはありません。図9-3で伝えたかったのは、まさにそういうことです。

▌別々のデータベースを操作する

　バックエンドを別々のスタックに分割すると、設計とコーディングが単純になり、前例のないレベルのスケーラビリティを実現するための足場が築かれます。一方で、この分割により、アーキテクチャレベルで慎重に検討しなければならない新たな問題が浮上します —— それら2つのスタックを同期させ、コマンドによって書き込まれたデータを整合性のとれた状態で読み戻すにはどうすればよいか、という問題です。CQRSの実装では、解決しようとしている問題に応じて、データベースを1つだけ使用するか（共有データベース）、データベースを2つ使用することになります。共有データベースを使用する場合は、クエリの目的に合わせてデータを正しく射影する必要があります。といっても、通常のクエリに基づいて実行されるクエリ（読み取り）スタックでの作業が増えるだけです。一方で、共有データベースを使用する場合は、従来のACID（Atomic, Consistent, Isolated, Durable）の整合性が保たれます（図9-4の左図）。

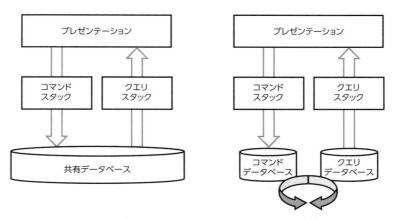

▲図9-4：コマンドスタックとクエリスタックに共有データベースを使用するCQRSアーキテクチャ（左）と別々のデータベースを使用するCQRSアーキテクチャ（右）の比較

　パフォーマンスやスケーラビリティに関しては、コマンドスタックとクエリスタックに別々の永続化エンドポイントを使用することを検討してもよいでしょう。たとえばコマンドスタックでは、イベントストア、NoSQLドキュメントストア、あるいはインメモリキャッシュといった非永続化ストアを使用することが考えられます。コマンドスタックのデータとクエリスタックのデータの同期については、非同期で処理されることもあれば、定期的にスケジュールされることもあります。この点については、古いデータがプレゼンテーションにどのような影響を与えるのか（そしてデータがどれくらい古いか）によります。コマンドスタックとクエリスタックに別々のデータベースを使用する場合、クエリスタックのデータベースはたいていデータの射影を1つ（以上）提供するだけの標準的なリレーショナルデータベースになります（図9-4の右図）。

■ CQRSはどのような状況に適しているか

　CQRSは、エンタープライズクラスのシステムを設計するための包括的なアプローチではありません。単に、より規模が大きいと思われるシステムのコンテキスト境界を設計するにあたってガイドラインとなるパターンです。CQRSアーキテクチャパターンは、並列性の高いビジネスシナリオにおいてパフォーマンスの問題を解決することを主な目的として考案されたものです。そうした環境では、コマンドの同期とデータの分析は難しくなる一方です。多くの人は、そうした協調型システム以外の場所では、CQRSの威力が大幅に低下すると考えているようです。実際問題として、CQRSが本領を発揮するのは協調型システムであり、複雑さやリソースの競合にはるかにスムーズに対処できるようになります。ですが、CQRSには目に見える以上の価値があると筆者は考えています。

　CQRSには、はるかに単純なシナリオにおいても、そのアーキテクチャに見合うだけの価値があります。そうしたシナリオでは、コマンドスタックとクエリスタックを分割するだけで設計が単純になり、設計を誤るリスクが劇的に低下します。言い換えるなら、かなり複雑なシステムであっても、CQRSには実装に必要な技能レベルを下げる効果があります。CQRSを利用すれば、ほぼすべてのチームがスケーラビリティと明瞭さを合理的に実現できるようになります。

> **注**
>
> 　CQRS を利用する際に（別々のデータベースを使用するなどして）スタックを完全にきれいに分割すると、主要なデータソースとしてイベントを使用することは当然のことになります。主要なデータソースとしてイベントを使用すると、コマンドスタックは何が起きたのか（たとえば、新しい顧客がシステムに追加されたこと）を記録するだけとなり、顧客の現在のリストを更新するとは限らなくなります。顧客の最新リストの取得はクエリ（読み取り）スタックの役割であり、パフォーマンスを維持するために帯域外同期を追加することができます。そのようにすると、イベントが生起するたびにクエリスタックが更新され、アプリケーションに必要なデータのスナップショットがすべて最新の状態に保たれるようになります。

9.1.3 │ インフラストラクチャ層の内部

　現実的なアプリケーションのバックエンドでは、具体的なテクノロジに関連するものはすべてインフラストラクチャ層になります。これには、データの永続化、外部の Web サービス、特定のセキュリティ API、ログ機能、トレース機能、IoC コンテナー、キャッシュなどが含まれます。データの永続化には、Entity Framework などの O/RM（Object/Relational Mapping）フレームワークが使用されます。インフラストラクチャ層の代表的なコンポーネントと言えば、永続化層です。永続化層は古くからあるデータアクセス層ですが、リレーショナルデータストア以外のデータソースをカバーするために拡張されていることがあります。永続化層はデータを読み取ったり保存したりする場所であり、リポジトリクラスで構成されます。

■■ 永続化層

　システムの現在の状態を従来の方法で格納する場合は、関連するエンティティのグループごとにリポジトリクラスを1つ使用することになります。エンティティのグループは、注文と注文商品のように、常に同時に発生するエンティティの集まりを意味します（DDD 用語では、この概念を**集約**と呼びます）。リポジトリの構造はCRUD のようなものになるかもしれません。つまり、ジェネリック型 **T** に **Save**、**Delete**、**Get** の3つのメソッドが定義されており、特定のデータの取得には述語を使用することになります。しかし、アクション（読み取り、削除、挿入）を反映するメソッドを持ち、ビジネス目的にかなったRPC スタイルのリポジトリを定義したってよいわけです。以上を要約すると、筆者の口癖である「リポジトリの作成に間違った方法はない」になります。

■■ キャッシュ層

　システムのデータがすべて同じ割合で変化するということはありません。そう考えると、リクエストが送信されるたびに、変化していない部分のデータの読み取りをデータベースサーバーに求めるのはあまり意味がありません。一方で、Web アプリケーションは複数のリクエストを同時に受け取ります。1秒ごとに多くのリクエストが送信され、そうしたリクエストの多くが同じページを要求することも考えられます。となれば、そのページをキャッシュしておくか、少なくともそのページで使用するデータをキャッシュしておくのはどうでしょうか。

　すべてのシステムはキャッシュがなくても動作するはずですが、データをキャッシュしなければ、ほとんどのアプリケーションは1～2秒ともたないでしょう。トラフィック量の多いサイトでは、1～2秒の差がものを言うことがあります。このため、多くの状況では、Memcached、ScaleOut、NCache といった特別なフレームワークに基づいて、追加のキャッ

シュ層が構築されています（実際には、これらのフレームワークはインメモリデータベースです）。一方で、インメモリソリューションに問題がないわけではありません。そうしたソリューションでは、ガベージコレクションをより頻繁に開始するかもしれず、寿命の長いオブジェクトではガベージコレクションにより時間がかかることも考えられるからです。極端なケースでは、タイムアウトしてもおかしくありません。

■ 外部サービス

インフラストラクチャ層では、Webサービスを利用しなければデータにアクセスできないことも考えられます。たとえば、WebアプリケーションがCRMソフトウェアの上で稼働している、あるいは親会社のサービスを利用している場合です。一般に、外部サービスを必要に応じてラッピングするのはインフラストラクチャ層の役割となります。現状では、アーキテクチャに関して本当に検討しなければならないのは、リレーショナルデータベースをラッピングする単純なデータアクセス層ではなく、インフラストラクチャ層です。

9.2 │ .NET Core のデータアクセス

ASP.NET Coreアプリケーションでのデータアクセスと聞いて真っ先に思い浮かぶのは、たいていEntity Framework Core（EF Core）を使用することです。もちろん、EF Coreは開発者にO/RMの選択肢を提供するためにEntity Framework 6.xの灰の中から誕生した新しいフレームワークです。本章の残りの部分では、EF Coreで実行する可能性があるタスクのうち最も基本的で最も一般的なものを取り上げます。ただしその前に、データアクセスに関する他の選択肢に少し触れておくことにします。その選択肢の多さにきっと驚くことになるでしょう。

9.2.1 │ Entity Framework 6.x

Entity Framework 6.x（EF6）は、古くからあるO/RMフレームワークであり、.NETアプリケーションのデータアクセスタスクをコーディングするために長年にわたって使用されてきました。EF6と新しい.NET Coreプラットフォームとの互換性は部分的なものに限られています。つまり、EF6を.NET Coreプロジェクトで使用すること自体は可能ですが、.NET Coreコードを完全な.NET Frameworkに対してコンパイルしなければならなくなります。そこで問題となるのが、EF6が.NET Coreを完全にサポートしていないことです。結果として、ASP.NET CoreアプリケーションからEF6を呼び出しても、あなたが期待していたであろうクロスプラットフォーム機能はいっさい利用できません。完全な.NET Frameworkに対してコンパイルされた（そしておそらく既存のEF6コードを再利用する）ASP.NET Coreアプリケーションは、Windowsでの実行に限定されます。

238   第3部　横断的関心事

> **注**
>
> ASP.NET Core アプリケーションを Windows で実行する場合は IIS でホストすることが
> 可能ですが、Windows サービスでホストし、Kestrel の上で実行することも可能です。IIS
> のより高レベルのサービスは利用できなくなりますが、非常に効率的です。一方で、そうし
> た高レベルのサービスが常に必要であるは限りません。こればかりは、どこで妥協するかの
> 問題です。

■ EF6 コードをクラスライブラリにまとめる

EF6 を ASP.NET Core アプリケーションで使用する方法として推奨されるのは、すべて
のクラス（DB コンテキストクラスとエンティティクラス）を別のクラスライブラリプロジェ
クトにまとめて、そのターゲットを完全な .NET Framework にすることです。次に、この
プロジェクトへの参照を新しい ASP.NET Core プロジェクトに追加します。この追加のステッ
プが必要となるのは、EF6 のコンテキストクラスから呼び出せるすべての機能を ASP.NET
Core プロジェクトがサポートするわけではないためです。したがって、EF6 のコンテキスト
クラスを ASP.NET Core プロジェクトの中で直接使用することはできません。

> **重要**
>
> 現実的に見て、中間クラスライブラリを使用することは制限ではありません。実際には、
> EF6 を ASP.NET Core（または .NET Core）プロジェクトで使用する主な理由は、よく知っ
> ている古い API を使用することではなく、既存のコードを再利用することにあります。既存
> のコードはすでにクラスライブラリにまとめられている可能性があります。ただし、EF6 の
> コードを新たに記述している場合でも、プロジェクトの本体からきちんと切り離されるよう
> な設計になっていれば申し分ありません。そのようにすれば、将来的にデータアクセスのフ
> レームワークを置き換えることで、EF Core や本章で説明するその他の選択肢など、完全に
> サポートされているクロスプラットフォーム API を簡単に利用できるようになるからです。

■ 接続文字列を取得する

EF6 の DB コンテキストクラスが接続文字列を取得する方法には、ASP.NET Core の構
成層との完全な互換性はありません。というのも、ASP.NET Core の構成層は完全に新し
く書き換えられているからです。次に示す一般的なコードについて考えてみましょう。

```
public class MyOwnDatabase : DbContext
{
  public MyOwnDatabase(string connStringOrDbName = "name=MyOwnDatabase")
     : base(connStringOrDbName)
  {
  }
}
```

アプリケーション固有の DB コンテキストクラスは、接続文字列を引数として受け取るか、
web.config ファイルから取得します。ASP.NET Core には **web.config** ファイルに相
当するものがないため、接続文字列は定数になるか、.NET Core の構成層を通じてやり取
りされることになります。

第9章 アプリケーションデータへのアクセス 239

■ EF の DB コンテキストを ASP.NET Core の DI システムと統合する

インターネット上で見つかる ASP.NET Core のデータアクセスに関する例のほとんどは、Dependency Injection（依存性注入）パターンを使ってアプリケーションのすべての層に DB コンテキストを注入する方法を示すものです。他のサービスと同様に、EF6 の DB コンテキストは依存性注入（DI）システムに追加できます。その際には、スコープをリクエストごとに設定するのが理想的です。このようにすると、同じインスタンスが同じ HTTP リクエスト内のすべての呼び出し元によって共有されるようになります。

```
public void ConfigureServices(IServiceCollection services)
{
  // その他のサービスを追加
  ...

  // 構成から接続文字列を取得
  var connString = ...;

  services.AddScoped<MyOwnDatabase>(() => new MyOwnDatabase(connString));
}
```

このように設定すると、EF6 の DB コンテキストであってもコントローラーやリポジトリクラスに直接注入できるようになります。

```
public class SomeController : Controller
{
  private readonly MyOwnDatabase _context;

  public SomeController(MyOwnDatabase context)
  {
    _context = context;
  }

  // その他のコード
  ...
}
```

このコードは DB コンテキストをコントローラークラスに注入するもので、記事やドキュメントでよく見かけるものですが、筆者がお勧めするものではありません。その理由は単純で、コントローラーが肥大化し、入力レベルからデータアクセスまでをカバーする1つの大きなコード層になることが避けられないからです。それよりも、Dependency Injection パターンをリポジトリクラスで使用するか、DB コンテキストクラスではいっさい使用しないでおくのがよいでしょう。

9.2.2 | ADO.NET のアダプター

ASP.NET Core 2.0 では、従来の ADO.NET API のコンポーネントが一部復活しています。たとえば、**DataTable** オブジェクト、データリーダー、データアダプターなどが再び

240　　第 3 部　横断的関心事

登場しています。ADO.NETの従来のAPIは.NET Frameworkの構成要素として常にサポートされてきましたが、最近では、新しいアプリケーションの開発にはEntity Frameworkが選択されるようになり、ADO.NETは徐々に使用されなくなっていました。そのせいで、.NET Core API 1.x の設計では外されてしまいましたが、需要の高さもあって、2.0の設計では復活することになりました。このため、ASP.NET Core 2.0以降のアプリケーションでは、.NET時代が幕を開けた頃と同じように、接続、SQLコマンド、カーソルを管理するためのデータアクセスコードを記述することが可能です。

■ SQL コマンドを直接発行する

　ASP.NET Core の ADO.NET API は、完全な.NET Framework のプログラミングインターフェイスとほぼ同じであり、プログラミングパラダイムも同じです。何よりもまず、データベースへの接続を管理し、コマンドとそのパラメーターをプログラムから作成することで、各コマンドを完全に制御できます。例を見てみましょう。

```
var conn = new SqlConnection();
conn.ConnectionString = "...";
var cmd = new SqlCommand("SELECT * FROM customers", conn);
```

　準備が整ったら、開いている接続を使ってコマンドを発行しなければなりません。そのためには、次のようなコードが必要です。

```
conn.Open();
var reader = cmd.ExecuteReader(CommandBehavior.CloseConnection);

// データを読み取り、必要な処理を行う
...

reader.Close();
```

　接続を閉じる振る舞いはデータリーダーを開いたときにリクエストされているため、データリーダーを閉じると接続が自動的に閉じられます。**SqlCommand** クラスでは、さまざまなメソッドを使ってコマンドを実行できます（表9-1）。

▼表 9-1：SqlCommand クラスの Execute メソッド

メソッド	説明
ExecuteNonQuery	コマンドを実行するが、値を返さない。**UPDATE** など、クエリ以外の文に適している
ExecuteReader	コマンドを実行し、カーソルを返す。このカーソルは出力ストリームの先頭を指している。クエリコマンドに適している
ExecuteScalar	コマンドを実行し、値を1つだけ返す。**MAX** や **COUNT** といったスカラー値を返すクエリコマンドに適している
ExecuteXmlReader	コマンドを実行し、XML リーダーを返す。XML コンテンツを返すコマンドに適している

第9章 アプリケーションデータへのアクセス 241

表9-1の各メソッドは、実行したいSQL文やストアドプロシージャの結果を取得するためのさまざまなオプションをサポートしています。データリーダーのレコードを調べる方法は次のようになります。

```
var reader = cmd.ExecuteReader(CommandBehavior.CloseConnection);
while(reader.Read())
{
  var column0 = reader[0];                // Objectを返す
  var column1 = reader.GetString(1);   // 読み取る列のインデックス

  // データを使った処理
}
reader.Close();
```

> **注**
>
> .NET Core の ADO.NET API は .NET Framework のものとまったく同じであり、SQL Server 2016 以降に組み込まれている JSON のサポートなど、SQL Server 環境での最近の開発をサポートしていません。たとえば、JSON データをクラスとして解析するための **ExecuteJsonReader** のようなものはありません。

■ 非接続コンテナーにデータを読み込む

データリーダーを使用するのに最適な状況は、長いレスポンスを処理する必要があり、メモリ消費を最小限に抑えたい場合です。それ以外の場合は、クエリの結果を **DataTable** オブジェクトのような非接続コンテナーに読み込むほうがよいでしょう。そのための仕掛けがいくつか存在します。

```
conn.Open();
var reader = cmd.ExecuteReader(CommandBehavior.CloseConnection);
var table = new DataTable("Customers");
table.Columns.Add("FirstName");
table.Columns.Add("LastName");
table.Columns.Add("CountryCode");
table.Load(reader);
reader.Close();
```

DataTable オブジェクトは、スキーマ、リレーション、主キーが定義されたデータベーステーブルのインメモリバージョンです。このオブジェクトにデータを挿入する最も簡単な方法は、データリーダーのカーソルを取得し、宣言された列に内容全体を読み込むことです。マッピングは列のインデックスに基づいて実行されます。また、**Load** メソッドの実際のコードは前項で示したループにかなり近いものです。開発者はメソッドを呼び出すだけですが、やはりデータベース接続の状態を管理しなければなりません。このため、一般に開発者にとって最も安全なアプローチは、Dispose パターンを使用し、C# の **using** 文の中でデータベース接続を作成することです。

242 第3部 横断的関心事

■ アダプターを使って取得する

データをインメモリコンテナーに読み込む最も簡単な方法は、データアダプターを使用することです。データアダプターは、クエリプロセス全体をカプセル化するコンポーネントであり、コマンドオブジェクト（または単にSELECT 文）と接続オブジェクトで構成されます。データアダプターは接続の開始と終了を自動的に処理し、（複数の結果セットを含め）クエリの結果をすべて **DataTable** オブジェクトか **DataSet** オブジェクトにまとめます。なお、**DataSet** は **DataTable** オブジェクトのコレクションです。

```
var conn = new SqlConnection();
conn.ConnectionString = "...";
var cmd = new SqlCommand("SELECT * FROM customers", conn);
var table = new DataTable();
var adapter = new SqlDataAdapter(cmd);
adapter.Fill(table);
```

先に述べたように、あなたがよく知っているかもしれないADO.NET API は .NET と ASP.NET Core 2.0で復活しています。このため、レガシーコードをさらに他のプラットフォームに移植することが可能となっています。また、ADO.NET がサポートされたことで、JSON のサポートや更新履歴など、SQL Server 2016のより高度な機能を .NET Core と ASP.NET Core でも利用できるチャンスがあります。なお、EF6またはEF Core では、そうした機能はサポートされていません。

9.2.3 | Micro O/RM フレームワークの使用

データ行を取得し、メモリ内のオブジェクトのプロパティにそれらのデータをマッピングする —— この面倒な作業をすべて引き受けてくれるのがO/RM フレームワークです。前述の **DataTable** オブジェクトと比較すると、O/RM フレームワークは同じ低レベルのデータを（汎用のテーブル指向のコンテナーではなく）強く型指定されたクラスに読み込みます。.NET Framework のO/RM フレームワークと言うと、ほとんどの開発者はEntity Framework やNHibernate を思い浮かべます。それらは最もよく使用されているフレームワークですが、最もかさばるフレームワークでもあります。これに対し、O/RM フレームワークの「かさばり」はサポートしている機能の数に関連しています。このフレームワークがサポートしている機能は、マッピングからキャッシュまで、そしてトランザクションから並行処理までにおよびます。現代の.NET 用のO/RM において、LINQ クエリ構文のサポートはきわめて重要です。このサポートによって提供される機能は相当な数に上るため、メモリ消費はもちろん、1つの演算のパフォーマンスにさえ影響を与えることは必至です。人々や企業がMicro O/RMフレームワークを使い始めているのはそのためです。ASP.NET Core アプリケーションのための選択肢もいくつか存在します。

9.2.4 | Micro O/RM と完全な O/RM

事実と向き合いましょう。Micro O/RM が実行する基本的な処理は完全なO/RM と同じであり、ほとんどの場合、本格的なO/RM までは必要ありません。例を挙げると、この世で最もトラフィック量が多いWeb サイトの1つであるStack Overflow は、完全な

O/RM を使用していません。それどころか、パフォーマンスを理由に Micro O/RM を独自に作成しているほどです。とはいうものの、個人的な印象では、ほとんどのアプリケーションは Entity Framework だけを使用しています。というのも、Entity Framework は .NET Framework の一部であり、SQL ではなく C# でクエリを記述できるからです。生産性は確かに重要です。一般論としては、サンプルや機能が揃っている完全な O/RM のほうが生産性の高い選択肢であると考えたくなります。完全な O/RM には、常に十分なトレードオフを確保するためにコマンドを内部で最適化する機能もあります。

　Micro O/RM を使用するとメモリ消費を大幅に削減できるとすれば、それは要するに機能が足りないからです。問題は、その足りない機能がアプリケーションに影響を与えるかどうかです。足りない機能として真っ先に挙げられるのは、第2レベルのキャッシュと、関係（リレーションシップ）の組み込みサポートです。第2レベルのキャッシュは、このフレームワークによって管理される追加のキャッシュ層であり、接続やトランザクションにまたがって、指定された期間にわたって結果を保存します。第2レベルのキャッシュは、NHibernate ではサポートされていますが、Entity Framework ではサポートされていません（ただし、EF6 には第2レベルのキャッシュを可能にする打開策がいくつかあり、EF Core には拡張プロジェクトが存在します）。言ってしまえば、第2レベルのキャッシュは Micro O/RM フレームワークと完全な O/RM フレームワークのどちらを選択するかの決め手にはなりません。それよりも足りない機能（関係のサポート）のほうが問題です。

　たとえば、Entity Framework でクエリを記述するときには、濃度に関係なく、外部キー関係をクエリに追加することができます。クエリの結果を結合テーブルに展開することは構文の一部であり、より具体的な別の構文を使ってクエリを記述する必要はありません。通常、これは Micro O/RM では不可能なことです。Micro O/RM では、まさにこのことがトレードオフとなります。より複雑なクエリの記述に時間を割くことと引き換えに、処理を高速化できることになるからです。そうした複雑なクエリを記述するには、より高度な SQL の知識が必要となります。あるいは、SQL の知識など飛ばしてしまって、システムに自動的に処理させるという手もあります。ですがそうすると、メモリ消費と全体的なパフォーマンスが犠牲になってしまいます。

　また、完全な O/RM ではデザイナーやマイグレーション機能が提供されることがありますが、誰もが好んで使用するものではありません。このことも、完全な O/RM が必要以上にかさばるという印象を与える結果となっています。

▐ Micro O/RM の例

　Stack Overflow チームが選択したのは、Dapper[1] というミニ O/RM フレームワークを独自に作成することでした。そこで、高度に最適化された SQL クエリを記述し、外部キャッシュ層をいくつも追加することにしました。Dapper フレームワークが本領を発揮するのは、SQL データベースに対して SELECT 文を実行し、返されたデータをオブジェクトにマッピングするときです。パフォーマンス自体は（.NET でデータを取得する最も高速な方法である）データリーダーを使用する場合とほぼ同じですが、メモリ内のオブジェクトのリストを返すことができます。

---

[1] https://github.com/StackExchange/Dapper

```
var customer = connection.Query<Customer>(
    "SELECT * FROM customers WHERE Id = @Id",
    new { Id = 123 });
```

NPoco フレームワーク❷もほぼ同じガイドラインに従っており、しかも Dapper とのコードの違いはほんのわずかです。

```
using (IDatabase db = new Database("connection_string"))
{
  var customers = db.Fetch<Customer>("SELECT * FROM customers");
}
```

Micro O/RM ファミリは日々成長しており、Insight.Database❸や PetaPoco❹など、ASP.NET Core 対応のものも数多く存在します。PetaPoco は、アプリケーションに組み込むための1つの大きなファイルとして提供されています。

しかし、Micro O/RM に関しては、どれを使用すべきかはそれほど重要ではなく、完全な O/RM の代わりに使用すべきかどうかが重要となります。

注

　Dapper の GitHub リポジトリで Stack Overflow の技術者が公開しているパフォーマンス値によれば、単一のクエリで換算すると、Dapper は最大で Entity Framework の 10 倍も高速です。これは途轍もない差ですが、すべての人に Dapper や別の Micro O/RM を選択させるのに必ずしも十分であるとは言えません。Micro O/RM を選択するかどうかは、実行するクエリの数や、クエリを記述する開発者のスキル、そしてパフォーマンスを向上させるために他に何が利用できるかによって決まります。

https://github.com/StackExchange/Dapper

9.2.5 │ NoSQL ストアの使用

NoSQL という用語には多くの意味があり、さまざまな製品を指します。結論から言うと、NoSQL はリレーショナルストレージを望まない（または必要としない）場合にうってつけのデータストレージパラダイムであると言えるでしょう。結局のところ、NoSQL ストアを本当に使用したい状況は1つしかありません ── レコードのスキーマは変化するが、レコードは論理的に関連している、という場合です。

マルチテナントアプリケーションでのフォームやアンケートの入力と格納について考えてみましょう。テナントはそれぞれ独自のフィールドリストを使用することができます。このため、さまざまなユーザーの値を保存する必要があります。フォームはテナントごとに異なるかもしれませんが、結果として得られるレコードはすべて論理的に関連しており、理想的には同じストアに保存すべきです。リレーショナルデータベースでは、あらゆるフィールドの和集合であるスキーマを作成する以外に選択肢はほとんどありません。ですがその場合でも、テナン

---

❷ https://github.com/schotime/npoco
❸ https://github.com/jonwagner/Insight.Database
❹ https://github.com/CollaboratingPlatypus/PetaPoco

トの新しいフィールドを追加するには、テーブルのスキーマを変更する必要があります。デー
タを列ではなく行ごとに整理すると、テナントのクエリがSQLページサイズを超えるたびに
パフォーマンスヒットが発生するなど、別の問題が浮上します。アプリケーションの用途に
よるとはいえ、スキーマレスデータはリレーショナルストアに向いていません。そこで登場す
るのがNoSQLストアです。

先に述べたように、NoSQLストアの分類方法はさまざまです。本書では単純に物理スト
アとインメモリストアに分けることにします。物理ストアとインメモリストアは対照的ですが、
違いはほんのわずかです。ほとんどの場合、NoSQLストアはキャッシュの一種として使用さ
れ、主要なデータストアとして使用されることは滅多にありません。主要なデータストアと
して使用されるのは、一般に、アプリケーションでイベントソーシングアーキテクチャを使用
している場合です。

■ 従来の物理ストア

物理的なNoSQLストアはスキーマレスデータベースであり、.NET Coreのオブジェクト
をディスクに保存し、それらのオブジェクトを取得したりフィルタリングしたりする機能を
提供します。最もよく知られているNoSQLストアはおそらくMongoDBであり、Microsoft
のAzure Cosmos DBはMongoDBのプロトコルをサポートしています。興味深いことに、
MongoDB APIを使用するように書かれたアプリケーションでは、接続文字列を変更するだ
けで、Cosmos DBデータベースへの書き込みが可能になります。Cosmos DBに対するサン
プルクエリを見てみましょう。

```
var client = new DocumentClient(azureEndpointUri, password);
var requestUri = UriFactory.CreateDocumentCollectionUri("MyDB",
                                                         "questionnaire-items");
var questionnaire = client.CreateDocumentQuery<Questionnaire>(requestUri)
    .Where(q => q.Id == "tenant-12345" && q => q.Year = 2018)
    .AsEnumerable()
    .FirstOrDefault();
```

NoSQLストアの主な利点は、形状が異なるものの関連しているデータを格納できること、
ストレージをスケーリングできること、そして使いやすいクエリ機能にあります。その他の
物理NoSQLストアとしては、RavenDB、CouchDB、そして特にモバイルアプリに適した
CouchBaseが挙げられます。

■ インメモリストア

インメモリストアは、基本的には大規模なキャッシュアプリケーションであり、キーと値
からなるディクショナリとして機能します。データをバックアップすることは確かですが、ア
プリケーションがデータをすばやく取り出すために置いておく大きなメモリブロックと見なさ
れます。インメモリストアの代表的な例はRedis[5]です。

こうしたフレームワークの妥当性を理解するために、Stack Overflowの公式ドキュメン
ト[6]に載っているアーキテクチャについて再び考えてみましょう。Stack Overflowでは、中

---

[5] https://redis.io/

[6] https://stackoverflow.com/

間の第2レベルのキャッシュとしてRedisのカスタムバージョンを使用しています。第2レベルのキャッシュは、質問やデータを長期にわたって保存することで、データベースクエリを再び実行する必要をなくすためのものです。Redisは、ディスクレベルの永続化、LRUエビクション、レプリケーション、パーティショニングをサポートしています。ASP.NET CoreからRedisに直接アクセスすることはできませんが、ServiceStack API❼を使ってアクセスすることが可能です。

Apache CassandraもインメモリNoSQLストアの1つであり、ASP.NET CoreではDataStaxドライバーを通じてアクセスできます。

9.3 | Entity Framework Core の一般的なタスク

ASP.NET Coreでは完全なO/RMにこだわりたい、という場合、選択肢はEntity FrameworkのそのためのバージョンであるEntity Framework Core（EF Core）に限定されます。EF Coreでは、SQL Server、Azure SQL Database、MySQL、SQLiteなど、さまざまなRDBMSを操作できるプロバイダーモデルがサポートされており、それらのデータベースごとにプロバイダーが組み込まれています。また、テストの目的に適したインメモリプロバイダーも存在します。PostgreSQLについては、Npgsql❽という外部プロバイダーが必要です。EF CoreのOracleプロバイダーは2018年の前半にリリースされる予定です❾。

EF CoreをASP.NET Coreアプリケーションにインストールするには、`Microsoft.EntityFrameworkCore`パッケージに加えて、使用したいデータベースプロバイダー（SQL Server、MySQL、SQLiteなど）のパッケージが必要です。ここでは、開発者が実行する最も一般的なタスクについて説明します。

9.3.1 | データベースをモデル化する

EF Coreはコードファーストアプローチのみをサポートします。つまり、データベースとその中に含まれているテーブルを説明するには、一連のクラスが必要です。これらのクラスは一からコーディングすることもできますし、既存のデータベースのツールを使ってリバースエンジニアリングすることもできます。

■ データベースとモデルを定義する

結論から言うと、データベースのモデルは`DbContext`を継承するクラスです。このクラスには、`DbSet<T>`型のコレクションプロパティが1つ以上含まれています。この場合の`T`はテーブル内のレコードの型を表します。サンプルデータベースの構造を見てみましょう。

```
public class YourDatabase : DbContext
{
  public DbSet<Customer> Customers { get; set; }
}
```

---

❼ https://servicestack.net/

❽ http://www.npgsql.org/

❾ ［訳注］2019年4月時点では、Oracle Data Provider for Entity Framework Coreはまだ正式にリリースされていない（Oracle Data Provider for .NET Coreはリリースされている）。

Customer は、**Customers** テーブルのレコードを表す型です。そのベースとなる物理的なリレーショナルデータベースには、**Customers** というテーブルが含まれていることが期待されます。そして、このテーブルのスキーマは **Customer** 型のパブリックインターフェイスと一致します。

```
public class EntityBase
{
  public EntityBase()
  {
    Enabled = true;
    Modified = DateTime.UtcNow;
  }

  public bool Enabled { get; set; }
  public DateTime? Modified { get; set; }
}

public class Customer : EntityBase
{
  [Key]
  public int Id { get; set; }

  public string FirstName { get; set; }
  public string LastName { get; set; }
}
```

Customer クラスのパブリックインターフェイスを設計する際には、やはり一般的なオブジェクト指向の手法を利用し、基底クラスを使ってすべてのテーブルに共通するプロパティを定義することができます。この例では、**Enabled** と **Modified** の2つのプロパティが、**EntityBase**の派生クラスのマッピング先となるすべてのテーブルに自動的に追加されます。また、テーブルを生成するクラスには、主キーフィールドが定義されていなければなりません。たとえば、主キーフィールドの定義には **Key** 属性を使用することができます。

重要

マッピングされる側のクラスとデータベースは常に同期された状態でなければなりません。そうでない場合は、EF Core によって例外がスローされます。つまり、null 値が許可される新しい列をテーブルに追加しても問題にならない可能性がある一方で、クラスの1つにパブリックプロパティを追加することが問題になる可能性があります。ただし、その場合は **NotMapped** 属性によって例外を阻止することができます。実は、EF Core は物理データベースとのやり取りの手段としてマイグレーションスクリプトのみを想定する傾向にあります。マイグレーションスクリプトはモデルとデータベースを同期された状態に保つための正式な手段です。ただし、マイグレーションが主に開発者が行うものであるのに対し、データベースはたいてい IT 部門に属しています。この場合、モデルとデータベース間のマイグレーションは手動で行うしかありません。

第3部　横断的関心事

■ 接続文字列を注入する

　前項で示したコードには、コードとデータベースの間の物理的なリンクを示すものは
何もありません。接続文字列はどのようにして注入するのでしょうか。厳密に言うと、
DbContext の派生クラスがデータベースとやり取りするための設定は、プロバイダーが設
定され、そのプロバイダーを実行するための情報（特に接続文字列）がすべて指定されたと
きに初めて完了します。プロバイダーの設定では、**DbContext** クラスの **OnConfiguring**
メソッドをオーバーライドできます。このメソッドには、オプションのビルダーオブジェクト
を渡すことができます。このオブジェクトには、組み込みでサポートされているプロバイダー
（SQL Server、SQLite、テスト専用のインメモリデータベース）ごとに拡張メソッドが定義
されています。SQL Server（SQL Express と Azure SQL Database を含む）を設定する
方法は次のようになります。

```
public class YourDatabase : DbContext
{
  public DbSet<Customer> Customers { get; set; }

  protected override void OnConfiguring(DbContextOptionsBuilder optionsBuilder)
  {
    optionsBuilder.UseSqlServer("...");
  }
}
```

　UseSqlServer メソッドのパラメーターは接続文字列でなければなりません。接続文字
列が定数でもよい場合は、このコードの省略記号の部分（**"..."**）をその定数に置き換え
るだけです。それよりも現実的なのは、本番環境、ステージング環境、開発環境など、環境
ごとに異なる接続文字列を使用することです。この場合は、接続文字列の注入方法を突き
止める必要があります。

　接続文字列は動的に変化しないため（動的に変化するとしたらかなり特殊な状況であり、
別の対処が必要です）、最初に思いつくのは、**DbContext** クラスに静的なパブリックプロ
パティを追加し、接続文字列を割り当てることです。

```
public static string ConnectionString = "";
```

　このようにすると、**OnConfiguring** メソッドにおいて **ConnectionString** プロパティ
が **UseSqlServer** メソッドに自動的に渡されるようになります。一般に、接続文字列は構
成ファイルから読み取られ、アプリケーションの起動時に設定されます。

```
public void Configure(IApplicationBuilder app, IHostingEnvironment env)
{
  YourDatabase.ConnectionString = !env.IsDevelopment()
                            ? "production connection string"
                            : "development connection string";

  // その他のコード
}
```

同様に、本番環境用と開発環境用に別々のJSON構成ファイルを準備し、それぞれの環境で使用する接続文字列をそれらのファイルに保存することもできます。DevOpsの観点からすると、このアプローチのほうがおそらく簡単です。なぜなら、発行スクリプトで正しいJSONファイルを選択するのが慣例になっているからです（第2章を参照）。

■ DbContextオブジェクトを注入する

Microsoftの公式ドキュメントなどでEF Coreの記事を検索すると、次のガイドラインに沿ったコードを示す例がたくさん見つかります。

```
public void ConfigureServices(IServiceCollection services)
{
  var connString = Configuration.GetConnectionString("YourDatabase");
  services.AddDbContext<YourDatabase>(options =>
      options.UseSqlServer(connString));
}
```

このコードは、**YourDatabase**コンテキストオブジェクトをDIサブシステムに追加し、アプリケーション内のどこからでも取り出せるようにしています。また、このDBコンテキストオブジェクトは完全に現在のリクエストのスコープで追加されます。この例では、接続文字列に対してSQL Serverプロバイダーを使用しています。

あるいは、DBコンテキストのインスタンスを明示的に作成し、特定のライフタイム（シングルトン、スコープ付きなど）を割り当て、そのコンテキストで接続文字列だけを注入することもできます。前述の静的なプロパティは選択肢の1つです。別の選択肢を見てみましょう。

```
public YourDatabase(IOptions<GlobalConfig> config)
{
   // アプリケーションのJSON構成ファイルから読み取られた接続文字列を
   // ローカル変数に保存
}
```

第7章で説明したように、Optionsパターンを適用し、JSONリソースのグローバル構成データをクラスに読み込み、DIシステムを使ってそのクラスを各クラスのコンストラクターに注入することができます。

注

接続文字列を注入する方法はさまざまですが、どれを選択すればよいのでしょうか。個人的には、静的なプロパティを選択します。というのも、単純で、直接的で、理解したり判断したりするのが容易だからです。次によく使用するのは、構成データを**DbContext**に注入する方法です。完全に構成された**DbContext**をDIシステムに注入することに関しては、せっかくの関心の分離が無駄になるかもしれないと危惧しています。なぜなら、開発者が必要と感じるすべての場所で**DbContext**を呼び出すことがないとは言い切れないからです。

■ データベースを自動的に作成する

データベースをモデル化してクラスにマッピングするプロセス全体は、EF6の場合と少し

異なっています。データベースを（まだ存在していない場合に）作成するために必要なコードもそうです。EF Core では、このステップはデータベースのイニシャライザーコンポーネントの結果として開始されるのではなく、明示的に要求しなければなりません。データベースが作成されるようにしたい場合は、次の2行のコードをスタートアップクラスの`Configure`メソッドに配置してください。

```
var db = new YourDatabase();
db.Database.EnsureCreated();
```

`EnsureCreated` メソッドは、データベースが存在しない場合はデータベースを作成し、存在する場合は何もしません。また、データベースへの初期データの読み込みもプログラムから完全に制御できます。`DbContext` クラスでパブリックメソッドを定義し（名前は何でもかまいません）、`EnsureCreated` メソッドの次に呼び出すのが一般的なパターンです。

```
db.Database.SeedTables();
```

イニシャライザーでは、EF Core のメソッドを直接呼び出すか、（定義している場合は）リポジトリを呼び出すことができます。

> **注**
>
> 既存のデータベースのリバースエンジニアリングや、クラスからデータベースへの変更内容の反映作業など、基本的なタスクを制御するためのコマンドラインツールが数多く提供されています。詳細については、EF Core のドキュメントを参照してください。
>
> https://docs.microsoft.com/ja-jp/ef/core/get-started/aspnetcore/existing-db

9.3.2 | テーブルのデータを操作する

EF Core でのデータの読み書きは、ほとんどの部分についてはEF6と同じです。データベースを正しく作成するか、既存のデータベースからリバースエンジニアリングしてしまえば、その後のクエリや更新の仕組みは同じです。EF6 と EF Core の API には相違点がいくつかありますが、全体的には、EF6と同じ方法で処理を行い、例外が発生した場合にのみ集中的に取り組むのが最も効果的であると考えています。

■ レコードを取得する

次のコードは、主キーを使ってレコードを取得する方法を示しています。実際には、レコードを条件に基づいて取得するという、より一般的なアプローチです。

```
public Customer FindById(int id)
{
  using (var db = new YourDatabase())
  {
    var customer = (from c in db.Customers
                    where c.Id == id
```

```
                       select c).FirstOrDefault();
      return customer;
  }
}
```

より重要となるのは、コードよりも次の2つの点です。

- このコードはリポジトリクラスのメソッドにカプセル化されている。リポジトリクラス は、**DbContext** の新しいインスタンスまたは注入されたコピーを使ってデータベース 固有の処理を定義するラッパークラスである（新しいインスタンスと注入されたコピー のどちらを使用するかは開発者次第である）。
- このコードはモノリスのようなものである。データベースへの接続を開き、データを取 得し、接続を閉じるという一連の操作がすべて1つの透過的なデータベーストランザク ションの中で発生する。2つの異なるクエリを実行する必要がある場合は、リポジトリ メソッドに対する2つの呼び出しによってデータベース接続の開始と終了が2回にわたっ て実行されることになる。

コーディング中のビジネスプロセスでデータベースクエリを2回以上実行する必要がある場 合は、それらを1つの透過的なトランザクションにまとめるとよいかもしれません。システム によって作成されるデータベーストランザクションのスコープは、**DbContext** インスタンス のスコープによって決まります。

```
public Customer[] FindAdminAndSupervisor()
{
  using (var db = new YourDatabase())
  {
    var admin = (from c in db.Customers
                  where c.Id == ADMIN
                  select c).FirstOrDefault();
    var supervisor = (from c in db.Customers
                       where c.Id == SUPERVISOR
                       select c).FirstOrDefault();
    return new[] {admin, supervisor};
  }
}
```

この場合、2つのレコードは別々のクエリを使って取得されますが、それらのクエリは同じ 接続を使って同じトランザクションの中で実行されます。もう1つの興味深いユースケース は、クエリ全体が段階的に構築される場合です。あるメソッドがレコードのブロックを取得し、 その出力が別のメソッドに渡され、実行時の条件に基づいて結果セットがさらに絞り込まれ るとしましょう。サンプルコードは次のようになります。

```
// 接続を開き、EUの顧客をすべて取得
var customers = FindByContinent("EU");

// メモリ内クエリを実行し、EAST EUの顧客だけを選択
if (someConditionsApply())
```

```
{
  customers = (from c in customers where c.Area.Is("EAST") select c).ToList();
}
```

　最終的には必要なデータだけが得られますが、最も効率のよいメモリの使い方であるとは言えません。もう少し効果的な方法を見てみましょう。

```
public IQueryable<Customer> FindByContinent(string continent)
{
  var customers = (from c in db.Customers
                   where c.Continent == continent
                   select c);

  // この時点では、実際にはクエリは実行されておらず、
  // クエリの正しい定義が返されるだけである
  return customers;
}
```

　クエリの式の最後に**FirstOrDefault**や**ToList**を呼び出していないため、このクエリは実行されず、正しく定義されたクエリが返されるだけです。

```
// 接続を開き、EUの顧客をすべて取得
var query = FindByContinent("EU");

// メモリ内クエリを実行し、EAST EUの顧客だけを選択
if (someConditionsApply())
{
  query = (from c in query where c.Area.Is("EAST") select c);
}

var customers = query.ToList();
```

　2つ目のフィルターは、このクエリを編集して**WHERE**句を追加するだけです。続いて、**ToList**が呼び出されると、このクエリが1回だけ実行され、ヨーロッパの東部に住んでいる顧客がすべて取得されます。

▌ 関係を処理する

　次のコードは、2つのテーブルの間で1対1の関係（リレーションシップ）を定義します。**Customer**オブジェクトは**Countries**テーブルの**Country**オブジェクトを参照します。

```
public class Customer : EntityBase
{
  [Key]
  public int Id { get; set; }
  public string FirstName { get; set; }
  public string LastName { get; set; }

  [ForeignKey]
```

```
  public int CountryId { get; set; }
  public Country Country { get; set; }
}
```

　データベースでのテーブル間の外部キー関係の定義はこれで十分でしょう。顧客レコード
を取得する際には、JOIN 文を使って Country プロパティを簡単に拡張することができます。

```
var customer = (from c in db.Customers.Include("Country")
                where c.Id == id
                select c).FirstOrDefault();
```

　Include 呼び出しにより、返されるオブジェクトの Country プロパティが、先ほど設
定した外部キーに基づく JOIN 文を使って設定されるようになります。Include に指定す
る名前は、外部キープロパティの名前です。技術的には、クエリ文では Include を何度で
も必要なだけ呼び出すことができます。ただし、呼び出しの回数が増えれば増えるほど、返
されるオブジェクトのグラフが大きくなり、それに応じてメモリ消費も増えることになります。

■ レコードを追加する

　新しいレコードを追加するには、オブジェクトをメモリに追加し、それらをまとめてディス
クに保存するコードが必要です。

```
public void Add(Customer customer)
{
  if (customer == null)
    return;

  using (var db = new YourDatabase())
  {
    db.Customers.Add(customer);
    try
    {
      db.SaveChanges();
    }
    catch(Exception exception)
    {
      // 何らかの方法で回復するか、一部の例外だけをキャッチするなど、
      // 各自にとってうまく方法で拡張する
    }
  }
}
```

　渡されるオブジェクトが完全に設定された状態で、必須フィールドの値がすべて指定され
ていれば、これ以上何も言うことはありません。データアクセス層のアプローチとしては、（コ
ントローラーから呼び出されるサービスクラスで）アプリケーション層のオブジェクトをビジ
ネス的な観点から検証し、リポジトリ側には何も問題がないものと想定するか、何か問題が
起きたら例外をスローするのがよいでしょう。あるいは、念のために、何も問題がないこと
をリポジトリメソッドでもチェックするとよいでしょう。

■■ レコードを更新する

　EF Core では、レコードの更新は 2 段階に分かれています。まず、更新したいレコードを取得し、次に、メモリ内での状態の更新と変更内容の保存を同じ **DbContext** のコンテキストで実行します。

```
public void Update(Customer updatedCustomer)
{
  using (var db = new YourDatabase())
  {
    // 更新するレコードを取得
    var customer = (from c in db.Customers
                    where c.Id == updatedCustomer.Id
                    select c).FirstOrDefault();
    if (customer == null)
      return;

    // 変更
    customer.FirstName = updatedCustomer.FirstName;
    customer.LastName = updatedCustomer.LastName;
    customer.Modified = DateTime.UtcNow;
    ...

    // 保存
    try
    {
      db.SaveChanges();
    }
    catch(Exception exception)
    {
      // 何らかの方法で回復するか、一部の例外だけをキャッチするなど、
      // 各自にとってうまく方法で拡張する
    }
  }
}
```

　取得したレコードを更新するために新しいレコードを送信するコードを書くのは退屈かもしれません。フィールドごとに明示的にコピーするのが手っ取り早い方法ですが、リフレクション、あるいは AutoMapper などの高度なツールを使用すると時間の節約になることがあります。また、オブジェクトを複製するたった 1 行のコードが助けになることもあります。とはいうものの、レコードの更新はデータベースオペレーションというよりも主にビジネスオペレーションであり、この 2 つのオペレーションが一致するのは非常に単純なアプリケーションに限られます。要するに、ビジネス条件によっては、決して更新すべきではないフィールドや、システムによって値が計算されるフィールドがあるはずです。さらに、レコードの更新だけでは不十分で、同じビジネストランザクション内で他の処理を実行しなければならないこともあります。つまり、更新メソッドを 1 つだけ定義して、ソースオブジェクトのプロパティをターゲットオブジェクトに無条件にコピーするというシナリオは、最初に思った以上にレアなシナリオかもしれません。この点については、次項でトランザクションについて説明するときに改めて取り上げます。

■ レコードを削除する

　レコードの削除はレコードの更新と似ています。この場合も、削除するレコードを取得し、データベースのメモリ内のコレクションからそのレコードを削除した後、データベースの実際のテーブルを更新する必要があります。

```
public void Delete(int id)
{
  using (var db = new YourDatabase())
  {
    // 削除するレコードを取得
    var customer = (from c in db.Customers
                    where c.Id == id
                    select c).FirstOrDefault();
    if (customer == null)
      return;

    db.Customers.Remove(customer);

    // 保存
    try
    {
      db.SaveChanges();
    }
    catch(Exception exception)
    {
      // 何らかの方法で回復するか、一部の例外だけをキャッチするなど、
      // 各自にとってうまく方法で拡張する
    }
  }
}
```

　削除に関して述べておかなければならないことが2つあります。1つは、削除もビジネスオペレーションであり、ビジネスオペレーションにおいてデータの削除が必要になるという状況が非常にまれであることです。ほとんどの場合、レコードの削除とは、レコードを論理的に削除することです。したがって、削除操作は更新になります。EF6とEF Coreでの削除操作の実装には抵抗を感じるかもしれませんが、必要なロジックを適用する余地は残されています。

　レコードをデータベースから物理的に削除する必要がある場合は、データベースレベルで連鎖オプションが設定されているかどうかに関係なく、通常のSQL文で済ませることができます。

```
db.Database.ExecuteSqlCommand(sql);
```

　全体的に見て、開発者（およびその顧客）には、レコードを物理的に削除することについて慎重に検討することをお勧めします。将来の開発では、イベントソーシングに戸惑うことになるかもしれません。そして、イベントソーシングの柱の1つは、データベースが「追加専用」の構造であることです。

9.3.3 | トランザクションに対処する

現実のアプリケーションでは、データベースオペレーションのほとんどはトランザクションの一部であり、場合によっては、分散トランザクションの一部になることがあります。既定では、データベースプロバイダーがトランザクションをサポートしている場合、`SaveChanges` の1回の呼び出しによって適用される変更はすべてトランザクションの中で処理されます。つまり、変更が1つでも失敗すれば、トランザクション全体がロールバックされるため、データベースに物理的に適用される変更は1つもありません。言い換えるなら、`SaveChanges` は呼び出された目的を完全に達成するか、まったく達成しないかのどちらかになります。

■ トランザクションを明示的に制御する

`SaveChanges` の1回の呼び出しではすべての変更を適用することが不可能な場合は、`DbContext` クラスの特別なメソッドを使ってトランザクションを明示的に定義することができます。

```
using (var db = new YourDatabase())
{
  using (var tx = db.Database.BeginTransaction())
  {
    try
    {
      // SaveChangesの複数の呼び出しを含むすべてのデータベース呼び出し
      ...

      // コミット
      tx.Commit();
    }
    catch(Exception exception)
    {
      // 何らかの方法で回復するか、一部の例外だけをキャッチするなど、
      // 各自にとってうまく方法で拡張する

    }
  }
}
```

この場合も、すべてのデータベースプロバイダーがトランザクションをサポートするとは限らないことに注意してください。ただし、SQL Serverといったよく使用されているデータベースのプロバイダーは例外です。プロバイダーがトランザクションをサポートしない場合にどうなるかは、プロバイダー次第です —— 例外をスローするか、何もしないことが考えられます。

■ 接続とトランザクションを共有する

EF Core で `DbContext` オブジェクトのインスタンスを作成する際には、データベース接続やトランザクションオブジェクトを注入することができます。データベース接続の基底クラスは `DbConnection`、トランザクションオブジェクトの基底クラスは `DbTransaction`

です。

　2つの異なる**DbContext**オブジェクトに同じ接続とトランザクションを注入すると、それらのコンテキストにまたがるすべての処理が、同じデータベース接続を使って同じトランザクションの中で実行されるようになります。**DbContext**に接続を注入する方法は次のようになります。

```
public class YourDatabase : DbContext
{
  private DbConnection _connection;

  public YourDatabase(DbConnection connection)
  {
    _connection = connection;
  }

  public DbSet<Customer> Customers { get; set; }

  protected override void OnConfiguring(DbContextOptionsBuilder optionsBuilder)
  {
    optionsBuilder.UseSqlServer(_connection);
  }
}
```

　トランザクションスコープを注入する方法は次のようになります。

```
context.Database.UseTransaction(transaction);
```

　実行中のトランザクションの中からトランザクションオブジェクトを取得するには、**GetDbTransaction**メソッドを使用します。詳細については、EF Coreのドキュメント❿を参照してください。

注

　.NET Core 2.0以降では**TransactionScope**のサポートが追加されていますが、本格的な開発作業に取りかかる前に、**TransactionScope**を使用する方法が目的のシナリオで本当にうまくいくかどうかを慎重に検討するようにしてください。**TransactionScope**クラスが存在することは確かですが、当分の間、その振る舞いは完全な.NET Frameworkのトランザクションに期待されるものと同じではないようです。ちなみに、完全な.NET Frameworkでは、リレーショナルトランザクションとファイルシステムやWebサービスの処理をまとめて追加することができました。

---

❿ https://docs.microsoft.com/ja-jp/ef/core/saving/transactions

9.3.4 非同期のデータ処理について

EF Core においてデータベースオペレーションを開始するメソッドにはそれぞれ非同期バージョンもあります。最もよく使用されているものだけでも、**SaveChangesAsync**、**FirstOrDefaultAsync**、**ToListAsync** などがあります。非同期バージョンのメソッドを使用すべきでしょうか。実際にどのようなメリットがあるのでしょうか。そして、ASP.NET Core アプリケーションでの非同期処理の目的は何でしょうか。

非同期処理自体は、同期処理よりも高速ではありません。しかし、非同期呼び出しの実行フローは同期呼び出しの実行フローよりもはるかに複雑です。Web アプリケーションでの非同期処理は主に、同期呼び出しから制御が戻るのを待つ間、スレッドがブロックされないようにすることで、新しいリクエストの処理に戻れるようにするためのものです。このようにすると、より多くのリクエストを受け取って処理できるようになるため、アプリケーション全体がよりレスポンシブになります。速度が向上したような感覚が得られることはもちろんですが、それよりも重要なのは、スケーラビリティがよくなったように感じられることです。

C# 言語では、**async/await** キーワードを使用すれば、同期コードに見えるものを非同期コードに変えるのはとても簡単でした。しかし、大いなる力には大いなる責任が伴います。非同期のワードロードを処理する際には追加のスレッドが生成されます。ワークロードが実際にはそうした非同期性を必要としていなくてもそうしたコストが発生することを常に意識してください。覚えておいてほしいのは、ここで取り組んでいるのは並列処理ではないことです。現在のスレッドが新しいリクエストを処理するためにプールに戻っている間、ワークロードを別のスレッドへ転送しているのです。スケーラビリティはよくなりますが、処理速度にわずかな影響がおよぶかもしれません。

■ ASP.NET Core アプリケーションでの非同期処理

コントローラーメソッドを非同期として宣言するとしましょう。次のコードは、Web サイトからコンテンツをダウンロードし、非同期処理の前後にスレッド ID を追跡します[11]。

```
public async Task<IActionResult> Async()
{
  var t1 = Thread.CurrentThread.ManagedThreadId.ToString();
  var client = new HttpClient();

  await client.GetStringAsync("http://www.google.com");

  var t2 = Thread.CurrentThread.ManagedThreadId.ToString();
  return Content(string.Concat("FIRST THREAD=", t1, " / SECOND THREAD=", t2));
}
```

このコードを実行した結果は図9-5のようになります。

---

[11] ［訳注］同様のコードはダウンロードサンプルの **Ch04¥Simple¥AllControllers** フォルダーに含まれている。

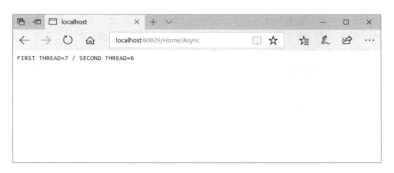

▲図9-5：非同期処理の前後のスレッドID

　図9-5に示されているように、リクエストを処理するスレッドは非同期ブレークポイントの前後で異なっています。特定のページに対するリクエストでは、非同期実装のメリットは実際にはありませんが、Webサイトの残りの部分はその恩恵を受けるでしょう。その理由は、I/O演算が完了するのを待つ間、ビジー状態になるASP.NETスレッドがないからです。IDが7のスレッド（スレッド7）は、`GetStringAsync`非同期メソッドの呼び出しを.NETのスレッドプールに要求したらすぐに新しいリクエストを処理するためにASP.NETのスレッドプールに戻ります。この非同期メソッドが完了すると、プールから最初に利用可能なスレッドが取り出されます。再びスレッド7が選択されることもあり得ますが、そうなるとは限りません。トラフィック量の多いWebサイトでは、Webサイトの応答性を高い水準に保てるかどうかは、時間のかかる処理が完了するまでの数秒間にリクエストがどれくらい届くかによります。

■ データアクセスでの非同期処理

　スレッドがプールに戻って新しいリクエストを処理できる状態になるには、そのスレッドが非同期処理を待つ必要があります。これはわかりにくい言い回しかもしれません。`await MethodAsync`というコードを見つけたら、現在のスレッドが`MethodAsync`の呼び出しを.NETのスレッドプールへ転送し、プールに戻ることを意味します。`MethodAsync`呼び出しに続くコードは、このメソッドが制御を戻した後、利用可能なスレッドのいずれかで実行されます。`MethodAsync`呼び出しでは、先のコードに示したようにWebサービスを呼び出すこともあれば、EF Coreを通じてデータベースを非同期で呼び出すこともあるでしょう。
　静的なコンテンツで構成されたWebアプリケーションという一般的なシナリオについて考えてみましょう。ビューのレンダリングは比較的すばやく処理されるのですが、データベースオペレーションが必要なビューでは、ビューの実行にかなり時間がかかります。
　大量のリクエストが殺到してスレッドプールを使い果たしてしまったとしましょう。リクエストの多くはデータベースアクセスを必要とするものです。プールのすべてのスレッドがリクエストを処理するために使用されますが、実際には、データベースクエリから制御が戻るのを待つ間はアイドル状態にあります。システムはそれ以上リクエストを処理できない状態ですが、CPU使用率はほぼ0%です。データベースアクセスを非同期コードにすれば問題が解決するように思えるかもしれませんが、それも場合によります。
　何よりもまず、データアクセス層の大部分をリファクタリングすることになります。どう見ても簡単なことではありませんが、そうすることにしたとしましょう。次に、本当の目的は、より多くのスレッドをプールに戻して新しいリクエストを処理できるようにすることです。そ

れらのリクエストを処理するためにデータベースにアクセスする必要があるとしたらどうなる
でしょうか。データアクセスコードを非同期モードに切り替えたところで、データベースをさ
らに渋滞させるだけです。そもそも非同期モードに切り替えたのはリクエストに対するデータ
ベースの応答に時間がかかりすぎていたからですが、データベースにさらにクエリを送りつけ
ることになるのです。これではとうてい問題は解決しません。Web サーバーとデータベース
の間にキャッシュを追加するほうがはるかに効果的な解決策です。この場合も、負荷がかかっ
た状態で分散アプリケーションのパフォーマンスを測定し、必要であればコードとアーキテク
チャを更新することに時間を割いてください。

　一方で、これは唯一のシナリオではありません。静的なリソースやすぐに処理できるペー
ジに関しては、非同期に切り替えることでより多くのリクエストを処理できる可能性もあり
ます。この場合は、Web サイトのユーザーエクスペリエンスがはるかにレスポンシブになり、
スケーラビリティがよくなるでしょう。

■ どのサーバーをスローダウンさせるか

　ある意味、Web サイトの応答に時間がかかるのは（CPU が原因ではなく）処理に時間が
かかることが原因であるとしたら、スローダウンさせても問題がないサーバー（Web サーバー
またはデータベースサーバー）を判断したほうがよいだろうと筆者は考えています。

　一般的に言えば、ASP.NET のスレッドプールはデータベースサーバーよりも多くの同時リ
クエストに対処できます。パフォーマンスカウンターを利用すれば、実際の HTTP トラフィッ
クが IIS の設定に対して多すぎることが問題なのか、Web サーバーには問題がないものの、デー
タベースの処理が追いつかないことが問題なのかが明らかになるでしょう。IIS / ASP.NET の
構成には、CPU あたりのリクエストやスレッドの数を増やす設定があります。パフォーマン
スカウンターの数字から、すぐに処理できるリクエストがキューで待ちぼうけを食らっている
ことが判明した場合は、その数字を引き上げるだけで、コードを非同期にするまでもなく問
題をすばやく解決できます。

　パフォーマンスカウンターの数字から、ネットワークベースにクエリが殺到し、処理に時
間がかかりすぎていることがボトルネックであることが判明した場合は、バックエンドのアー
キテクチャ全体を見直すか、キャッシュを使用するか、クエリの効率化を図る必要があります。

　バックエンドのアーキテクチャの変更には、たとえばリクエストを外部のキューへ転送し、
処理が完了したらキューにコールバックさせるという方法があります。長い時間がかかるク
エリについては（「長い」の意味はアプリケーションによって異なります）、Fire-and-Forget
パターンの処理にしてしまうほうがよいでしょう。このアプローチでは、まったく別のメッセー
ジベースのアーキテクチャが必要になるかもしれないことがわかっています。ですが、スケー
ルアップの鍵はまさにここにあります。何もかも非同期にすればパフォーマンスが劇的に向
上するというものでも、パフォーマンスが大幅に低下するというものでもありません。とにか
くうまくいくのだからすべて書き換えてしまおう、という思い違いをしないように注意してく
ださい。

9.4 まとめ

ASP.NET Core アプリケーションがデータにアクセスする方法はさまざまです。EF Core はその唯一の選択肢ではありませんが、.NET Core プラットフォームのために設計された O/RM であり、ASP.NET Core とうまく連動します。本章で説明したように、データアクセス層の作成には、Micro O/RM に加えて ADO.NET を使用することができます。データアクセス層については、プレゼンテーション層に直接依存させるのではなく、すべてのワークフローが集結するアプリケーション層に依存する独立した層として扱うことをお勧めします。

第**4**部

フロントエンド

第4部では、アプリケーションのフロントエンドに目を向け、実用的で現代的なプレゼンテーション層を構築するためのテクノロジと補完的なフレームワークを紹介します。

　第10章では、ASP.NET Core を使って JSON や XML などのデータを返す本物の Web API を構築する方法を紹介します。これらの手法を用いることで、現代のアプリケーションシナリオに遍在する問題を解決することができます。現代のアプリケーションでは、さまざまなクライアントがデータをダウンロードしたり処理をリクエストしたりするためにリモートバックエンドをひっきりなしに呼び出します。

　第11章では、従来のページ全体の更新というオーバーヘッドを引き起こさずに、ASP .NET Core と JavaScript を使ってデータを送信する方法を紹介します。続く第12章では、データを読み直すことなく、JavaScript を使ってブラウザーの内容を直接更新する方法を紹介します。これらの章では、HTML ページの一部をダウンロードして動的に置き換える方法と、JSON エンドポイントを準備する方法を順番に見ていきます。JSON エンドポイントでは、HTML レイアウトを完全にクライアント側で作り直すための新しいデータを取得することができます。

　Web アプリケーションのフロントエンドをめぐる旅は第13章をもって完結となります。この章では、iPhone や Android で組み込みの Web アプリケーションに近いエクスペリエンスを実現するという難問に挑みます。この難問を解決するために、高機能なコンポーネントコントロールを使って組み込みウィジェットをシミュレートします。このコントロールは JavaScript と HTML5 を組み合わせた出力を生成するものとなります。

第10章

Web API の設計

厄災が何度降りかかろうと、私たちはどうにかして生きていくしかないのだ。
── デーヴィッド・ハーバート・ローレンス、『チャタレイ夫人の恋人』

　ASP.NET Core では、「Web API」という用語がようやく本来の意味を持つようになりました。もうあいまいさもなければ、さらに説明する必要もありません。Web API とは、外部からアクセス可能な多くの HTTP エンドポイントで構成されたプログラミングインターフェイスのことです。これらの HTTP エンドポイントは、（あくまでも）一般的には、呼び出し元に JSON または XML データを返します。最近のクライアントアプリケーションでは、リモートのバックエンドを呼び出してデータをダウンロードしたり処理をリクエストしたりする必要があります。Web API は、そうした非常に一般的なアプリケーションシナリオに申し分ありません。クライアントアプリケーションの形式は、JavaScript ベースの Web ページ、リッチクライアント、モバイルアプリなど、さまざまです。本章では、ASP.NET Core での Web API の構築方法について説明します。特に、API の理念 ── REST 指向か、手続き指向か ── と、API をセキュリティで保護する方法を重点的に見ていきます。

10.1 ┃ ASP.NET Core での Web API の構築

　Web API の中心にあるのは、HTTP エンドポイントの集まりです。つまり、ASP.NET Core では、終端ミドルウェアを含んでいるアプリケーションは、必要最低限のものであるとはいえ、実際にうまくいく Web API です（終端ミドルウェアは、クエリ文字列を解析し、実行するアクションを突き止めるコンポーネントです）。ただし、コントローラーを使って Web API を構築するほうが機能や振る舞いがうまく整理されます。Web API の設計方法は主に2つあります。1つは、実際のビジネスワークフローと開発者が完全に制御できるアクションを表すエンドポイントを定義する方法です。もう1つは、ビジネスリソースを定義し、入力を受け取って出力を返すために HTTP スタック全体（ヘッダー、パラメーター、ステータスコード、HTTP メソッド）を使用する方法です。1つ目の方法は手続き指向であり、通常は RPC（Remote Procedure Call）と呼ばれます。2つ目の方法は REST の理念にヒン

266 第4部 フロントエンド

トを得ています。

REST アプローチのほうがより標準的であり、一般に、エンタープライズビジネスの一部であるパブリックAPIに適しています。このAPIは顧客が使用するものである、という場合は、一般に受け入れられている既知の設計ルールに従って定義するほうがよいでしょう。限られた数のクライアントに対応するためだけに存在するAPIの場合は、RPCとRESTのどちらを使って設計しても実際に違いはありません（ほとんどの場合、それらのクライアントを管理するのもAPIの作成者です）。RESTの理念はひとまず置いて、ASP.NET Core でJSONデータを返すHTTPエンドポイントを定義する方法から見ていきましょう。

10.1.1 │ HTTP エンドポイントを定義する

リクエストを処理するロジックは終端ミドルウェアに直接組み込むみことができますが、最も一般的な方法はコントローラーを使用することです。全体的に見て、コントローラーとMVC アプリケーションモデルを利用する場合は、ルート（route）やパラメーターのバインディングに対処する必要がなくなります。ただし、後ほど示すように、ASP.NET Core は非常に柔軟であるため、サーバー構造が最小限のもので、形式にこだわらずに実際の処理をすばやく行うような状況にも対処できます。

■ アクションメソッドから JSON データを返す

JSON データを返すために必要なのは、新しい（または既存の）`Controller` クラスでそのためのメソッドを作成することだけです。この新しいメソッドの要件は、`JsonResult`オブジェクトを返すことだけです。

```
public IActionResult LatestNews(int count)
{
  var listOfNews = _service.GetRecentNews(count);
  return Json(listOfNews);
}
```

`Json` メソッドは、指定されたオブジェクトを `JsonResult` オブジェクトにまとめます。コントローラークラスから返された `JsonResult` オブジェクトはアクションインボーカーによって処理され、そこで実際のシリアライズが実施されます。以上、必要なデータを取得し、それらをオブジェクトにまとめ、`Json` メソッドに渡せば、作業は完了です。少なくとも、データが完全にシリアライズされていれば、そこで完了です。

このエンドポイントを呼び出す実際のURLは、通常のルーティング手法（従来のルーティングまたは属性ルーティング）に基づいて決定することができます。

■ 他の種類のデータを返す

他の種類のデータを返す場合も方法は同じです。「データを取得し、適切なフォーマットの文字列にシリアライズする」というパターンは常に変わりません。`Controller` 基底クラスの `Content` メソッドには、意図された MIME タイプをブラウザーに伝える2つ目のパラメーターがあります。このパラメーターを使用すれば、どのようなテキストでもシリアライズできます。

```
[HttpGet]
public IActionResult Today(int o = 0)
{
  return Content(DateTime.Today.AddDays(o).ToString("d MMM yyyy"),
               "text/plain");
}
```

サーバーファイルの内容 —— たとえばPDFファイルをダウンロードしたい場合は、次のようになります。

```
public IActionResult Download(int id)
{
  // ダウンロードするファイルを特定（状況によってその意味は異なる）
  var fileName = _service.FindDocument(id);

  // 実際の内容を読み取る
  var bytes = File.ReadAllBytes(fileName);
  return File(bytes, "application/pdf", fileName);
}
```

アプリケーションがオンプレミスでホストされているなど、ファイルがサーバー上に配置されている場合は、ファイルを名前で特定することができます。ファイルがデータベースやAzure Blob Storageにアップロードされている場合は、ファイルの内容をバイトストリームとして取得し、その参照を`File`メソッドの適切なオーバーロードに渡します。正しいMIMEタイプを設定するのは開発者の役目です。`File`メソッドの3つ目のパラメーターは、ダウンロードするファイルの名前です（図10-1）。

▲図10-1：リモートエンドポイントからのファイルのダウンロード

■ 特定のフォーマットでデータをリクエストする

前項の例では、エンドポイントから返されるデータの種類は固定であり、実行中のコードによって決定されていました。ですが、さまざまなクライアントが同じコンテンツを別々のMIMEタイプでリクエストできるというシナリオはかなり一般的です。筆者はこうした状況

にしょっちゅう出くわします。筆者が特定の顧客のために開発するサービスのほとんどは、データをJSONフォーマットで返すだけです。社内開発者がそれらのサービスを.NETアプリ、モバイルアプリ、JavaScriptアプリから利用するというニーズは、これで満たされます。一方で、エンドポイントによってはFlashアプリからも利用されるため、さまざまな理由により、データをXMLとして処理するのが望ましいことがあります。この問題については、エンドポイントのURLにパラメーターを追加すれば、簡単に解決します。このエンドポイントでは、目的の出力フォーマットでうまくいくことがわかっている規約を使用します。例を見てみましょう。

```
public IActionResult Weather(int days = 3, string format = "json")
{
  // 指定された都市の指定された日数の天気予報を取得
  var cityCode = "...";
  var info = new WeatherService().GetForecasts(cityCode, "c", days);

  // ユーザーがリクエストしたフォーマットでデータを返す
  if (format == "xml")
    return Content(ForecastsXmlFormatter.Serialize(info), "text/xml");

  return Json(info);
}
```

`ForecastsXmlFormatter`はカスタムクラスであり、特定のコンテキストでうまくいく形式で書かれたカスタムXML文字列を返します。

> **注**
>
> `"json"`や`"xml"`といったマジック文字列を使用したくない場合は、`MediaTypeNames`クラスで定義されているMIMEタイプの定数を使用することを検討してください。ただし、`application/json`を含め、このクラスの現在の定義に含まれていないMIMEタイプがかなりあるので注意が必要です。

■ HTTPメソッドを限定する

ここまで見てきたどの例でも、リクエストを処理するコードはコントローラーメソッドです。このため、パラメーターのバインディングを制御するために、あるいは（さらに重要な）HTTPメソッドや、必要なヘッダーやCookieを制御するために、コントローラーのアクションメソッドのプログラミング機能をすべて利用することができます。そのためのルールは、第3章で説明したルーティングのルールと同じです。たとえば、`api/weather`エンドポイントがGETリクエストでのみ呼び出されるように制限するコードは次のようになります。

```
[HttpGet]
public IActionResult Weather(int days = 3, string format = "json")
{
  ...
}
```

JavaScriptクライアントにリファラーURLや同一生成元セキュリティポリシー（Same

第10章 Web API の設計 　269

Origin Policy）の制限を課す方法もほぼ同じです。

> **重要**
>
> ここでの目的は、Web API の一般的な問題を解決するための非常に単純ながら効果的な方法を示すことにあります。後ほど示すように、設計やセキュリティのための構造化ソリューションは他にも存在します。

10.1.2 ファイルサーバー

　Web API の設計上の重要な部分を見直し、何らかのセキュリティを追加する前に、第2章で示したミニ Web サイトの例を簡単に振り返ってみましょう。

■ リクエストを捕捉する終端ミドルウェア

　第2章では、終端ミドルウェアを紹介し、その興味深いユースケースをいくつか取り上げました。そこで示した例の1つをもう一度見てみましょう。

```
public void Configure(IApplicationBuilder app, IHostingEnvironment env,
                      IServiceProvider provider)
{
  app.Map("/country", countryApp =>
  {
    countryApp.Run(async (context) =>
    {
      var country = provider.GetService<ICountryRepository>();
      var query = context.Request.Query["q"];
      var list = country.AllBy(query).ToList();
      var json = JsonConvert.SerializeObject(list);
      await context.Response.WriteAsync(json);
    });
  });
}
```

　Run メソッド（終端ミドルウェア）は、事前に設定されたどのコントローラーにも渡されないリクエストなど、本来の方法で処理されないリクエストをすべて捕捉します。このコードは、実際のエンドポイントが何であれ、クエリ文字列パラメーター（**q**）を調べ、その値で内部の国リストをフィルタリングします。このコードをリファクタリングしてファイルサーバーにしてみましょう。

■ 特定のリクエストだけを捕捉する終端ミドルウェア

　終端ミドルウェアは、特定の URL に限定されない限り、すべてのリクエストを捕捉するように設計されています。有効な URL を限定するには、**Map** ミドルウェアメソッドを使用します。

```
public void Configure(IApplicationBuilder app)
{
  app.Map("/api/file", DownloadFile);
```

```
}

private static void DownloadFile(IApplicationBuilder app)
{
  app.Run(async context =>
  {
    var id = context.Request.Query["id"];
    var document = string.Format("sample-{0}.pdf", id);
    await context.Response.SendFileAsync(document);
  });
}
```

Map メソッドにより、/api/file パスを指しているリクエストが送信されるたびに、ク
エリ文字列で id パラメーターがチェックされます。そして、このパラメーターの値に基づい
てファイルパスが構築され、その内容が呼び出し元に返されます。

　格納されているファイルへのパスをインテリジェントに取得し、それらのファイルを返すこ
とができるシンファイルサーバーを何とか作成できたようです。しかも、使用しているコード
は必要最低限のものだけです。

10.2 | RESTful インターフェイスの設計

　JSON などのデータを返すエンドポイントを外部の HTTP ベースの呼び出し元に提供する
方法を確認したところで、2つの点が明らかになりました。1つは、エンドポイントを提供す
ること自体は非常に簡単で、Web サイトの一般的な要素を提供するのと何ら変わらないこと
です。HTML を返す代わりに、JSON などのデータを返すだけです。もう1つは、Web サ
イトではなく Web API を提供するときには、サーバーコードの特定の部分により注意を払い、
事前にしっかりと計画を立てておく必要があることです。

　まず、エンドポイントがそれぞれ何を要求し、何を提供するのかを明確にし、一貫性を持
たせるとよいかもしれません。といっても、URL や JSON のスキーマを文書化するだけでは
不十分です。HTTP メソッドやヘッダーをどのように受け取って処理するのか、そしてステー
タスコードをどのように返すのかに関して、厳格なルールを定める必要もあります。また、
Web API の上に認可層を追加することで、さまざまなエンドポイントで呼び出し元を認証し、
呼び出し元のアクセス許可を調べるのもよいでしょう。

　REST は、パブリック API がクライアントに提供される方法を統一するために非常によ
く使用されている手法です。ASP.NET Core のコントローラーには、出力をできるだけ
RESTful なものにするための機能が追加されています。

10.2.1 | REST の概要

　REST の基本的な考え方は、「Web アプリケーション（主に Web API）が完全に HTTP
プロトコル（HTTP メソッド、ヘッダー、ステータスコード）の機能一式に基づいて動作する」
というものです。REST は **Representational State Transfer** の略であり、リソースにかか
る動詞（GET、POST、PUT、DELETE、HEAD などの HTTP メソッド）という形式で
アプリケーションがリクエストを処理することを意味します。REST におけるリソースはドメ
インエンティティとほぼ同じであり、一意な URI によって表されます。

> **第 10 章　Web API の設計** 　　**271**

> **注**
>
> 　REST は Web 上での CRUD（Create, Read, Update, Delete）のようなものであり、主キーによって識別されるデータベースエンティティではなく、URI によって識別されるリソースを操作します。CRUD が SQL 文を使って処理を定義するように、REST は HTTP メソッドを使って処理を定義します。

　REST が登場したのはだいぶ前のことですが、当初は SOAP（Simple Object Access Protocol）という別のサービス概念の陰に隠れていました。REST は Roy Fielding によって 2000 年に定義されましたが、SOAP が策定されたのもだいたいその頃でした。REST と SOAP の原理には大きな違いがあります。

- SOAP は、Web ファサードの背後にあるオブジェクトにアクセスし、それらのオブジェクトでアクションを呼び出すものである。SOAP はプログラム可能な一連のオブジェクトを提供し、基本的に RPC を実行する。
- REST は、HTTP メソッドという基本的な演算を通じてオブジェクトを直接操作する。

　この根本的な違いにより、SOAP の実装で使用されるのは HTTP メソッドの一部（GET と POST）だけとなっています。

■ HTTP メソッドに意図された意味

　HTTP メソッドの意味は覚えやすく、ほとんど説明不要です。HTTP メソッドは、データベースの CRUD（Create, Read, Update, Delete）セマンティクスを Web リソースに応用するものです。結局のところ、Web リソースは Web API を使ってアクセスするビジネスエンティティです。たとえば、ビジネスエンティティが「予約」であるとすれば、特定の予約の URI に対する POST コマンドにより、システムに新しい予約が追加されることになります。POST、PUT、GET を含め、REST に準拠するリクエストの詳細については、ASP.NET Core のコントローラークラスについて説明するときに取り上げることにします。表 10-1 は、各 HTTP メソッドとその注意点をまとめたものです。

▼表 10-1：HTTP メソッド

HTTP メソッド	説明
DELETE	指定されたリソースを削除するためのリクエストを送信する。「削除」の意味はバックエンドによって異なる。「削除」操作の実際の実装はアプリケーションに含まれ、物理的または論理的な操作のどちらかとなる
GET	指定されたリソースの現在の表現を取得するためのリクエストを送信する。HTTP ヘッダーを追加することで、実際の振る舞いを調整できる。たとえば、**If-Modified-Since** ヘッダーは、指定された時間以降に変更が発生している場合にのみレスポンスが返されるようにする
HEAD	GET と同じだが、指定されたリソースのメタデータだけが返され、本体は返されない。主にリソースが存在するかどうかを確認するために使用される

HTTP メソッド	説明
POST	URI が事前にわからない状況で、リソースを追加するためのリクエストを送信する。このリクエストに対するREST レスポンスは、新たに作成されたリソースのURI である。この場合も、「リソースを追加する」ことの実際の意味はバックエンドによって異なる
PUT	指定されたリソースの状態が提供された情報と一致していることを確認するためのリクエストを送信する。更新コマンドの論理バージョンである

　これらのリクエストはそれぞれ、入力（HTTP メソッドとヘッダー）と出力（ステータスコードとヘッダー）に関して既知のレイアウトを使用するものと想定されます。

▌REST リクエストの構造

　表10-1に示したHTTP メソッドにはそれぞれリクエスト時に推奨されるスキーマがあります。それらを詳しく見てみましょう（表10-2）。

▼表10-2：REST リクエストのスキーマ

HTTP メソッド	リクエスト	成功時のレスポンス
DELETE	リソースの識別を可能にするすべてのパラメーター。たとえば、リソースの一意な整数ID など `http://apiserver/ booking/12345` この例では、12345 という ID を持つ予約リソースを削除する	レスポンスには次のオプションがある： ■ void レスポンス ■ ステータスコード200 または204 ■ ステータスコード202：リクエストが受け取られ、有効であることが確認されたが、処理は完了していない
GET	リソースの識別を可能にするすべてのパラメーターと、If-Modified-Since などのオプションヘッダー	ステータスコード200。レスポンスのボディには指定されたリソースの状態に関する情報が含まれている
HEAD	GET と同じ	ステータスコード200。レスポンスのボディには何も含まれず、リソースのメタ情報がHTTP ヘッダーとして返される
POST	この操作に関連するデータ。POST メソッドでは新しいリソースが作成されるため、ID は渡されない	POST リクエストが成功した場合は次のようになる： ■ ステータスコード201（created）だけでなく、ステータスコード200 または204 も有効 ■ 呼び出し元にとって重要な情報はレスポンスのボディに含まれている ■ Location HTTP ヘッダーに新たに作成されたリソースのURI が設定される
PUT	リソースの識別を可能にするすべてのパラメーターと、この操作に関連するデータ	レスポンスには次のオプションがある： ■ ステータスコードは200 または204 ■ void レスポンスも有効

ステータスコード200は、HTTPリクエストが成功したことを示します。通常、処理が成功した場合は、指定されたリソースのURIを返す必要があるかもしれません。たとえば、POSTリクエストの成功時に新たに作成されたリソースのURIを返すことは問題ありません。しかし、DELETEリクエストに関しては疑問の余地が残ります。というのも、もはや存在していないリソースを指しているURIが返されることになるからです。レスポンスを返さずに成功を通知するには、ステータスコード200と（必要に応じて）空のボディを返すか、成功と空のレスポンスを意味するステータスコード204を返すことができます。200と204のどちらを選択するかはHTTPメソッド次第ですが、Web APIの設計者の判断にもある程度左右されます。

エラーが発生した場合は、ステータスコード500を返すか、より具体的なエラーコードを返します。リソースが見つからない場合は、ステータスコード404を返します。認可されなかった場合は、ステータスコード401か、より具体的なエラーコードを返します。

■ REST を使用するとどうなるか

筆者の見解では、RESTは主に理念や哲学の問題です。一般に、哲学は人生に役立つものですが、その具体的な有用性は状況にも左右されます。切羽詰まった状況では、冷静沈着でいることは難しいものです。一方で、よい哲学があれば、そうした状況に陥る可能性を減らせるかもしれません。

言ってみれば、RESTはWeb APIの設計者であるあなた次第ということです。

RESTはWeb APIの構成をきちんと整理された状態に保つ手段となります。一方で、実装が部分的にしか整理されていないとしたら、他の部分がうまくできていたとしてもすべて台無しになってしまうかもしれません。

RESTはそもそも無条件によいものではなく、RPCはそもそも無条件に悪いものではありません。RESTの良し悪しは状況次第です。たとえば、顧客がライセンスを購入するパブリックAPIや、一般に公開されるパブリックAPIの計画を立てているとしたら、きちんと整理されていればいるほどよいはずです。筆者はビジネスイベントや大規模な公開イベントを実施するためのWebサービスをいくつも手がけていますが、RESTを使用しているものは1つもありません。ただし、ほとんどの場合は内部または提携先でそうしたWebサービスが使用されています。

RPCはそもそもビジネス指向であるため、おそらくRPCを使用するほうがより自然でしょう。RESTを使用する場合は、開発者による事前の計画や修養がかなり要求されます。ただし、RESTは魔法の杖ではありません。

RPCと比較すると、RESTではさらに次の2つの点を考慮しなければなりません。

- ハイパーメディア —— 具体的には、HTTPレスポンスが **_links** という追加のフィールドも返すという概念。このフィールドには、レスポンスを受け取った後にさらに実行できるアクションが含まれている。したがって、ハイパーメディアはクライアントが次に実行するかもしれないアクションに関する情報を提供するものとなる。

- クライアントにとってプラスに働く可能性があるRESTのもう1つの側面は、HTTPレスポンスがキャッシュ可能かどうかの宣言が期待されることである。

274　第4部　フロントエンド

10.2.2 │ ASP.NET Core での REST

　ASP.NET Core が登場する前、Microsoft は Web API フレームワークと呼ばれるものを提供していました。このフレームワークの目的は、RESTful Web API のプログラミングを完全にサポートする Web API を構築することでした。Web API フレームワークは ASP.NET パイプラインに完全に統合されていなかったため、このフレームワークに転送されたリクエストが専用のパイプラインを通過するとは限りませんでした。ASP.NET MVC 5.x アプリケーションで Web API を使用するという判断が妥当かどうかは状況によります。ASP.NET MVC 5.xの通常のコントローラーを使って、さらにはRESTfulインターフェイスを使って同じ目的を達成することは可能ですが、RESTful にするための機能が組み込まれているわけではありません。このため、アプリケーションをRESTful にするのは開発者の役目となります —— つまり、表10-2の要件を満たした上で、追加のコードを記述する必要があります。

　ASP.NET Core には、こうした特別な Web API フレームワークに相当するものはなく、アクション結果とヘルパーメソッドを備えたコントローラーがあるだけです。Web API を構築したい場合は、先に述べたように、JSON や XML などを返すだけです。RESTful API を構築したい場合は、さらに別のアクション結果とヘルパーメソッドを理解すればよいだけです。

■ RESTful API のアクション結果

　Web API 関連のアクション結果を表す型については、すでに第4章で取り上げました。表10-3は、実行される基本的なアクションごとにそれらのアクション結果をまとめたものです。

▼表 10-3：Web API 関連の IActionResult 型

型	説明
AcceptedResult	ステータスコード202を返し、リクエストの現在のステータスを通知する URI を設定する
BadRequestResult	ステータスコード400を返す
CreatedResult	ステータスコード201と、作成されたリソースの URI を返す。この URI は Location ヘッダーに設定される
NoContentResult	ステータスコード204と null コンテンツを返す
OkResult	ステータスコード200を返す
UnsupportedMediaTypeResult	ステータスコード415を返す

　これらのアクション結果型は、表10-2で示したREST の一般的な振る舞いに沿ったレスポンスを準備します。表10-3のいくつかの型には、振る舞いが少し異なるバージョンがあります。たとえば、ステータスコード202と201のアクション結果は3種類に分かれています。

　AcceptedResult 型 と **CreatedResult** 型 に加えて、**xxxAtActionResult** 型と **xxxAtRouteResult** 型があります。これらの型の違いは、指定された操作のステータスと作成されたリソースの場所を監視するためのURIの表現方法にあります。**xxxAtActionResult**型は、URI をコントローラーとアクション文字列のペアで表します。これに対し、**xxxAtRouteResult** 型はルート（route）名を使用します。

　他のいくつかのアクション結果型には、**xxxObjectResult** バージョンがあります。よい例は、**OkObjectResult** と **BadRequestObjectResult** です。**xxxObjectResult** 型には、レスポンスにオブジェクトを追加できるという違いがあります。したがって、**OkResult**

はステータスコード 200 を設定するだけですが、`OkObjectResult` はステータスコード 200 を設定することに加えて、開発者が選択したオブジェクトを追加します。この機能の一般的な用途は、不正なリクエストが送信されたときに、検出されたエラーを使って更新された `ModelState` ディクショナリを返すことです。また、リクエストの現在の時刻を設定できる `NotFoundObjectResult` もあります。

さらに、`NoContentResult` と `EmptyResult` の違いにも注目してください。どちらの型も空のレスポンスを返しますが、`EmptyResult` がステータスコード 200 を設定するのに対し、`NoContentResult` はステータスコード 204 を設定します。

▮▮ 一般的なアクションの骨組み

ASP.NET Core のコントローラーに基づく REST API のコードがどのようなものか見てみましょう。このサンプルコントローラーはニュースを表すリソースを提供します。HTTP GET、DELETE、POST、PUT メソッドに対するコントローラーアクションのコードは次のようになります。

```
[HttpPost]
public CreatedResult AddNews(News news)
{
  // ニュースを保存
  var newsId = SaveNewsInSomeWay(news);

  // HTTP 201を返し、URIをLocationヘッダーに設定
  var relativePath = String.Format("/api/news/{0}", newsId);
  return Created(relativePath, news);
}

[HttpPut]
public AcceptedResult UpdateNews(Guid id, string title, string content)
{
  // ニュースを更新
  var news = UpdateNewsInSomeWay(id, title, content);
  var relativePath = String.Format("/api/news/{0}", news.NewsId);
  return Accepted(new Uri(relativePath));
}

[HttpDelete]
public NoContentResult DeleteNews(Guid id)
{
  // ニュースを削除
  ...

  return NoContent();
}

[HttpGet]
public ObjectResult Get(Guid id)
{
  // ニュースを取得
  var news = FindNewsInSomeWay(id);
```

```
    return Ok(news);
}
```

　戻り値の型はどれも **IActionResult** を継承しており、実際のインスタンスは **Controller** 基底クラスで定義されている専用のヘルパーメソッドを使って作成されます。以前の Web API と比べて興味深いのは、コントローラーのヘルパーメソッドが REST の一般的な作業のほとんどを取り込むことで、処理を単純化することです。実際に **CreatedResult** クラスのソースコードを調べてみると、次のコードが見つかります。

```
// ObjectResult基底クラスから呼び出される
public override void OnFormatting(ActionContext context)
{
  if (context == null)
    throw new ArgumentNullException("context");

  base.OnFormatting(context);
  context.HttpContext.Response.Headers["Location"] =
      (StringValues) this.Location;
}
```

　以前の Web API では、このコードのほとんどを自分で書かなければなりませんでした。ASP.NET Core では、コントローラークラスを RESTful にする処理がうまく実装されています。ASP.NET Core の Web API 関連のクラスのコードは、ASP.NET の GitHub リポジトリ ❶ で調べることができます。

■ コンテンツネゴシエーション

　コンテンツネゴシエーションは、ASP.NET Core のコントローラーの機能です。この機能は ASP.NET MVC 5 のコントローラーではサポートされておらず、Web API フレームワークのニーズに合わせて導入されたものです。ASP.NET Core では、この機能はエンジンに組み込まれており、開発者が利用できるようになっています。名前からもわかるように、コンテンツネゴシエーションは呼び出し元と Web API の間で自動的に行われる交渉です。この交渉は、呼び出し元に返されるデータの実際のフォーマットを取り決めることに関連しています。

　コンテンツネゴシエーションが考慮されるのは、リクエストに **Accept** ヘッダーが含まれていて、呼び出し元が理解できる MIME タイプが指定されている場合です。既定では、ASP.NET Core から返されるオブジェクトはすべて JSON としてシリアライズされます。たとえば、次のコードでは、コンテンツネゴシエーションによって別のフォーマットに決定されない限り、**News** オブジェクトは JSON としてシリアライズされます。

```
[HttpGet]
public ObjectResult Get(Guid id)
{
  // ニュースを取得
```

❶ https://github.com/aspnet/Mvc/tree/master/src/Microsoft.AspNetCore.Mvc.Core

```
  var news = FindNewsInSomeWay(id);

  return Ok(news);
}
```

Accept ヘッダーを検出したコントローラーは、このヘッダーに列挙された MIME タイプ
を順番に調べて、提供可能なフォーマットを探します。このスキャンは MIME タイプが指定
された順に行われます。コントローラーがサポートできる MIME タイプが見つからない場合は、
JSON が使用されます。

コンテンツネゴシエーションが開始されるのはリクエストに **Accept** ヘッダーが含まれて
いる場合であり、コントローラーから返されるレスポンスの型は **ObjectResult** になります。
コントローラーのレスポンスを（たとえば）**Json** メソッドを使ってシリアライズする場合は、
どのようなヘッダーが送信されたとしても、コンテンツネゴシエーションは行われません。

注

アクション結果型の 1 つである **UnsupportedMediaTypeResult** は、コンテンツネ
ゴシエーションと何やら関係がありそうです。このアクション結果の処理では、HTTP ス
テータスコード 415 が返されます。このステータスコードは、リクエストの内容を説明
する **Content-Type** ヘッダー（**Accept** とは別の HTTP ヘッダー）が送信されたこと
を意味します。このヘッダーは、たとえば、アップロードしている画像ファイルの実際の
フォーマットを示します。そのタイプのコンテンツをコントローラーがサポートしてい
ない場合（たとえば PNG がアップロードされているものの、サーバーが PNG をサポー
トしていないなど）、ステータスコード 415 が返されることがあります。というわけで、
UnsupportedMediaTypeResult 型は実際にはコンテンツネゴシエーションとは無関係で
す。

10.3 | Web API をセキュリティで保護する

Web アプリケーションをセキュリティで保護することは、HTTP を使ってアクセスする
Web API をセキュリティで保護することよりも簡単です。Web アプリケーションは Web ブ
ラウザーによって使用され、Web ブラウザーでは Cookie を使って簡単に対処できるからです。
ASP.NET Core では、アクションメソッドに **Authorize** 属性を追加することで、そのメソッ
ドを呼び出せるのは認証済みのユーザーだけであることをランタイムに伝えます。ASP.NET
Core（およびあらゆる種類の Web アプリケーション）では、ユーザーの ID に関する情報を
格納・転送する主な手段は Cookie です。これに対し、Web の API に関しては、検討しな
ければならないシナリオが他にもあります。クライアントはデスクトップアプリのこともあれ
ば、（よりも可能性が高い）モバイルアプリのこともあります。Cookie はできるだけ多くの
クライアントが Web API を利用できるようにするのに役立ちますが、翻って、Web API を
保護するための効果的な手段ではなくなっています。

本書では、Web API のセキュリティオプション全体を、「単純だが効果は限定的」と「ベ
ストプラクティス」の 2 種類の手法に分けることにします。

10.3.1 | 本当に必要なセキュリティだけを計画する

　セキュリティがとても大事なことであるというなら、そもそもベストプラクティスと呼べないものを検討するのはなぜでしょうか。その理由は、セキュリティの意味が人それぞれだからです。セキュリティは非機能的な要件であり、その重要性は状況によって変化します。筆者は本番環境において認可層がまったくない Web API を使用しています。つまり、URL さえわかれば誰でもこの Web API を呼び出すことができます。また、ごく基本的なアクセス制御層を実装する Web API も使用しています。思いつけるシナリオの大部分はそれで十分だからです。最後に、ベストプラクティスのアクセス制御を使用している Web API も 2 つあります。

　「単純だが効果は限定的」と「ベストプラクティス」のどちらの手法を選択するかは、ベストプラクティスのセキュリティを実装するのにかかる時間とコストによって決まります。この意思決定の決め手となるのは、その Web API を使って格納・共有するデータがどれくらい重要であるかです。一般に公開されるデータや機密性のないデータを共有する読み取り専用の Web API では、アクセス制御はそれほど問題ではありません。

　この話のついでに、筆者が受け持っている ASP.NET MVC コースの 1 つで最近起きたエピソードを紹介したいと思います。ASP.NET MVC のセキュリティモジュールについて講義を行っている途中で、筆者が説明しているプリンシパル、ロール、クレーム、トークンなどがいったいなぜ必要なのかという質問がありました。そこで、すべてデータの重要性次第であることをやんわりと指摘しました。この受講生の答えに筆者は笑ってしまいましたが、要点を明確にするのに役立ちました。「私のアプリケーションで起きることと言えば、1 人のユーザーが誰かの牛の写真を眺めることくらいです。全然たいしたことじゃないですね」。まったく同感です。

> **重要**
>
> 　アクセス制御の対象となるアクションメソッドで **Authorize** 属性を使用する方法は、Web API ではうまくいきますが、ユーザーの身元を確認できるのは Web ブラウザークライアントを使って接続している場合だけです。ユーザーがモバイルアプリやデスクトップアプリを使って Web API にアクセスする場合は、Cookie をサポートする方法を見つけ出さなければなりません。Windows には、そのための API があります。モバイルアプリでは、基本的に Web ビューを使って Cookie に対処する特別なフレームワークを使って接続することができます。Web API をセキュリティで保護するにあたって肝心なのは、Cookie を使用することなく ID を確実に検出する、統一されたアプローチを見つけ出すことです。

10.3.2 | より単純なアクセス制御手法

　Web API の上にアクセス制御層を追加するための選択肢をいくつか見てみましょう。どれも完璧なものではありませんが、まったく効果がないわけではありません。

■ Basic 認証

　Web API にアクセス制御を組み込む最も単純な方法は、Web サーバーに組み込まれている Basic 認証を使用することです。Basic 認証では、1 つ 1 つのリクエストにユーザーの認証情報が含まれていることが前提となります。

第10章　Web API の設計　　279

Basic 認証には長所と短所があります。Basic 認証は主要なブラウザーでサポートされており、インターネット規格であり、設定が簡単です。一方で、認証情報がリクエストごとに送信されることになり、しかもそれらは平文（クリアテキスト）です。

Basic 認証では、送信された認証情報がサーバー側で検証されることになります。リクエストが処理されるのは、認証情報が有効な場合だけです。認証情報がリクエストに含まれていない場合は、対話形式のダイアログボックスが表示されます。実際には、何らかのデータベースに保存されているアカウントと認証情報を照合するための特別なミドルウェアも必要となります。

> **注**
>
> 　Basic 認証は単純であり、認証情報を独自に検証する層と組み合わせれば、かなり効果的です。認証情報が平文で送信されるという制限を克服するために、Basic 認証は常に HTTPS で実装してください。

■ トークンベースの認証

トークンベースの認証は、Web API がアクセストークンを受け取って検証し、トークンが期限切れになっておらず、アプリケーションにとって有効である場合にリクエストを処理する、というものです。一般に、アクセストークンは GUID か、英数字の文字列です。アクセストークンを発行する方法はさまざまです。最も単純な方法は、顧客から Web API を使用したいという問い合わせがあったときに、アクセストークンをオフラインで発行することです。この場合は、開発者がアクセストークンを作成し、特定の顧客に割り当てます。その時点から、Web API が正しく使用されなかったり悪用されたりした場合の責任はその顧客が負うことになります。そして、サーバー側のメソッドが実行されるのは、サーバーによってアクセストークンが認識された場合だけとなります。

Web API のバックエンドでは、アクセストークンを追跡するための層が必要になります。この層については、メソッドにコードとして追加するか、（さらによいのは）アプリケーションのミドルウェアとして設定することができます。アクセストークンは、URL に（たとえばクエリ文字列パラメーターとして）追加するか、HTTP ヘッダーとしてリクエストに埋め込むことができます。どちらの方法も完璧ではなく、安全性は似たり寄ったりです。どちらの方法でも、アクセストークンの値が傍受される可能性があります。どちらかと言えば、URL に直接表示されない HTTP ヘッダーを使用するほうがよいでしょう。

防御力を強化するために、アクセストークンに厳格な有効期限ポリシーを適用することもできます。ですが全体的に見て、この手法の強みは、Web API が正しく使用されなかったり悪用されたりした場合に誰が責任を負うのかが常にわかっていて、アクセストークンが無効にされるのをいつでも阻止できることにあります。

■ 他のアクセス制御手法

ここまで説明してきた手法に加えて（またはそれらの代わりに）、特定の URL や IP アドレスから送信されたリクエストだけを処理するという方法もあります。コントローラーメソッドの中でリクエストの送信元の IP アドレスを調べる方法は次のようになります。

```
var ip = HttpContext.Connection.RemoteIpAddress;
```

ただし、アプリケーションのフロントエンドに（Nginx などの）ロードバランサーが配置されている場合、IP アドレスを取得するのはそう簡単ではない可能性があることに注意してください。`X-Forwarded-For` という HTTP ヘッダーを調べて対処するフォールバックロジックが必要になるかもしれません。

送信元の URL は、通常は `referer` ヘッダーに設定されます。この HTTP ヘッダーは、リクエストを送信したユーザーが最後に訪れていたページを示します。このため、`referer` ヘッダーに特定の値が含まれている場合にのみ Web API でリクエストを処理する、という設定も可能です。ただし、特殊なロボットを使用すれば、HTTP ヘッダーを簡単に設定できてしまいます。

一般的には、`referer` や `user-agent` などの HTTP ヘッダーや IP アドレスを調べるといった手法は、セキュリティのハードルをさらに引き上げるための主な手段となります。

10.3.3 | Identity Server を使用する

一般に、Identity Server は、多くのアプリケーションやコンポーネントの中央に配置され、ID サービスを外部に委託するサービスです。つまり、認証ロジックを独自に管理するのではなく、そうしたサーバーを設定して処理を任せるのです。Web API の ID サーバーでは、あらかじめ設定された関連する API 間でのシングルサインオンとアクセス制御の 2 つの機能を提供できます。ASP.NET Core 空間で（そして従来の ASP.NET 空間でも）よく使用されているのは、IdentityServer 4 for ASP.NET Core[2]（以下、Identity Server）です。Identity Server はオープンソースであり、OpenID Connect プロトコルと OAuth プロトコルを実装しています。この点で、Identity Server は Web API をセキュアに保つためのアクセス制御の委任先として申し分のないツールであると見なされています。ここからは、IdentityServer 4 for ASP.NET Core について見ていきましょう。

注

Identity Server を使って Web API へのアクセスを制御することの利点は、アクションメソッドには引き続き `Authorize` 属性を追加するものの、ユーザーの ID を提示する手段として Cookie が使用されないことにあります。Web API は認証トークンを HTTP ヘッダーとして受け取ります（そしてチェックします）。選択した Identity Server インスタンスに Web API にアクセスする権限を持つユーザーのデータを設定すると、認証トークンの内容がその Identity Server インスタンスによって設定されるようになります。Identity Server によって保護される Web API では Cookie がまったく必要ないため、モデルアプリ、デスクトップアプリ、そして現在（および将来）の HTTP クライアントに簡単に対応できます。

■ Identity Server を使用するための準備

Identity Server が Web API やその有効なクライアントとどのようにやり取りするのかを俯瞰的に捉えると、図 10-2 のようになります。

---

[2] https://identityserver.io/
https://github.com/IdentityServer/IdentityServer4

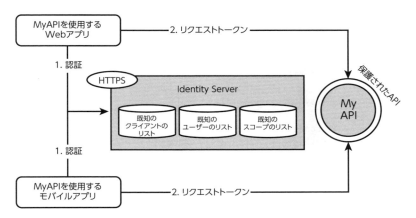

▲図10-2：Identity Serverによって保護されるWeb APIの全体像

　Identity Serverは単体で実行されるアプリケーションでなければなりません。ASP.NET Coreでは、Kestrelを通じて直接提供するか、リバースプロキシを使って提供することが可能です。いずれにしても、サーバーにアクセスするための既知のHTTPアドレスが必要です。公平を期すために言うと、サーバーにアクセスするための既知のHTTPSアドレスが必要です。HTTPSはネットワーク経由でやり取りされるデータにプライバシーを追加します。Identity Serverによってアクセス制御が提供されるとはいえ、現実的には、Identity Serverの上位層としてHTTPSを常に追加すべきです。

　図10-2に示したように、Identity ServerはWeb APIから独立したアプリケーションであることが推奨されます。このことを具体的に示すために、Identity Serverのホスティング、サンプルWeb APIのホスティング、そしてクライアントアプリケーションのシミュレーションという3つのプロジェクトに取り組むことにします。

■ Identity Serverのホスト環境を構築する

　Identity Serverをホストするには、まず新しいASP.NET Coreプロジェクトを作成し、**IdentityServer4**というNuGetパッケージを追加します。すでにASP.NET Identity[3]を使用している場合は、**IdentityServer4.AspNetIdentity**も追加するとよいでしょう。なお、実際に有効にする機能に応じて、さらにパッケージが必要になることがあります。スタートアップクラスは次のようになります（実際に設定を行うためのメソッドは後ほど示します）。

```
public class Startup
{
  public void ConfigureServices(IServiceCollection services)
  {
    services.AddIdentityServer()
        .AddDeveloperSigningCredential()
        .AddInMemoryApiResources(Config.GetApiResources())
        .AddInMemoryClients(Config.GetClients());
  }
```

[3] 第8章を参照。

```
public void Configure(IApplicationBuilder app, IHostingEnvironment env)
{
  app.UseDeveloperExceptionPage();
  app.UseIdentityServer();

  app.Run(async (context) =>
  {
    await context.Response.WriteAsync(
        "<h1>Welcome to Identity Server - Pro ASP.NET Core book</h1>");
  });
}
```

ホームページは図10-3のようになります。現時点のサーバーにはエンドポイントもユーザーインターフェイスもありませんが、管理者が設定を変更するためのユーザーインターフェイスを追加するのは開発者の役目です。なお、IdentityServer 4のAdminUIサービス❹がアドオンとしてリリースされています。

▲図10-3：実行中のIdentity Server インスタンス

Identity Serverの構成パラメーターについて詳しく見ていきましょう。ここでは、クライアント、APIリソース、認証情報の署名を追加する方法を紹介します。

■ Identity Server にクライアントを追加する

クライアントのリストは、Identity Serverに接続し、Identity Serverによって保護されているリソースやAPIにアクセスすることが可能なクライアントアプリケーションを表します。クライアントアプリケーションに許可される操作とその範囲（スコープ）はクライアントごとに設定されていなければなりません。たとえば、クライアントアプリケーションから呼び出せるAPIを制限することが可能です。最低でも、クライアントアプリケーションのIDとシークレットに加えて、グラントタイプとスコープを設定する必要があるでしょう。

---

❹ https://www.identityserver.com/products/

```
public class Config
{
  public static IEnumerable<Client> GetClients()
  {
    return new List<Client>
    {
      new Client
      {
        ClientId = "contoso",
        ClientSecrets = { new Secret("contoso-secret".Sha256()) },
        AllowedGrantTypes = GrantTypes.ClientCredentials,
        AllowedScopes = { "weather-API" }
      }
    };
  }
...
```

　ソーシャルネットワークの API を試してみたことがある場合、ID とシークレットはもうおなじみでしょう。たとえば、Facebook のデータにアクセスするには、最初に Facebook アプリケーションを作成します。このアプリケーションは（Identity Server が ID およびシークレットと呼んでいる）2 つの文字列によって完全に識別されます。グラントタイプは、クライアントが Identity Server とどのようにやり取りできるかを指定します。クライアントアプリケーションには、複数のグラントタイプを割り当てることができます。なお、ここでクライアントアプリケーションと呼んでいるものが実際に実行されているアプリケーションと同じものではないことに注意してください。ここで説明している「クライアントアプリケーション」は、OpenID Connect と OAuth2 の概念です。たとえば、実際のモバイルアプリや Web サイトは、同じクライアントアプリケーションを使って Identity Server にアクセスできます。

　Web API を保護したい場合、通常は**ClientCredentials**を使用します。つまり、リクエストトークンは（個々のユーザーごとに必要なのではなく）クライアントアプリケーションでのみ必要となります。言い換えるなら、Web API の所有者であるあなたは、クライアントアプリケーションとそのユーザー全員にアクセスを許可することになります。ただし、Identity Server を利用すれば、アクセス制御をユーザーごとに実施できるようになります。その場合は、複数のグラントタイプが必要になります。さらに、同じクライアントアプリケーションに対して複数のグラントタイプが必要になることもあります。サーバー間通信での Web API の保護以外のシナリオについては、Identity Server のドキュメント❺が参考になるでしょう。

　ClientCredentials オプションを使用する場合のフローは図 10-2 とまったく同じになります。保護されている Web API を呼び出さなければならない実際のアプリケーションは、最初に Identity Server のトークンエンドポイントにトークンリクエストを送信します。その際には、指定された Identity Server クライアントのいずれかの認証情報（ID とシークレット）を使用します。認証が成功した場合は、そのクライアントを表すアクセストークンがアプリケーションに返されます。アプリケーションはこのアクセストークンを Web API に渡しますが、この点については後ほど詳しく説明します。

---

❺ http://docs.identityserver.io/en/latest/topics/grant_types.html

第4部 フロントエンド

■ Identity Server に API リソースを追加する

一般に、API リソースとは、不正アクセスから保護したいリソース（Web API など）のことです。具体的に言うと、API リソースは Identity Server 内で Web API を識別するラベルにすぎません。API リソースはキーと表示名で構成されます。クライアントアプリケーションは API リソースを使って自身のスコープを設定します —— Facebook アプリケーションでアクセスしたいユーザーのクレームを宣言する方法とほぼ同じです。対象となる API リソースを宣言すると、クライアントアプリケーションはスコープ外の Web API やその一部にアクセスできなくなります。Web API が処理する API リソースは、Identity Server への登録時に宣言します。

```
public class Config
{
  public static IEnumerable<ApiResource> GetApiResources()
  {
    return new List<ApiResource>
    {
      new ApiResource("fun-API", "My API just for test and fun"),
      new ApiResource("weather-API", "My fabulous weather API")
    };
  }
  ...
}
```

これにより、`fun-API` と `weather-API` の2つのリソースをサポートするように Identity Server が設定されます。なお、先ほど定義したクライアントアプリケーションの対象となるのは、`weather-API` だけです。

■ クライアントとリソースの永続化

この例では、静的に定義されたクライアントとリソースを使用しています。デプロイされたアプリケーションではあり得なくもない話ですが、あまり現実的ではありません。このような設定は閉鎖的な環境では意味を持つかもしれません。つまり、アプリケーションのすべてのコンポーネントをあなたが管理していて、何かを変更しなければならない場合や、新しいリソースやクライアントが要求された場合には、Web API、サーバー、実際のアプリケーションのコンパイルとデプロイをやり直すことができるような環境です。

それよりも可能性が高いのは、クライアントとリソースが何らかの永続化ストアから読み込まれるという状況です。これには2つの方法があります。1つは、クライアントとリソースを取得し、それらをメモリ内のオブジェクトとして Identity Server に渡すコードを記述することです。もう1つは、Identity Server に組み込まれているインフラストラクチャを活用することです。

```
services.AddIdentityServer()
  .AddDeveloperSigningCredential()
  .AddConfigurationStore(options =>
  {
    options.ConfigureDbContext = builder =>
```

```
        builder.UseSqlServer("connectionString...",
            sql => sql.MigrationsAssembly(migrationsAssembly));
    })
    ...
```

　この方法をとる場合は、自動的に作成されるデータベースのスキーマを渡すためのマイグレーションが必要です。マイグレーションアセンブリを作成するには、別の NuGet パッケージ（`IdentityServer4.EntityFramework`）に含まれている特別なコマンドを実行する必要があるため、このパッケージもインストールする必要があります。また、Identity Server では、パフォーマンスを理由としてキャッシュコンポーネントを組み込むことも可能です。この場合は、データを保存するために実際に使用するテクノロジに関係なく、組み込まれるコンポーネントが特定のインターフェイスを実装していれば十分です。

注

　永続化と署名に関するさまざまなオプションをひととおり理解したい場合は、Identity Server のドキュメントが参考になるでしょう。

http://docs.identityserver.io/en/latest/quickstarts/7_entity_framework.html

---

▌認証情報に署名する

　少し前に示したスタートアップクラスのコードでは、一時的なキーを作成するために `AddDeveloperSigningCredential` メソッドを使用していました。作成されたキーは、ID を確認するために送り返されるトークンへの署名に使用されます。このコードを最初に実行した後にプロジェクトを調べてみると、`tempkey.rsa` という名前の JSON ファイルが追加されていることがわかります。

```
{"KeyId":"c789...","Parameters":{"D":"ndm8...",...}}
```

　試してみる分にはこれでもよいのですが、本番環境では間違いなく永続化キーや証明書に置き換える必要があります。現実的には、何らかの時点で（おそらく現在の環境を調べた後に）`AddSigningCredential` メソッドに切り替える必要があるでしょう。このメソッドは署名キーサービスを追加するものであり、このサービスは `AddDeveloperSigningCredential` メソッドが動的に作成するものと同じキー情報を永続化ストアから取得します。`AddSigningCredential` メソッドには、`X509Certificate2` 型のオブジェクトや証明書ストアに格納されている証明書への参照など、さまざまなフォーマットのデジタル署名を渡すことができます。

```
AddIdentityServer()
    .AddSigningCredential("CN=CERT_SIGN_TEST_CERT");
```

　また、`SigningCredentials` クラスのインスタンスや `RsaSecurityKey` を指定することも可能です。

286　第4部　フロントエンド

> **注**
>
> 　署名に関するオプションについてひととおり理解したい場合は、Identity Server のドキュメントを参照してください。
>
> http://docs.identityserver.io/en/latest/topics/crypto.html

■ Web API を Identity Server に適応させる

　この時点で、Identity Server が稼働し、Web API へのアクセスを制御する準備が整っています。しかし、この Web API には Identity Server に接続するためのコード層がまだありません。Identity Server による認可を追加するには、次の2つの作業が必要です。1つは、`IdentityServer4.AccessTokenValidation` パッケージを追加することです。このパッケージは Identity Server から送られてきたトークンを検証するために必要なミドルウェアを追加します。もう1つは、Identity Server を次のように設定することです。

```
public void ConfigureServices(IServiceCollection services)
{
  // MVCアプリケーションモデルを設定
  services.AddMvcCore();
  services.AddAuthorization();
  services.AddJsonFormatters();
  services.AddAuthentication(
      IdentityServerAuthenticationDefaults.AuthenticationScheme)
    .AddIdentityServerAuthentication(x =>
    {
      x.Authority = "http://localhost:5001";
      x.ApiName = "weather-API";
      x.RequireHttpsMetadata = false;
    });
}
```

　このコードで使用している MVC アプリケーションモデルの設定は、必要最低限のものであることに注意してください。認証方式は `Bearer` であり、`Authority` パラメーターは配置されている Identity Server の URL を表します。`ApiName` パラメーターは、Web API が実装する API リソースを表します。`RequireHttpsMetadata` パラメーターは、この API エンドポイントを検出するにあたって HTTPS が要求されないことを示しています。

　また、公開したくない API はすべて `Authorize` 属性の下にまとめてしまいましょう。ユーザー情報は `HttpContext.User` プロパティを使って調べることができます。必要な作業は以上です。Web API にアクセストークンが渡されると、Identity Server のアクセストークン検証ミドルウェアがそのアクセストークンを調べ、リクエストのユーザースコープを `ApiName` プロパティの値と照合します（図10-4）。一致するものが見つからなかった場合は、アクセスが認可されていないことを表すエラーコードが返されます。

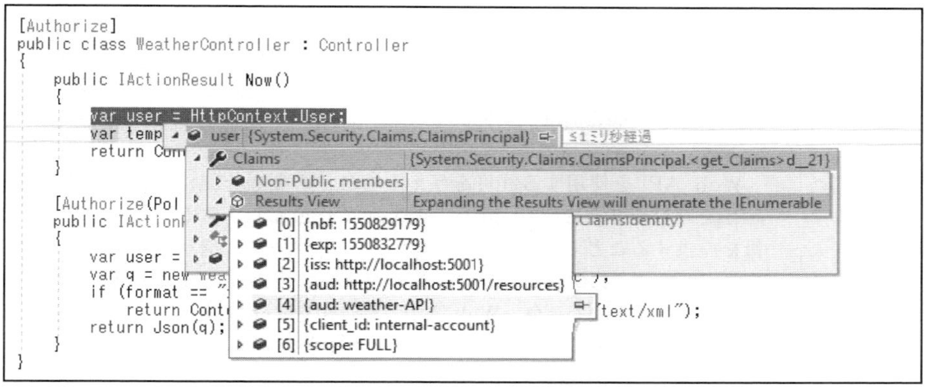

```
[Authorize]
public class WeatherController : Controller
{
    public IActionResult Now()
    {
        var user = HttpContext.User;
        var temp    ⚙ user {System.Security.Claims.ClaimsPrincipal}  ≤1ミリ秒経過
        return Con  ▶ ⚙ Claims            {System.Security.Claims.ClaimsPrincipal.<get_Claims>d__21}
    }                  ▶ ● Non-Public members
                       ▲ ⚙ Results View     Expanding the Results View will enumerate the IEnumerable
    [Authorize(Pol ▶        ▶ ● [0] {nbf: 1550829179}                    laimsIdentity}
    public IActionR ▶       ▶ ● [1] {exp: 1550832779}
                      ▶      ▶ ● [2] {iss: http://localhost:5001}
        var user =   ▶      ▶ ● [3] {aud: http://localhost:5001/resources}
        var q = new weu      ▶ ● [4] {aud: weather-API}
        if (format == "      ▶ ● [5] {client_id: internal-account}  ⇥ text/xml");
            return Cont       ▶ ● [6] {scope: FULL}
        return Json(q);
    }
}
```

▲図10-4：Visual Studio でHttpContext.User オブジェクトの内容を確認する

実際に API を呼び出す方法を見てみましょう。

■ すべてを 1 つに組み合わせる

　セキュリティ層を追加したため、呼び出し元がWeb APIに接続するには、認証情報を提供しなければなりません。この接続は次の2つの手順に分かれています。まず、あらかじめ設定されたIdentity Server のエンドポイントから呼び出し元がリクエストトークンの取得を試みます。その際、呼び出し元は認証情報を提示します。この認証情報はIdentity Server に登録されているクライアントアプリケーションのものと一致しなければなりません。次に、認証情報が確認された場合は、Web APIに渡さなければならないアクセストークンが発行されます。コードは次のようになります。

```
// Identity Serverのインスタンスにトークンをリクエストするための実際のURLを取得
// 既定値は<server-URL>/connect/token
var disco = DiscoveryClient.GetAsync("http://localhost:5001").Result;

// Web APIを呼び出すためにアクセストークンを取得
// 使用するクライアントアプリケーションのIDとシークレットの提示が必要
var tokenClient = new TokenClient(disco.TokenEndpoint,
                                  "public-account", "public-account-secret");

var tokenResponse = tokenClient.RequestClientCredentialsAsync("weather-API")
                              .Result;
if (tokenResponse.IsError) { ... }
```

　このコードで使用されているクラスは、クライアントアプリケーションプロジェクトに**IdentityModel** という NuGet パッケージが追加されていることを要求します。最後に、Web API を呼び出すときには、アクセストークンがHTTP ヘッダーとして追加されていなければなりません。

```
var client = new HttpClient();
client.SetBearerToken(tokenResponse.AccessToken);
var response = client.GetAsync("http://localhost:5002/weather/now").Result;
if (!response.IsSuccessStatusCode) { ... }
```

　Web API を使用する許可を与える場合、必要な作業は次の2つだけです。1つは、Web API を呼び出すためにIdentity Server で作成したクライアントアプリケーションの認証情報を提供することです。もう1つは、API リソースに割り当てた名前を提供することです。また、顧客ごとにクライアントアプリケーションを作成し、追加のクレームをリクエストごとに指定するようにするか、Web API で実際の呼び出し元のID を確認する認可コードを実行し、その結果に基づいて判断を下すこともできます。

10.4 │ まとめ

　Web API は現在のほとんどのアプリケーションに共通する要素です。Web API は、Angular やMVC フロントエンドにデータを提供したり、モバイルアプリやデスクトップアプリにサービスを提供したりするために使用されます。Web-to-Web のシナリオでは、Cookie を使ってセキュリティを簡単に実装することができます。一方で、Bearer-Bearer アプローチではCookie に依存することがまったくないため、どのHTTP クライアントからでもWeb API を簡単に呼び出すことができます。

　Identity Serverは、Web API（およびWebアプリケーション）とその呼び出し元との間で、ソーシャルネットワークとほぼ同じ方法で認証を提供するアプリケーションです。そのベースとなるプロトコルもまったく同じで、OpenID Connect とOAuth2を使用します。Identity Server はオープンソースであるため、各自の環境に合わせて認証／認可サーバーとしてセットアップできます。

第11章

クライアント側からのデータ送信

大事なのはどのように生まれついたかではなく、どのように成長するかである。
—— J. K. ローリング、『ハリー・ポッターと炎のゴブレット』

　周知のとおり、HTML フォームから Web サーバーへのデータ送信という問題は、これまでずっと頭を悩ませるものではありませんでした。HTML に何もかも任せてしまえばよいため、HTML の基本的な構文を使いこなす方法さえ覚えてしまえば、それでよかったからです。フォームに関する限り、HTML の構文は最初に定義されてから HTML5 に至るまでまったく変化していません。本章では現実に向き合います。というのも、エンドユーザーは数年前ほど従来の HTML フォームに寛容ではなくなっているからです。ブラウザーにフォームの送信を任せることは、ページ全体が更新されることを意味します。ログインフォームなどでは容認されるかもしれませんが、ユーザーを別のページへ移動させる差し迫った事情があるならともかく、内容の一部を送信するだけのフォームでは見過ごすわけにはいきません。

　本章では、HTML フォームを詳しく見ていきます。まず、HTML の構文をざっと紹介した後、クライアント側の JavaScript コードを使ってフォームの内容を実際に送信します。JavaScript を使った処理では、サーバー側からのフィードバックへの対処や現在のビューの部分的な更新など、新たな問題が浮上します。

11.1 │ HTML フォームの構成

　HTML フォームの内容は、フォームに含まれている送信ボタンの1つが押されたときに、ブラウザーによって自動的に送信されます。ブラウザーは、`<form>` 要素で囲まれている入力フィールドを自動的にスキャンし、それらの内容を文字列としてシリアライズし、ターゲット URL への HTTP コマンドを準備します。HTTP コマンドの種類（通常は POST）とターゲット URL の設定には、`<form>` 要素の属性が使用されます。ターゲット URL の背後にあるコード —— ASP.NET MVC アプリケーションではコントローラーのアクションメソッド —— では、送信された内容を処理し、通常は新しい HTML ビューを提供します。送信されたデータの処理に関するフィードバックは、呼び出し元に返されるページに埋め込まれます。さっ

290 第4部 フロントエンド

そく、HTMLフォームの構文と問題点をざっと確認してみましょう。

11.1.1 | HTMLフォームの定義

HTMLフォームは<input>要素の集まりでできています。送信ボタンの1つが押されると、<input>要素の値がまとめてリモートURLへ送信されます。フォームには、送信ボタンを1つ以上追加することができます。送信ボタンが1つも定義されていない場合、特別なスクリプトコードを使用しない限り、フォームを送信することはできません。

```
<form method="POST" action="@Url.Action(action, controller)">
  <input type="text" value="" />
  ...
  <button type="submit">Submit</button>
</form>
```

フォームには、<input>要素をいくつでも必要なだけ追加することができます。<input>要素はそれぞれtype属性の値によって判別されます。この属性の有効な値はtext、password、hidden、date、fileなどです。<input>要素のvalue属性には、最初に表示される内容と、送信ボタンが押されたときにアップロードされる内容が含まれています。

<form>要素には、子要素である<input>によって生成される内容以外にユーザーインターフェイスはありません。必要なスタイルはすべてCSSを使って追加しなければならず、使用したいレイアウトはすべて<form>要素の中かその周囲に追加しなければなりません。HTMLフォームに関しては、特に新しいことや複雑なことは何もありませんが、基本的な用途を超える使い方をすると副次的な問題が発生します。全体的に見て、MVCアプリケーションモデルにおけるフォーム関連のプログラミングには、次の3つの問題があります。

■ フィールドに複数の送信ボタンが存在する場合、どのボタンを使ってフォームを送信したのかをどれくらい簡単に特定できるか

■ 必要な入力フィールドが多すぎる場合、フォームをどのようにレイアウトすればよいか

■ フォームが送信され、その内容が処理された後、画面をどのように更新すればよいか

これらの問題について詳しく見ていきましょう。

■ 複数の送信ボタン

フォームの内容を送信すると、サーバー側で数種類のアクションが開始されることがあります。サーバー側で実行すべきアクションを理解するにはどうすればよいでしょうか。送信ボタンが1つだけの場合は、実行すべきタスクをMVCコントローラーが突き止めるのに十分な情報をフォームのどこかに追加しなければなりません。あるいは、フォームに複数の送信ボタンを配置するかです。

フォームに複数の送信ボタンを配置する場合は、どのボタンがクリックされてもターゲットURLは常に同じです。そして、先ほどと同様に、実行したいアクションをサーバーに伝えるという問題が残っています。この情報を<button>要素自体に組み込む方法を見てみましょう。

第 11 章　クライアント側からのデータ送信　291

```
<form class="form-horizontal">
<div class="form-group">
  <div class="col-xs-12">
    <button name="option" value="add" type="submit">ADD</button>
    <button name="option" value="save" type="submit">SAVE</button>
    <button name="option" value="delete" type="submit">DELETE</button>
  </div>
</div>
</form>
```

　ブラウザーは、送信ボタンの名前（name）をその要素の値（value）とともに送信するように設計されています。しかし、送信ボタンのname属性とvalue属性は設定されないことがほとんどです。これらの値を省略することが認められるのは、フォームを送信できるボタンが1つだけの場合です。しかし、フォームを送信できるボタンが複数存在する場合は、これらの属性の値を指定することが不可欠となります。name属性とvalue属性はどのように設定すればよいでしょうか。MVCアプリケーションモデルでは、送信されたデータはすべてモデルバインディング層によって処理されます。このことに気づけば、すべての送信ボタンに同じ名前を割り当て、サーバー側で次のアクションの特定に使用できる一意な値をvalue属性に格納できることがわかります。

　いっそのこと、value属性に指定される値をenum型の要素に関連付けてもよいでしょう。

```
public enum Options
{
  None = 0,
  Add = 1,
  Save = 2,
  Delete = 3
}
```

　図11-1は、複数の送信ボタンが配置されたフォームを送信するときに先のようなHTMLコードを使用するとどうなるのかを示しています。

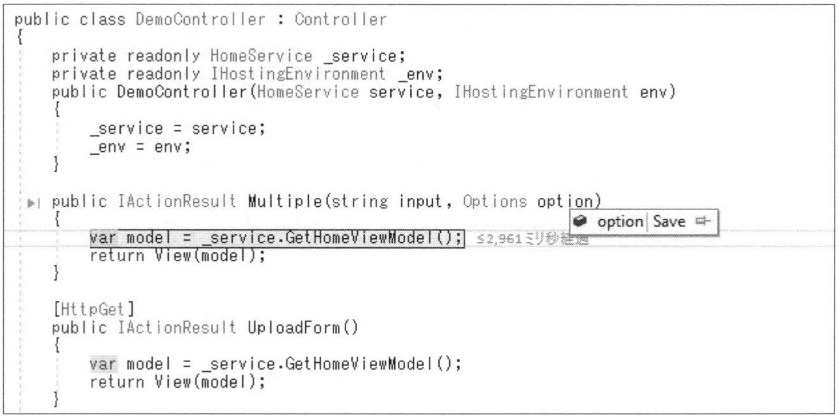

```
public class DemoController : Controller
{
    private readonly HomeService _service;
    private readonly IHostingEnvironment _env;
    public DemoController(HomeService service, IHostingEnvironment env)
    {
        _service = service;
        _env = env;
    }

▶  public IActionResult Multiple(string input, Options option)
    {
        var model = _service.GetHomeViewModel();  ≤2,961ミリ秒経過    [option Save ⇨]
        return View(model);
    }

    [HttpGet]
    public IActionResult UploadForm()
    {
        var model = _service.GetHomeViewModel();
        return View(model);
    }
```

▲図11-1：送信ボタンの値がenum型の対応する値にマッピングされる

第4部 フロントエンド

■ 大きなフォーム

　圧倒されるような数の入力フィールドをフォームに配置しなければならないのはよくあることです。スクロール可能な長いHTMLフォームを使用するのは1つの手ですが、ユーザーエクスペリエンスの観点からすると最も効果的であるとは言えません。何よりもまず、ユーザーがフィールドの間を上下に移動しなければならず、集中力が途切れて何を入力したのかを忘れてしまうことがあります。また、値の入力ミスという問題もあります。さらに問題なのは、データを入力する順序が厳格に決まっていて、あるデータの入力がその後の入力に影響をおよぼすような場合です。このような理由により、1つの大きなフォームは決してよいアイデアではありません。大きなフォームを扱いやすい小さなフォームに分割したいところですが、さてどうすればよいでしょうか。

　ここでひらめいたのは、HTMLフォームのボディでタブを使用する方法です。**<form>** 要素のボディには、子フォーム以外ならどのようなHTMLでも追加できます。したがって、最も単純で最も効果的な方法は、タブを使って関連する入力フィールドをグループ化し、他のフィールドをすべて見えなくしてしまうことです。このようにすると、タブごとにほんのいくつかのフィールドに集中すればよくなるため、ユーザーにとってずっと単純になります。入力フィールドをグループ化するとユーザーからは複数のフォームのように感じられますが、フォームの送信に関しては特に違いはありません。実際には、**<form>** コンテナーは1つのフォームであり、入力フィールドはひとまとめに送信されます。

```html
<form method="post" action="...">
  <div id="wizard">
    <!-- タブストリップ -->
    <ul class="nav nav-tabs" role="tablist">
      <li role="presentation" class="active">
        <a href="#personal" role="tab" data-toggle="tab">You</a>
      </li>
      <li role="presentation">
        <a href="#hobbies" role="tab" data-toggle="tab">Hobbies</a>
      </li>
      :
    </ul>

    <!-- タブペイン -->
    <div class="tab-content">
      <div role="tabpanel" class="tab-pane active" id="personal">
        <!-- 入力フィールド -->
      </div>
      <div role="tabpanel" class="tab-pane" id="hobbies">
        <!-- 入力フィールド -->
      </div>
      :
    </div>
  </div>
</form>
```

　大きなフォームを小さく分割するための最も簡単な方法は、Bootstrapのタブコンポーネントを使用することです。フォームに含まれることになるすべての入力フィールドを複数の

第 11 章　クライアント側からのデータ送信　**293**

タブに分け、Bootstrap にレンダリングさせます。ユーザーには従来のタブストリップが表示され、各ペインには元の入力フォームの一部が配置されます。このようにすると、ユーザーが一度に集中しなければならない情報が少なくなり、ブラウザーウィンドウを上下にスクロールする必要もなくなります。

　送信ボタンのリストは最も都合のよい場所に配置することができます。たとえば、タブと同じ高さに並べて、ビューの右端に揃えておくこともできます。タブストリップの中に配置された送信ボタンの Bootstrap マークアップは次のようになります。

```
<ul>
<li> ... </li>
<li> ... </li>
<li> ... </li>
<button class="btn btn-danger pull-right">SAVE</button>
</ul>
```

　タブ付きの大きなフォームの見た目は図11-2のようになります。

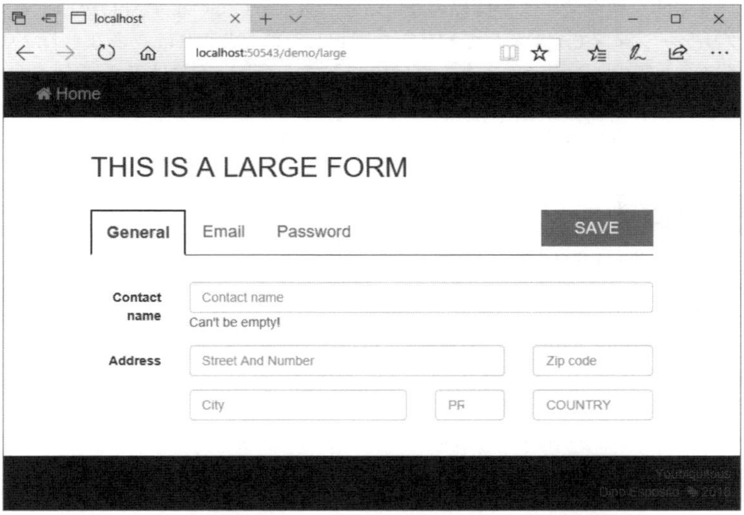

▲図11-2：タブ付きの入力フォーム

注
入力フィールドがずらりと並んだフォームの場合と同様に、すべてのタブに自由にアクセスできます。何らかのルールを適用してガイド付きのウィザードに近いものにしたい場合は、カスタムインフラストラクチャを作成する前に、ぜひ jQuery プラグインを調べてみてください。Twitter Bootstrap Wizard プラグインから始めるとよいでしょう。

　先に述べたように、データは通常どおりに送信され、MVC のモデルバインディング層によって通常どおりに捕捉されます。クライアント側の検証も通常どおりに行われます。ですが、ここで問題となるのは、入力フィールドのエラーをユーザーにどのように伝えるかです。

294 第 4 部 フロントエンド

たとえば、ユーザーが［Password］タブにアクセスして無効なデータを入力したとしましょう。続いて、［Email］タブへ移動して有効なデータを入力し、［Save］をクリックします。現在非表示になっているタブで検証が失敗するため、視覚的なフィードバックが提供されたとしても、レンダリングされるまでユーザーからは見えません。このような場合は、検証エラーを捕捉し、タブにアイコンを追加することで、どこで無効なデータを入力したのかがユーザーにわかるようにするとよいでしょう（次節で改めて説明します）。

11.1.2 | **Post-Redirect-Get パターン**

　サーバー側の Web 開発では、当初から問題になっていることがいくつかあり、満場一致で受け入れられるような明確な解決策はまだ見つかっていません。そうした問題の 1 つは、通常の HTML ビューなのか、JSON パケットなのか、エラーなのかに関係なく、POST リクエストのレスポンスをどのように処理するかです。POST リクエストのレスポンスの問題がクライアント側のアプリケーション全体におよぼす影響はそれほどありません。というのも、クライアント側のアプリケーションでは、POST リクエストの発行と管理に JavaScript が使用されるためです。このため、多くの開発者はこれを本当の問題として受け止めておらず、保守的な開発者にしか関係のないことであるとしています。しかし、本書を読んでいて、アプリケーションモデルとして MVC を選択したのだとすれば、あなたのソリューションがクライアント側のインタラクションだけでできているというのは考えにくい話です。このため、Post-Redirect-Get パターンについて説明しておく価値があります。Post-Redirect-Get は、フォームの送信を処理する方法として推奨されるパターンです。

注

　Post-Redirect-Get パターンは、CQRS（Command-Query Responsibility Segregation）の観点からも啓発的です。CQRS は、アプリケーションのコマンドスタックとクエリスタックを基本的に別々にし、それぞれの開発、デプロイ、スケーリングを別々に行うという新しいパターンです。Web アプリケーションでは、フォームの送信はコマンドスタックによって処理されますが、ユーザーに対する視覚的なレスポンスの表示はクエリスタックで処理されます。したがって、POST リクエストが終了するのはすべてのタスクが完了したときであり、ユーザーインターフェイスの更新は他の方法で行われます。Post-Redirect-Get パターンは、コマンドスタックとクエリスタックを完全に分離された状態に保った上で、ユーザーインターフェイスを更新する 1 つの方法を提案します。

▎ 問題を形式化する

　Web ページからフォームを送信するユーザーについて考えてみましょう。ブラウザー側から見て、フォームの送信は通常の HTTP POST リクエストです。サーバー側では、このリクエストがコントローラーのメソッドにマッピングされ、通常は Razor テンプレートに基づいてレンダリングされます。結果として、ユーザーが HTML を受け取って満足します。何もかも申し分ありませんが、どこが問題なのでしょうか。

　問題点は 2 つあります。1 つは、表示されている URL とユーザーが見ているビューが一致しないことです。表示される URL はフォームのアクション（保存、編集など）を反映したものですが、ユーザーが見ているビューは「取得」アクションに関連するものです。もう 1 つの問題は、ブラウザーによって追跡される最後のアクションに関連しています。

ブラウザーはどれもユーザーが最後にリクエストした HTTP リクエストを追跡します。そして、ユーザーが **F5** キーを押したときか、メニューから［更新］を選択したときに、そのリクエストをもう一度繰り返します。この場合、最後のリクエストは HTTP POST リクエストです。一般に、POST はシステムの状態を変化させるアクションであるため、このリクエストを繰り返すのは危険な行為になりかねません。念のために、この操作をべき等 (idempotent) にすることで、繰り返し実行しても状態が変化しないようにしておく必要があります。POST 後の更新のリスクについて警告するために、すべてのブラウザーがよく知られているメッセージを表示するようになっています（図11-3）。

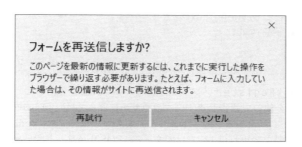

▲図11-3：POST が繰り返し実行されたときに Microsoft Edge が表示する警告メッセージ

このようなウィンドウが表示されるからといって Web の普及が妨げられることはありませんでしたが、見るに堪えないものです。しかし、このようなウィンドウが表示されないようにするのは思ったほど簡単ではありません。こうしたメッセージが表示されるリスクを取り除くには、サーバー側での Web オペレーションのフロー全体を見直す必要があります。そして、このことが新たな問題を生むことになります。

■ 問題に対処する

Post-Redirect-Get パターンは、POST コマンドをそれぞれ GET コマンドで終わらせるようにするための、ほんのいくつかのアドバイスで構成されています。このパターンは **F5** キーによる更新の問題を解決し、HTTP のコマンドアクションとクエリアクションがきちんと切り離されるようにします。

一般的な Web のやり取りでは、ユーザーインターフェイスをレンダリングする POST コマンドに続いて、暗黙的な GET コマンドが実行されます —— 問題の原因はここにあります。Post-Redirect-Get パターンは、リダイレクトやリダイレクトと同じ効果を持つ別のクライアントリクエストを通じて、この GET コマンドを明示的なものにすることを提案します。具体的なコードを見てみましょう。

```
[HttpGet]
[ActionName("register")]
public IActionResult ViewRegister()
{
    // ユーザー登録のためのビューを表示
    return View();
}
```

296 第4部 フロントエンド

　ユーザーが登録フォームに入力し、フォームを送信します。そうすると、新しいリクエストがPOST コマンドとして送信され、次のコードによって処理されます。

```
[HttpPost]
[ActionName("register")]
public IActionResult PostRegister(RegisterInputModel input)
{
  // システムの状態を変更（ユーザーを登録する）
  ...

  // UIを表示するためにシステムの新しい状態を取得
  // （このステップは暗黙的なGET）
  return View();
}
```

　上記のように、**PostRegister** メソッドはシステムの状態を変化させ、そのことを内部のサーバー側のクエリを使って報告します。ブラウザーにとっては、何らかの HTML レスポンスを返す単なる POST リクエストにすぎません。このコードに Post-Redirect-Get パターンを適用するために必要な変更点は1つだけです —— POST メソッドでビューを返す代わりに、ユーザーを別のページへリダイレクトします。たとえば、同じアクションの GET メソッドへリダイレクトするとよいかもしれません。

```
[HttpPost]
[ActionName("register")]
public IActionResult PostRegister(RegisterInputModel input)
{
  // システムの状態を変更（ユーザーを登録する）
  ...
  // UIを表示するためにシステムの新しい状態を取得
  // （このステップはブラウザーを使った明示的なGET）
  return RedirectToAction("register")
}
```

　結果として、最後に確認されるアクションは GET となり、これにより **F5** キーの問題は解決します。しかし、問題はそれだけではありません。今度は、ブラウザーのアドレスバーに表示される URL のほうが重大な問題となります。

　Post-Redirect-Get パターンは、各リクエストの後にページ全体を更新する従来のサーバーアプリケーションを開発しているときに従うべきアプローチです。POST と GET の結合という問題が起きないより現代的なアプローチは、JavaScript を使ってフォームの内容を送信することです。

11.2 ┃ **JavaScript によるフォームの送信**

　POST がブラウザーによって開始される操作である場合、ターゲット URL から返される出力はフィルタリングされずにユーザーに表示されます。そうではなく、POST が JavaScript によって開始される操作である場合、この操作全体をクライアント側のコードで制御することで、非常にスムーズなユーザーエクスペリエンスを実現できる可能性が大いにあります。

第 11 章　クライアント側からのデータ送信　　**297**

　　HTML フォームの送信に必要な手順は、使用するフレームワークの種類 —— jQuery を使用するのか、はるかに複雑なフレームワークを使用するのか —— にかかわらず、次のようにまとめることができます。

- フォームの入力フィールドから送信するデータを集める。
- 個々のフィールドの値を HTML リクエストにまとめることが可能なデータストリームとしてシリアライズする。
- Ajax 呼び出しを準備して実行する。
- レスポンスを受け取り、エラーがないことを確認し、ユーザーインターフェイスをレスポンスの内容に適合させる。

　　ただし、これらの手順をすべて手動で行う必要はありません。どのブラウザーにも、ローカル DOM でコーディングされたとおりに <form> 要素をスクリプト化するための API が用意されているからです。あとは、ブラウザーに帯域外でフォームを送信させ、そのレスポンスを適切に処理する JavaScript コードを記述すればよいだけです。

11.2.1 │ フォームの内容をアップロードする

　　フォームの内容を運ぶHTTPリクエストの正しいボディはHTML規格で定義されています。フォームの内容は、入力の名前と関連する値を連結した文字列として送信されます。これらの名前と値のペアはそれぞれアンパサンド（**&**）記号によって結合されます。

```
name1=value1&name2=value2&name3=value3
```

　　このような文字列を作成する方法はたくさんあります。DOM の要素から値を明示的に読み取って文字列を作成することもできますが、jQuery の機能を利用するほうがすばやく確実です。

■ フォームをシリアライズする

　　具体的に言うと、jQuery ライブラリには **serialize** という関数があります。この関数は、指定された <form> 要素に含まれている <input> 要素をループで処理し、最終的な文字列を返します。

```
var form = $("#your-form-element-id");
var body = form.serialize();
```

　　jQuery ライブラリには、**$.param** という関数もあります。この関数の出力は **serialize** と同じですが、入力の種類が異なります。**serialize** では、呼び出せるのはフォームだけであり、入力フィールドのリストは自動的にスキャンされます。これに対し、**$.param** では、名前と値のペアからなる明示的な配列が要求されます。ただし、生成される出力は同じです。
　　シリアライズする内容が準備できたら、あとはHTTPリクエストを送信するだけです。なお、ブラウザーがDOM の <form> 要素に対する **submit** メソッドも提供していることに注意してください。このメソッド呼び出しの効果はHTTP 呼び出しとは異なっています。**submit**

298 第 4 部 フロントエンド

メソッドの効果は送信ボタンを押したときと同じであり、ブラウザーにフォームの内容をアップロードさせた後、ページ全体を更新させます。代わりに HTTP 呼び出しを自分で管理する場合は、このワークフローを完全に制御できます。

▌▌HTTP リクエストを送信する

　HTTP リクエストの送信には、再び jQuery を使用します。フォームは**<form>**要素の**method**属性に指定された HTTP メソッドを使ってアップロードされます。ターゲット URL は**action**属性の内容によって特定されます。HTML フォームの内容をアップロードするために使用できる Ajax 呼び出しは次のようになります。

```
var form = $("#your-form-element-id");
$.ajax({
  cache: false,
  url: form.attr("action"),
  type: form.attr("method"),
  dataType: "html",
  data: form.serialize(),
  success: success,
  error: error
});
```

　jQuery の**ajax**関数には、リクエストの成功または失敗を処理する 2 つのコールバックを渡すことができます。念のために指摘しておくと、この「成功または失敗」は、物理的な HTTP リクエストのベースとなっているビジネスオペレーションの成功または失敗ではなく、レスポンスのステータスコードのことです。つまり、リクエストによって開始されたコマンドが失敗したものの、その例外がサーバーコードによって処理され、エラーメッセージが HTTP 200 レスポンスで返された場合、**error** コールバックは呼び出されません。Ajax と JavaScript によって呼び出される ASP.NET MVC エンドポイントは次のようになります。

```
public IActionResult Login(LoginInputModel credentials)
{
  // 認証情報を検証
  var response = TryAuthenticate(credentials);
  if (!response.Success)
    throw new LoginFailedException(response.Message);

  var returnUrl = ...;
  return Content(returnUrl);
}
```

　この場合は認証が失敗すると例外がスローされるため、リクエストのステータスコードは HTTP 500 となり、エラーハンドラーが呼び出されます。認証が成功した場合は、ユーザーのリダイレクト先となる次の URL が返されます。このメソッドは Ajax を使って呼び出されるため、別の URL へのリダイレクトはクライアント側から JavaScript を使って実行しなければなりません。

```
window.location.href = "...";
```

　フォームの送信は、フォームのボタンの**click**ハンドラーによって開始されます。ボタンがクリックされたときにブラウザーによってフォームが自動的に送信されるのを阻止したい場合は、ボタンの**type**属性を**submit**から**button**に変更するとよいかもしれません。

```
<button type="button" id="myForm">SUBMIT</button>
```

　clickハンドラーでは、フォームの送信の前後にユーザーにフィードバックを提供するなど、追加のタスクを実行することができます。

■ ユーザーにフィードバックを提供する

　コールバックハンドラーには、成功または失敗を問わず、コントローラーメソッドから返されたデータをすべて受け取り、そのデータを表示する責任があります。データを表示するには、そのデータを展開し、HTMLユーザーインターフェイスのさまざまな要素に分配する必要があるかもしれません。フォームの送信に成功した場合は、「処理が完了しました」といった確認のメッセージをユーザーに表示するとよいかもしれません。さらに重要なのは、フォームの送信が失敗した場合です。その場合は、（一般に）入力データの一部に誤りがあったことを示す情報を提供するとよいかもしれません。それらのメッセージ（成功または失敗）をハードコーディングするのか、それともコンテキストに応じてサーバー側で判断するのかは開発者次第です。ただし、メッセージがサーバー側で生成される場合は、シリアライズ可能なデータ構造を定義し、この構造が返されるようにするとよいかもしれません。この構造には、処理の結果に加えて、何が起きたのかに関する説明が含まれることになります。筆者は次のようなコードを使用することにしています。

```
public class CommandResponse
{
  public bool Success { get; set; }
  public string Message { get; set; }
}
```

　次の操作が試みられるまでメッセージを画面上に表示したままにしておくべきでしょうか。フォームが次に送信されるときまでエラーメッセージが表示されたままになっていても問題はないかもしれませんが、どこかのタイミングで削除しなければなりません。エラーメッセージの削除はフォームを再び送信する直前に行うことができます。しかし、成功のメッセージとなれば話は別です。確認のメッセージを表示することは重要ですが、他の部分に影響を与えることがあってはなりませんし、あまり長く表示しておくべきでもありません。この場合は、モーダルポップアップを使用するのではなく、メッセージをタイマーにバインドした上で、通常のユーザーインターフェイスの要所要所に表示されるテキストにするとよいでしょう。このようにすれば、ユーザーが何もしなくても数秒後に消えるようになります。

　その間をとって、アラートボックスのような外観の**<div>**要素にメッセージを表示し、ユーザーがボタンをクリックしたら閉じるようにしておくこともできます。この方法をとる場合、筆者はたいていBootstrapの**alert**クラスを使ってメッセージのコンテナーのスタイルを設定し、グローバルレイアウトで次のJavaScriptを使用することにしています。このようにす

ると、このスタイルがすべてのアラートボックスに自動的に適用され、それらを簡単に閉じ
られるようになります。

```
$(".alert").click(function(e) {
  $(this).hide();
});
```

　閉じることが可能なアラートボックスは、Bootstrap でも組み込みでサポートされていま
す。しかし、このほうが手っ取り早く実装できるのと、どこかをクリックまたはタッチすれ
ばメッセージを閉じることができるため、ユーザーにとって簡単であることがわかりました。
JavaScript を使ってフォームの送信を試みた後に表示されるエラーメッセージは図11-4のよ
うになります。

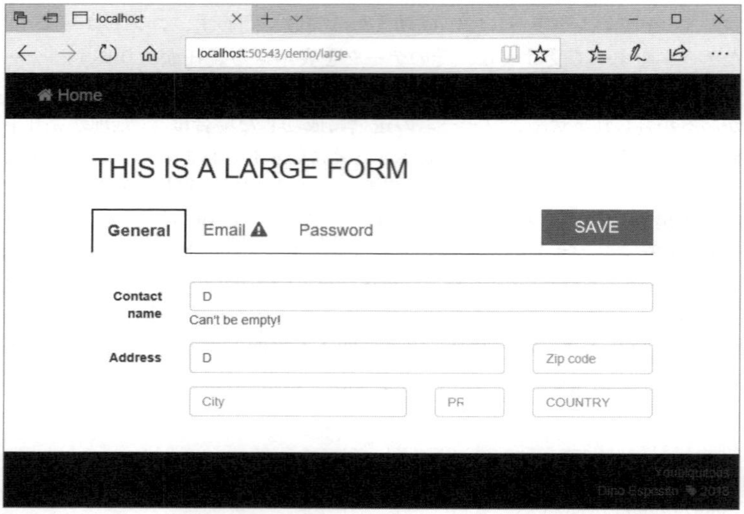

▲図11-4：クライアント側で管理される HTML フォームのエラーメッセージ

　ユーザーに対するフィードバックはクライアントページの中で構成されます。サンプルコー
ドを見てみましょう。より細かな部分 —— 特に、ここで説明している振る舞いをサポートす
るために使用している JavaScript ライブラリの詳細については、ダウンロードサンプル ❶ の
特に Ch11 フォルダーの ybq-core.js ファイルを調べてください。

```
Ybq.postForm("#large-form",
  function(data) {
    var response = JSON.parse(data);
    Ybq.toast("#large-form-message", response.message, response.success);
});
```

❶ https://github.com/despos/progcore

第 11 章　クライアント側からのデータ送信　　301

postForm 関数は、先ほど示した Ajax コードのラッパーにすぎません。

```
var form = $("#your-form-element-id");
$.ajax({
  cache: false,
  url: form.attr("action"),
  type: form.attr("method"),
  dataType: "html",
  data: form.serialize(),
  success: success,
  error: error
});
```

toast メソッドは、メッセージが設定された <div> 要素を表示し、数秒後に自動的にタイムアウトさせるヘルパールーチンです。この <div> 要素のスタイルは、処理の（成功または失敗）に合わせて調整されます（図11-5）。

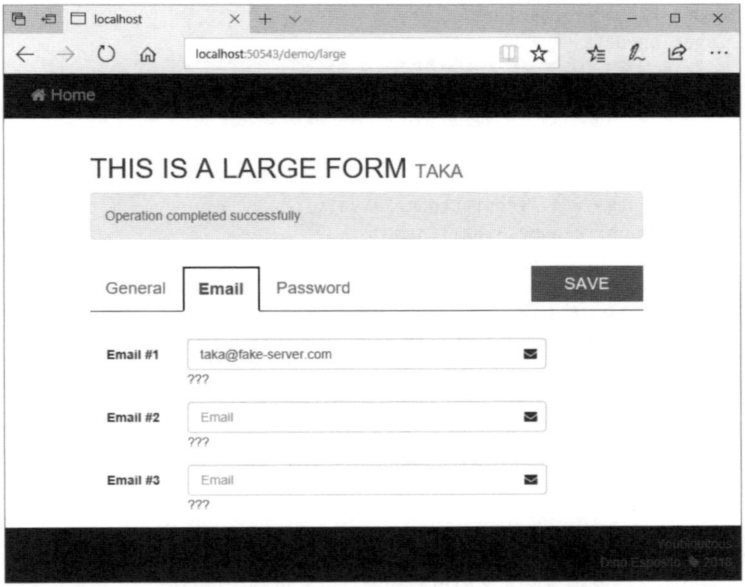

▲図11-5：クライアント側で管理される HTML フォームのメッセージ

> **注**
>
> 　ASP.NET Core の Json メソッドには、JavaScript の大文字と小文字の規約に従ってシリアライズを実行する能力があります。このため、先の CommandResponse 型のシリアライズが解除されると、Success や Message といった C# のプロパティは success、message という名前の JavaScript プロパティになります（MVC 5.x では、このようにはなりません）。

11.2.2 現在の画面を部分的に更新する

　フォームを送信して処理が正常終了したら、現在のユーザーインターフェイスの一部を更新しなければならないことがあります。フォームの送信にブラウザーが使用される場合、Post-Redirect-Get パターンでは、新しいページ全体が最新の情報に基づいて一から再描画されます。クライアント側の JavaScript を使ってフォームを送信する場合には、これは当てはまりません。

■ ユーザーインターフェイスのごく一部を更新する

　場合によっては、現在のユーザーインターフェイスにおいて更新の対象となる部分が小さく、（さらに重要なことに）新しい内容をフォームの内容から判断できることがあります。このような場合は、該当する部分の新しい内容をローカル変数に保存し、それらを使って関連する DOM 要素を更新するだけで済みます。ユーザーインターフェイスの小さな部分とは、文字列や数字といった単純で小さなもののことです。

```
Ybq.postForm("#large-form",
  function(data) {
    // 受け取ったレスポンスのシリアライズを解除
    var response = JSON.parse(data);

    // UIを更新
    if (response.success) {
      var name = $("#contactname").val();
      $("#public-name").html(name);
    }

    // 処理全体に関するフィードバックを提供
    Ybq.toast("#large-form-message", response.message, response.success);
});
```

　この例では、ビューに public-name という名前のテキストラベルが含まれていることを想定しています。このラベルには、フォームの連絡先の名前が設定されます。

■ 部分ビューのためにサーバーをコールバックする

　ユーザーインターフェイスの更新がそれほど単純ではないこともあります。ラベルのテキストを更新するのはそれほど大変な作業ではありませんが、場合によっては、完全な HTML が必要になることもあります。この HTML コードはクライアント側で準備できますが、クライアント側でデータバインディングライブラリを使用しているのでなければ❷、二重の障害点を生み出すだけです。基本的には、サーバー側のコードとクライアント側のコードに同じ HTML 出力を異なるタイミングで生成させることになるからです。つまり、実際のスタイルやレイアウトに加えることができる変更はすべて、2つの場所で2つの言語を使って適用しなければならなくなります。

　このような場合は、サーバーをコールバックしてあなたが期待している HTML コードを提

---

❷ クライアント側でのデータバインディングについては、第12章を参照。

供させるほうが確実かもしれません。これはユーザーインターフェイスのコンポーネント化に役立ちます。第5章では、ビューコンポーネントについて説明しました。HTMLコードがかなり複雑である場合は、ビューコンポーネントとして実装し、更新を命令することもできます。あるいは、このビューコンポーネントを部分ビューにし、コントローラーに新しいアクションメソッドを追加するだけでよいこともあります。このアクションメソッドは単にシステムの現在の状態で書き換えられた部分ビューを返すものとなります。例を見てみましょう。

```
[HttpGet]
public IActionResult GetLoginView()
{
  // 必要なデータを取得
  var model = _service.GetAnyNecessaryData();
  return new PartialView("pv_loginbox", model);
}
```

このメソッドはAjaxを使って呼び出され、最新状態の部分ビューを返します。といっても、HTMLコードを生成するために必要なデータを集め、Razorビューエンジンに渡して部分ビューを生成させるだけです。クライアントアプリケーションにはHTML文字列が返されるため、jQueryの`html`メソッドを使ってHTML要素（ほとんどの場合は`<div>`）を更新するだけで済みます。

11.2.3 | ファイルをWebサーバーにアップロードする

ファイルとプリミティブデータの間には大きな違いがありますが、HTMLでは、ファイルは他の種類の入力とほぼ同じように扱われます。例のごとく、`type`属性に`file`が指定された1つ以上の`<input>`要素を作成することから始めます。ユーザーがブラウザーに組み込まれているユーザーインターフェイスを使ってローカルファイルを選択すると、そのファイルの内容がフォームの残りの内容とともにまとめて送信されます。サーバー側では、ファイルの内容が`IFormFile`という新しい型にマッピングされます。モデルバインディング層によるファイルの扱いは、MVCのこれまでのバージョンよりもはるかに統一されています。

■ フォームを準備する

アップロードするローカルファイルを選択するために必要なものは、次のマークアップ以外は特にありません。

```
<input type="file" id="picture" name="picture">
```

ユーザーインターフェイス上の理由により、このコードはHTMLページのどこかに含まれているはずですが、通常は非表示となります。このため、アプリケーションでは、はるかに効果的なユーザーインターフェイスを提供できるようになる一方で、ローカルエクスプローラーウィンドウを表示する能力を維持することができます。

一般的な仕掛けは次のようになります。まず、`<input>`要素を非表示にし、ユーザーにクリックを促すユーザーインターフェイスを表示します。次に、クリックハンドラーによってクリックイベントがこの`<input>`要素に渡されます。

```html
<input type="file" id="picture" name="picture">
<div onclick="$('#picture').click()">image not available</div>
```

フォームの内容が正しくアップロードされるようにするには、**enctype**属性に**multipart/ form-data**という固定値を指定する必要もあります（図11-6）。

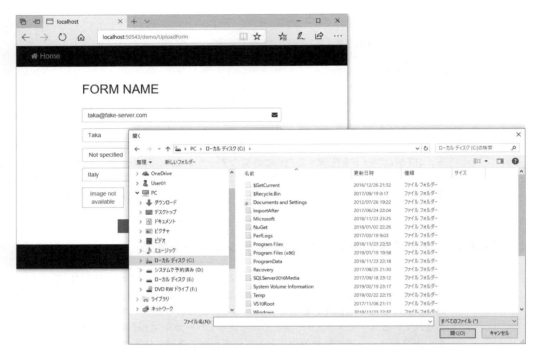

▲図11-6：非表示の<input>ファイル要素

■ サーバー側でファイルの内容を処理する

ASP.NET Coreでは、ファイルの内容は**IFormFile**型に対して抽象化されます。**IFormFile**のプログラミングインターフェイスは、MVC 5アプリケーションで使用していた**HttpPostedFileBase**型のものとほぼ同じです。

```csharp
public IActionResult UploadForm(FormInputModel input, IFormFile picture)
{
  if (picture.Length > 0)
  {
    var fileName = Path.GetFileName(picture.FileName);
    var filePath = Path.Combine(_env.ContentRootPath, "Uploads", fileName);
    using (var stream = new FileStream(filePath, FileMode.Create))
    {
      picture.CopyTo(stream);
    }
  }
```

```
}
```

　IFormFile型への参照は**FormInputModel**という複合型にも追加できます。というのも、モデルバインディングにより、プリミティブデータ型や複合データ型の場合と同じように、名前に基づいてコンテンツを簡単にマッピングできるようになっているからです。先のコードは、現在のコンテントルートフォルダーからの相対でファイルパスを設定し、アップロードされたファイルの元の名前でサーバー側のコピーを作成します。複数のファイルがアップロードされる場合は、単に**IFormFile**型の配列を参照します。

　JavaScript を使ってフォームを送信する場合は、フォームをシリアライズするための先のコードを次のコードと置き換えるとよいでしょう。

```
var form = $("#your-form-element-id");
var formData = new FormData(form[0]);
form.find("input[type=file]").each(function () {
  formData.append($(this).attr("name"), $(this)[0].files[0]);
});
$.ajax({
  cache: false,
  url: form.attr("action"),
  type: form.attr("method"),
  dataType: "html",
  data: formData,
  success: success,
  error: error
});
```

　このようにすると、すべての入力ファイルがシリアライズされるようになります。

■ ファイルのアップロードの問題点

　前項のコードは、小さなファイルでは確実にうまくいきます。とはいえ、「小さい」の意味を一般論として定義するのはそう簡単ではありません。たとえば、アップロードするファイルのサイズが30MB もあることが事前にわかっている場合を除いて、常にこのコードを使ってアップロードを開始できるとしましょう。ファイルのサイズのせいで Web サーバーで遅延が発生するような場合は、ファイルの内容をストリーミングすることを検討したほうがよいかもしれません。詳しい手順については、ASP.NET Coreのドキュメント❸を参照してください。

　このことは、ファイルのアップロードに関してあなたが最近遭遇しているかもしれない問題の1つにすぎません。もう1つの問題は、非常に動的でインタラクティブなユーザーインターフェイスが求められていることです。ユーザーはアップロード操作の進行状況に関して視覚的なフィードバックが提供されることを期待するかもしれません。また、アップロードするファイルが画像（登録ユーザーの写真など）である場合は、プレビューを表示したり、以前に選択した画像を取り消したり、フィールドを空のままにしておきたいと考えるかもしれません。こうした操作はどれも可能ですが、タダでは手に入りません。DropzoneJS❹ といった専用のコンポーネントの使用を検討してもよいでしょう。

---

❸ https://docs.microsoft.com/ja-jp/aspnet/core/mvc/models/file-uploads
❹ https://www.dropzonejs.com/

306 第4部　フロントエンド

　もう1つの問題は、アップロードされたファイルのコピーをサーバー上に保存する方法に関連しています。前項で示したコードは、サーバー上に新しいファイルを作成します。参照されているフォルダーが1つでも存在しなければ、例外がスローされることに注意してください。これは長年にわたって使用されてきた手法であり、これまではこの方法でうまくいったのですが、クラウドモデルの台頭によって色あせてきています。アップロードされたファイルをAzure App Service でホストされている Web アプリケーションにローカルで格納する場合、同じ App Service の複数のインスタンスが同じストレージを共有するため、アプリケーションの動作は透過的なものとなります。アップロードされたファイルの問題点は、それらのファイルを一般にメインサーバーから切り離しておくほうがよいことです。クラウドが爆発的に普及するまでは、ファイルをローカルに保存するか、またはデータベースに保存する以外に方法はないも同然でした。クラウドには、従来の App Service 設定のストレージ制限を超えてもファイルを格納できる安価な BLOB ストレージがあります。また、それらのファイルに対するトラフィックの一部がメインサーバーから取り除かれるという利点もあります。

　前項のコードは、アップロードされた画像を Azure の BLOB コンテナーに保存するように書き換えることができます。なお、そのためには Azure ストレージアカウントが必要です。

```
// Azureポータルから接続文字列を取得
var storageAccount =
    CloudStorageAccount.Parse("connection string to your storage account");

// コンテナーを作成し、BLOBを保存
var blobClient = storageAccount.CreateCloudBlobClient();
var container = blobClient.GetContainerReference("my-container");
container.CreateIfNotExistsAsync();
var blockBlob = container.GetBlockBlobReference("my-blob-name");
using (var stream = new MemoryStream())
{
  picture.CopyTo(stream);
  blockBlob.UploadFromStreamAsync(stream);
}
```

　Azure Blob Storage はコンテナーの集まりであり、各コンテナーはアカウントにバインドされます。コンテナー内では、BLOB をいくつでも必要な数だけ使用することができます。BLOB はバイナリストリームと一意な名前によって識別されます。Azure Blob Storage へのアクセスには REST API も使用できるため、Web アプリケーション以外でも BLOB ストレージにアクセスできます。

> **注**
>
> Azure Blob Storage をテストするには、Azure ストレージエミュレーターを使用します。
> ストレージエミュレーターを利用すれば、Azure プラットフォームの API をローカルで試し
> てみることができます。

11.3 | まとめ

　最近のアプリケーションでは、ユーザーが何らかのアクションを実行したときにページ全体
を更新するような余裕はありません。従来のアプローチに基づいて構築された Web サイトは
まだたくさんありますが、だからといって Web サイトを改善しなくてもよいということには
なりません。ASP.NET Core の外側では、Angular アプリケーションを使用することができ
ます。このアプリケーションは、リモートサービスを呼び出してユーザーインターフェイスを
ローカルで更新することにより、データアクセスタスクを実行します。Angular や同じよう
なフレームワークを使用するのか、Razor ビューで JavaScript を使用するのかにかかわらず、
ユーザーインターフェイスを少しでもスムーズでなめらかなものにすることを目指すべきです。

　本章では、クライアント側で JavaScript コードを使ってサーバーにデータを送信する方法
に着目しました。次章では、リモートサーバーからクライアントページにダウンロードしたデー
タを HTML としてレンダリングする方法について見ていきます。

第12章

クライアント側のデータバインディング

私たちの間違いは、1人1人にありもしない善を要求し、その人が持つ教養を無視しようとしていることである。

— マルグリット・ユルスナール、『ハドリアヌス帝の回想』

データバインディングとは、新しいデータに基づいて視覚的なコンポーネントをプログラムから更新する能力のことです。既定のテキストが割り当てられたユーザー入力のためのテキストボックスは、その典型的な例です。名前からもわかるように、データバインディングはソフトウェアにおいてデータを視覚的なコンポーネントに結び付ける手段です。HTML 要素は視覚的なコンポーネントであり、これには入力フィールドだけでなく`<div>`、`<p>`、`<span>`などのテキスト要素も含まれます。クライアント側のデータバインディングは、ブラウザーに表示される Web ページの内容を（Web サーバーから再び読み込むことなく）JavaScript を使って直接更新できるようにする手法です。

本章では、ユーザーインターフェイスを更新し、アプリケーションの状態をより効果的に反映させるための手法をいくつか取り上げ、それらを比較します。最も単純な方法は、更新された HTML セグメントをサーバーからダウンロードすることです。ダウンロードしたセグメントによって動的に置き換えられるのは既存のセグメントだけであるため、現在表示されているページが部分的にレンダリングされることになります。もう1つの方法は、JSON ベースのエンドポイントを使って新しいデータを問い合わせることです。この方法では、JavaScript を使って HTML レイアウト全体をクライアント側で再生成します。

12.1 | HTML によるビューの更新

グラフィックスやメディアがふんだんに用いられた Web ページを完全に更新するとしたら、時間がかかりすぎてユーザーが我慢できなくなることは目に見えています。Ajax やページの部分レンダリングがこれほどよく使用されているのは、まさにそうした理由からです。一方で、ページのレンダリングには、SPA（Single Page Application）という概念もあります。SPA は1つ（以上）の最低限の HTML ページとほとんど空の`<div>`要素で構成されるア

310 第4部 フロントエンド

プリケーションです。この`<div>`要素は、テンプレートとサーバーからダウンロードされた
データに基づいて実行時に設定されます。サーバー側でのレンダリングからクライアント側で
のSPAの完全なレンダリングへ移行するための第一歩として、HTMLの部分レンダリング
から始めることをお勧めします。

12.1.1 │ ビューを更新するための準備

考え方としては次のようになります。最初は、どのページもサーバーから完全に提供され、
1つのHTMLセグメントとしてダウンロードされます。次に、Ajax呼び出しにより、ユーザー
とページ内のコントロール間のやり取りが処理されます。エンドポイントの呼び出しによって
コマンドやクエリが実行され、純粋なHTMLとしてレスポンスが返されます。

HTMLがレイアウト情報とデータで構成されるのに対し、JSONストリームの余分な情報
はスキーマだけであり、平均するとHTMLレイアウトよりも少量です。このため、HTML
を返すよりもJSONストリームを返すほうが効率的です。とは言うものの、サーバー側でレ
ンダリングされたHTMLをダウンロードするほうが他の部分への影響が小さく、別のスキ
ルやまったく新しいプログラミングパラダイムの習得も不要です。それでもJavaScriptがほ
んの少し必要ですが、`innerHTML`などのよく知られているDOMプロパティや、基本的な
jQueryメソッドをほんのいくつか使用するだけです。

12.1.2 │ 更新可能な領域を定義する

ページにおいて動的な更新の対象となる部分は、識別するのが容易で、ページの他の部分
から十分に切り離されている部分でなければなりません。理想的なのは、既知のIDが割り
当てられた`<div>`要素です。

```
<div id="list-of-customers">
  <!-- 必要なHTMLマークアップ -->
</div>
```

`<div>`のための新しいHTMLがダウンロードされたら、次の1行のJavaScriptコードを使っ
て更新します。

```
$("#list-of-customers").html(updatedHtml);
```

Razorに関して言うと、更新可能な領域は完全に部分ビューによってレンダリングされま
す。部分ビューは、再利用と関心の分離を目的として、最終的なページをコンポーネント化
するのに役立ちます。それだけでなく、ページ全体をリロードするのではなく、ページの一
部分をクライアント側で更新するのもはるかに簡単になります。

```
<div id="list-of-customers">
  @Html.Partial("pv_listOfCustomers")
</div>
```

ここで見当たらないのは、コントローラーのアクションメソッドです。このメソッドは、ク

第 12 章　クライアント側のデータバインディング　311

エリアクションまたはコマンドアクションを実行し、部分ビューによって生成された HTML
を返します。

12.1.3 │ すべてを 1 つにまとめる

　顧客の名前を一覧表示するサンプルページがあるとしましょう。このページを表示する権
限が与えられているユーザーは、横にあるボタンをクリックすることで、その顧客の行を削除
することができます。この機能を実装する方法はどのようなものになるでしょうか。従来の
方法では、そのボタンを URL にリンクします。それにより、POST コマンドに対応するコン
トローラーメソッドに顧客の削除を実行させ、続いて、GET コマンドに対応するページへリ
ダイレクトすることで、ページを最新のデータでレンダリングします。この方法はうまくいき
ますが、リクエストを連鎖させることになります（Post-Redirect-Get）。それよりも重要な
のは、ページ全体がリロードされることです。重いページ —— 現実的な Web サイトのペー
ジのほぼすべてが該当します —— にとって、これは間違いなくやっかいなことです。
　更新可能な領域を利用する場合は、ユーザーがボタンをクリックすると、JavaScript によっ
て POST リクエストが送信され、HTML が返されるようになります。この場合、既存の顧
客リストの上に貼り付ける HTML セグメントは、顧客の削除をリクエストしたのと同じハン
ドラーに渡されることになります。

■ アクションメソッド

　コントローラーのアクションメソッドは、アクションメソッドから返されるビューが完全な
ビューではなく部分ビューであることを除けば、通常のアクションメソッドと同じです。こ
のようなメソッドは特定のビューを編集するためだけに存在します。また、不要な呼び出し
を回避するために、このメソッドに 2 つのカスタムフィルター属性を追加することもできます。

```
[AjaxOnly]
[RequireReferrer("/home/index", "/")]
[HttpPost]
[ActionName("d")]
public IActionResult DeleteCustomer(int id)
{
  // 何らかの処理

  var model = DeleteCustomerAndReturnModel(id);
  // HTMLをレンダリング
  return PartialView("pv_listOfCustomers", model);
}
```

　AjaxOnly と **RequireReferrer** はカスタムフィルターであり❶、そのリクエストが特
定のリファラーのいずれかによって Ajax で送信された場合にのみ、所与のメソッドを実行し
ます。他の 2 つの属性は、POST 呼び出しが必要であることと、アクション名が **d** であるこ
とを定義します。

---

❶ 詳細については、https://github.com/despos/progcore の /Src/Ch12/PartialRendering/ を参照。

■ アクションメソッドからのレスポンス

Ajax 呼び出しを行ったブラウザーは、返された HTML セグメントを使って更新可能な領域の内容を置き換えます。例として、ボタンのクリックにバインドされるコードを見てみましょう。

```
<script type="text/javascript">
  function d(id) {
    var url = "/home/d/";
    $.post(url, { id: id })
    .done(function (response) {
      // このコンテキストでは、"response"パラメーターはメソッドのレスポンスであり、
      // PartialView()を通じてアクションメソッドから返されるHTMLの一部である
      $("#listOfCustomers").html(response);
    });
  }
</script>
```

ユーザーエクスペリエンスに関しては、まったく申し分ありません。たとえば、ユーザーがリストの項目をクリックすると、図12-1に示すように、そのリストが直ちに更新され、変更内容が反映されます。図12-1の左図では、ユーザーがある行の削除ボタンをクリックしています。右図では、削除された行が顧客リストから消えています。

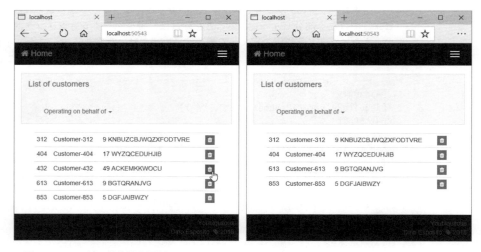

▲図12-1：ページの部分的な更新

■ この手法の制限

この手法はとてもうまくいきますが、一度に更新できる HTML セグメントは1つだけです。このことが実際に制限となるかどうかは、ビューの特性（および実際の内容）によります。より現実的には、サーバー側での処理の後に更新しなければならない部分が他にも含まれていることが考えられます。たとえば、図12-2のページを見てください。

第 12 章　クライアント側のデータバインディング　　313

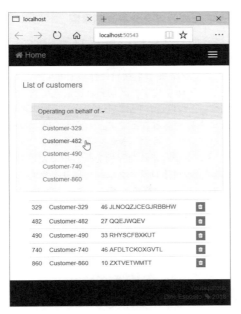

▲図12-2：更新対象の２つの関連するHTMLセグメントが含まれているWebページ

　このページでは、顧客が削除されたら関連する２つの部分を更新する必要があります。削除された顧客を反映するように顧客リストを更新するだけでなく、ドロップダウンリストも更新しなければなりません。もちろん、コントローラーにメソッドを２つ定義し、それぞれのメソッドから異なる部分を返すようにすることも可能です。その場合は、次のようなコードを追加する必要があります。

```
<script type="text/javascript">
  function d(id) {
    var url = "/home/d/";
    $.post(url, { id: id })
    .done(function (response) {
      $("#listOfCustomers").html(response);
      $.post("home/dropdown", "")
      .done(function(response) {
        $("#dropdownCustomers").html(response);
      });
    });
  }
</script>
```

　１つ目のHTMLレスポンスを受け取った後、２つ目のAjax呼び出しを実行して２つ目のHTMLレスポンスをリクエストすることになります。この方法はうまくいきますが、もっとよい方法があるはずです。

314　第4部　フロントエンド

■ 複数の HTML をまとめて返すためのアクション結果型

コントローラーメソッドの戻り値の型は、**IActionResult** 型を実装する型か、（それよりも可能性が高いのは）**ActionResult** を継承する型です。ここでは、複数の HTML セグメントをまとめて返すためのアクション結果型を独自に作成します。この型の値は単一の文字列であり、各セグメントが従来の区切り文字で区切られた形式で含まれています。この方法には、主な利点が2つあります。1つは、HTML セグメントがいくつ必要であっても、作成される HTTP リクエストが1つだけであることです。もう1つは、ワークフローがより単純であることです。ビューのどの部分を更新すべきかを判断するロジックはサーバー側にあり、クライアントは HTML セグメントが含まれた配列を受け取るだけです。各 HTML セグメントを然るべき場所に挿入するための UI ロジックは、やはりクライアント側に含まれていなければなりません。ただし、この部分の計算量も減らすことが可能です。クライアント側の DOM の HTML 要素に HTML セグメントを宣言方式でリンクするカスタムフレームワークを構築すればよいのです。このカスタムアクション結果型を C# クラスとして定義すると、次のようになります。

```csharp
public class MultiplePartialViewResult : ActionResult
{
  public const string ChunkSeparator = "---|||---";

  public IList<PartialViewResult> PartialViewResults { get; }

  public MultiplePartialViewResult(params PartialViewResult[] results)
  {
    if (PartialViewResults == null)
      PartialViewResults = new List<PartialViewResult>();

    foreach (var r in results)
      PartialViewResults.Add(r);
  }

  public override async Task ExecuteResultAsync(ActionContext context)
  {
    if (context == null)
      throw new ArgumentNullException(nameof(context));

    var services = context.HttpContext.RequestServices;
    var executor = services.GetRequiredService<PartialViewResultExecutor>();

    var total = PartialViewResults.Count;
    var writer = new StringWriter();
    for (var index = 0; index < total; index++)
    {
      var pv = PartialViewResults[index];
      var view = executor.FindView(context, pv).View;
      var viewContext = new ViewContext(context,
                                        view,
                                        pv.ViewData,
                                        pv.TempData,
                                        writer,
```

第12章　クライアント側のデータバインディング　315

```
                                        new HtmlHelperOptions());
    await view.RenderAsync(viewContext);

    if (index < total - 1)
      await writer.WriteAsync(ChunkSeparator);
  }

  await context.HttpContext.Response.WriteAsync(writer.ToString());
 }
}
```

　このアクション結果型は**PartialViewResult**オブジェクトの配列を含んでおり、それらのオブジェクトを1つずつ順番に実行することで、内部バッファーにHTMLマークアップをためていきます。この作業が完了すると、内部バッファーは出力ストリームにフラッシュされます。**PartialViewResult**オブジェクトの出力はそれぞれ従来の（ただし任意の）部分文字列で区切られます。

　興味深いのは、このカスタムアクション結果型をコントローラーメソッドの中から使用する方法です。**DeleteCustomer**アクションメソッドを次のように書き直してみましょう。

```
[AjaxOnly]
[RequireReferrer("/home/index", "/")]
[HttpPost]
[ActionName("d")]
public ActionResult DeleteCustomer(int id)
{
  // 何らかの処理

  var model = DeleteCustomerAndReturnModel(id);
  // HTMLをレンダリング
  var result = new MultiplePartialViewResult(
      PartialView("pv_listOfCustomer", model),
      PartialView("pv_onBehalfOfCustomers", model));
  return result;
}
```

　MultiplePartialViewResultクラスのコンストラクターは**PartialViewResult**オブジェクトの配列を受け取るようになっているため、**PartialView**をいくつでも必要な数だけ呼び出しに追加することができます。

　最後に、クライアントページのHTMLコードも少し変更します。

```
<script type="text/javascript">
  function d(id) {
    var url = "/home/d/";
    $.post(url, { id: id })
    .done(function (response) {
      var chunks = Ybq.processMultipleAjaxResponse(response);
      $("#listOfCustomers").html(chunks[0]);
      $("#dropdownCustomers").html(chunks[1]);
    });
```

```
    }
</script>
```

JavaScriptの`Ybq.processMultipleAjaxResponse`関数は、渡された文字列を従来の区切り文字で分割する短いコードで構成されています。次に示すように、このコードは簡単です。

```
Ybq.processMultipleAjaxResponse = function (response) {
   var chunkSeparator = "---|||---";
   var tokens = response.split(chunkSeparator);
   return tokens;
};
```

結果は図12-3のようになります。

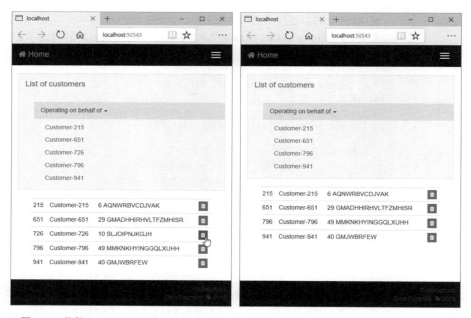

▲図12-3：複数のHTMLを同時に更新する

12.2 JSONによるビューの更新

　SPA（Single Page Application）アプリケーションは、HTMLテンプレートに基づいて構築され、DOMを書き換える方法を、ディレクティブを使ってランタイムに命令します。通常、ディレクティブはHTML属性として指定され、埋め込まれたJavaScriptモジュールによって処理されます。ディレクティブはかなり複雑なものになることがあり、連結可能なフォーマッターやフィルターを含んでいることもあります。また、条件の確認やループの実行といった基本的な言語演算を参照しなければならないこともあります。新しいデータを表

第 12 章　クライアント側のデータバインディング　　**317**

示するために HTML テンプレートを動的に再構築するというその場しのぎの方法と、クライアント側からアプリケーションを構築するというアプローチをとる Angular のようなフレームワークとの間には、大きな隔たりがあります。

　突き詰めれば、Angular はページの一部を更新するときに文字列を動的に組み立て、DOM コマンドを使って表示します。しかし、それよりもはるかに小さなフレームワークでも、同じことができます。そうしたフレームワークでは、HTML テンプレートがページに埋め込まれ、バインドされたデータが挿入されるようになっています。この基本的な点を除けば、Angular のような巨大なフレームワークとカスタム文字列ビルダーとの違いは、機能の数だけです。

12.2.1 │ **Mustache.js ライブラリ**

　Mustache は、テキストテンプレートを作成するためのロジックレスのテンプレートエンジンです。Mustache は HTML に限定されず、HTML、XML、構成ファイル、（そしてもちろん）ユーザーが選択した言語のソースコードなど、あらゆるテキストの生成に使用できます。簡単に言うと、テンプレート内のタグを拡張して指定された値を埋め込むことによって取得できるものなら、どのようなテキストでも生成できます。Mustache がロジックを含んでいない理由は単純で、IF 文やループといった制御フロー文をサポートしないからです。C# コードの **String.Format** 呼び出しに近いものをイメージするとよいかもしれません。

　Mustache テンプレートには、対応する Mustache.js ライブラリがあります。基本的には、JSON データを受け取り、指定されたテンプレート内のタグを拡張します。

▌ Mustache 構文の主な特徴

　Mustache 構文はテキストテンプレートにデータを設定するためのものであり、その中心にあるのは変数とセクションという 2 種類のタグです。他にもさまざまな種類のタグがありますが、最も重要な意味を持つのはこの 2 つです。詳細については、Mustache の Web サイト❷を参照してください。変数は次の形式になります。

```
{{ variable_name }}
```

　タグはバインドされたデータに対するプレースホルダーであり、変数名にマッピングすることができます。このマッピングは再帰的に実施されます。つまり、現在のコンテキストから先頭までさかのぼっていき、一致するものが見つからない場合は何もレンダリングされません。例を見てみましょう。

```
<p>
  <b>{{ lastname }}</b>,
  <span>{{ firstname }}</span>
</p>
```

　このテンプレートが次の JavaScript オブジェクトにバインドされるとしましょう。

❷ http://mustache.github.io/

```
{
  "firstname": "Dino",
  "lastname": "Esposito"
}
```

最終的な結果は次のようになります。

```
<p>
  <b>Esposito</b>,
  <span>Dino</span>
</p>
```

　既定では、テンプレート内のテキストはすべてエスケープ形式でレンダリングされます。
HTML をエスケープしたくない場合は、**{{{ unescaped }}}** のように、波かっこをも
うひと組追加します。

　Mustache のセクションは、バインドされたコレクションに含まれているデータ要素ごと
に 1 回の割合で、指定されたテキストブロックを繰り返しレンダリングします。セクション
はシャープ記号（**#**）で始まり、HTML 要素と同じようにスラッシュ（**/**）で終わります。**#**
記号に続く文字列はキーの値です。このキーは、バインドするデータを識別し、最終的な出
力を決定するために使用されます。

```
<ul>
  {{ #customers }}
    <li>{{ lastname }}</li>
  {{ /customers }}
</ul>
```

　JavaScript オブジェクトに **customers** という名前の子コレクションが含まれていて、こ
のコレクションの各メンバーに **lastname** プロパティが定義されているとしましょう。この
JavaScript オブジェクトを先のテンプレートにバインドすると、次のようなものが返されるか
もしれません。

```
<ul>
  <li>Esposito</li>
  <li>Another</li>
  <li>Name</li>
  <li>Here</li>
</ul>
```

　セクションの値は JavaScript 関数でもかまいません。この場合は、その関数が呼び出され、
テンプレートのボディに渡されます。

```
{{ #task_to_perform }}
  {{ book }} is finished.
{{ /task_to_perform }}
```

第12章　クライアント側のデータバインディング　│　319

この場合、`task_to_perform`と`book`はバインドされたJavaScriptオブジェクトのメンバーであると想定されます。

```
{
  "book": "Programming ASP.NET Core",
  "task_to_perform": function() {
    return function(text, render) {
      return "<h1>" + render(text) + "</h1>"
    }
  }
}
```

最終的な出力は、`<h1>`要素に`"Programming ASP.NET Core is finished"`というテキストが含まれたHTMLになります。

また、セクションキーの先頭に付いているキャレット（^）記号は、キーが存在しない、キーが偽である、またはキーが空のリストである場合に使用するテンプレートを指定します。キャレットは、コレクションが空の場合に何らかのコンテンツをレンダリングするためによく使用されます。

```
{{ #customers }}
  <b>{{ companyname }}</b>
{{ /customers }}
{{ ^customers }}
  No customers found
{{ /customers }}
```

Mustacheの構文は決して包括的なものではありませんが、最も一般的なデータバインディングシナリオをカバーしています。次項では、JSONデータをプログラムからテンプレートに追加する方法を見てみましょう。

■ テンプレートに JSON を渡す

MustacheテンプレートをRazorビュー（または通常のHTMLページ）に埋め込むには、従来の`<script>`要素の拡張バージョンを使用します。

```
<script type="x-tmpl-mustache" id="template-details">
  <!-- Mustacheテンプレートの定義 -->
</script>
```

`type`属性に`x-tmpl-mustache`が指定されていることがわかります。このようにすると、このテンプレートがブラウザーによって処理されなくなります。また、`<script>`要素に一意なIDを指定することで、テンプレートの内容をプログラムから取得できるようにしています。

```
<script type="text/javascript">
  var template = $('#template-details').html();
  Mustache.parse(template);  // オプション：次回以降の使用が高速になる
</script>
```

テンプレート変数には、`<script>`要素の内側にある内容が設定されます。つまり、Mustache テンプレートのソースです。指定された国に関する情報を返すコードは次のようになります。

```html
<script id="template-details" type="x-tmpl-mustache">
  <div class="panel panel-primary">
    <div class="panel-heading">
      <h3 class="panel-title">
        {{Results.Name}}
      </h3>
    </div>
    <div class="panel-body">
      <div class="col-xs-8">
        <p>Capital is <strong>{{Results.Capital.Name}}</strong></p>
        <p>Phone international prefix is <strong>+{{Results.TelPref}}</strong>
        </p>
      </div>
      <div class="col-xs-4">
        <button id="btnGeo"
                type="button"
                class="btn btn-info"
                data-toggle="collapse"
                data-target="#geo">
          More
        </button>
        <div id="geo" class="collapse pull-right">
        </div>
      </div>
    </div>
  </div>
</script>
```

例として、いくつかの国を一覧表示し、各国の詳細情報へのリンクを提供するページを見てみましょう。

```html
<table class="table table-condensed">
  @foreach (var c in Model.CountryCodes)
  {
    <tr>
      <td>@c</td>
      <td>
        <button class="btn btn-xs btn-info" onclick="i('@c')">
          <span class="fa fa-chevron-right"></span>
        </button>
      </td>
    </tr>
  }
</table>
```

ボタンをクリックすると、次の JavaScript 関数が実行されます。

```
<script type="text/javascript">
  function i(id) {
    var url = "/home/more/";
    $.getJSON(url, { id: id })
      .done(function (response) {
        var rendered = Mustache.render(template, response);
        $("#details").html(rendered);
      });
  }
</script>
```

`template`式は、次回以降の呼び出しを高速化するために、計算と解析が事前に1回行われるMustacheテンプレートです。最終的なHTMLマークアップを取得するには、`Mustache.render`メソッドを呼び出します。

■ すべてを1つにまとめる

図12-4は、実行時のサンプルページを示しています。国名の横にあるボタンをクリックすると、エンドポイントに対するリモート呼び出しが実行され、その国に関する詳細情報が取り出され、JSONデータとして返されます。このデータはMustacheテンプレートを通じてビューにバインドされます。

▲図12-4：選択された国の詳細情報を表示するためのクライアント側のテンプレート

12.2.2 │ KnockoutJS ライブラリ

Mustacheライブラリがサポートするのは、変数とロジックレステンプレートの直接のバインディングだけです。つまり、Mustacheのセクションを使ってバインドされたコレクションを処理するための条件式や（より洗練された）ループのようなものはありません。そこで、

第 4 部　フロントエンド

KnockoutJS ライブラリも調べてみることにしましょう。

▉ KnockoutJS ライブラリの主な特徴

KnockoutJSとMustacheの主な違いは2つあります。1つは、KnockoutJSが別のテンプレートに基づいていないことです。もう1つは、はるかに機能的なバインディング構文をサポートしていることです。KnockoutJS には、HTML に変換された上でメインの DOM に挿入されるテンプレートはありません。KnockoutJS のテンプレートは最終的なビューの HTML です。ただし、KnockoutJS はより高度な構文を表現するためにカスタム HTML 属性を使用します。

KnockoutJS のもう1つのきわめて重要な特徴は、データをレイアウトにバインドするためのMVVM（Model-View-View-Model）パターンです。MVVM パターンのほとんどはMustache 方式のプログラミングでも使用されていますが、KnockoutJS では、このパターンの存在がはるかに顕著なものとなります。KnockoutJS を使用する際には、DOM の選択された部分にJavaScriptオブジェクトを適用します。そのDOMに適切な属性が設定されていれば、JavaScript オブジェクトに含まれているデータが適用されます。ただし、KnockoutJS のデータバインディングは双方向です。このため、JavaScriptコードがDOMに適用されるだけでなく、DOM に適用された変更も（たとえば、バインドされた入力テキストボックスの編集時にも）JavaScript オブジェクトのマッピング先のプロパティにコピーされます。

▉ バインディングメカニズム

KnockoutJS には、DOM の一部にデータを追加するためのグローバルメソッドがあります。このメソッドは**applyBindings** と呼ばれるもので、2つの入力パラメーターを受け取ります。1つは、データを含んでいる JavaScript オブジェクトです。もう1つのパラメーターはオプションであり、データを追加しなければならない DOM のルート（root）オブジェクトを指定します。表12-1に示すように、データバインディングを実行する式はさまざまです。

▼表 12-1：KnockoutJS の最も重要なバインディングコマンド

バインディングコマンド	説明
Attr	親要素の指定された HTML 属性に値をバインドする。以下の**actualLink** 式はバインドされたオブジェクトに対する有効な式（プロパティまたは関数）を指定する `<a data-bind="attr:{ href:actualLink }">Click me</a>`
Css	親要素の**class** 属性に値をバインドする。以下の**shouldHilight** 式はバインドされたオブジェクトに対する有効な Boolean 式を指定する。**true** の場合、指定された CSS クラスが**class** 属性の現在の値に追加される `<h1 data-bind="css:{ superTitle:shouldHilight }"></h1>`
event	親要素の指定されたイベントに値をバインドする。以下の**doSomething** 式は親要素がクリックされたときに呼び出される関数を指定する `<button data-bind="event:{click:doSomething}">Click me</button>`
Style	親要素の**style** 属性に値をバインドする。以下の**textColor** 式はバインドされたオブジェクトに対する有効な式を指定する。この式を評価した結果は指定された**style** 属性に割り当てることができる `<h1 data-bind="style:{ color:textColor }"></h1>`

バインディングコマンド	説明
Text	親要素のボディに値をバインドする。以下の`lastName`式はバインドされたオブジェクトに対する有効な式を指定する。この式を評価した結果は親要素の内容として割り当てることができる `<span data-bind="text:lastName"></span>`
Value	親要素の`value`属性に値をバインドする。以下の`lastName`式はバインドされたオブジェクトに対する有効な式を指定する。この式を評価した結果は入力フィールドの値として割り当てることができる `<input type="text" data-bind="value:lastName"></input>`
Visible	親要素の可視性を設定する。以下の`shouldBeVisible`式はバインドされたオブジェクトに対する有効なBoolean式を指定する `<div data-bind="visible:shouldBeVisible"> ... </div>`

すべてのバインディングコマンドは、データバインディング式の中で次の形式で使用されます。

```
<h1 data-bind="command:binding" />
```

`data-bind`属性は**＜コマンド＞:＜実際のバインディング値＞**という形式で指定します。**＜コマンド＞**は親要素の対象となる部分を指定します。**＜実際のバインディング値＞**は式であり、この式が評価されると実際の値が生成されます。`data-bind`属性では、同じ1つの代入式で複数のバインディングを結合できます。この場合、バインディングはそれぞれコンマ（,）で区切られます。バインディングコマンドは他にもいくつかありますが、表12-1と同じパターンに従います。この表に含まれていないコマンドは、特定のHTML属性やイベントに特化したバインディングです。詳細については、KnockoutJSのWebサイト❸を参照してください。

■ オブザーバブルプロパティ

オブザーバブルプロパティ（監視可能なプロパティ）は、バインドされたプロパティの変化を通知するKnockoutJSライブラリの高度な機能です。JavaScriptオブジェクトのプロパティに監視可能な値を設定すると、その値が変化するたびに、バインドされたUI要素が自動的に更新されるようになります。また、KnockoutJSのバインディングは双方向であるため、UIによる変更はすべてメモリ内のJavaScriptオブジェクトに直ちに反映されます。

```
var author = {
  firstname : ko.observable("Dino"),
  lastname : ko.observable("Esposito"),
  born: ko.observable(1990)
};
```

❸ https://knockoutjs.com/

324 第4部 フロントエンド

オブザーバブルでは、読み書きの構文が少し異なります。

```
// 監視可能な値の読み取り
var firstName = author.firstname();

// 監視可能な値の書き込み
author.firstname("Leonardo");
```

オブザーバブルとして計算式を指定することもできます。

```
author.fullName = ko.computed(function () {
  return author.firstname() + " " + person.lastname();
});
```

UI要素にバインドされた計算式は、リンクされたオブザーバブルが変化するたびに自動的に更新されます。

▌▌ 制御フロー

KnockoutJSにおいて処理の流れを制御するための主な構造は、**if**コマンドと**foreach**コマンドの2つです。**if**コマンドは条件を実装し、**foreach**コマンドはバインドされたコレクションのすべての要素にテンプレートを繰り返し適用します。**if**コマンドの使い方は次のようになります。

```
<div data-bind="if: customers.length > 0">
  <!-- 顧客のリスト -->
</div>
```

この**<div>**要素のボディがレンダリングされるのは、**customers**コレクションに値が含まれている場合だけです。また、否定条件が真の場合にのみ出力をレンダリングする**ifnot**コマンドを使用することもできます。

foreachコマンドは、バインドされた要素ごとに子テンプレートを繰り返し適用します。例として、テーブルにデータを設定する方法を見てみましょう。

```
<div id="listOfCountries">
  <table class="table table-condensed" data-bind="foreach:countryCodes">
    <tr>
      <td><span data-bind="text:$data"></span></td>
    </tr>
  </table>
</div>
```

これはKnockoutJSの非常に基本的な使い方です。テーブルのデータを設定するには、JSONコレクションを取得するJavaScript呼び出しが必要です。

```
<script type="text/javascript">
  var initUrl = "/home/countries";
```

```
  $.getJSON(initUrl,
    function (response) {
      ko.applyBindings(response);
    });
</script>
```

　このコードはページのロード時に実行され、Web サイトのエンドポイントから JSON をダウンロードします。サーバーから返された JSON は、Knockout テンプレートに渡されます。この場合、`countryCodes` は返される JSON のプロパティであり、単純な文字列の配列です。エンドポイントは Mustache の例で使用したものと同じです。直接の値以外にバインドするプロパティがない場合は、`$data` 式を使用します。

■ すべてを 1 つにまとめる

　KnockoutJS を使用するには、Mustache や基本的なサーバー側のデータバインディングを使用するときとは異なる考え方が要求されます。Mustache はクライアント側のバインディングライブラリですが、KnockoutJS よりも従来のサーバー側でのレンダリングにずっと近いものです。主な違いは、構文の豊富さと MVVM モデルの手厚いサポートにあります。

　KnockoutJS では、何もかもクライアント側で実行されます。また、データにバインドするビューモデルはクライアント側で JavaScript オブジェクトとして実装されなければなりません。しかし、MVVM モデルをしっかりとサポートするには、この JavaScript オブジェクトにデータと振る舞いの両方が含まれている必要があります。イベントハンドラーをバインドする場合は、常に、ビューモデルのメソッドを参照する必要があります。JavaScript オブジェクトのインスタンスを取得するにはどうすればよいでしょうか。最も簡単なのは、クライアント側で、Razor ビューで参照される **<script>** ブロックでオブジェクトを定義することです。先の例をもう一歩前進させてみましょう。

```
<script type="text/javascript">
  function CountryViewModel(codes) {
    this.countries = $.map(codes, function(code) {
      return new Country(code);
    });
  }
  function Country(code) {
    this.code = code;
    this.showCapital = function() {
      var url = "/home/more/";
      $.getJSON(url, { id: code })
        .done(function (response) {
          alert(response.Results.Capital.Name);
        });
    }
  }
</script>
```

　この **<script>** ブロックは、**CountryViewModel** ラッパーオブジェクトと **Country** ヘルパーオブジェクトを定義しています。これら 2 つのオブジェクトに設定するための生データは、Mustache の例で使用したものと同じサーバーエンドポイントから取得されます。

326 　**第4部　フロントエンド**

```
<script type="text/javascript">
  var initUrl = "/home/countries";
  $.getJSON(initUrl,
    function (response) {
      var model = new CountryViewModel(response.countryCodes);
      ko.applyBindings(model);
    });
</script>
```

　このJavaScriptコードは、ページの内容を実際に設定するためのものです。ダウンロードされた国コードのリストは**CountryViewModel**オブジェクトにラッピングされ、KnockoutJSによってページのDOM全体に適用されます。**CountryViewModel**オブジェクトは、国コードごとに**Country**オブジェクトが1つ含まれたリストを作成します。この追加のステップはユーザーインターフェイスにクリック可能な要素からなるテーブルを追加するためのものですが、バインドされた値（国コード）を受け取るのはクリックハンドラーです。このため、クリックハンドラーがデータにバインドされている必要があります。KnockoutJSでは、クリックハンドラーはバインドされたオブジェクトのメンバーでなければなりません。**Country**オブジェクトには、現在の国コードをオブジェクトの内部状態から読み取る**showCapital**メソッドが定義されています。KnockoutJS対応のRazorビューは最終的に次のようになります。

```
<table class="table table-condensed" data-bind="foreach:countries">
  <tr>
    <td data-bind="text:code"></td>
    <td>
      <button class="btn btn-info" data-bind="event:{click:showCapital}">
        <i class="fa fa-chevron-right"></i>
      </button>
    </td>
  </tr>
</table>
```

　countriesプロパティは**Country**オブジェクトの配列です。**foreach:countries**コマンドは、バインドされたオブジェクトのリストをループで処理することで、**<tr>**要素を作成します。1つ目の**<td>**要素のボディには、国コード（**code**プロパティ）が直接表示されます。2つ目の**<td>**要素には**<button>**要素が含まれています。この**<button>**要素のクリックハンドラーは、バインドされた要素の**showCapital**メソッドにバインドされます（図12-5）。

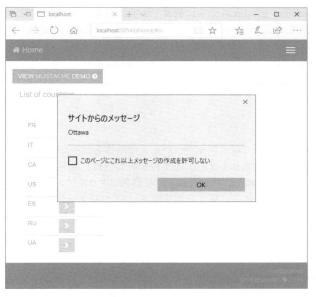

▲図12-5：KnockoutJS バージョンの国ページ

12.3 Angular による Web アプリケーションの構築

　（今から数年ほど前に）KnockoutJS ライブラリが登場した頃、さらに包括的な別のライブラリの最初のバージョンがリリースされました。それが Angular ライブラリです。現時点では、Angular バージョン4が提供されていますが❹、もはやデータを HTML 要素にバインドする便利なライブラリをはるかに超えるものになっています。現在の Angular は、HTML と JavaScript を使って Web アプリケーションを構築するための本格的なフレームワークです。都合のよいことに、Angular では TypeScript を使用することも可能であり、最終的に JavaScript にコンパイルされます。

　Angular は複数のライブラリで構成されており、データバインディングからルーティング、ナビゲーション、HTTP から依存性注入やユニットテストに至るまで、あらゆるものをカバーしています。アプリケーションを設計する方法は独特で、従来の ASP.NET での開発とは大きく異なっています。Visual Studio 2017には、Angular アプリケーションを構築するためのテンプレートが組み込まれています。このテンプレートを使って生成されたソースコードを調べてみると、2種類のモジュール（Angular モジュールと JavaScript モジュール）からなるまったく異なるアーキテクチャであることがわかります。Angular モジュールがだいたい ASP.NET MVC の領域に相当するのに対し、JavaScript モジュールは開発者が追加する機能であり、開発者がバインドする NuGet パッケージに相当すると言えるでしょう。また、ASP.NET のビューコンポーネントや（大まかな意味では）Razor ビューに相当するコンポーネントもあります。それらのコンポーネントにおいてテンプレートとデータバインディングをサポートする構文は、KnockoutJS の MVVM モデルに相当する機能セットを提供します。

---

❹ ［訳注］2019年4月時点ではバージョン7。

Angular は Node.js と npm に完全に依存します。Visual Studio 2017 以外の環境では、Angular CLI を使って新しいプロジェクトの骨組みを生成する必要もあります。全体的に見れば、Web アプリケーションが提供されることに変わりはありませんが、その実装とプログラミング手法はまったく異なるものです。Angular には多くの開発リソースがありますが、出発点はやはり Angular の Web サイト❺です。

12.4 | まとめ

現在のアプリケーションには、ユーザーが重要な操作を行ったときにページを丸ごと更新するような余裕はほとんどありません。10年ほど前に（再）発見された Ajax がまったく新しい手法とフレームワークの火付け役となり、最終的にクライアント側のデータバインディングをもたらしています。全体的に見て、現代の Web アプリケーションには、クライアント側のデータバインディングを行うための実質的な方法が2つあります。1つは、ASP.NET 対応の構造をサーバー側で管理し、より動的なレンダリングを使って個々のビューを拡張することです。もう1つは、まったく別のフレームワークを選択し、異なるルールセットに従うことです。

本章では、1つ目の方法にのみ着目し、3つのレベルのソリューションを取り上げました。まず、サーバー側で準備された HTML セグメントを動的にダウンロードする方法について説明しました。次に、クライアント側の最低限の JavaScript ライブラリ（MustacheJS）を統合しました。そして最後に、クラウド側の本格的なデータバインディングライブラリ（KnockoutJS など）に進みました。

クライアント側のもう1つのデータバインディング手法では、Angular❻など、ASP.NET 以外のフレームワークを選択することになります。Angular を選択する場合は、ホスティング環境として ASP.NET に統合できないことに注意してください。実際には、Visual Studio 2017には Angular テンプレートが含まれており、ASP.NET Core に基づくサンプルやコースウェアも十分にあります。しかし、Angular アプリケーションを構築するために必要なスキルセット、プラクティス、手法はまったく異なるものであり、1つの章で詳しく説明することはとてもできません。

次章では、Web アプリケーションのフロントエンドに関する説明の締めくくりとして、デバイスフレンドリなビューを構築する方法について見ていきます。

---

❺ https://angular.io/
❻［訳注］昨今では、Angular に加えて、Vue.js や React などのクライアント側のデータバインディングフレームワークも注目されている。

第13章

デバイスフレンドリなビューの構築

誰かが鏡を持っていてくれない限り、自分の鼻がどれくらい見えるというのか。
— アイザック・アシモフ、『アイ・ロボット』

　デバイスを使ってあなたの Web アプリケーションに接続するユーザーは、たいてい、ユーザーエクスペリエンスに関して大きな期待を抱いています。突き止めれば、Web サイトのユーザーエクスペリエンスが iPhone や Android に組み込まれている似たようなアプリに近いことを期待します。つまり、たとえば選択リストや横向きのメニュー、トグルスイッチといったウィジェットが当然あるものと期待します。そうしたウィジェットは HTML の組み込み要素として存在しておらず、JavaScript とマークアップの組み合わせを出力するリッチコンポーネントコントロールを使ってそのつどシミュレートしなければなりません。Twitter Bootstrap や jQuery プラグインは頼りになる存在ですが、それだけでは不十分であり、いずれにしても開発者による作業が毎回必要となります。ただし、第6章で説明したように、開発者が記述するマークアップの抽象度は ASP.NET Core のタグヘルパーによって大きく引き上げられ、内部で必要な HTML と JavaScript に変換されます。したがって、この問題の軽減に大きく役立つ可能性があります。

　レスポンシブ Web デザイン（元をたどれば Twitter Bootstrap のグリッドシステム）も強力なツールの1つであり、特定のサイトに特化したモバイルアプリを実装する負担を軽減することができます。要するに、業務上どうしても必要という状況にならない限り、モバイルアプリを実装しないことが原則となります。ですが、それまでの間、デバイス（主にスマートフォンとタブレット）を通じてサービスをどのように提供するのかについて考えないわけにはいきません。最初からデバイスをないがしろにしていると、業務にネイティブアプリがどうしても必要という状況にいつまでも到達しないままになるかもしれません。

13.1　ビューを実際のデバイスに適合させる

　肝心なのは、HTML、CSS、JavaScript を駆使した Web サイトを作成することと、ネイティブアプリのように見える、あるいは少なくともそのように動作するデバイス対応の Web サイ

330　第4部　フロントエンド

トを作成することはまったく別の話である、ということです。そして、デバイス対応のWeb
サイトの機能が完全なWebサイトと比べて限定的なものになることが予想され、場合によっ
ては、異なるユースケースが必要になることも考えられるとしたら、さらに大きな問題へと
発展します。

ただし、HTML5をうまく利用すれば、開発時の問題の一部を軽減することが可能です。

13.1.1 | デバイスへの対応に最適な HTML5 の機能

平均的に見て、デバイスに搭載されているブラウザーはHTML5の要素を十分にサポート
しており、デスクトップブラウザーよりもうまくサポートすることもあります。つまり、少な
くとも「スマートフォン」や「タブレット」に分類されるデバイスでは、暫定的な措置やシ
ムに頼るのではなく、最初からHTML5の要素を使用することができます。HTML5におい
てデバイスフレンドリな開発と特に関係が深いのは、入力タイプと位置情報の2つの部分です。

■ 新しい入力タイプ

日付、数字、（さらには）メールアドレスは千差万別です。あらかじめ定義されている値
については言うまでもありません。ただし、現時点においてHTMLが入力としてサポートし
ているのはテキストくらいのようです。このため、入力されたテキストをクライアント側で検
証することで、望ましくない文字が入力されるのを防ぐ必要があります。jQueryライブラリ
には、この作業を容易にするプラグインがいくつか含まれています。しかし、このことは逆に、
入力に細心の注意が必要であることを物語っています。

HTML5では、`<input>`要素の`type`属性に対して新しい値が多数定義されています。
また、主に新しい入力タイプに関連する新しい属性が`<input>`要素自体に追加されています。
例をいくつか見てみましょう。

```
<input type="date" />
<input type="time" />
<input type="range" />
<input type="number" />
<input type="search" />
<input type="color" />
<input type="email" />
<input type="url" />
<input type="tel" />
```

こうした新しい入力タイプの実質的な違いは何でしょうか。まだ完全に標準化されたわけ
ではありませんが、新しい入力タイプには、ユーザーが日付や時刻、数字を簡単に入力でき
るようなユーザーインターフェイスをブラウザーに提供させるという効果があります。

デスクトップブラウザーでは、こうした新しい入力タイプが常にサポートされるとは限りま
せんし、常に同じレベルのエクスペリエンスが提供されるわけでもありません。モバイル空間
では、状況ははるかに改善されます。何よりもまず、モバイルデバイスのユーザーは一般に
既定のブラウザーを使ってWebにアクセスします。結果として、エクスペリエンスは常に同
じであり、そのデバイスに特化したものとなります。

特に言うと、`email`、`url`、`tel` といった入力フィールドでは、スマートフォンのモバイルブラウザーによってキーボードの入力範囲が自動的に調整されます。図13-1は、Androidデバイスで `tel` タイプの入力フィールドに入力するときの効果を示しています。既定では、数字と電話関連の記号が含まれたキーボードが表示されます。

▲図13-1：Android スマートフォンの tel タイプの入力フィールド

最近では、必ずしもすべてのブラウザーで同じエクスペリエンスが提供されるわけではありません。さまざまな入力タイプに関連するユーザーインターフェイスについては大筋で合意しているものの、開発者がJavaScriptベースのカスタムポリフィルを追加せざるを得ないような、決定的な違いがやはり存在します。例として、`date` タイプの入力フィールドについて考えてみましょう。Internet Explorer やSafari では、どのバージョンでも、日付に対する特別なサポートの類いはいっさい提供されません。この点についても、モバイルデバイスでは状況がはるかに好転します（図13-2）。

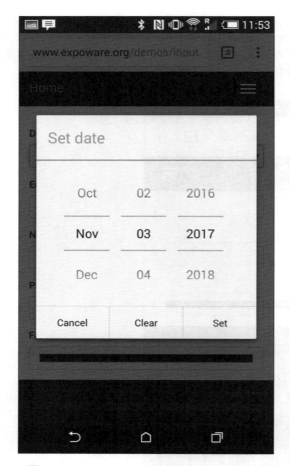

▲図13-2：Android スマートフォンの日付入力フィールド

　一般的に見て、最近のスマートフォンのモバイルブラウザーは HTML5 の要素をかなりうまくサポートしています。このため、開発者は適切な入力タイプをいつでも使用できるように準備しておく必要があります。

位置情報

　位置情報は、デスクトップブラウザーとモバイルブラウザーの両方で広くサポートされている HTML 標準です。先に述べたように、モバイルバージョンの Web サイトでは、完全なバージョンの Web サイトには見当たらない特別なユースケースが必要になることがあります。そのような場合、モバイルバージョンの Web サイトがユーザーの位置情報に関係するものになることは十分に考えられます。サンプルコードを見てみましょう。

```
<script type="text/javascript"
        src="http://maps.googleapis.com/maps/api/js?sensor=true"></script>
<script type="text/javascript">
```

第 13 章　デバイスフレンドリなビューの構築　　**333**

```
function initialize() {
navigator.geolocation.getCurrentPosition(
    showMap,
    function(e) {alert(e.message);},
                {enableHighAccuracy:true, timeout:10000, maximumAge:0});
}

function showMap(position) {
  var point = new google.maps.LatLng(
      position.coords.latitude,
      position.coords.longitude);
  var myOptions = {
      zoom: 16,
      center: point,
      mapTypeId: google.maps.MapTypeId.ROADMAP
  };
  var map = new google.maps.Map(document.getElementById("map_canvas"),
                                myOptions);
  var marker = new google.maps.Marker({
      position: point,
      map: map,
      title: "You are here"
  });
}
</script>
<body onload="initialize()">
  <div id="map_canvas" style="width:100%; height:100%"></div>
</body>
```

　このページは、位置情報に基づくローカライズの許可をユーザーに求め、デバイスの正確な位置情報を地図上に表示します。

> **注**
>
> 　位置情報は、通常はサイトごとに適用されるブラウザーポリシーの対象となります。また、Google Chrome がセキュアなサイト（HTTPS）でのみ Google マップの機能をサポートすることに注意してください。このため、先の例では地図部分がうまく表示されないことがあるかもしれません。ただし、緯度と経度は常に取得することができます。

13.1.2 ｜ 機能検出

　レスポンシブ Web デザイン（RWD）は、「デバイスの検出が難しい」という水平思考から生まれたアプローチです。もう1つのアプローチは、クライアント側から提供される基本情報（ブラウザーウィンドウのサイズなど）を取得し、専用のスタイルシートを準備し、そのスタイルシートに従ってページの内容をブラウザーにリフローさせるというものです。この発想から生まれたのが**機能検出**という概念であり、この概念に基づいて、Modernizr❶ というライブラリ

---

❶ https://modernizr.com/

334　第4部　フロントエンド

と、同じようによく知られている「Can I use」という Web サイト❷ が作成されました。

▌ Modernizr の紹介

機能検出のもとになっている考え方は単純で、ある意味、スマートでもあります。開発者は、リクエスト元のデバイスが実際にサポートしている機能の検出を試みることさえありません。この作業は面倒で難しいことがわかっており、ソリューションの保守性に深刻な影響をおよぼすこともあります。

開発者が行うのは、機能検出ライブラリを利用することで、プログラムから検出できるデバイスの情報だけを頼りに何を表示するのかを決定することです。ユーザーエージェントを検出し、デバイスが特定の機能をサポートしていないと決めつけるのではなく、ホストデバイスが何であれ、現在のブラウザーで特定の機能が実際に利用できるかどうかを Modernizr などの特別なライブラリに判断させるのです。

たとえば、日付入力フィールドをサポートしているブラウザー（および関連するユーザーエージェント文字列）のリストを管理する代わりに、現在のデバイスで日付入力フィールドが利用できるかどうかを Modernizr で確認するだけでよくなります。具体的なスクリプトコードを見てみましょう。

```javascript
<script type="text/javascript">
Modernizr.load({
  test: Modernizr.inputtypes.date,
  nope: ['jquery-ui.min.js', 'jquery-ui.css'],
  complete: function () {
    $('input[type=date]').datepicker({
      dateFormat: 'yy-mm-dd'
    });
  }
});
</script>
```

まず、Modernizr に入力タイプ date をテストさせます。このテストが失敗した場合は、jQuery UI のファイルをダウンロードし、complete コールバック関数を実行します。そうすると、ページ内で入力タイプ date が指定されたすべての <input> 要素に対して、jQuery UI の datepicker プラグインが設定されます。これにより、HTML5 マークアップをページで問題なく使用できるようになります。

```html
<input type="date" />
```

機能検出には、設計と保守の対象となるサイトが1つだけで済むという開発者にとって大きなメリットがあります。コンテンツをレスポンシブに適応させる作業は、グラフィックデザイナーか、Modernizr といったライブラリに任せることができます。

▌ Modernizr で何ができるか

Modernizr は、JavaScript ライブラリと、ページのロード時に実行されるコードで構成さ

❷ https://caniuse.com/

れています。このコードは、現在のブラウザーがHTML5とCSS3の特定の機能をサポートしているかどうかをチェックします。その結果はプログラムから取得できるため、ページ内のコードからModernizrに問い合わせ、出力をインテリジェントに適応させることができます。

Modernizrの働きぶりは申し分のないものですが、モバイルユーザーのためにWebサイトを最適化するときに直面する問題を何もかもカバーするわけではありません。Modernizrによってカバーされるのは、プログラムからJavaScript関数として検出できるものに限られます。それらの関数が`navigator/window`ブラウザーオブジェクトから提供されるかどうかは状況によります。

言い換えるなら、デバイスの形状（フォームファクター）や、デバイスがスマートフォンなのか、タブレットなのか、スマートTVなのかをModernizrで突き止めることはできません。いずれ、ユーザーのデバイスタイプがブラウザーから提供されるようになれば、Modernizrでもそうしたサービスを追加できるようになるでしょう。Modernizrから返された結果に何らかのロジックを適用すれば、モバイルブラウザーなのか、デスクトップブラウザーなのかを「確実に」推測できるはずですが、それ以上のことはほとんど何もできません。

したがって、スマートフォン、タブレット、または両方に特化したことをどうしても行う必要があるとしたら、Modernizrは大きな助けにはなりません。

機能検出には、Webサイトを「1つの汎用サイト」にまとめることが可能になるという大きな強みがありますが、これが大きな弱点になることもあります。サイトを1つにまとめることは本当にあなたの目的なのでしょうか。スマートフォン、タブレット、ラップトップ、スマートTVを「同じ1つのサイト」でサポートしたいと本当に思っているのでしょうか。これらの質問に対する答えは常にビジネスによって異なります。一般的には、「場合によりけり」としか言いようがありません。

そこで登場するのが、ユーザーエージェント文字列に基づくクライアント側での簡単なデバイス検出です。

13.1.3 │ クライアント側でのデバイス検出

モバイルデバイスに合わせたWebサイトの最適化は、そもそも、ユーザーが普段使用しているプラットフォームのネイティブアプリと同じエクスペリエンスを提供する、ということではありません。モバイルWebサイトがiOSやAndroidといったオペレーティングシステムごとに作成されることはまずありません。モバイルWebサイトは、どのモバイルブラウザーでもよいユーザーエクスペリエンスが得られるような方法で設計されます。

現時点では、デバイスがデスクトップコンピューターなのか、それよりも性能の低いスマートフォンやタブレットなのかを確実に突き止めるには、ユーザーエージェント文字列をチェックするしかありません。

■ ユーザーエージェント文字列のカスタムチェック

モバイルブラウザーを特定するためのヒューリスティクスを提供するオンラインリソースがいくつか存在します。そうしたオンラインリソースでは、ユーザーエージェント文字列の分析と、ブラウザーの`navigator`オブジェクトのプロパティの照合という、2つの基本的なテクノロジを組み合わせて使用しています。この点については、次の2つのWebサイトを調べてみると参考になるかもしれません。

336 第4部 フロントエンド

- https://www.quirksmode.org/js/detect.html
- http://detectmobilebrowsers.com/

2つ目のWebサイトで提供されているスクリプトは、複雑な正規表現を使用しています。この正規表現は、モバイルデバイスに関連していることが知られているさまざまなキーワードをチェックするためのものです。このスクリプトは実際にうまくいきますし、JavaScriptやASP.NETを含め、さまざまなWebプラットフォームに対応しています。ただし、大目に見ることができない欠点が2つあります。

1つは、Webページに表示されている最終更新日です。筆者が最後に確認したときは、最終更新日は2014年でした❸。本書を手に取る頃には改善されているかもしれませんが、正規表現を最新の状態に保つのは高くつくことと、頻繁に行わなければ意味がないという認識は変わりません。また、ASP.NETのスクリプトはVBScriptに基づくWeb Formsスクリプトであり、言うまでもなく、ASP.NET Coreとの互換性はありません。

もう1つの欠点は、このスクリプトから判明することが、「ユーザーエージェントがデスクトップデバイスではなくモバイルデバイスを表すものかどうか」に限られることです。このスクリプトにはロジックがなく、リクエスト元のデバイスの種類やその既知の能力をより具体的に特定できるようなプログラミング能力はありません。

ユーザーエージェント文字列をチェックするクライアント側の無償のソリューションを探している場合は、WURFL❹を調べてみることをお勧めします。WURFLにはさまざまなメリットがありますが、そのうちの1つは、正規表現に基づいていないため、開発者が最新の状態に保つ必要がないことです。

■ WURFL を使用する

WURFLは、オンプレミスでホストしたり、クラウドサイトにアップロードしたりできる静的なJavaScriptファイルではありません。もう少し正確に言うと、WURFLは通常の`<script>`要素を通じてWebビューにリンクされるHTTPエンドポイントです。

したがって、WURFLのサービスを利用するために必要なのは、実際のデバイスについて知る必要があるHTMLビューに次の行を追加することだけです。

```
<script type="text/javascript" src="//wurfl.io/wurfl.js"></script>
```

ブラウザーはWURFLエンドポイントがどのような性質のものであるかをいっさい知りません。単に、指定されたURLから取得できるスクリプトファイルをダウンロードし、実行しようとするだけです。リクエストを受け取ったWURFLサーバーは、呼び出し元のデバイスのユーザーエージェント文字列に基づいて、デバイスの実際の能力を割り出します。WURFLサーバーはWURFLフレームワークのサービスに依存しています。WURFLフレームワークは高機能なデバイスデータリポジトリとクロスプラットフォームAPIで構成されており、Facebook、Google、PayPalなどで利用されています。

先ほどのHTTPエンドポイントを呼び出すと、実際には、特別なJavaScriptオブジェクトがブラウザーのDOMに注入されます。たとえば、次のようなコードがダウンロードされます。

---

❸ [訳注] 2019年4月時点でも「2014年8月1日」と表示されている。
❹ https://web.wurfl.io/

```
var WURFL = {
  "complete_device_name":"iPhone 7",
  "is_mobile":false,
  "form_factor":"Smartphone"
};
```

　サーバー側のエンドポイントは、リクエストとともに送信されたユーザーエージェント文字列を徹底的に分析し、表13-1に示す3つの情報を選択することで、クライアントに返すJavaScript 文字列を作成します。

▼表13-1：WURFL のプロパティ

プロパティ	説明
complete_device_name	検出されたデバイスのわかりやすい名前。この名前には、ベンダー情報とデバイス名（iPhone 7など）が含まれている
form_factor	検出されたデバイスの種類を表す。Desktop、App、Tablet、Smartphone、Feature Phone、Smart-TV、Robot、Other non-Mobile、Other Mobile のいずれかの文字列が設定される
is_mobile	このプロパティの値が true の場合は、デバイスがデスクトップデバイスではないことを意味する

　図13-3は、http://www.expoware.org/demos/device.html で公開されているテストページ❺で WURFL を試した結果を示しています。

▲図13-3：WURFL によるデバイスの検出

---

❺ ［訳注］2019年4月時点では、このテストページにはアクセスできない。

パフォーマンスに関しては、WURFL はかなり効率的です。キャッシュを活用することで、ユーザーエージェント文字列が送信されても実際にはチェックを省略するようになっているからです。ただし開発中は、URL に `debug=true` を追加することで、キャッシュを無効にしておくとよいでしょう。

重要

> WURFL フレームワークは、この Web サイトが公開されている間は自由に利用できます。ただし、本番環境で使用するとしたら、トラフィックが多い場合はボトルネックになりかねません。そのような場合は有償オプションを検討してもよいでしょう。有償オプションでは、より多くの帯域幅が確保され、さらに多くのデバイスプロパティにアクセスできます。詳細については、ScientiaMobile の Web サイトを参照してください。
>
> https://www.scientiamobile.com/

■ クライアント側での検出とレスポンシブページを組み合わせる

WURFL は、ブラウザーのパーソナル化、分析能力の拡張、広告機能の最適化など、さまざまなシナリオで利用できます。また、フロントエンドの開発を担当していて、デバイス検出をサーバー側で実装するという選択肢がない場合も、WURFL が救いの手を差し伸べます。WURFL のドキュメント[6]には、そうした例が含まれているため、ぜひチェックしてみてください。

クライアント側でのデバイス検出が必要となる状況をざっと見ておきましょう。そのうちの1つは、デバイスにとって最適なサイズと内容の画像をダウンロードするというものです。この場合は、次のようなコードを使用できます。

```
<script>
  if (WURFL.form_factor == "smartphone") {
    $("#myImage").attr("src", "...");
  }
</script>
```

同様に、リクエスト元のデバイスがスマートフォンであると思われる場合は、WURFL オブジェクトを使って特定のモバイルサイトへリダイレクトできます。

```
<script>
  if (WURFL.form_factor == "smartphone") {
    window.location.href = "...";
  }
</script>
```

---

[6] https://web.wurfl.io/

WURFL は実際のデバイスに関するヒントを与えてくれますが、本書の執筆時点では、デバイス固有の詳細といった外部情報と CSS メディアクエリ❼を組み合わせる方法はありません。メディアクエリのパラメーターではなく実際のユーザーエージェントに基づくレスポンシブ Web デザイン（RWD）が可能であることは確かですが、完全に自分で行う必要があります。WURFL の最も一般的な使用法は、Bootstrap や他の RWD ソリューションの中で使用することです。この場合は、デバイスの詳細を取得し、JavaScript を使って特定の機能を有効または無効にするか、専用のコンテンツをダウンロードします。

> **注**
>
> 本書のダウンロードサンプルには、Web サイトのどの部分をユーザーに参照させるのかを、WURFL を使って特定するサンプルが含まれています。このサンプルは単純な概念実装（PoC）ですが、「Web サイトの大部分は従来の RWD サイトだが、いくつかの部分がデバイスの形状に基づいて複製される」というシナリオに合わせて拡張することができます。

13.1.4 │ 新しい Client Hints

Client Hints は、ブラウザーとサーバーによるコンテンツネゴシエーションのための統一された標準手法に対するコードネームであり、広く使用されている HTTP ヘッダー **Accept-*** から着想を得ています。ブラウザーはリクエストごとに追加のヘッダーをいくつか送信し、サーバーはそれらのヘッダーに基づいてクライアントに返すコンテンツを調整することができます。

本書の執筆時点のドラフトでは、コンテンツの適切な幅と、クライアントのダウンロードの最大速度を提案するヘッダーを使用することができます。この2種類の情報があれば、低速な接続を使用する小さな画面のデバイスなど、現在最も重要と見なされる状況をサーバーに認識させるのに十分かもしれません。ほとんどの場合は、デバイスがスマートフォンなのか、別の種類のデバイスなのかを知ることは重要ですらありません。現時点では、非常に低速な接続や解像度が非常に低いデバイスを除けば、RWD の原則に従って作成されたコンテンツは古い iPhone デバイスにもうまく対応するはずです。この傾向は今後ますます強まることが予想され、Client Hints もこの方向に向かっています。Web ビューに Client Hints を追加する非常に単純な例を見てみましょう。サーバーは Client Hints に対するサポートを HTTP レスポンスヘッダーでアドバタイズしますが、次に示す **\<meta\>** タグは、このヘッダーの代わりに使用できるものです。

```
<meta http-equiv="Accept-CH" content="DPR, Viewport-Width, Width">
```

Client Hints と、サーバーとのやり取りのために定義されている将来のヘッダーは、HTTP Working Group の Web サイト❽で公開されています。

---

❼ ［訳注］著者の定義によれば、CSS メディアクエリは RWD の要素の1つであり、W3C 規格として定義されている。「メディア」は HTML で定義されたメディアタイプを表す。最もよく知られているメディアクエリは **screen** と **print** の2つである。

❽ https://httpwg.org/http-extensions/client-hints.html

340 **第4部 フロントエンド**

13.2 | デバイスフレンドリな画像

高品質で効果的な画像は、ほとんどの Web サイトにとって抗しがたい負担です。しかし、画像に必要なサイズとデバイスの処理能力（ネットワークについては言うまでもありません）との比率を考えると、デバイスに画像を提供するのはそう簡単なことではありません。デバイスフレンドリな画像の提供は、基本的に次の2つのことを意味します。1つは、適切なサイズ（バイト数）の画像を提供することであり、もう1つは、使用される状況において重要性を失わない大きさに調整する（切り詰めるか、サイズを変更する）ことです。つまり、適切な画像を提供することに関しては、量（バイト数）と質（アートディレクション）の両方が重要となります❾。

13.2.1 | PICTURE 要素

HTML5では、画像をレンダリングするための新しい要素として`<picture>`要素が追加されています。`<picture>`要素については、おなじみの`<img>`要素のスーパーセットと見なすことができます。

```
<picture>
  <source media="(min-width: 551px)" srcset="~/content/images/poppies_md.jpg"
        class="img-responsive">
  <source media="(max-width: 550px)" srcset="~/content/images/poppies_xs.jpg"
        class="img-responsive">
  <img src="~/content/images/poppies.jpg" alt="Poppies"
      class="img-responsive">
</picture>
```

ビューポートの幅に基づいて1つの画像を拡大縮小するのではなく、特定のブレークポイント❿ごとに表示する画像を指定することができます。ブレークポイントごとに画像を指定できるため、アートディレクションのニーズに合わせてそれぞれの画像を設計することが可能です。図13-4は、Microsoft Edge で上記のコードを実行したときの効果を示しています。一番上にあるデバッグバーに表示されているのは、画面の現在の幅です。550ピクセル幅では、中央に田舎の古い建物があるXS 画像が表示されています。ピクセル幅が551になると、ポピーが咲き誇る野原の風景の画像に切り替わります。

---

❾ ［訳注］著者の定義によれば、アートディレクションとは、特定のコンテキストにおいて画像の内容が最適なものになるようにするビジネス上の意思決定を表す。

❿ ［訳注］著者の定義によれば、ブレークポイントとは、デザイン時に画面やフォントに対して複数のサイズを定義するときの中間のサイズ（特定のピクセル幅）のことであり、ビューを変化させるトリガーとなる。

▲図13-4：Microsoft Edge に表示された <picture> 要素

　元の画像は同じですが、XS ブレークポイントと MD ブレークポイントに合わせて調整されています。XS と MD というコード名は Bootstrap のブレークポイントを連想させますが、これらのブレークポイントと Bootstrap のブレークポイントは無関係です。ブラウザーが画像を切り替えるための条件を設定するのは、<picture> 要素の media 属性の値だけです。

　<picture> 要素は勢力を拡大しつつありますが、すべてのブラウザーでサポートされているわけではありません。とはいえ、Google Chrome、Opera、Microsoft Edge の最近のバージョンでは正常に動作するため、少し配慮すれば、各自の Web サイトで使用できるようになります。<picture> 要素は現在の画面のサイズに応じて画像を使い分けるため、開発者と管理者にとって問題となるのは、同じ画像の複数のコピーを管理しなければならないことです。Web サイトで多くの画像が使用されていて、それらの画像が頻繁に更新されるとしたら、このことが大きな問題になるかもしれません。

　解像度ごとに画像のコピーを管理するという問題には、ImageEngine プラットフォームを使って対処することも可能です。<picture> 要素とは異なり、ImageEngine プラットフォームでは、互換性が問題になることはありません。

342 第 4 部　フロントエンド

13.2.2 │ ImageEngine プラットフォーム

　ImageEngine❶ は、サービスとして提供される有償の画像調整ツールです。このツール
が特に適しているのは、ビューの画像ペイロードを大幅に削減することでロード時間を短縮
するというデバイスフレンドリなシナリオです。このプラットフォームはサーバーアプリケー
ションとクライアントブラウザーの間に位置し、サーバーに代わって画像をインテリジェント
に提供する役割を果たします。その点では、CDN（Content Delivery Network）のような
働きをします。

　ImageEngine プラットフォームの主な目的は、画像によって生成されるトラフィックを削
減することにあります。このため、ImageEngineはモバイルWebサイトにとって理想的なツー
ルと位置付けられています。しかし、ImageEngine はそれだけにとどまりません。何よりも
まず、デバイスの種類を問わず、デバイスに合わせてサイズが調整された画像を提供できる
ようになります。次に、ImageEngine は URL ベースのプログラミングインターフェイスを
持つオンラインサイズ調整ツールとして使用することができます。さらに、画像専用のスマー
トなCDN として使用することもできます。それにより、さまざまな画像サイズでのロード時
間を短縮するために同じ画像の複数のバージョンを管理する、という作業から解放されます。

13.2.3 │ 画像の自動的なサイズ調整

　ImageEngine を使用するには、最初にアカウントを作成する必要があります。このアカ
ウントは、ユーザーを名前で識別することで、ユーザーのトラフィックを他のユーザーのトラ
フィックから区別します。ただし、アカウントを作成する前に、テストアカウントを使って
ImageEngine を試してみることができます。たとえば、Razor ビューでWeb ページに画像
を表示する方法は次のようになります。

```
<img src="~/content/images/autumn.jpg">
```

　ImageEngine を使用するときは、次のマークアップに置き換えます。

```
<img src="//try.imgeng.in/http://www.yoursite.com/content/images/autumn.jpg">
```

　アカウントを作成した後は、**try** の部分をアカウント名に置き換えるだけです。たとえば、
アカウント名が**contoso** の場合、画像の URL は次のようになります。

```
<img src="//contoso.imgeng.in/http://www.yoursite.com/content/images/autumn.jpg">
```

　つまり、元の画像の完全な URL を ImageEngine バックエンドに渡すことで、その画像を
自動的にダウンロードし、キャッシュできるようにする必要があります。ImageEngine は、
特定の大きさに合わせたトリミングやサイズ変更を含め、さまざまなパラメーターをサポート
しています。デバイスにとって理想的と思われるサイズに調整できるだけでなく、表13-2に
示すパラメーターを指定することもできます。これらのパラメーターは最終的な URL に挿入
されます。

❶ https://web.wurfl.io/#image-engine

第 13 章　デバイスフレンドリなビューの構築　　343

▼表 13-2：ImageEngine の URL パラメーター

URL パラメーター	説明
w_NNN	画像の望ましい幅をピクセル単位で設定
	サンプル URL：`//contoso.imgeng.in/w_200/IMAGE_URL`
h_NNN	画像の望ましい高さをピクセル単位で設定
	サンプル URL：`//contoso.imgeng.in/h_200/IMAGE_URL`
pc_NN	画像の望ましい縮小率を設定
	サンプル URL：`//contoso.imgeng.in/pc_30/IMAGE_URL`
m_XXX	画像のサイズ変更モードを設定。有効な値は、`box`（既定）、`cropbox`、`letterbox`、`stretch`
	サンプル URL：`//contoso.imgeng.in/m_cropbox/w_300/h_300/IMAGE_URL`
f_XXX	画像の望ましい出力フォーマットを設定。有効な値は、`png`、`jpg`、`webp`、`gif`、`bmp`。既定では、元のフォーマットで返される
	サンプル URL：`//contoso.imgeng.in/f_webp/IMAGE_URL`

　幅、高さ、パーセンテージは相互排他的なパラメーターであることに注意してください。パラメーターが指定されない場合、画像は検出されたユーザーエージェントによって提案されたサイズに調整されます。複数のパラメーターを URL のセグメントとして組み合わせることが可能です。たとえば次の URL は、元のサイズが正方形をなさない場合に、画像をその中心から 300 × 300 にトリミングします。なお、パラメーターの順序は重要ではありません。

```
//contoso.imgeng.in/w_300/h_300/m_cropbox/IMAGE_URL
```

　ImageEngine を使用したときの効果は図 13-5 のようになります。このページがスマートフォンで提供される場合は、元の画像とは異なるサイズの画像が使用されることになります。サンプルページに含まれている 2 つの `<img>` 要素は、ImageEngine を使用した場合の画像と、同じ画像を直接提供した場合の違いを示すためのものです。

```
<img id="img1"
     src="http://try.imgeng.in/http://www.expoware.org/images/tennis1.jpg" />
<img id="img2"
     src="http://www.expoware.org/images/tennis1.jpg" />
```

▲図13-5：ImageEngine の使用時に得られる効果

　新しい`<picture>`要素とは異なり、ImageEngine では、まったく別の画像を提供することはできません。このため、アートディレクションに配慮する必要がある場合は、やはり物理的に異なる画像を管理して提供する必要があります。その場合は、さらに前処理を行うために ImageEngine を使用することができます。ただし、アートディレクションに配慮する必要がない場合は、ImageEngine を利用することで、手動でのサイズ調整から解放され、帯域幅も節約されます。

13.3 | デバイス指向の開発戦略

ここまでは、さまざまなデバイスでのページのレンダリングとその振る舞いを、クライアント側ですばやく改善する方法について説明してきました。次は、Web サイト全体にまで範囲を広げ、デバイスにコンテンツを効果的に提供する方法について調べてみましょう。

13.3.1 | クライアント中心の戦略

ここまでの内容のほとんどは、ページの DOM に対する JavaScript の改善に主眼を置いたものでした。ここで、それらの手法を簡単にまとめてみましょう。

■ レスポンシブ HTML テンプレート

まったく新しい Web サイトを開発する場合は、ぜひ Bootstrap を導入してください。そうすれば、すべてのビューでレスポンシブ HTML テンプレートを使用できるようになります。レスポンシブ HTML テンプレートを使用すれば、デスクトップブラウザーでウィンドウのサイズを変更したときにビューがうまく表示されるようになり、モバイルユーザーも基本的にカバーされるようになります。実際には、最低でも、デスクトップブラウザーのサイズを変更したときに表示されるものと同じビューがモバイルユーザーにも表示されるようになるでしょう。

パフォーマンスという点では理想的ではないかもしれませんが、デバイスが新しく、十分な性能を備えていて、接続がそれほど低速でなければ、十分な効果が期待できます。モバイルのインタラクティビティがビジネスの要となる Web サイトでは、この方法はお勧めできませんが、ほとんどの場合はうまくいきます。

Bootstrap（より一般的には RWD）において主に問題となるのは、ブレークポイントです。Bootstrap には、XS、SM、MD、LG という接尾辞を持つブレークポイントが定義されています。これらのブレークポイントはそれぞれ固定のピクセル幅に対応しています。ほとんどの場合はうまくいきますが、決して完璧ではありません。特に言うと、Bootstrap のブレークポイントはスマートフォンや小さな画面を持つデバイスを正しく扱いません。XS ブレークポイントは 768 ピクセルで作動しますが、スマートフォンの幅からすると広すぎます。ただし、Bootstrap 4 では新しいブレークポイントが追加され、認識される最も小さなデバイス幅が約 500 ピクセルに設定されています。これでも完璧ではありませんが、ずっとよい妥協案です。

Bootstrap をまったく使用しないという選択肢や、完全なカスタムグリッドシステムを作成するという選択肢もあります。後者の場合は、Bootstrap のグリッドをアプリケーション固有の測定基準に置き換えます。

■ クライアント側での機能拡張

時間と予算に余裕がある場合は、レスポンシブなビューの品質を向上させ、その特定の部分（画像など）の処理方法を最適化し、適切なデバイスが検出されたらモバイル固有の機能を有効にする、というのもよいでしょう。このステップはユーザーエクスペリエンスを可能な限り向上させることを目指すもので、機能検出とデバイス検出の両方をカバーするものとなります。例として、デバイスに関係なく理想的なユーザーエクスペリエンスを実現するために、日付の選択という単純そうに見えるタスクを最適化する方法を見てみましょう。

```
<div class="col-xs-6">
  REGULAR DATE-PICKER<br />
  <input type="text" class="form-control" date>
</div>
<div class="col-xs-6">
  DEVICE-SPECIFIC DATE-PICKER<br />
  <input type="text" class="form-control" id="mdate">
</div>
```

　よく似ている2つの**<input>**フィールドはJavaScriptによって書き換えられます。**date**カスタム属性を持つ入力フィールドは、日付選択プラグインに紐付けられています。もう1つの入力フィールドでは、検出されたデバイスがスマートフォンかフィーチャーフォンの場合にのみ、**type**属性が**date**に変更されます（たとえば、タブレットの場合は日付選択プラグインが使用されます）。

```
<script>
  // https://uxsolutions.github.io/bootstrap-datepickerなどの
  // 日付ピッカーを無条件に使用
  $("input[date]").datepicker({
    // その他の設定
  });

  // 日付ピッカーまたはネイティブピッカー
  if (WURFL.form_factor === "Smartphone" ||
      WURFL.form_factor === "Feature Phone") {
    $("#mdate").attr("type", "date");
  } else {
    $("#mdate").datepicker();
  }
</script>
```

　このコードを実行した結果は次ページの図13-6のようになります。

　図13-6に示されているように、日付ピッカーコンポーネントはスマートフォンにはあまり適していません。タブレットなら許容範囲かもしれませんが、小さな画面を持つデバイスでは、ネイティブピッカーのほうがはるかに適しています。ただし、ネイティブピッカーとプログラムによる日付ピッカーを区別するには、**type**属性の値を動的に変更する必要があります。その場合は、デバイスの検出が不可欠です。これはクライアント側での機能拡張の最も具体的な例の1つです。

第 13 章　デバイスフレンドリなビューの構築　　347

▲図13-6：日付ピッカーはスマートフォンにはあまり適していない

■ ビューへのルーティング

　少し前に示唆したように、リクエスト元のユーザーエージェントに応じて適切なHTMLをダウンロードする方法があります。WURFLを利用すれば、ブラウザーの形状（フォームファクター）を検出し、サーバーから最適なコンテンツをダウンロードすることができます。この場合は、ビューごとに（あるいは最も重要なビューでのみ）複数のコピーを用意しておく必要があります。たとえば、スマートフォン用のバージョンとデスクトップブラウザー用のバージョンなどが必要です。検出されたデバイスに基づいてページの内容をプログラムから決定するコードは次のようになります。

第 4 部　フロントエンド

```html
<html>
<head>
  <meta charset="utf-8" />
  <meta name="viewport" content="width=device-width, initial-scale=1.0">
  <title>DEVICE DISCOVERY</title>
  <link href="content/styles/bootstrap.min.css"
        rel="stylesheet" type="text/css" />
  <script src="content/scripts/jquery-3.1.1.min.js"></script>
  <script src="content/scripts/bootstrap.min.js"></script>
  <script src="//wurfl.io/wurfl.js?debug=true"></script>

  <script type="text/javascript">
    var formFactor = WURFL.form_factor;
    var agent = WURFL.complete_device_name;
    window.addEventListener("DOMContentLoaded", function () {
      $("#title").html(formFactor + "<br>" + agent);
    });
  </script>
  <script type="text/javascript">
    var url = "/screen/default";
    $(document).ready(function () {
      switch (formFactor) {
      case "Smartphone":
        url = "/screen/smartphone";
        break;
      case "Tablet":
        url = "/screen/tablet";
        break;
      }
      $.ajax({
        url: url,
        cache: false,
        dataType: "html",
        success: function(data) {
          $("#body").html(data);
        }
      });
    });
  </script>
</head>
<body>

<!-- その他の内容 -->

<div class="text-center text-warning">
  <div id="title"></div>
</div>

<div id="body">
  <div class="text-center">
    <span>LOADING ...</span>
  </div>
```

```
</div>

<!-- その他の内容 -->

</body>
</html>
```

　`<head>`セクションの最後のスクリプトブロックでは、DOM APIを使ってページのヘッダーを更新し、jQuery APIを使って実際の内容を更新します。使用するAPIが違っているのは、ページの更新がどのAPIにも依存しないことを示すためです。このページは、検出されたフォームファクターに基づいてサイト固有のエンドポイントに接続し、最適なHTMLブロックをリクエストします。図13-7は、タブレットに表示されたビューを示しています（この図はMicrosoft Edge エミュレーターを使ってApple iPadユーザーエージェント文字列を渡すことによって生成されています）⑫。

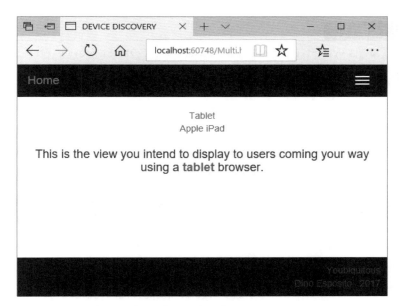

▲図13-7：サンプルページのタブレット専用ビュー

　ここで説明している手法は、開発者が求めているマルチビュー効果を実現できるという意味では効果的ですが、ソリューションの柔軟性や扱いやすさという点ではあまり効果的ではありません。やはり同じビューのコピーをいくつか作成して管理する必要がありますし、何かを変更する必要がある場合はすべてのコピーを更新しなければなりません。筆者は以前からモバイル専用のビューが気に入っていますが、長い目で見ると、作業量が多くなりすぎたようです。時間と予算が限られている場合は、おそらくRWD（およびその先駆者であるBootstrap）を使用するのが最善の選択肢でしょう。

---

⑫［訳注］Microsoft Edgeを起動し、**F12**キーを押して開発者ツールを開き、開発者ツールのツールバーから［エミュレーション］または［その他のツール］-［エミュレーション］を選択し、［ユーザーエージェント］ドロップダウンリストから［Apple Safari (iPad)］を選択する。

350 第4部 フロントエンド

13.3.2 | サーバー中心の戦略

クライアント中心の戦略を改善する簡単な方法は、デバイス検出をサーバー側で実行することです。とはいえ、やはり同じ論理ビューの複数のバージョンを作成して管理する必要があります。ただし、純粋なサーバー側での検出にも問題がないわけではありません。

■ サーバー側でのデバイス検出

結論から言うと、サーバー側でのデバイス検出では、ブラウザーから送信されたユーザーエージェント文字列を解析することになります。理論的には、ユーザーエージェント文字列を正規表現と照合するだけで済むこともあります。しかし、現在の膨大な数のデバイス —— さまざまなユーザーエージェントとエッジケース —— を考えると、デバイス検出が不可欠で、サーバー側で行うのが望ましい場合は、有償のサービスが必要になることを覚悟しておかなければなりません[13]。

> **注**
>
> 筆者は WURFL OnSite を利用していますが、その他にも Device Atlas などのフレームワークがあります。本書の執筆時点では、ASP.NET Core 2.0 がリリースされています。デバイス検出サーバーフレームワークに共通する最大の問題点は、.NET Core をサポートしていないことです。

サーバーフレームワークが.NET Core に移植されるまでの現実的な選択肢は表13-3のようになります。

▼表13-3：ASP.NET Core アプリケーションでのサーバー側の検出オプション

API	説明
WURFL OnSite .NET API WURFL Cloud .NET API	■ 完全な.NET Framework 用にコンパイルされた ASP.NET Core アプリケーションから呼び出す ■ API をマイクロサービス（スタンドアロン Web サービス）でラッピングし、ASP.NET Core から HTTP を使って呼び出す 詳細については、`https://www.scientiamobile.com/` を参照
Device Atlas .NET API	同上
WURFL InFuze モジュール	WURFL InFuze は、HTTP ヘッダーを使って指定されたデバイスプロパティを各リクエストに追加する IIS 拡張モジュール。その点では、.NET Framework のバージョンとはまったく無関係である。詳細については、`https://www.scientiamobile.com/` を参照

---

[13] ［訳注］ASP.NET MVC 4 では、サーバー側でのデバイス検出とビューの切り替えを行う機能（通称 DisplayMode）が用意されていたが、残念ながら現時点では ASP.NET Core MVC には移植されていない。
https://docs.microsoft.com/ja-jp/aspnet/mvc/overview/older-versions/aspnet-mvc-4-mobile-features#overriding-views-layouts-and-partial-views

基本的には、サーバー側でのデバイス検出により、最高のユーザーエクスペリエンスが実現されます。なぜなら、最適なコンテンツとレイアウトが自動的に、しかも最もすばやく選択されるからです。実際のところ、サーバー側でのデバイス検出では、使用されないデータは決してダウンロードされませんし、特別なビューを取得するための追加のリクエストも送信されません。問題は、サイトのメンテナンスと、構成パラメーターや部分ビューの数が増えすぎることです。

特別なエクスペリエンスを提供することが業務上不可欠である場合は、やはり専用のモバイルサイトを準備することを検討してください。

■ モバイル Web サイトへのリダイレクト

さて、2つの Web サイトがあるとしましょう。1つは、レスポンシブかどうかはともかく、完全なサイトです。もう1つはモバイルサイトで、文献では「m サイト」と呼ばれることがあります。それらにアクセスするにはどうすればよいでしょうか。現実には、順調な業績を上げながら、この問題にさまざまな方法でアプローチしている例がいくらでも見つかります。

Web サイトにパブリック URL を1つだけ割り当てておくのが効果的であることについては、誰もが賛同するでしょう。ユーザーは「www」で始まるアドレスさえ覚えておけばよく、最適なコンテンツへの切り替えはソフトウェアによって自動的に制御されます。そうした措置をとっていない企業は、業績が傾いているかもしれません。たとえば、別の URL に基づいて物理的に異なる Web サイトへリダイレクトするという、非常に基本的で単純なデバイス検出を検討してもよいでしょう。この場合、デバイスの詳細を何もかも知る必要はなく、モバイルデバイスかどうかの大ざっぱなヒューリスティックで十分でしょう。

開発に関しては、モバイル専用の Web サイトを別のプロジェクトとして扱うことができます。別のプロジェクトと見なすことには、大きなメリットがあります。たとえば、特別なテクノロジやフレームワークを使って開発する、外部企業にアウトソーシングする、専門のスタッフを配属させる、あるいは後回しにするといったことが可能になるからです。それに、モバイルサイトはいつでも追加することができます。

13.4 | まとめ

サーバー側のソリューションは、完全にクライアント側のソリューションである RWD ベースのソリューションよりも本質的に柔軟です。というのも、ネットワーク経由で何かを送信する前に、デバイスを確認できるからです。それにより、最適なコンテンツを Web サイトにインテリジェントに判断させることが可能になります。ですが実際には、デバイスに特化したビューを提供するのは決して楽な作業ではありません。この問題の中心にあるのは、デバイスの検出に使用されるメカニズムではなく、コストという問題です。

デバイスを検出するからといって、ブラウザーやデバイスごとに異なるページを提供するというわけではありません。より現実的には、デスクトップ、スマートフォン、タブレット、古い携帯電話、大画面など、最も一般的なフォームファクターに合わせて3、4種類のビューを管理することになります。複数のページを管理するわけですから、コストがかかるのは当然です。

現時点において最も妥当と思えるアプローチは、既定のレスポンシブソリューションと、スマートフォン専用の Web サイトを別々に用意することです。スマートフォン専用の Web サイトでは、モバイルユーザーに関連するユースケースだけをサポートします。この場合は、

2つのWebサイトを別々にデプロイし、クライアント側の検出機能を使ってリダイレクトを行います。もう1つの選択肢は、サーバー側のアプローチを使用することです。この場合は、振る舞いをさらに細かく制御できるだけでなく、サポートするフォームファクターを増やす場合のスケーリングがはるかに簡単で柔軟なものになります。

　いずれにしても、あなたは開発者として、モバイルデバイスでのユーザーエクスペリエンスを無視するわけにはいきません。一方で、レスポンシブなHTMLテンプレートがあればよいと決めつけることもできません。レスポンシブデザインは1つの答えにすぎませんし、完全に正しい答えではないからです。

第 **5** 部

ASP.NET Core のエコシステム

さて、ASP.NET Core で現代的なソリューションを構築する準備は十分に整いました。その仕上げとして、開発ライフサイクルの視野を広げることにしましょう。この最後の部では、ASP.NET Core のランタイムパイプライン、アプリケーションのデプロイメント、そして古い ASP.NET フレームワークからの移行に関連するきわめて重要な課題を取り上げることにします。

第14章では、ASP.NET Core のランタイム環境の内部アーキテクチャ、Kestrel サーバー、そして中核的なミドルウェアを詳しく見ていきます。これらはまったく新しいテクノロジであり、Web サーバー環境から完全に切り離されたクロスプラットフォームランタイムを確立します。

第15章では、アプリケーションをデプロイするための ASP.NET Core のさまざまなオプションを紹介します。これらのオプションには、Windows Server や Microsoft Azure App Service だけでなく、Linux ベースのオンプレミスマシンや、AWS（Amazon Web Services）などのサードパーティのクラウド環境、そして Docker コンテナーが含まれています。

第16章では、ASP.NET Core への移行時に直面するトレードオフを分析します。グリーンフィールド開発とブラウンフィールド開発という非常に異なるシナリオで、さらにはその中間に位置するさまざまなプロジェクトにおいて、ASP.NET Core の価値を評価するための手助けをします。また、マイクロサービスやコンテナーへの移行の機会を含め、移行計画を立てるための実践的なツールや手法も紹介します。

第14章

ASP.NET Core のランタイム環境

良心は人をみな臆病にする。それゆえ、生まれ持った決意の色は青ざめた憂愁に染まっていく。
— ウィリアム・シェイクスピア、『ハムレット』

第2章では、ASP.NET Coreマシンの蓋を開け、その中身を初めて覗いてみました。そして、ASP.NET Core のランタイム環境と、すべてのリクエストが通過するパイプラインが、ASP.NET のこれまでのバージョンのものとはまったく異なるものであることを学びました。また、ASP.NET Core の新しいランタイム環境は、システムに組み込まれている依存性注入（DI）インフラストラクチャを活用します。このインフラストラクチャは、目に見えない相棒として、送信されてきたリクエストを処理するすべての手順に目を光らせます。

本章では、ASP.NET Core のランタイム環境のアーキテクチャとそのコンポーネントを詳しく見ていきます。その際には、Kestrel サーバーとリクエストミドルウェアという2つのコンポーネントに着目します。

14.1 | ASP.NET Core ホスト

ASP.NET Core アプリケーションは、基本的には、スタンドアロンのコンソールアプリケーションで構成されます。このコンソールアプリケーションは、実際のアプリケーションモデル（ほとんどの場合はMVC アプリケーションモデル）のホスト環境をセットアップします。ホストの役割は、HTTP リクエストを受け取って処理パイプラインに渡すサーバーを構成することにあります。次に示すのは、Visual Studio 2017の標準テンプレートに基づいて生成された、一般的な ASP.NET Core アプリケーションのホストプログラムの既定の実装です。このコードは、ASP.NET Core プロジェクトの **Program.cs** ファイルに書き込まれます。

```
public class Program
{
  public static void Main(string[] args)
  {
    CreateWebHostBuilder(args).Build().Run();
```

356 第5部　ASP.NET Core のエコシステム

```
    }

    public static IWebHost BuildWebHost(string[] args) =>
        WebHost.CreateDefaultBuilder(args)
            .UseStartup<Startup>();
}
```

　　Web ホストコンポーネントと、ホストを起動するためのもっと簡単な他の方法について詳しく見ていきましょう。

14.1.1 | **WebHost クラス**

　　WebHost は、**IWebHostBuilder** インターフェイスの実装クラスのインスタンスを作成するメソッドが2つ定義されている静的クラスです。このインターフェイスには、事前に定義された設定が含まれています。**WebHost** クラスには、ホスト環境を直ちに開始するためのさまざまなメソッドも定義されています。それらのメソッドは、リクエストを待ち受ける URL と、実装する振る舞いに対するデリゲートを受け取ります。次の例で示すように、このことは ASP.NET Core ランタイムの柔軟性がきわめて高いことの証しです。

■ ホストの振る舞いを設定する

　　WebHost クラスの **Start** メソッドを利用すれば、Web アプリケーションをさまざまな方法で準備することができます。最も興味深いメソッドの1つは、単純なラムダ関数に基づいてアプリケーションをセットアップするオーバーロードです。

```
using (var host = WebHost.Start(
    app => app.Response.WriteAsync("<h1>Programming ASP.NET Core</h1>")))
{
    // ホストが終了するまで待機
    ...
}
```

　　このアプリケーションは、どの URL で呼び出されたかに関係なく、指定された関数を実行するだけです。**WebHost** クラスの **Start** メソッドから返されるインスタンスの型は **IWebHost** であり、そのアプリケーションのためにすでに開始されているホスト環境を表します。**WebHost.Start** メソッドによって実行されることを擬似コードで表すと、次のようになります。

```
public static IWebHost Start(RequestDelegate app)
{
    var defaultBuilder = WebHost.CreateDefaultBuilder();
    var host = defaultBuilder.Build();

    // ホストを実際に起動するコード
    host.Start();
    return host;
}
```

Start メソッドがホストをノンブロッキング方式で実行することに注意してください。つまり、ホストがリクエストの待ち受けを継続するには、追加の命令が必要です。例を見てみましょう。

```
public static void Main(string[] args)
{
  using (var host = WebHost.Start(
    app => app.Response.WriteAsync("<h1>Programming ASP.NET Core</h1>")))
    {
      // ホストが終了するまで待機
      Console.WriteLine("Courtesy of 'Programming ASP.NET Core'\n====");
      Console.WriteLine("Use Ctrl-C to shut down the host...");
      host.WaitForShutdown();
    }
}
```

実行時のホストは図14-1のようになります。

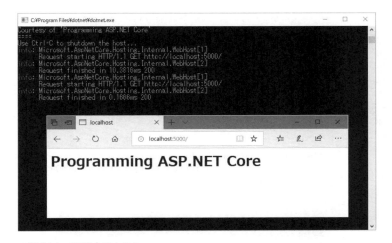

▲図14-1：実行中のホスト

既定では、ホストはポート5000でリクエストを待ち受けます。図14-1に示されているように、ロガーが自動的に有効になりますが、ユーザーレベルのコードには、ロガーを有効にする行は見当たりません。このことは、ホストに既定の設定が適用されることを意味します。内部では、Start メソッドによって WebHost.CreateDefaultBuilder メソッドが呼び出され、このメソッドが既定の設定を受け取ることになります。既定の設定について、少し詳しく見てみましょう。

■ 既定の設定

ASP.NET Core 2.0以降では、WebHost クラスに CreateDefaultBuilder という静的メソッドが定義されています。このメソッドは、ホストオブジェクトのインスタンスを作成して返します。WebHost クラスで定義されている Start メソッドはどれも、内部で既定

358 第5部 ASP.NET Core のエコシステム

のビルダーを呼び出すことになります。既定の Web ホストビルダーが呼び出されるときの手続きは次のようになります。

```
public static IWebHostBuilder CreateDefaultBuilder(string[] args)
{
  return new WebHostBuilder()
      .UseKestrel()
      .UseContentRoot(Directory.GetCurrentDirectory())
      .ConfigureAppConfiguration(
          (Action<WebHostBuilderContext, IConfigurationBuilder>)
          ((context, config) =>
          {
              var env = context.HostingEnvironment;
              config.AddJsonFile("appsettings.json", true, true)
                  .AddJsonFile(string.Format("appsettings.{0}.json",
                                             env.EnvironmentName), true, true);
              if (env.IsDevelopment())
              {
                var assembly =
                    Assembly.Load(new AssemblyName(env.ApplicationName));
                if (assembly != null)
                  config.AddUserSecrets(assembly, true);
              }
              config.AddEnvironmentVariables();
              config.AddCommandLine(args);
          }))
      .ConfigureLogging((Action<WebHostBuilderContext, ILoggingBuilder>)
          ((context, logging) =>
          {
            logging.AddConfiguration(
                context.Configuration.GetSection("Logging"));
            logging.AddConsole();
            logging.AddDebug();
          }))
      .UseIISIntegration()
      .UseDefaultServiceProvider(
          (Action<WebHostBuilderContext, ServiceProviderOptions>)
          ((context, options) =>
          {
            options.ValidateScopes =
                context.HostingEnvironment.IsDevelopment()));
          }))
}
```

要するに、既定のビルダーは4種類の処理を行います。表14-1に、これらの処理をまとめておきます。

▼表 14-1：既定のビルダーが実行する処理

処理	説明
Web サーバー	ASP.NET Core パイプラインの組み込み Web サーバーとして Kestrel を追加する
コンテントルート	現在のディレクトリを Web アプリケーションによってアクセスされるファイルベースのコンテンツのルート（root）フォルダーとして設定する
構成	`appsettings.json`、環境変数、コマンドライン引数、ユーザーシークレット（開発モードでのみ）などの構成プロバイダーを追加する
ロギング	コンソールロガーとデバッグロガーに加えて、構成ツリーの`logging`セクションで定義されているロギングプロバイダーを追加する
IIS	リバースプロキシとして IIS を統合する
サービスプロバイダー	既定のサービスプロバイダーを設定する

　`WebHost`クラスのいずれかのメソッドを呼び出して Web アプリケーションのホストを起動するたびに、これらの操作がすべて開始されます。そして、これらの操作を開発者が制御することはできません。ホストの設定をカスタマイズしたい場合は、この続きを読んでください。ただし、カスタム設定について検討する前に、ホストを実際に起動して外部からの呼び出しに対処させるための方法を見てみましょう。

> **ヒント**
>
> 　筆者は、Visual Studio でクラスのソースコードを調べるときに ReSharper を使用することにしています。ReSharper には、**F12** キーを押すと実際に逆コンパイルを行う dotPeek が含まれています。dotPeek は無償で提供されているため、ReSharper を使用しない場合でも、Visual Studio にシンボルサーバーとして設定することができます。詳細については、dotPeek の Web サイトを参照してください。
>
> https://www.jetbrains.com/help/decompiler/Using_product_as_a_Symbol_Server.html
>
> ILSpy も Visual Studio で自由に使用できるインプレース逆コンパイラの 1 つであり、Visual Studio Marketplace で提供されています。
>
> https://marketplace.visualstudio.com/items?itemName=SharpDevelopTeam.ILSpy

■ ホストを起動する

　`WebHost`クラスで定義されているメソッドのいずれかを使ってホストを作成すると、指定されたアドレスですでに待ち受けを開始しているホストが返されます。先に述べたように、既定で使用される`Start`メソッドはノンブロッキング方式でホストを起動しますが、選択肢は他にもあります。

　`Run`メソッドは、Web アプリケーションを起動し、ホストが終了するまで呼び出し元のスレッドをブロックします。これに対し、`WaitForShutdown`メソッドは、**Ctrl+C** キーを押すなどしてアプリケーションが手動で終了されるまで、呼び出し元のスレッドをブロックします。

360　第5部　ASP.NET Core のエコシステム

14.1.2 ｜ ホストのカスタム設定

　　既定のホストビルダーを使用するのは簡単であり、しかも開発者が望む機能のほとんどを備えたホストが提供されます。スタートアップクラスや待ち受けの対象となる URL など、追加の要素を使ってホストをさらに拡張することができます。逆に、既定のホストよりも機能が少ないホストを定義することも可能です。

■ Web ホストを手動で作成する

　　新しいホストを一から作成するコードを見てみましょう。

```
var host = new WebHostBuilder().Build();
```

　　WebHostBuilder クラスには、機能を追加するためのさまざまな拡張メソッドが定義されています。最低でも、インプロセスの HTTP サーバーとして使用する実装を指定する必要があります❶。この Web サーバーは、HTTP リクエストを待ち受け、それらのリクエストを扱いやすい **HttpContext** パッケージにまとめた上でアプリケーションへ転送します。Kestrel は最もよく使用される既定の Web サーバー実装です。Kestrel を有効にするには、**UseKestrel** メソッドを呼び出します。

　　Web アプリケーションを IIS でホストできるようにするには、**UseIISIntegration** 拡張メソッドを使って IIS との統合を有効にする必要もあります。あとは、使用するコンテントルートフォルダーとスタートアップクラスを指定すれば、ランタイム環境の設定は完了です。

```
var host = new WebHostBuilder()
    .UseKestrel()
    .UseIISIntegration()
    .UseContentRoot(Directory.GetCurrentDirectory())
    .Build();
```

　　この時点で、アプリケーションのさらに 2 つの部分を指定する必要があります。1 つはアプリケーション設定の読み込みであり、もう 1 つは終端ミドルウェアです。前項のコードで示したように、ASP.NET Core 2.0 以降では、新しい **ConfigureAppConfiguration** メソッドを使ってアプリケーションの設定を読み込むことができます。終端ミドルウェアを追加するには、**Configure** メソッドを呼び出します。終端ミドルウェアは、具体的には、送信されてきたリクエストを処理するコードです。

```
var host = new WebHostBuilder()
    .UseKestrel()
    .UseIISIntegration()
    .UseContentRoot(Directory.GetCurrentDirectory())
    .Configure(app => {
        app.Run(async (context) => {
            var path = context.Request.Path;
```

---

❶ ［訳注］ インプロセスホスティングは、ASP.NET Core アプリケーションを IIS でホストすることを意味する。アウトプロセスホスティングでは、Kestrel サーバーを実行しているバックエンドの ASP.NET Core アプリケーションにリクエストを転送する。

第14章　ASP.NET Core のランタイム環境　　361

```
            await context.Response.WriteAsync("<h1>" + path + "</h1>");
        });
    })
    .Build();
```

　スタートアップクラスでは、アプリケーション設定、終端ミドルウェア、および必要に応じてさまざまなミドルウェアコンポーネントをもっと簡単に指定することができます。スタートアップクラスは、**UseStartup**メソッドを通じて**WebHostBuilder**インスタンスに渡されるパラメーターの1つにすぎません。

```
var host = new WebHostBuilder()
    .UseKestrel()
    .UseIISIntegration()
    .UseContentRoot(Directory.GetCurrentDirectory())
    .UseStartup<Startup>()
    .Build();
```

　機能面に関しては、このコードにより、ASP.NET Core アプリケーションを実行するのに十分な数の機能が提供されます。

■ スタートアップクラスを特定する

　スタートアップクラスはさまざまな方法で指定することができます。最も一般的な方法は、ジェネリックバージョンの拡張メソッド**UseStartup\<T\>**を使用することです。前項のコードで示したように、**T**はスタートアップクラスを識別します。

　非ジェネリックバージョンの拡張メソッド**UseStartup**を使用する場合は、引数として.NET の型参照を渡します。

```
var host = new WebHostBuilder()
    .UseKestrel()
    .UseIISIntegration()
    .UseContentRoot(Directory.GetCurrentDirectory())
    .UseStartup(typeof(MyStartup))
    .Build();
```

　さらに、スタートアップの型をアセンブリ名で指定することもできます。

```
var host = new WebHostBuilder()
    .UseKestrel()
    .UseIISIntegration()
    .UseContentRoot(Directory.GetCurrentDirectory())
    .UseStartup(Assembly.Load(new AssemblyName("Ch14.Builder")).FullName)
    .Build();
```

　UseStartupメソッドにアセンブリ名を渡すことにした場合、そのアセンブリには**Startup**または**StartupXxx**という名前のクラスが含まれているものと想定されます。この場合の**Xxx**は、現在のホスティング環境（**Development**、**Production**など）と一

362　第5部　ASP.NET Core のエコシステム

致します。

■ アプリケーションのライフタイム

　ASP.NET Core 2.0以降では、開発者がスタートアップタスクとシャットダウンタスク
を実行するための3種類のアプリケーションライフタイムイベントがサポートされています。
IApplicationLifetime インターフェイスには、プログラムからフックできるホストイ
ベントが定義されています。

```
public interface IApplicationLifetime
{
  CancellationToken ApplicationStarted { get; }
  CancellationToken ApplicationStopping { get; }
  CancellationToken ApplicationStopped { get; }
  void StopApplication();
}
```

　見てわかるように、アプリケーションが「開始された」、「終了中である」、「終了した」こ
とを知らせるイベントに加えて、アプリケーションを終了させるための**StopApplication**
メソッドも定義されています。これらのイベントを処理するコードは、スタートアップクラス
の**Configure**メソッドに追加します。

```
public void Configure(IApplicationBuilder app, IApplicationLifetime life)
{
  // アプリケーションの適切なシャットダウンを設定
  life.ApplicationStarted.Register(OnStarted);
  life.ApplicationStopping.Register(OnStopping);
  life.ApplicationStopped.Register(OnStopped);

  // その他のランタイム設定
  ...
}
```

　ApplicationStarted イベントが発生するのは、ホストが稼働していて、アプリケー
ションホストの終了がプログラムによって制御される場合です。**ApplicationStopping**
イベントは、プログラムによるアプリケーションのシャットダウンが開始されているものの、
まだキューにリクエストが残っているかもしれないことを示します。キューのリクエストがす
べて処理された時点で、**ApplicationStopped** イベントが発生します。アプリケーショ
ンホストの実際のシャットダウンは、イベントの処理が完了した時点で開始されます。

　StopApplication は、アプリケーションホストのシャットダウンをプログラムから開
始するためのメソッドです。このメソッドは、**dotnet.exe** ランチャーのコンソールウィン
ドウで**Ctrl+C** キーを押したときにも自動的に呼び出されます。図14-2は、次のコードを使
用した場合に期待される出力を示しています。

```
private static void OnStarted()
{
  // 起動後の処理を実行
```

```
    Console.WriteLine("Started¥n=====");
    Console.BackgroundColor = ConsoleColor.Blue;
}

private static void OnStopping()
{
    // 終了時の処理を実行
    Console.BackgroundColor = ConsoleColor.Black;
    Console.WriteLine("=====¥nStopping¥n=====¥n");
}

private static void OnStopped()
{
    // 終了後の処理を実行
    var defaultForeColor = Console.ForegroundColor;
    Console.ForegroundColor = ConsoleColor.Red;
    Console.WriteLine("Stopped.");
    Console.ForegroundColor = defaultForeColor;
    Console.WriteLine("Press any key.");
    Console.ReadLine();
}
```

▲図14-2：アプリケーションのライフタイムイベント

　このように、ライフタイムイベントはWebアプリケーションのあらゆるアクティビティをカバーします。

364 第 5 部　ASP.NET Core のエコシステム

■ その他の設定

　振る舞いの細かな部分を調整する追加の設定が定義されており、Web ホストをさらにカスタマイズすることが可能です。それらの設定を表 14-2 にまとめておきます。

▼表 14-2：Web ホストのその他の設定

拡張メソッド	説明
CaptureStartup Errors	スタートアップ時のエラーの捕捉を制御する Boolean 値。全体的な構成において IIS の上で動作する Kestrel が設定されている場合を除いて、既定値は false。エラーが捕捉されない場合は、どの例外でもホストが終了することになる。エラーが捕捉される場合、スタートアップ時の例外は飲み込まれるが、ホストは引き続き指定された Web サーバーの起動を試みる
UseEnvironment	アプリケーションの実行環境をプログラムから設定する。このメソッドは引数としてあらかじめ定義された環境と一致する文字列（Development、Production、Staging、またはアプリケーションにとって意味をなすその他の環境名）を受け取る。通常、環境名は環境変数（ASPNETCORE_ENVIRONMENT）から読み取られる。Visual Studio を使用している場合、環境変数はプロジェクトのプロパティか launchSettings.json ファイルで設定できる
UseSetting	割り当てられたキーを使って直接オプションを設定するためのユニバーサルメソッド。このメソッドを使って値を設定すると、値は型に関係なく（引用符で囲まれた）文字列として設定される。このメソッドは少なくとも次の設定に使用できる：

	DetailedErrorsKey	詳細なエラーを捕捉して報告すべきかどうかを指定する Boolean 値。既定値は false
	HostingStartup AssembliesKey	スタートアップ時に読み込む追加のアセンブリの名前をセミコロンで区切られた文字列として指定する。既定値は空の文字列
	PreventHosting StartupKey	アプリケーションのアセンブリを含め、スタートアップ時のアセンブリの自動的な読み込みを阻止する。既定値は false
	ShutdownTimeoutKey	Web ホストをシャットダウンする前に待機する時間（秒数）を指定する。既定値は 5 秒。UseShutdownTimeout 拡張メソッドでも同じ設定が可能。シャットダウンを待機することで、Web ホストがリクエストを完全に処理するための猶予を与える

プロパティ名は WebHostDefaults 列挙型のフィールドとして表現される

```
WebHost.CreateDefaultBuilder(args)
    .UseSetting(WebHostDefaults.DetailedErrorsKey, "true");
```

UseShutdown Timeout	Web ホストのシャットダウンを待機する時間を指定する。既定値は 5 秒。このメソッドは引数として TimeSpan 型の値を受け取る

　Web ホストの設定をこれほど細かく制御できるのはなぜだろうと、思っているかもしれません。アプリケーションが実際に起動するずっと前に、Program.cs ファイルにおいてアプ

リケーションの設定をWebホストレベルで定義できることにも引っかかっているかもしれません。これらの質問に対する答えは2つあります。1つは完全性であり、もう1つは統合テストをスムーズに行えるようにすることです。Webホストの準備をかなり柔軟に行うことができれば、プロジェクトを簡単に複製できるようになります。複製されたプロジェクトの内容はすべて同じですが、Webホストとその設定は特定の統合シナリオに合わせて調整することができます。

ここでは、もう1つの構成パラメーター（Webサーバーがリクエストを待ち受けるURLのリスト）をあえて無視しました。このパラメーターについては、次節でASP.NET Coreの組み込みのWebサーバーの選択と設定について説明するときに取り上げることにします。

> **注**
>
> Webホストの設定を表現することに関しては、設定の順序が重要となります。しかし、全体的には、最後の設定が優先されるという基本ルールに従います。したがって、複数のスタートアップクラスを指定したとしてもエラーはスローされず、最後に指定された設定が適用されます。

14.2 組み込みのHTTPサーバー

ASP.NET Coreアプリケーションを実行するには、インプロセスのHTTPサーバーが必要です。このHTTPサーバーはWebホストによって開始され、指定されたポートとURLでリクエストを待ち受けます。そして、送信されてきたリクエストを捕捉し、それらをASP.NET Coreパイプラインへ転送するものと想定されます。ASP.NET Coreパイプラインでは、リクエストはミドルウェアによって処理されます。全体的なアーキテクチャは図14-3のようになります。

▲図14-3：ASP.NET CoreのランタイムアーキテクチャにおけるHTTPサーバーの役割

図14-3では、ASP.NET Coreの内部HTTPサーバーとインターネット空間が直接接続されています。現実には、このような直接的な接続はオプションです。実際には、内部HTTPサーバーの手前にリバースプロキシを配置することで、インターネットからアクセスできないようにすることが可能です。この点については、後ほど改めて取り上げることにします。

14.2.1 HTTPサーバーの選択

図14-3の内部HTTPサーバーは2種類に分かれています。1つはKestrelに基づくものであり、もう1つは`http.sys`というカーネルベースのドライバーに基づくものです。どちらの実装でも、指定されたポートとURLでリクエストを待ち受け、それらのリクエストをASP.NET Coreパイプラインへ転送します。

第5部 ASP.NET Core のエコシステム

■ Kestrel と http.sys

ASP.NET Core の内部 HTTP サーバーとして最もよく選択されるのは Kestrel です。Kestrel はクロスプラットフォームの Web サーバーであり、クロスプラットフォームの非同期 I/O ライブラリである `libuv` に基づいています❷。Visual Studio のテンプレートを使って新しい ASP.NET Core プロジェクトを作成すると、Web サーバーとして Kestrel を使用するコードが生成されます。Kestrel の最も興味深い特徴は、.NET Core がサポートしているすべてのプラットフォームとバージョンでサポートされることです。

Kestrel の代わりに使用できる `http.sys` は、Windows 専用の HTTP サーバーであり、Windows ではおなじみの `http.sys` カーネルドライバーのサービスに基づいています。一般的に言えば、特別な状況以外は常に Kestrel を使用したほうがよいでしょう。ASP.NET Core 2.0 がリリースされるまで、リバースプロキシを使ってアプリケーションをインターネットアクセスから保護する必要がないシナリオでは、Kestrel は推奨されていませんでした。この点に関しては、(Windows プラットフォームに限定されているとはいえ) はるかに成熟したテクノロジをベースとする `http.sys` のほうが堅実な選択肢です。また、`http.sys` は Windows 固有の HTTP サーバーであり、Windows 認証など、Kestrel では意図的にサポートされていない機能をサポートしています。

`http.sys` の上で同じ IIS が HTTP リスナーとして動作することを考えてみれば、`http.sys` の堅牢性がさらに裏付けられるはずです。とはいえ、今後の見通しははっきりしています。Kestrel はクロスプラットフォームであり、リバースプロキシで保護しなくてもインターネットアクセスを維持できるほど堅牢な Web サーバーとして徐々に改善されていくでしょう。Kestrel ではうまくいかない、という確証が得られるまでは、Kestrel を試してみることをお勧めします。ASP.NET Core アプリケーションで `http.sys` を有効にするコードは次のようになります。

```
var host = new WebHostBuilder().UseHttpSys().Build();
```

Kestrel ではどうもうまくいかない、という場合、Windows 以外の環境 (Nginx、Apacje など) では、リバースプロキシを使用してください。Windows 環境では、`http.sys` を直接使用するか、IIS を選択することができます。

> **注**
>
> `http.sys` を使用するために必要な追加の設定については、ASP.NET Core のドキュメントを参照してください。
>
> https://docs.microsoft.com/ja-jp/aspnet/core/fundamentals/servers/httpsys

■ URL を指定する

内部 HTTP サーバーは、さまざまな URL やポートでリクエストを待ち受けるように設定できます。この情報を指定するには、`WebHostBuilder` 型で定義されている `UseUrls` 拡張メソッドを使用します。

---

❷ [訳注] ASP.NET Core 2.1 では、Kestrel の既定のトランスポートは `libuv` ベースではなくマネージドソケットベースに変更されている。

```
var host = new WebHostBuilder()
    .UseKestrel()
    .UseUrls("...")
    ...
    .Build();
```

　UseUrls メソッドは、サーバーがリクエストを待ち受けるホストアドレスに加えて、ポートとプロトコルを指定します。複数の URL を指定する場合は、それらの URL をセミコロン（;）で区切ります。既定では、内部 Web サーバーはローカルホストのポート 5000 で待ち受けを行うように設定されます。サーバーが指定されたポートとプロトコルを使って任意のホストアドレスでリクエストを待ち受けるようにしたい場合は、ワイルドカード（*）を使用します。たとえば、次のコードも有効です。

```
var host = new WebHostBuilder()
  .UseKestrel()
  .UseUrls("http://*:7000")
  ...
  .Build();
```

　ASP.NET Core の内部 HTTP サーバーは、IServer インターフェイスによって表されます。つまり、Kestrel と http.sys に加えて、IServer インターフェイスを実装してカスタム HTTP サーバーを作成するという選択肢もあります。IServer インターフェイスには、サーバーがリクエストを待ち受けるエンドポイントを設定するためのメンバーが定義されています。既定では、待ち受けを行う URL のリストは Web ホストから取得されます。ただし、サーバー固有の API から URL のリストを受け取るように設定することも可能です。その場合は、Web ホストの PreferHostingUrls 拡張メソッドを使用します。

```
var host = new WebHostBuilder()
    .UseKestrel()
    .PreferHostingUrls(false)
    ...
    .Build();
```

■ hosting.json ファイル

　UseUrls メソッド、またはサーバー固有のエンドポイント API の使用には、欠点が1つあります。URL の名前がアプリケーションのソースコードにハードコーディングされるため、変更が必要になった場合は再コンパイルが必要になることです。この問題を回避するために、外部の hosting.json ファイルから HTTP サーバーの設定を読み込むという方法があります。

　hosting.json ファイルはアプリケーションのルートフォルダーに作成しなければなりません。例として、サーバーの URL を設定する方法を見てみましょう。

```
{
  "server.urls": "http://localhost:7000;http://localhost:7001"
```

```
    }
```

　`hosting.json` ファイルを強制的に読み込ませるには、`AddJsonFile` を呼び出してアプリケーションの設定に追加します。

14.2.2 リバースプロキシを設定する

　Kestrel サーバーは、当初はインターネットからのアクセスを想定した設計にはなっていませんでした。つまり、セキュリティ上の理由により、そしてアプリケーションを Web の攻撃から守る手段として、リバースプロキシが必要でした。しかし、ASP.NET Core 2.0 以降では分厚い防御壁が追加されたため、検討の対象となる構成オプションが増えています。

> **注**
>
> 　セキュリティ上の理由に加えて、同じサーバー上で動作し、同じ IP とポートを共有するアプリケーションが複数存在する状況でも、リバースプロキシが必要です。このシナリオは、Kestrel ではサポートされません。Kestrel は、あるポートで待ち受けを行うように設定されると、ホストヘッダーに関係なく、そのポートを通過するトラフィックをすべて処理します。

■ リバースプロキシを使用する理由

　Kestrel の背後にあるアプリケーションがインターネットからアクセスできる設計になっている場合も、あるいは内部ネットワークでのみアクセスできる設計になっている場合も、HTTP サーバーをリバースプロキシに対応させるかどうかを指定することができます。一般的に言えば、リバースプロキシはクライアントに代わって 1 つ以上のサーバーからリソースを取得するプロキシサーバーです（図 14-4）。

▲図 14-4：リバースプロキシを使用する場合のアーキテクチャ

　リバースプロキシは、さまざまなユーザーエージェントから送信されるリクエストから実際の Web サーバー（この場合は Kestrel サーバー）を完全に保護します。通常、リバースプロキシはれっきとした Web サーバーであり、リクエストを捕捉して何らかの前処理を行った上で、バックエンドサーバーへ転送します。ユーザーエージェントはリバースプロキシの背後に実際の Web サーバーがあることにまったく気づいておらず、ユーザーエージェントからは実際の Web サーバーに接続しているように見えます。

　すでに述べたように、リバースプロキシを使用する主な理由の 1 つはセキュリティであり、もう 1 つは有害かもしれないリクエストが実際の Web サーバーに届かないようにすることです。リバースプロキシを使用するさらにもう 1 つの理由は、サーバーの層を追加することが負荷分散（ロードバランシング）の最適化に役立つことです。IIS（または Nginx サーバー）をロードバランサーとして設定すれば、ASP.NET Core システムに接続している実際のサーバーの

第 14 章　ASP.NET Core のランタイム環境　　**369**

数を制御された状態に保つことができます。たとえば、時間のかかる第2世代のガベージコ
レクションを行っていて、あるプロセスがリクエストを処理できる状態にない場合は、同じ
サーバー上のトラフィックをアプリケーションの別のインスタンスで処理できるかもしれませ
ん。リバースプロキシが役立つもう1つのシナリオは、リバースプロキシによってSSLのセッ
トアップが単純になるという状況です。実際には、リバースプロキシはSSL証明書を要求す
るだけです。それ以降は、アプリケーションサーバーとのすべての通信に通常のHTTPを使
用できるようになります。さらに、リバースプロキシを使用すると、既存のサーバーインフラ
ストラクチャにASP.NET Core ソリューションをよりスムーズにインストールできるように
なります。

重要

> ASP.NET Core の設計は一から見直されており、複数のプラットフォームにわたって一貫
> した振る舞いを保証するために独自の HTTP サーバーを使用するようになっています。IIS、
> Nginx、Apache はどれもリバースプロキシとして使用できますが、それぞれ独自の環境を
> 要求するため、ASP.NET Core に何らかのプロバイダーモデルが組み込まれていなければな
> りませんでした。そこで、ASP.NET Core の開発チームは、追加の構成作業や追加のプラグ
> インの記述と引き換えに、他の Web サーバーを組み込むことができる共通のスタンドアロ
> ンファサードを提供することにしました。

▍IIS をリバースプロキシとして設定する

　IIS と IIS Express はどちらも ASP.NET Core のリバースプロキシとして使用することが
できます。その場合、ASP.NET Core アプリケーションは IIS のワーカープロセスとは別の
プロセスで実行されます。ということは、IIS のワーカープロセスと ASP.NET Core プロセ
スの橋渡しをする特殊なモジュールが必要である、ということです。この追加のコンポーネ
ントは、ASP.NET Core の ISAPI モジュールと呼ばれます。

　ASP.NET Core モジュールは、ASP.NET Core アプリケーションを起動し、HTTP リク
エストをアプリケーションへ転送します。また、DoS 攻撃を仕掛ける可能性があるリクエス
トや、ボディが長すぎるなどタイムアウトになりそうなリクエストを門前払いにします。さら
に、ASP.NET Core アプリケーションがクラッシュしたり、IIS のワーカープロセスが再起
動の条件を検出したりした場合に、アプリケーションを再起動させます。

　開発者であるあなたは、ASP.NET Core モジュールが IIS マシンにインストールされてい
る状態にする必要があります。また、ASP.NET Core アプリケーションの Web ホストを設
定するときに、その Web ホストの`UseIISIntegration`拡張メソッドを呼び出す必要も
あります❸。

▍Apache をリバースプロキシとして設定する

　Apache Web サーバーをリバースプロキシとして動作させるための正確な方法は、実際の
Linux オペレーティングシステムによって異なります。とはいえ、一般的なガイドラインを提
供することは可能です。Apache が正しくインストールされ、正常に稼働している場合、構
成ファイルは`/etc/httpd/conf.d/directory`ディレクトリに配置されています。こ

---

❸［訳注］アウトプロセスホスティングモデルの詳細については、「IISを使用したWindowsでのASP.NET Coreのホスト」
　も参照。
　　https://docs.microsoft.com/ja-jp/aspnet/core/host-and-deploy/iis/

のディレクトリで次のような内容のファイルを新たに作成し、.conf 拡張子を付けて保存します。

```
<VirtualHost *:80>
    ProxyPreserveHost On
    ProxyPass / http://127.0.0.1:5000/
    ProxyPassReverse / http://127.0.0.1:5000/
</VirtualHost>
```

この設定では、Apache は任意の IP アドレスのポート 80 でリクエストを待ち受けます。そして、リクエストはすべて 127.0.0.1 マシンのポート 5000 で受信されます。ProxyPass と ProxyPassReverse が指定されているため、通信は双方向となります。この設定は、リクエストを転送するのには十分ですが、Apache に Kestrel プロセスを管理させるのには不十分です。Apache に Kestrel プロセスを管理させるには、**サービスファイル**を作成する必要があります。サービスファイルとは、基本的には、特定のリクエストが検出されたらどうするかを Apache に伝えるテキストファイルのことです。

```
[Unit]
  Description=Programming ASP.NET Core Demo

[Service]
  WorkingDirectory=/var/progcore/ch14/builder
  ExecStart=/usr/local/bin/dotnet /var/progcore/ch14/builder.dll
  Restart=always

  # エラーが発生したら10秒後にサービスを再起動
  RestartSec=10
  SyslogIdentifier=progcore-ch14-builder
  User=apache
  Environment=ASPNETCORE_ENVIRONMENT=Production

[Install]
  WantedBy=multi-user.target
```

最初に、指定されたユーザー（apache と異なる場合）を作成し、このファイルの所有権を付与しなければならないことに注意してください。そして最後に、このサービスをコマンドラインから有効にする必要があります。詳細については、ASP.NET Core のドキュメント❹を参照してください。なお、Nginx をリバースプロキシとして設定する場合の手順もほとんど同じです。

14.2.3 | Kestrel の構成パラメーター

ASP.NET Core 2.0 では、Kestrel のパブリックプログラミングインターフェイスが大幅に改善され、HTTPS のサポート、ソケットやエンドポイントへのバインディング、リクエストのフィルタリングを簡単に設定できるようになりました。

---

❹ https://docs.microsoft.com/ja-jp/aspnet/core/host-and-deploy/linux-apache

第14章 ASP.NET Core のランタイム環境　　**371**

■ エンドポイントのバインディング

　Kestrel では、リクエストを待ち受ける URL をバインドするための API が独自に定義され
ています。これらのエンドポイントを設定するには、**KestrelServerOptions** クラスの
Listen メソッドを呼び出します。

```
var ip = "...";
var host = new WebHostBuilder()
    .UseIISIntegration()
    .UseKestrel(options =>
    {
      options.Listen(IPAddress.Loopback, 5000);
      options.Listen(IPAddress.Parse(ip), 7000);
    });
```

　Listen メソッドには、引数として **IPAddress** 型のインスタンスを渡します。**Parse**
メソッドを呼び出すと、すべての IP アドレスを **IPAddress** クラスのインスタンスとして解
析できます。このクラスには、ローカルホストに対する **Loopback**、すべての IPv6 アドレス
に対する **IPv6Any**、あらゆるネットワークアドレスに対する **Any** といった値があらかじめ定
義されています。

　Nginx を使用する場合は、パフォーマンスを向上させるために Unix ソケットにバインド
することもできます。

```
var host = new WebHostBuilder()
  .UseIISIntegration()
  .UseKestrel(options =>
  {
    options.ListenUnixSocket("/tmp/progcore-test.sock");
  });
```

　Kestrel に待ち受け用のエンドポイントを伝える方法は、**UseUrls** 拡張メソッド、
ASPNETCORE_URLS 環境変数、または **Listen** API の3種類です。**UseUrls** と環境変
数によって提供されるプログラミングインターフェイスは Kestrel に特化したものではなく、
カスタム（または別の）HTTP サーバーでも使用することができます。ただし、こうした汎
用的なバインディング手法には制限がいくつかあります。具体的に言うと、これらの手法で
は SSL を使用することはできません。また、**Listen** API とこれらの手法を併用した場合は、
Listen エンドポイントが優先されます。さらに、IIS をリバースプロキシとして使用する場
合、**Listen** エンドポイントと、**UseUrls** または環境変数によって設定されたエンドポイ
ントは、IIS にハードコーディングされた URL バインディングによって上書きされてしまいま
す。

■ HTTPS への切り替え

　つまり、Kestrel を HTTPS に対応させるには、**Listen** API を使ってエンドポイントを
指定するしかない、ということです。その仕組みを示す簡単な例を見てみましょう。

```
var host = new WebHostBuilder()
    .UseIISIntegration()
    .UseKestrel(options =>
    {
      options.Listen(IPAddress.Loopback, 5000, listenOptions =>
      {
        listenOptions.UseHttps("progcore.pfx");
      });
    });
```

HTTPSを有効にするには、**Listen**メソッドに3つ目のパラメーターを追加して、証明書へのパスを指定するだけです。

■ リクエストのフィルタリング

ASP.NET Core 2.0以降では、Kestrel Webサーバーの機能強化として、事前に設定した制限を超える量のリクエストを自動的に排除するオプションが追加されています。具体的には、クライアント接続の最大数、リクエストのボディの最大サイズ、データレートなどの設定が可能になっています。

```
var host = new WebHostBuilder()
    .UseIISIntegration()
    .UseKestrel(options =>
    {
      options.Limits.MaxConcurrentConnections = 100;
      options.Limits.MaxRequestBodySize = 10 * 1024;
      options.Limits.MinRequestBodyDataRate = new MinDataRate(
          bytesPerSecond: 100, gracePeriod: TimeSpan.FromSeconds(10));
      options.Limits.MinResponseDataRate = new MinDataRate(
          bytesPerSecond: 100, gracePeriod: TimeSpan.FromSeconds(10));
    });
```

このコードで指定されている設定はすべて、アプリケーション全体のすべてのリクエストに適用されます。

なお、同時接続の数に実質的な制限はありませんが、制限を設けておいたほうがよいでしょう。

> **注**
>
> HTTP（またはHTTPS）から別のプロトコル（おそらくWebSockets）へアップグレードされたリクエストは、同時接続の総数に計上されなくなります。

既定では、リクエストのボディの最大サイズは約3,000万バイト（およそ28MB）に設定されています。設定されている既定値は、アクションメソッドの**RequestSizeLimit**属性を使って上書きすることができます。また、次節で示すように、ミドルウェアにインターセプトさせる方法で上書きすることもできます。

Kestrelの最小データレートは毎秒240バイトに設定されています。リクエストが所定の猶

予期間（既定では5秒以内）に十分な量のバイトを送信しない場合はタイムアウトとなります。最小データレートと最大データレート、およびそれらに関連する猶予期間は自由に調整することができます。

これらの制限の主な目的は、リバースプロキシによる保護がない状態でインターネットに接続する場合に、Kestrelの堅牢性を向上させ、DoS攻撃にうまく対処できるようにすることです。実際には、これらの制限はWebサーバーに対するフラッド攻撃への防御壁として日常的に使用されています。

14.3 ASP.NET Coreのミドルウェア

ASP.NET Coreアプリケーションに届けられるリクエストはすべて、指定されたミドルウェアによるアクションの対象となります。リクエストを実際に処理してレスポンスを生成するコードが実行されるのは、その後のことです。ミドルウェアとは、数珠つなぎになったソフトウェアコンポーネントのことであり、それらのコンポーネント群を**アプリケーションパイプライン**と呼びます。

14.3.1 パイプラインのアーキテクチャ

数珠つなぎになったコンポーネントはそれぞれ、リクエストが処理されてレスポンスが生成される前、生成された後、またはその前後に処理を行うことができます。そして、パイプラインの次のコンポーネントにリクエストを渡すかどうかを独自に判断することができます（図14-5）。

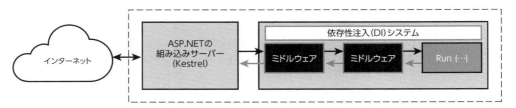

▲図14-5：ASP.NET Coreのパイプライン

図14-5に示したように、パイプラインはミドルウェアコンポーネントで構成されます。これらのコンポーネントの連鎖は**終端ミドルウェア**と呼ばれる特別なコンポーネントで終了します。終端ミドルウェアは、リクエストの実際の処理を開始するコンポーネントであり、ループの折り返し地点でもあります。ミドルウェアコンポーネントが呼び出される順序は、リクエストの前処理を行うために登録されたときの順序に従います。ループの最後に終端ミドルウェアが呼び出され、その後、同じ一連のミドルウェアコンポーネントにリクエストの後処理を行う機会が与えられますが、呼び出される順序は逆になります（図14-5を参照）。

■ ミドルウェアコンポーネントの構造

ミドルウェアコンポーネントとは、リクエストのデリゲートによって完全に表現されるコードのことです。リクエストのデリゲートは次の形式になります。

374 第5部 ASP.NET Core のエコシステム

```
public delegate Task RequestDelegate(HttpContext context);
```

　つまり、ミドルウェアコンポーネントは、**HttpContext** オブジェクトを受け取って何ら
かの処理を行う関数です。ミドルウェアコンポーネントがアプリケーションパイプラインにど
のように登録されるかによって、すべてのリクエストを処理できる場合と、選択されたリク
エストだけを処理する場合があります。既定では、ミドルウェアコンポーネントを登録する
方法は次のようになります。

```
app.Use(async (context, next) =>
{
  // リクエストを処理する最初の機会:
  // リクエストに対するレスポンスはまだ生成されていない
  〈リクエストの前処理を行う〉

  // パイプラインの次のコンポーネントに処理を委譲
  await next();

  // リクエストを処理する2回目の機会:
  // この時点では、リクエストのレスポンスが生成されている
  〈リクエストの後処理を行う〉
});
```

　パイプラインの次のコンポーネントに制御を渡す前、または制御を渡した後に実行するコー
ドでは、条件文などのフロー制御文を使用することができます。ミドルウェアコンポーネン
トには複数の形式があります。上記のリクエストデリゲートは、その中でも最も単純なもの
です。

　後ほど説明するように、ミドルウェアコンポーネントをクラスにまとめて、拡張メソッドに
バインドすることも可能です。したがって、スタートアップクラスの **Configure** メソッド
で呼び出されるメソッドはすべて、ミドルウェアコンポーネントであると見なされます。

■ 次のミドルウェアの重要性

　next デリゲートの呼び出しはオプションですが、このデリゲートを呼び出さない場合の
影響についてよく理解しておく必要があります。いずれかのミドルウェアコンポーネントが
next デリゲートの呼び出しを省略した場合、そのリクエストに対するパイプライン全体が短
絡され、既定の終端ミドルウェアが呼び出されないことがあるからです。

　ミドルウェアコンポーネントが次のミドルウェアコンポーネントに処理を委譲せずに制御を
戻した場合、レスポンス生成プロセスはそこで終わってしまいます。このため、次のミドルウェ
アコンポーネントに処理を委譲しないミドルウェアコンポーネントを容認できるのは、そのコ
ンポーネントが現在のリクエストに対するレスポンスの生成を完了させる場合だけです。

　リクエストの処理を短絡させるミドルウェアコンポーネントの具体的な例として、**UseMvc**
と **UseStaticFiles** の2つがあります。**UseMvc** は、現在の URL を解析し、サポート
されているルート（route）の1つと一致した場合に、レスポンスを生成して返すために対応
するコントローラーに制御を渡します。**UseStaticFiles** は、現在の URL が指定された
Web パスに配置されている物理ファイルに対応している場合に、同じことを行います。

カスタムミドルウェアコンポーネントをサードパーティ拡張として作成している場合は、十分な注意を払うべきです。つまり、ルールに従って行動する善良な市民となる必要があります。一方で、ミドルウェアコンポーネントのビジネスロジックでリクエストの短絡がどうしても必要な場合は、そのことを完全に文書化しておかなければなりません。

■ ミドルウェアコンポーネントを登録する

ミドルウェアコンポーネントをアプリケーションパイプラインに追加する方法は何種類かあります。それらの方法を表14-3にまとめておきます。

▼表14-3：ミドルウェアコンポーネントを登録するためのメソッド

メソッド	説明
Use	引数として渡された匿名のメソッドがリクエストで呼び出される
Map	引数として渡された匿名のメソッドが特定のURLでのみ呼び出される
MapWhen	引数として渡された匿名のメソッドが、指定されたBoolean条件が現在のリクエストで検証される場合にのみ呼び出される
Run	引数として渡された匿名のメソッドが終端ミドルウェアとして設定される。終端ミドルウェアが見つからない場合、レスポンスは生成されない

Run メソッドは何回でも呼び出すことができますが、実際に処理されるのは最初の呼び出しだけです。というのも、Run メソッドはリクエストの処理が終了する場所であり、そこでパイプラインのフローが逆向きになるからです。フローが逆向きになるのは、Run 終端ミドルウェアが最初に検出されたときです。その後に定義されている Run 終端ミドルウェアには決して到達しません。

```
public void Configure(IApplicationBuilder app)
{
  // 終端ミドルウェア
  app.Run(async context =>
  {
    await context.Response.WriteAsync(
        "Courtesy of 'Programming ASP.NET Core'");
  });

  // エラーではないが、決して到達しない
  app.Run(async context =>
  {
    await context.Response.WriteAsync(
        "Courtesy of 'Programming ASP.NET Core' repeated");
  });
}
```

ミドルウェアコンポーネントはスタートアップクラスの Configure メソッドで登録されます。コードは表14-3に示したメソッドの順序で実行されます。

> **注**
>
> 終端ミドルウェア Run は、MVC モデルを使用するアプリケーションのキャッチオールルートとして使用することができます。すでに述べたように、UseMvc はリクエストの処理を短絡させ、対応するコントローラーのアクションメソッドにリクエストをリダイレクトします。ただし、特定のリクエストに対して設定されているルート（route）がない場合、リクエストは終端ミドルウェアが見つかるまでパイプラインの残りの部分を前進します。

14.3.2 ミドルウェアコンポーネントの作成

ここでは、インラインのミドルウェアコンポーネントの例を見ていきます。インラインのミドルウェアコンポーネントとは、匿名のメソッドを使って表現されるミドルウェアのコードのことです。本章では最後に、ミドルウェアコードを再利用可能な要素にまとめる方法も紹介します。

■ Use メソッド

ミドルウェアコンポーネントを登録するための Use メソッドの基本的な使い方を確認してみましょう。このメソッドは単に、リクエスト処理の実際の出力を BEFORE/AFTER ログメッセージにまとめます（図14-6）。

▲図14-6：ミドルウェアコンポーネントのデモ

必要なコードは次のとおりです。この例で使用している SomeWork クラスは、Now メソッドを使って現在の時刻を返すだけです。

```
public void Configure(IApplicationBuilder app)
{
  app.Use(async (context, nextMiddleware) =>
  {
    await context.Response.WriteAsync("BEFORE");
    await nextMiddleware();
    await context.Response.WriteAsync("AFTER");
  });

  app.Run(async (context) =>
  {
```

第 14 章　ASP.NET Core のランタイム環境　　377

```
    var obj = new SomeWork();
    await context
        .Response
        .WriteAsync("<h1 style='color:red;'>" + obj.Now() + "</h1>");
  });
}
```

　ミドルウェアは、複雑なタスクの実行や、測定する環境の設定に使用されます。別の例を見てみましょう。

```
app.Use(async (context, nextMiddleware) =>
{
  context.Features
      .Get<IHttpMaxRequestBodySizeFeature>()
      .MaxRequestBodySize = 10 * 1024;
  await nextMiddleware.Invoke();
});
```

　このコードは、HTTP コンテキストの情報をもとに、すべてのリクエストに対してボディの最大サイズを設定します。このままのコードではあまりおもしろくありません。すべてのリクエストに対してボディの最大サイズを設定するなら、Kestrel レベルで行うほうがよいでしょう。ただし、ミドルウェアインフラストラクチャで変更できるのは、特定のリクエストの状態に限られます。

▌ Map メソッド

　Map メソッドは Use メソッドと同じ働きをしますが、そのコードの実行はリクエストされた URL によって制御されます。

```
app.Map("/now", now =>
{
  now.Run(async context =>
  {
    var time = DateTime.UtcNow.ToString("HH:mm:ss (UTC)");
    await context
        .Response
        .WriteAsync("<h1 style='color:red;'>" + time + "</h1>");
  });
});
```

　このコードが実行されるのは、リクエストされた URL が **/now** の場合だけです。つまり、**Map** メソッドはパスに基づいてパイプラインを分岐させることができます（図 14-7）。

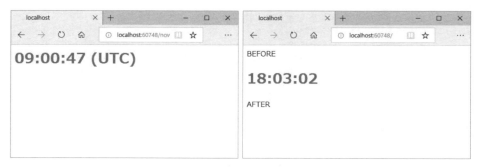

▲図14-7：ミドルウェアコンポーネントによる効果の違い

先の2つのミドルウェアを組み合わせる場合は、それらが登録される順序によって出力が変わることがあります。一般に、パイプラインでは`Map`呼び出しを先に配置します。

> **注**
>
> ミドルウェアコンポーネントは、概念的には、従来のASP.NETのHTTPモジュールに相当します。ただし、`Map`メソッドにはHTTPモジュールとの決定的な違いがあります。HTTPモジュールには、実際にはURLをフィルタリングする機能がありません。HTTPモジュールを作成するときには、URLを明示的にチェックすることで、リクエストを処理するかどうかを判断しなければなりません。特定のURLのみを対象にHTTPモジュールを登録する方法はありません。

■ MapWhen メソッド

`MapWhen`メソッドは、URLの代わりに一般的なBoolean式を使用する`Map`メソッドの一種です。たとえば、クエリの式に`utc`というパラメーターが含まれている場合にのみ指定された処理を開始する方法は次のようになります。

```
app.MapWhen(
  context => context.Request.Query.ContainsKey("utc"),
  utc =>
  {
    utc.Run(async context =>
    {
      var time = DateTime.UtcNow.ToString("HH:mm:ss (UTC)");
      await context
        .Response
        .WriteAsync("<h1 style='color:blue;'>" + time + "</h1>");
    });
  });
```

■ HTTP レスポンスを処理する

　HTTP プロトコルの基本ルールの関係で、ミドルウェアコンポーネントのコードには細心の注意を払わなければなりません。出力ストリームへの書き出しは逐次的な操作です。このため、HTTP レスポンスのボディが書き出されたら（または書き出しが開始されたら）、HTTP ヘッダーを追加することはできなくなります。なぜなら、HTTP レスポンスのヘッダーはボディの手前に含まれているからです。

　ミドルウェアのコードがすべてインライン関数で構成されていて、それらの関数が開発チームによって完全に管理されている限り、このことは大きな問題ではなく、レスポンスヘッダーの問題は簡単に解決できます。しかし、他の人が使用するためのサードパーティのミドルウェアコンポーネントを作成している場合はどうでしょうか。このミドルウェアコンポーネントはさまざまなランタイム環境で動作できなければなりません。ミドルウェアコンポーネントのビジネスロジックで HTTP レスポンスのボディを変更しなければならない場合はどうなるでしょうか。

　ミドルウェアのコードが出力ストリームへの書き出しを開始した時点で、そのミドルウェアに続く他のコンポーネントは HTTP ヘッダーの追加をやめてしまいます。それだけでなく、HTTP ヘッダーを追加する必要があっても、他のコンポーネントによって阻止されることもあります。この問題を解決するために、ASP.NET Core の **Response** オブジェクトには、**OnStarting** イベントが定義されています。このイベントは、最初のコンポーネントが出力ストリームに書き込みを行う直前に発生します。したがって、ミドルウェアで HTTP ヘッダーを書き出す必要がある場合は、**OnStarting** イベントのハンドラーを登録し、そのハンドラーの中でヘッダーを追加すればよいことになります。

```
app.Use(async (context, nextMiddleware) =>
{
  context.Response.OnStarting(() =>
  {
    context.Response.Headers.Add("Book", "Programming ASP.NET Core");
    return Task.CompletedTask(0);
  });

  await nextMiddleware();
});
```

　本章のここまでの部分では、インラインミドルウェアについて説明してきました。しかし、ここまでの章で見てきたように、スタートアップクラスの **Configure** メソッドでは、さまざまな拡張メソッドが呼び出される可能性があることがわかっています。たとえば本書では、**UseMvcWithDefaultRoute** を使って MVC アプリケーションモデルを設定し、**UseExceptionHandler** を使って例外処理を設定してきました。これらはすべてミドルウェアコンポーネントでした。形式が異なるのは、それらのミドルウェアのコードが再利用可能なクラスにカプセル化されているためです。そこで、カスタムミドルウェアを再利用可能なクラスにまとめる方法を調べてみましょう。

380 第 5 部　ASP.NET Core のエコシステム

> **注**
>
> 　OnStarting ハンドラーでレスポンスヘッダーを追加する方法は、ほとんどの場合はうまくいきますが、言及しておかなければならないエッジケースがいくつかあります。具体的に言うと、追加するヘッダーとその内容を決定するには、レスポンス全体が生成されるまで待たなければならない場合があるのです。その場合は、**Response.Body** プロパティのインメモリバッファーのようなものを作成するとよいかもしれません。書き出される内容はすべて（実際のレスポンス出力ストリームではなく）このバッファーにため込まれることになります。そして、すべてのミドルウェアコンポーネントが完了したら、バッファーの内容をすべて出力ストリームにコピーします。具体的な方法は次の Web ページで詳しく説明されています。
>
> https://stackoverflow.com/questions/43403941/

14.3.3 ｜ ミドルウェアコンポーネントのパッケージ化

　HTTP リクエストの前処理で何か簡単なことを行うだけでよい場合を除いて、ミドルウェアは常に再利用可能なクラスにまとめるのが得策です。実際に記述する **Use** メソッドや **Map** メソッドのコードは同じであり、単にクラスにまとめられるだけです。

■ ミドルウェアクラスを作成する

　ミドルウェアクラスは、コンストラクターと、**Invoke** というパブリックメソッドが定義された通常の C# クラスです。基底クラスや既知のコントラクトは必要ありません。このクラスはシステムによって動的に呼び出されます。たとえば、リクエスト元のデバイスがモバイルデバイスかどうかを判断するミドルウェアクラスは次のようになります。

```
public class MobileDetectionMiddleware
{
  private readonly RequestDelegate _next;

  public MobileDetectionMiddleware(RequestDelegate next)
  {
    _next = next;
  }

  public async Task Invoke(HttpContext context)
  {
    // ユーザーエージェントを解析してモバイルデバイスかどうかを「推測」
    var isMobile = context.IsMobileDevice();
    context.Items["MobileDetectionMiddleware_IsMobile"] = isMobile;

    // 処理を委譲
    await _next(context);

    // 存在の証明を目的としてUIを提供
    var msg = isMobile ? "MOBILE DEVICE" : "NOT A MOBILE DEVICE";
    await context.Response.WriteAsync("<hr>" + msg + "<hr>");
  }
}
```

コンストラクターでは、アプリケーションパイプラインの次のミドルウェアコンポーネントに対する **RequestDelegate** ポインターが引数として渡され、内部メンバーに格納されます。**Invoke** メソッドに含まれているのは **Use** メソッドに渡すコードだけです。**Use** メソッドでは、このミドルウェアがインラインで登録されます。**Invoke** メソッドのシグネチャは **RequestDelegate** 型のシグネチャと一致していなければなりません。

この例では、ユーザーエージェントの HTTP ヘッダーを調べて、リクエスト元のデバイスがモバイルデバイスかどうかを判断します。**IsMobileDevice** は **HttpContext** クラスのかなり単純な拡張メソッドであり、正規表現を使ってモバイル仕様の部分文字列を照合するだけです。このコードを本番環境で使用するとしたら、かなり慎重にならざるを得ないでしょう。たいていのデバイスでは失敗しませんが、一部のデバイスではかなり的外れなものかもしれないからです(一般に、デバイスの検出はかなり難しい問題なので、専用のライブラリの導入を検討したほうがよいでしょう。詳細については、第13章を参照してください)。

とはいえ、この例ではうまくいきます。特に言うと、この例はミドルウェアコンポーネントに同じリクエストのコンテキストで情報を共有させる方法を示しています。リクエスト元のデバイスがモバイルデバイスかどうかを確認した後、このミドルウェアは **HttpContext** インスタンスの **Items** ディクショナリに作成された適切なエントリに論理値の答えを保存します。**Items** ディクショナリは、リクエストを処理している間はメモリ内で共有されます。このため、どのミドルウェアコンポーネントでも、その内容をチェックし、それぞれの事情に合わせてその結果を利用することができます。ただし、その場合は、ミドルウェアコンポーネントが互いを認識していることが前提となります。この **MobileDetectionMiddleware** の実質的な効果は、リクエスト元のデバイスがモバイルデバイスと見なされるかどうかを示す論理値が **Items** ディクショナリに格納されることです。**HttpContext** オブジェクトを利用できる場所であれば、アプリケーションのどこからでも(たとえば、コントローラーメソッドから)同じ情報にアクセスすることができます。

■ ミドルウェアクラスを登録する

クラスとして表現されたミドルウェアを登録するには、抽象的な **IApplicationBuilder** とは少し異なる手法を用いる必要があります。そこで、スタートアップクラスの **Configure** メソッドで次のコードを使用します。

```
public void Configure(IApplicationBuilder app)
{
  // 他のミドルウェアの設定
  ...

  // MobileDetectionMiddlewareを登録
  app.UseMiddleware<MobileDetectionMiddleware>();

  // 他のミドルウェアの設定
  ...
}
```

UseMiddleware<T> メソッドは、指定された型をミドルウェアコンポーネントとして登録します。

382 第5部 ASP.NET Core のエコシステム

■ 拡張メソッドを使って登録する

純粋に機能的な面からすると必ずしも必要ではありませんが、よく行われるのは、UseMiddleware<T> の使用を隠すために拡張メソッドを定義することです。最終的な効果は同じですが、コードが読みやすくなります。

```
public static class MobileDetectionMiddlewareExtensions
{
  public static IApplicationBuilder UseMobileDetection(
      this IApplicationBuilder builder)
  {
    return builder.UseMiddleware<MobileDetectionMiddleware>();
  }
}
```

IApplicationBuilder 型の拡張メソッドを作成するためのコードはたった数行であり、その目的はあくまでも UseMiddleware<T> の直接の呼び出しをもっとわかりやすい名前のメソッドで覆い隠すことだけです。この拡張メソッドを使ったスタートアップクラスの最終バージョンは次のようになります。

```
public void Configure(IApplicationBuilder app)
{
  // 他のミドルウェアの設定
  ...

  // MobileDetectionMiddlewareを登録
  app.UseMobileDetection();

  // 他のミドルウェアの設定
  ...
}
```

拡張メソッドの名前は自由に決めることができますが、UseXXX 形式の名前にするのが慣例となっています。この場合の XXX はミドルウェアクラスの名前です。

第 14 章　ASP.NET Core のランタイム環境　383

14.4 ｜ まとめ

　ASP.NET Core をアプリケーションの観点から見てみると、従来の ASP.NET MVC とあまり変わらないことがわかります。ASP.NET Core は同じ MVC アプリケーションモデルをサポートしていますが、そのベースとなるランタイム環境はまったく異なるものです。ASP.NET Core は Web Forms アプリケーションモデルをサポートしませんが、これは単なるビジネス上の決断ではなく、純粋に技術的な問題によるものです。

　新しい ASP.NET Core ランタイムはクロスプラットフォームとして一から設計され、Web サーバー環境から切り離されています。ASP.NET Core では、複数のプラットフォームでの実行という究極の目標を達成するために、独自のホスト環境と、実際のホストへの橋渡しをするインターフェイスが導入されています。ここで重要な役割を果たすのが **dotnet.exe** ツールです。このツールは、実際に Web サーバーに接続し、ASP.NET Core パイプラインへの呼び出しを転送します。ASP.NET Core パイプラインでは、内部 HTTP サーバーである Kestrel がリクエストを受け取って処理します。

　本章では、Kestrel に特別な注意を払いながら、ホストサーバーのアーキテクチャを分析した後、ミドルウェアコンポーネントに目を向けました。ミドルウェアコンポーネントは、内部リクエストパイプライン（リクエストを処理するチェーン）を構成する要素です。概念的には、従来の ASP.NET の HTTP モジュールに相当しますが、まったく異なる構造を持ち、異なるワークフローを通じて呼び出されます。

　次章では、ASP.NET Core アプリケーションのデプロイメントと、プラットフォームに依存しないアプリケーションを特定のプラットフォームに適合させるために必要な手順を調べてみましょう。

14

第15章

ASP.NET Core アプリケーションの
デプロイメント

着いてしまうよりも旅をしているほうが楽しいことがある。
—— ロバート・パーシグ、『禅とオートバイ修理技術』

　ASP.NET Core アプリケーションを開発するには、さまざまなファイルを作成し、編集する必要があります。ただし、アプリケーションを本番環境やステージング環境のサーバー上で稼働させるにあたって、すべてのファイルが本当に必要なわけではありません。したがって、ASP.NET Core アプリケーションをデプロイするための最初のステップは、アプリケーションをローカルフォルダーに発行することで、必要なファイルがすべてコンパイルされ、稼働環境へ移動しなければならないファイルだけが別の場所にまとめられるようにすることです。デプロイ可能なファイルには、通常は DLL にコンパイルされたコードファイルと、静的ファイルと構成ファイルが含まれます。

　従来の ASP.NET アプリケーションは、Windows Server オペレーティングシステム上の IIS にデプロイするか、（より最近では）Microsoft Azure App Service にデプロイするしかありませんでした。ASP.NET Core アプリケーションでは、Linux ベースのオンプレミスマシン、AWS（Amazon Web Services）などのクラウド環境、さらには Docker コンテナーへのデプロイなど、選択肢の幅が広がっています。

　本章では、さまざまなデプロイメントオプションと、デプロイメントと関わりが深い構成問題を取り上げます。ですがその前に、ASP.NET Core アプリケーションを発行する手順を確認しておきましょう。

15.1 アプリケーションの発行

ASP.NETでの開発が初めての場合、あるいはASP.NETのMVCアプリケーションモデルになじみがない場合は特にそうですが、デプロイメントモデルを理解するときには、基本的な発行手順を確認することから始めるとよいでしょう。なお、ここではASP.NET Web Formsの十分な知識があることを前提として話を進めます。

15.1.1 Visual Studioからの発行

まず、十分にテストされ、デプロイできる状態の完全なアプリケーションがあるとしましょう。ここでは、本書のGitHubリポジトリに含まれている`SimplePage`アプリケーション❶を使って説明することにします。図15-1は、Visual Studioで発行プロセスを開始するためのメニュー項目を示しています。

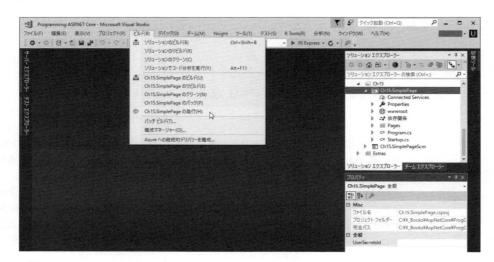

▲図15-1：ASP.NET Coreアプリケーションの発行

■ 発行先を選択する

Visual Studioの［ビルド］メニューから［発行］を選択するか、あるいはプロジェクトを右クリックして［発行］を選択すると、アプリケーションファイルの発行先を選択する画面が表示されます❷（図15-2）。

---

❶ https://github.com/despos/ProgCore/tree/master/Src/Ch15
❷ ［訳注］すでに発行プロファイルが作成されている場合、［発行先を選択］ダイアログボックスは表示されない。このダイアログボックスを開くには、［新しいプロファイル］をクリックする必要がある。

第15章 ASP.NET Core アプリケーションのデプロイメント

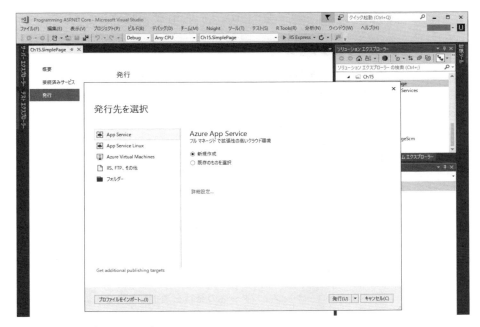

▲図15-2：発行先ホストの選択

アプリケーションファイルの発行先として選択できるホストは、表15-1のとおりです。

▼表15-1：Visual Studio 2017 でサポートされている発行先ホスト

ホスト	説明
App Service	新しいMicrosoft Azure App Service か既存のMicrosoft Azure App Service にアプリケーションを発行
App Service Linux	Linux 上の新しいMicrosoft Azure App Service にアプリケーションを発行
Azure Virtual Machines	既存のMicrosoft Azure 仮想マシンにアプリケーションを発行
IIS、FTP、その他	Web デプロイまたはファイル転送（FTP）を使って必要なファイルを直接コピーすることにより、指定されたIIS インスタンスにアプリケーションを発行
フォルダー	ローカルマシン上の特定のファイルシステムフォルダーにアプリケーションを発行
プロファイルをインポート	`.publishsettings`に保存されている情報に基づいてアプリケーションを発行

アプリケーションを発行するために本当に必要なファイルを理解するために、［フォルダー］オプションを選択してみましょう。

図15-2の画面が表示されるのは、そのプロジェクトにまだ発行プロファイルが含まれていない場合だけであることに注意してください。表示されている発行先オプションのいずれかを選択した時点で、発行プロファイルが作成されます。既定では、前回使用した発行プロファ

イルが表示され、新しい発行プロファイルの作成が提案されます。

■ 発行プロファイル

　発行プロファイルは、`.pubxml`という拡張子を持つXMLファイルであり、プロジェクトの`Properties/PublishProfiles`フォルダーに保存されます。このファイルは`.user`プロジェクトファイルに依存しており、`.user`プロジェクトファイルには機密情報が含まれている可能性があります。このため、発行プロファイルをソース管理システムにチェックインしないようにしてください。これらのファイルはどちらもローカルマシンでのみ使用することを前提としています。

　`.pubxml`ファイルはMSBuildファイルであり、Visual Studioのビルドプロセスの途中で自動的に呼び出されます。このファイルの内容は、期待される振る舞いに合わせて編集することができます。通常は、デプロイメントに追加するプロジェクトファイルやデプロイメントから除外するプロジェクトファイルを指定します。詳細については、ASP.NET Coreのドキュメント❸を参照してください。

■ ファイルをローカルフォルダーに発行する

　図15-3は、ローカルフォルダーへの発行を選択した場合に表示されるインターフェイスを示しています。ファイルが配置される実際のフォルダーはテキストボックスで選択します。

▲図15-3：ローカルフォルダーへの発行

---

❸ https://docs.microsoft.com/ja-jp/aspnet/core/host-and-deploy/visual-studio-publish-profiles

発行手続きでは、アプリケーションがReleaseモードで最初からコンパイルされ、すべてのバイナリが指定されたフォルダーにコピーされます。また、将来同じ操作を行うために、発行プロファイルファイルも自動的に作成されます（図15-4）。

▲図15-4：ファイルを発行した後のレポートには、新しいプロファイルを作成するためのリンクが表示される

サンプルプロジェクトのフォルダーを調べてみると、**wwwroot**フォルダーとバイナリが含まれていることがわかります。このサンプルプロジェクトにはビューがなく、代わりにRazorページが使用されています。いずれにしても、図15-5を見る限り、ビューファイルが含まれたフォルダーは見当たりません。どちらの場合も、RazorビューはDLLとしてプリコンパイルされます[4]。Visual Studio 2017によって作成されるASP.NET Core 2.0のプロジェクトテンプレートでは、プリコンパイルされたビューが既定で有効となります。動的にコンパイルされるビューに戻すには、プロジェクトの**.csproj**ファイルに次のコードを追加する必要があります。

```
<PropertyGroup>
  <TargetFramework>netcoreapp2.0</TargetFramework>
  <MvcRazorCompileOnPublish>false</MvcRazorCompileOnPublish>
</PropertyGroup>
```

[4] https://docs.microsoft.com/ja-jp/aspnet/core/mvc/views/view-compilation

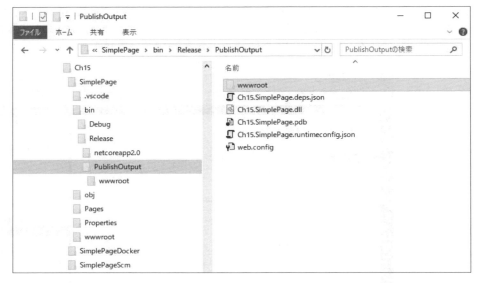

▲図15-5：発行されたファイル

　つまり、アプリケーションの発行フォルダーには、サードパーティの依存ファイルを含め、アプリケーションのバイナリしか含まれていません。メインのDLLファイルを実行するには、コマンドラインで`dotnet`ユーティリティを使用するか、ホストWebサーバー環境を設定します。
　ここで注目してほしいのは、発行されたファイルがフレームワークに依存しない移植可能なデプロイメントを構成することです。つまり、このアプリケーションを正しく動作させるには、ターゲットプラットフォーム用の.NET Coreライブラリがサーバー上で提供されている必要があります。

■ 自己完結型のアプリケーションを発行する

　移植可能なアプリケーションの発行は、ASP.NETプラットフォームではずっと当たり前のことでした。この場合、デプロイメントのサイズは小さく、アプリケーションのバイナリとファイルだけで構成されます。サーバー上では、複数のアプリケーションが同じフレームワークのバイナリを共有することになります。.NET Coreでは、移植可能なデプロイメントの代わりに、自己完結型のアプリケーションを発行することができます。
　自己完結型のアプリケーションの発行では、指定されたランタイム環境用の.NET Coreバイナリもコピーされます。このため、デプロイメントのサイズはかなり大きくなります。ここで説明しているサンプルアプリケーションの場合、移植可能なデプロイメントのサイズは2MB以下ですが、一般的なLinuxプラットフォームをターゲットとする自己完結型のデプロイメントは90MBにまで膨れ上がる可能性があります。
　ただし、自己完結型のアプリケーションには、サーバーにインストールされている.NET Coreのバージョンに関係なく、アプリケーションを実行するために必要なものがすべて揃っているという利点があります。とはいえ、自己完結型のアプリケーションを複数デプロイする場合は、アプリケーションごとに.NET Core全体がコピーされるため、ディスク領域をかなり消費してしまうことに注意しなければなりません。

第15章 ASP.NET Core アプリケーションのデプロイメント 391

　特定のアプリケーションで自己完結型のデプロイメントをサポートするには、サポートしたいプラットフォームのランタイムID を明示的に追加する必要があります。Visual Studio で.NET Core プロジェクトを新規作成する場合は、この情報が含まれていないため、移植可能なデプロイメントになります。自己完結型のデプロイメントを可能にするには、プロジェクトの .csproj ファイルを編集し、RuntimeIdentifiers ノードを追加する必要があります。

```
<Project Sdk="Microsoft.NET.Sdk.Web">
  <PropertyGroup>
    <TargetFramework>netcoreapp2.0</TargetFramework>
    <RuntimeIdentifiers>win10-x64;linux-x64</RuntimeIdentifiers>
  </PropertyGroup>
  <ItemGroup>
    <None Remove="Properties¥PublishProfiles¥FolderProfile.pubxml" />
  </ItemGroup>
  <ItemGroup>
    <PackageReference Include="Microsoft.AspNetCore.All" Version="2.0.0" />
  </ItemGroup>
  <ItemGroup>
    <DotNetCliToolReference
        Include="Microsoft.VisualStudio.Web.CodeGeneration.Tools"
        Version="2.0.0" />
  </ItemGroup>
  <ItemGroup>
    <Folder Include="Pages¥Shared¥" />
    <Folder Include="Properties¥PublishProfiles¥" />
  </ItemGroup>
</Project>
```

　現在のプロジェクトは、Windows 10 プラットフォームと一般的な Linux x64 プラットフォームにデプロイすることができます。RuntimeIdentifiers ノードに使用する RID (モニカー) は、.NET Core のドキュメントのカタログ❺に記載されています。
　この時点で、アプリケーションをフォルダーに発行すると、発行プロファイルの設定に基づいて、ターゲットプラットフォームを選択するウィザードが表示されます。図15-6は、移植可能なデプロイメントと自己完結型のデプロイメントの発行を示しています。

---

❺ https://docs.microsoft.com/ja-jp/dotnet/core/rid-catalog

▲図15-6：移植可能なデプロイメント（左）と自己完結型のデプロイメント（右）

発行するファイルをフォルダーに保存したら、あとは最終的なターゲットにそれらをアップロードするだけです。Azure App Service など別のオプションを選択した場合、アップロードは透過的に実施されます。

15.1.2 │ CLI ツールを使った発行

Visual Studio 2017 から実行できる操作は、コマンドラインでも実行できます。コマンドラインを使用する場合は、各自が選択したIDE のエディターを使ってコードを記述することができます。Visual Studio Code を使用する場合は、［View］メニューの［Terminal］からコマンドラインコンソールを開くことができます（図15-7）。

▲図15-7：Visual Studio Code のターミナル

第 15 章　ASP.NET Core アプリケーションのデプロイメント　393

■ フレームワークに依存するアプリケーションを発行する

　アプリケーションが完成し、テストが完了したら、プロジェクトフォルダーで次のコマンド
を実行し、アプリケーションを発行します。

```
dotnet publish -f netcoreapp2.0 -c Release
```

　このコマンドは、ASP.NET Core 2.0 アプリケーションを Release モードでコンパイルし、
生成されたファイルをプロジェクトの **bin** フォルダーの **publish** サブフォルダーに配置し
ます。もう少し厳密に言うと、ファイルは次のフォルダーに格納されます。

```
¥bin¥Release¥netcoreapp2.0¥publish
```

　dotnet ユーティリティは、必要なバイナリとともに PDB ファイル（プログラムデータベー
ス）もコピーします。PDB ファイルは主にデバッグに役立つものであり、配布すべきではあ
りませんが、どこかに保存しておくべきです。予想外の例外やエラー、またはその他の不適
切な振る舞いによってアプリケーションの Release ビルドをデバッグする必要が生じたときに、
このファイルが役立つかもしれません。

■ 自己完結型のアプリケーションを発行する

　自己完結型のアプリケーションの発行では、使用するコマンドが少し異なります。基本的
には、フレームワークに依存するアプリケーションを発行するときと同じコマンドラインにラ
ンタイム ID を追加します。

```
dotnet publish -f netcoreapp2.0 -c Release -r win10-x64
```

　このコマンドラインにより、Windows x64 プラットフォーム用のファイルが発行されます。
ファイルの合計サイズは 96MB を超えます。発行されたファイルは次のフォルダーに保存さ
れます。

```
¥bin¥Release¥netcoreapp2.0¥win10-x64¥publish
```

　なお、ランタイム ID は .NET Core のドキュメントのカタログ❻に記載されています。

注

> 　発行するアプリケーションがサードパーティのコンポーネントに依存する場合は、アプリ
> ケーションを発行する前に、**.csproj** ファイルの **<ItemGroup>** セクションに依存ファイ
> ルが追加されていることと、実際のファイルがローカル NuGet キャッシュに含まれているこ
> とを確認してください。

---

❻ https://docs.microsoft.com/ja-jp/dotnet/core/rid-catalog

第5部　ASP.NET Core のエコシステム

15.2 | アプリケーションのデプロイメント

発行はコピーの対象となるファイルを特定するために必要な手順です。Visual Studio には、ファイルをローカルに発行したり、IIS や Microsoft Azure に直接発行したりするためのツールがひととおり含まれています。Linux ベースのオンプレミスマシンや別のクラウドプラットフォーム（Amazon Web Services など）にデプロイするときには、それらのプラットフォームに応じたアップロードと設定作業が必要となります。

ここでは、アプリケーションを IIS、Microsoft Azure、および Linux マシンに完全にデプロイするために必要な作業を詳しく見ていきます。

15.2.1 | IIS へのデプロイメント

従来の ASP.NET アプリケーションと同様に、ASP.NET Core アプリケーションは IIS のコアプロセスや IIS のワーカープロセス（**w3wp.exe**）のインスタンスがなくても動作します。技術的には、ASP.NET Core アプリケーションを Web サーバーでホストする必要すらありません。アプリケーションを IIS（または Apache）にデプロイする、ということは、ASP.NET Core に組み込まれている Web サーバーの上にファサード（インターフェイス）を配置しなければならない理由がある、ということです（主な理由は、セキュリティやロードバランシングです）。

■ ホスティングアーキテクチャ

すでに述べたように、従来の ASP.NET アプリケーションは、IIS のワーカープロセス（**w3wp.exe**）のインスタンスによって表されるアプリケーションプールの中でホストされます。IIS に組み込まれている .NET の機能の中には、**HttpRuntime** クラスのインスタンスをアプリケーションごとに作成するものがあります。このインスタンスは、**http.sys** ドライバーによって捕捉されたリクエストを受け取り、アプリケーションプールに割り当てられた適切な Web サイトへ転送するために使用されます。

ASP.NET Core アプリケーションの IIS ホスティングアーキテクチャは、次ページの図 15-8 のようになります。ASP.NET Core アプリケーションは、**dotnet** ランチャーツールの **run** コマンドを通じて読み込まれる通常のコンソールアプリケーションです。つまり、ASP.NET Core アプリケーションの読み込みと起動が IIS のワーカープロセスの中で実行されることはありません。ASP.NET Core アプリケーションを起動するのは、ASP.NET Core モジュールと呼ばれる IIS の別の ISAPI モジュールです。このモジュールはコンソールアプリケーションを起動するために **dotnet** を呼び出します。

したがって、IIS マシンで ASP.NET Core アプリケーションをホストするには、最初に ASP.NET Core の ISAPI モジュールをインストールする必要があります。

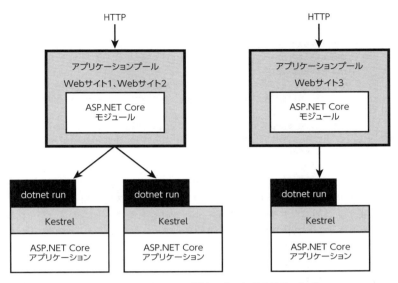

▲図15-8：IISでのASP.NET Coreアプリケーションのホスティング

> **注**
>
> ASP.NET CoreのISAPIモジュールはKestrelにのみ対応します。このため、ASP.NET Core 2.0で`http.sys`（またはASP.NET Core 1.xの`WebListener`）を使用する場合はうまくいきません。詳細については、ASP.NET Coreのドキュメントを参照してください[7]。このドキュメントには、ダウンロード情報も含まれています。
>
> https://docs.microsoft.com/ja-jp/aspnet/core/host-and-deploy/aspnet-core-module

■ ASP.NET Coreモジュールを設定する

ASP.NET Coreモジュールの役割は、アプリケーションに最初のリクエストが届いたときに、そのアプリケーションを正常に起動することだけです。また、このプロセスをメモリに常駐させ、アプリケーションのクラッシュ時やプールの再起動時にリロードされるようにします。

発行ウィザードによって`web.config`ファイルも作成されることに気づいていたかもしれません。このファイルは、アプリケーションの実際の振る舞いに影響を与えるものではなく、IISのもとでASP.NET Coreモジュールを設定するためのものです。たとえば、次のようなコードが含まれています。

---

[7] ［訳注］ASP.NET Core 2.2以降では、従来のASP.NETアプリケーションと同様に、IISワーカープロセス（`w3wp.exe`）の内部でホストされるインプロセスホスティングモデルが追加されている。一方で、本書でも解説されているIISワーカープロセス外部のKestrelでホストされる形式をアウトプロセスホスティングモデルと呼んでいる。

```xml
<?xml version="1.0" encoding="utf-8"?>
<configuration>
  <system.webServer>
    <handlers>
      <add name="aspNetCore" path="*" verb="*"
           modules="AspNetCoreModule" resourceType="Unspecified" />
    </handlers>
    <aspNetCore processPath="dotnet" arguments=".\Ch15.SimplePage.dll"
                stdoutLogEnabled="false" stdoutLogFile=".\logs\stdout" />
  </system.webServer>
</configuration>
```

　この構成ファイルは、任意のHTTPメソッドとパスを対象としたHTTPハンドラーを追加します。このハンドラーはモジュールに記述されたコードに基づいてリクエストをフィルタリングします。パスに指定されているワイルドカード（*）は、ASPXリクエストなど、アプリケーションプールに渡されるリクエストだけがASP.NET Coreモジュールによって処理されることを意味します。このため、異なるASP.NETフレームワークに基づくアプリケーションが同じアプリケーションプールに混在することがないようにしてください。いっそのこと、ASP.NET Core専用のアプリケーションプールを作成してしまうという手もあります。

　aspNetCore要素には、モジュールを動作させるための引数を指定します。この要素は、指定されたアプリケーションのメインDLLに対してモジュールが**dotnet**を実行しなければならないことと、ログの設定を定義しています。この**web.config**ファイルはデプロイメントの一部でなければなりません。

注

　ASP.NET CoreアプリケーションをIISでホストするには、**UseIISIntegration**拡張メソッドを呼び出してWebホストを設定しなければなりません。このメソッドは、ASP.NET Coreモジュールによって設定されている可能性がある環境変数を確認します。環境変数が見つからない場合、このメソッドを呼び出しても何も起きません（NO-OP）。このため、アプリケーションを実際にホストすることになるかどうかに関係なく、常に**UseIISIntegration**メソッドを呼び出すようにするとよいかもしれません。

■ IIS 環境の最終調整

　ASP.NET CoreアプリケーションをIISにデプロイする場合は、IISをプロキシサーバーとして使用することになります。つまり、IISはトラフィックをそのまま転送するだけで、リクエストの処理に関連する他の作業をいっさい行いません。このため、アプリケーションプールではマネージドコードを使用せず、よって.NETランタイムをインスタンス化しないように設定しておくことができます（図15-9）。

　IISの設定に関しては、このアプリケーションプールでホストされるASP.NET CoreアプリケーションのIDにも注意を払うべきでしょう。既定では、新しいアプリケーションプールのIDは**ApplicationPoolIdentity**になります。これは実際のアカウント名ではなく、IISによって適切に作成されたローカルマシンアカウントのIDにアプリケーションプールの名前を付けたものです。

　このため、特定のリソース（サーバーファイル、フォルダーなど）に対してアクセス制御ルー

ルを定義する必要がある場合は、実際のアカウント名が**IIS APPPOOL¥AspNetCore**であることに注意してください。とはいえ、既定のアカウントを使用しなければならないと決まっているわけではありません。通常のIISのインターフェイスを用いることで、いつでもアプリケーションプールのIDを任意のユーザーアカウントに変更することができます。

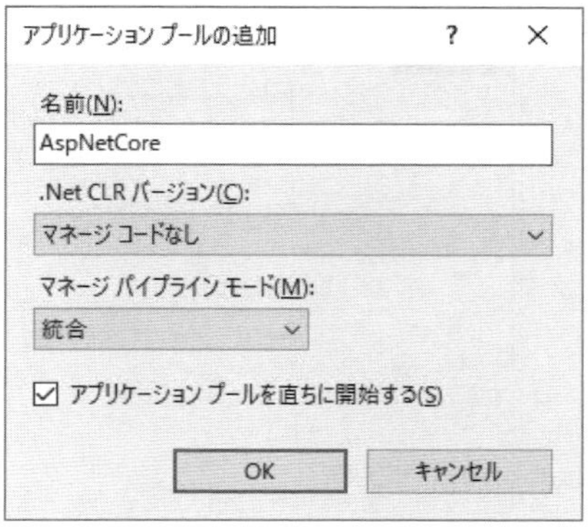

▲図15-9：ASP.NET Core 専用のアプリケーションプールを作成

15.2.2 | Microsoft Azure へのデプロイメント

ASP.NET Core アプリケーションは、IIS を搭載したサーバーマシンにデプロイする代わりに、Microsoft Azure でホストすることもできます。Azure で Web サイトをホストする方法は何種類かあります。ASP.NET Core アプリケーションに対して推奨される最も一般的な方法は、Azure App Service を利用することです。特定の状況では、Azure Service Fabric や Azure Virtual Machines でのホスティングを検討すべきです。Azure Virtual Machines でのホスティングは、ここまで検討してきたIISでのオンプレミスのホスティングに最も近いものです。

それぞれの方法を詳しく見ていきましょう。

■ Azure App Service を使用する

Azure App Service は、Visual Studio 2017の発行ウィザードが発行先の最初の選択肢として提示するものです（図15-2を参照）。この場合は、新しいApp Service を作成してもよいですし、既存のApp Service に発行することもできます。

Azure App Service は、通常の Web アプリケーションと、REST API やモバイルバックエンドといった Web API に対応するホスティングサービスです。ASP.NET と ASP.NET Core に限定されるわけではなく、Windows と Linux の両方で、Node.js、PHP、Java など、さまざまな Web 環境をサポートします。Azure App Service には、セキュリティ、負荷分散（ロードバランシング）、高可用性、SSL証明書、アプリケーションのスケーリング、そして管理機能が組み込まれています。さらに、GitHub や VSTS（Visual Studio Team Services）による継続的デプロイメントと組み合わせることもできます。

Azure App Service では、選択した App Service プランに応じて、コンピューターリソースを使用した分だけ（従量制で）料金を支払います。また、Azure Web ジョブ（WebJobs）

サービスとの効果的な統合により、Webアプリケーションにバックグラウンド処理を追加することもできます。図15-10は、Azure App Serviceへの発行を開始する［App Serviceの作成］ページを示しています。

▲図15-10：Azure App Serviceの新規作成

［発行］をクリックすると、Visual StudioがWebDeployを使って必要なファイルをすべてAzure App Serviceにアップロードします。そして、数分足らずでアプリケーションが起動します。図15-11は、起動後のサンプルアプリケーションを示しています。

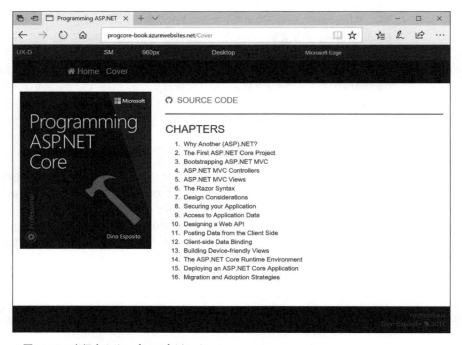

▲図15-11：実行中のサンプルアプリケーション

アプリケーションを発行した後は、Azure App Service のダッシュボードでアプリケーションの設定内容（開発時にユーザーシークレットから取得するすべてのデータなど）を編集し、必要に応じて調整を行うことができます。

プリコンパイルされていない Razor ビューや Razor ページといったアプリケーションの物理ファイルにアクセスするには、App Service Editor サービスを使用します。このようにして、デプロイされたファイルを読み書きしたり、その場で編集したりできます（図5-12）。

▲図15-12：App Service Editor を使って Razor ファイルをその場で編集する

▌ Azure Service Fabric を使用する

Azure App Service には、自動スケーリング、認証、呼び出しレートの制限など、さまざまな機能が揃っています。また、Azure Active Directory、Application Insights、SQL など、他のソフトウェアサービスとの統合も簡単です。Azure App Service はとても使いやすいため、多くのチームにとって理想的であり、サイトの管理やデプロイメントの経験が少ないチームにとって頼れる存在となります。では、Web アプリケーションが大規模な分散システムの一部である場合はどうなるのでしょうか。

この場合、最終的なマイクロサービスアーキテクチャには、Azure App Service としてのデプロイメントに適している一方で、他のノードとの相互運用も不可欠なノードが含まれることになるでしょう。Azure Service Fabric を利用すれば、アプリケーションノードの合成もより簡単になります。アプリケーションにおいて、2種類のデータストア（リレーショナルと NoSQL）、キャッシュ、そしておそらくサービスバスが必要となる状況を思い浮かべてみてください。Azure Service Fabric を利用しない場合、個々のノードは独立しており、たとえばフォールトトレランスへの対応は開発者が行うことになります。それどころか、サービスを発行するたびにフォールトトレランスに対処するはめになります。Azure Service Fabric を利用する場合は、キャッシュやその他のサービスがすべてメインアプリケーションと同じ場所に配置されるため、高速なアクセスが可能になるだけでなく、信頼性が改善され、デプロイメントが単純になるでしょう。もうノードごとに作業を行う必要はなく、一度で済むようになります。

400 | **第 5 部　ASP.NET Core のエコシステム**

　複数のマシンがプールを構成するシステムには、おそらく Azure Service Fabric のほうが適しています。Azure Service Fabric では、比較的小さな規模から始めて、アーキテクチャの分布を数百台ものマシンに広げていくことが可能です。とはいえ、Azure App Service と Azure Service Fabric を組み合わせることで、メインアプリケーションを Azure App Service としてデプロイし、何らかの時点でバックエンドを Azure Service Fabric としてデプロイすることも可能です。

　表15-2は、Azure App Service または Azure Service Fabric でのみサポートされる機能をまとめたものです。この表に記載されていない機能はどちらのプラットフォームでも同じように動作します（あるいは、まったく動作しません）。なお、Azure Service Fabric 自体は無料であり、このプラットフォーム上で実際に有効にしたコンピューティングリソースだけが課金の対象となることに注意してください。この点に関しては、Azure Virtual Machines の価格設定と同じルールが適用されます。

▼表 15-2：Azure App Service と Azure Service Fabric の機能

Azure App Service のみ	Azure Service Fabric のみ
オペレーティングシステムの自動更新	サーバーマシンへのリモートデスクトップアクセス
32 ビットから 64 ビットへのランタイム環境の切り替え	カスタム MSI パッケージのインストール
Git、FTP、WebDeploy によるデプロイメント	カスタムスタートアップタスクの定義
統合 SaaS のサポート：MySQL と監視	ETW（Event Tracing for Windows）のサポート
リモートデバッグ	

重要

　アプリケーションを Azure Service Fabric にデプロイするには、そのアプリケーション全体を Service Fabric アプリケーションに変換しなければなりません。このため、Service Fabric SDK をインストールし、Visual Studio でそのためのアプリケーションプロジェクトテンプレートを使用する必要があります。Service Fabric SDK の詳細については、Microsoft Azure のドキュメントを参照してください。Azure Service Fabric は Cloud Services に似ていますが、Cloud Services は古いテクノロジと見なされており、Azure Service Fabric によって完全に置き換えられています。

https://docs.microsoft.com/ja-jp/azure/service-fabric/service-fabric-get-started

---

▊ Azure Virtual Machines を使用する

　Azure App Service と Azure Service Fabric の中間に位置するのが、Azure Virtual Machines です。1つのモノリシックなアプリケーションではなく、それ以上のものが必要であるものの、アプリケーションを Azure Service Fabric に準拠させるには膨大な変更が必要になる、という場合は、Azure Virtual Machines を使用するのが得策かもしれません。

　名前が示唆するように、Azure Virtual Machines は空の状態で提供される仮想サーバーマシンであり、構成とセットアップに関しては開発者が完全に制御できます。基本的には、Azure Virtual Machines は IaaS（Infrastructure-as-a-Service）の一例です。これに対し、Azure App Service と Azure Service Fabric はどちらも PaaS（Platform-as-a-Service）に分類されます。Azure のすべての仮想マシンでは、負荷分散（ロードバランシング）機

第15章　ASP.NET Core アプリケーションのデプロイメント　　401

能と自動スケーリング機能が無償で提供されます。Azure で仮想マシンを作成した後は、
Visual Studio から直接アプリケーションを発行することができます。

　価格に関しては、Azure Virtual Machines は月額10ドル程度から利用できますが、まと
もに使うとしたら少なくともその10倍はかかるでしょう。この料金に加えて、カスタム SQL
Server サーバーのライセンスなど、開発者がインストールするソフトウェアの料金が別途か
かります。ですが全体的に見て、既存のオンプレミス構成から Azure へ移行しなければなら
ないとしたら、Azure Virtual Machines は最も単純で最も簡単な方法です。

> **注**
>
> 　Microsoft Azure のさまざまなホスティングオプションについては、Microsoft Azure の
> ドキュメントを参照してください。
>
> https://docs.microsoft.com/ja-jp/azure/app-service/overview-compare

---

■ Visual Studio Code からデプロイする

　すでに述べたように、Visual Studio から Microsoft Azure へのデプロイメントは自動的
に行われ、ほぼ瞬時に完了します。代わりに Visual Studio Code を使用する場合は、追加
のツールが必要になります。具体的には、Visual Studio Marketplace で提供されている
Azure Tools for Visual Studio Code[8] を検討してみるとよいかもしれません。

15.2.3 │ Linux へのデプロイメント

　ASP.NET Core はクロスプラットフォームであるため、同じアプリケーションを Linux マ
シンでホストすることも可能です。アプリケーションのファイルをローカルフォルダーに発行
した後、(FTP などを使って) イメージをサーバーマシンにアップロードするのが一般的です。
　Linux の主なホスティングシナリオは、Apache を搭載したマシンでのホスティングと、
Nginx を搭載したマシンでのホスティングの2つです。また、AWS Elastic Beanstalk を使
用するという選択肢もあります[9]。

■ Apache へのデプロイメント

　ASP.NET Core アプリケーションを Apache サーバーにデプロイするには、リバースプロ
キシサーバーとして動作するサーバー環境を準備する必要があります。この点については第
14章でも取り上げましたが、ここで簡単に復習しておきましょう。
　Apache をリバースプロキシとして動作させるには、`/etc/httpd/conf.d/` ディレク
トリに `.conf` ファイルを配置する必要があります。次に示すのは、任意の IP アドレスのポー
ト80でリクエストを待ち受けるための設定です。リクエストはすべて指定されたプロキシマ
シンで受信されます。この例では、プロキシマシンは IP アドレス127.0.0.1のポート500に設
定されています。この場合、Apache と Kestrel は同じマシン上で動作するものと想定され
ますが、プロキシマシンの IP アドレスを変更すれば、別のマシンを使用しているように見せ
かけることができます。

---

[8] https://marketplace.visualstudio.com/items?itemName=ms-vscode.vscode-node-azure-pack
[9] https://aws.amazon.com/jp/blogs/developer/aws-and-net-core-2-0/

402 第 5 部 ASP.NET Core のエコシステム

```
<VirtualHost *:80>
    ProxyPreserveHost On
    ProxyPass / http://127.0.0.1:5000/
    ProxyPassReverse / http://127.0.0.1:5000/
</VirtualHost>
```

また、Apache のサービスファイルを作成する必要もあります。このファイルは、ホスト
している ASP.NET Core アプリケーションに対するリクエストをどのように処理すればよい
かを Apache に伝えます。

```
[Unit]
  Description=Programming ASP.NET Core Demo

[Service]
  WorkingDirectory=/var/progcore/ch15/simpleplage
  ExecStart=/usr/local/bin/dotnet /var/progcore/ch15/simpleplage.dll
  Restart=always

  # エラーが発生したら10秒後にサービスを再起動
  RestartSec=10
  SyslogIdentifier=progcore-ch15-simplepage
  User=apache
  Environment=ASPNETCORE_ENVIRONMENT=Production

[Install]
  WantedBy=multi-user.target
```

このサービスはコマンドラインから有効にしなければなりません。このサービスファイルの
名前が **progcore.service** であるとすれば、コマンドラインは次のようになります。

```
sudo nano /etc/systemd/system/progcore.service
```

詳細については、ASP.NET Core のドキュメント[10] を参照してください。特に、SSL やファ
イアウォールの設定の追加、レートの制限、監視、ロードバランシングといった部分をこの
ドキュメントで調べてみるとよいでしょう。

■ Nginx へのデプロイメント

Nginx[11] は注目を集めているオープンソースの HTTP サーバーであり、リバースプロキシ
として設定するのも、IMAP/POP3 プロキシサーバーとして設定するのも簡単です。Nginx
の主な特徴は、Apache や IIS の古いバージョンといった標準的な Web サーバーの従来のス
レッドベースのアーキテクチャではなく、非同期アーキテクチャを使ってリクエストを処理す
ることです。このため、トラフィック量の多い Web サイトよりも、スケーラビリティの高い
シナリオで、あるいはプロキシとして使用されるケースが増えています。

ASP.NET Core アプリケーションをホストするリバースプロキシサーバーとして Nginx

[10] https://docs.microsoft.com/ja-jp/aspnet/core/host-and-deploy/linux-apache
[11] https://www.nginx.com/

第 15 章　ASP.NET Core アプリケーションのデプロイメント　　**403**

を設定する方法を見てみましょう。そのために必要な作業は、**/etc/nginx/sites-available/default** ファイルの内容を編集することだけです。このファイルはJSONファイルであり、次のようなコードを含んでいます。

```
server {
  listen 80;
  location / {
    proxy_pass http://localhost:5000;
    proxy_http_version 1.1;
    proxy_set_header Upgrade $http_upgrade;
    proxy_set_header Connection keep-alive;
    proxy_set_header Host $host;
    proxy_cache_bypass $http_upgrade;
  }
}
```

　Kestrel サーバーがサーバーマシン以外の場所に配置されている、あるいは5000以外のポートで待ち受けを行っている場合は、その場所を指すように **proxy_pass** プロパティの値を変更してください。

　Apache の場合と同様に、これは環境を完全に設定するための第一歩にすぎません。リクエストを Kestrel へ転送するのには十分ですが、Kestrel やその.NET Core Web ホストのライフタイムを管理するのには不十分です。ASP.NET Core アプリケーションを起動して監視するには、サービスファイルが必要です。詳細については、ASP.NET Core のドキュメント⓬ を参照してください。

15.3 ｜ Docker コンテナー

　コンテナーは比較的新しい概念であり、海運業界のコンテナーの役割を再現するものです。コンテナーはソフトウェアの単位であり、アプリケーションとその依存ファイルや構成をすべて含んでいます。コンテナーを特定のホストオペレーティングシステムにデプロイすると、それ以上設定を行わなくてもアプリケーションを実行できるようになります。

　開発者にとって、コンテナーは夢のようなシナリオです。ローカルでも（すべてのものが正常に動作する架空の「マイマシン」上でも）、本番環境でも、すべてのコードが動作するからです。デプロイされたコンテナーの動作を保証するための共通基盤はオペレーティングシステムだけです。

15.3.1 ｜ コンテナーと仮想マシン

　一見すると、コンテナーと仮想マシンには多くの共通点があります。ただし、これらの間には根本的な違いが存在します。

　仮想マシンは、仮想化されたハードウェアの上で動作し、オペレーティングシステムのコピーを独自に実行します。仮想マシンでは、仮想マシンを構築した目的に必要なバイナリとアプリケーションがすべて揃っている必要もあります。このため、仮想マシンのサイズは数ギガバイトになることがあり、通常は起動するのに数分ほどかかります。

⓬ https://docs.microsoft.com/ja-jp/aspnet/core/host-and-deploy/linux-nginx

これに対し、コンテナーは特定の物理マシン上で動作し、そのマシンにインストールされているオペレーティングシステムを使用します。つまり、コンテナーが提供するのは、ホストオペレーティングシステムと、アプリケーションを実行するのに必要な環境との差分だけです。このため、コンテナーのサイズはたいてい数メガバイトであり、ものの数秒で起動します。

要するに、アプリケーションとその依存ファイルを周囲の環境から切り離す点ではコンテナーも仮想マシンも同じですが、同じマシン上で実行されている複数のコンテナーはすべてホストオペレーティングシステムを共有します（図15-13）。

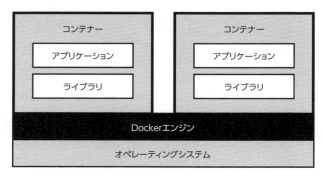

▲図15-13：コンテナー化されたアーキテクチャ

15.3.2 ｜ コンテナーからマイクロサービスアーキテクチャへ

複数のアプリケーションをパッケージにまとめて、仮想化されたオペレーティングシステム上で同時に実行できる —— このことが、**コンテナー化**と呼ばれる新しいソフトウェア開発手法を生み出すきっかけとなりました。

アプリケーションとその構成は特別なフォーマット（コンテナーイメージ）にまとめられ、コンテナー対応のサーバーにデプロイされます。DevOpsの用語で言うと、開発環境の「スナップショット」を作成し、単体でデプロイ可能なコードに変換すればよい、というわけです。このコードは特定のオペレーティングシステムでそのまま実行できるものになります。さらに、サーバー間での移植も簡単です。移植先が互換性のあるコンテナー対応のインフラストラクチャである限り、パブリッククラウドでも、プライベートクラウドでも、さらには物理的なオンプレミスサーバーでも問題なく動作します。コンテナー化が「一度ビルドすればどこでも実行できる」というスローガンを掲げているのは、そういうわけです。

コンテナー化では、モノリシックなアプリケーションが複数の部分に分割され、それぞれの部分が異なるコンテナーにデプロイされます。SQLデータベースをあるコンテナーに配置し、Web APIを別のコンテナーに配置し、Redisキャッシュをさらに別のコンテナーに配置する、といったことが可能です。また、コンテナーはそれぞれ個別にデプロイできるため、将来的にスケーリングが可能であり、更新や置き換えもスムーズに行うことができます。

15.3.3 │ Docker と Visual Studio 2017

　ASP.NET Core に Docker との互換性を持たせるのは簡単です。プロジェクトの作成時に［Docker サポートを有効にする］チェックボックスをオンにするだけです（図15-14）。あるいは、プロジェクトを右クリックして［追加］－［Docker サポート］を選択することで、あとから Docker サポートを追加することもできます。これにより、`Dockerfile` がプロジェクトに自動的に追加されます。

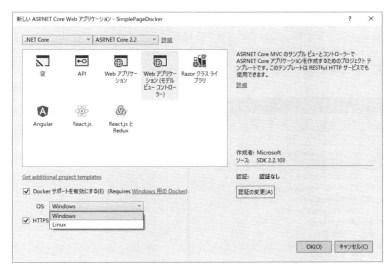

▲図15-14：ASP.NET Core アプリケーションで Docker サポートを有効にする

　`Dockerfile` には次のような内容が含まれています。

```
FROM microsoft/dotnet:2.2-aspnetcore-runtime
ARG source
WORKDIR /app
EXPOSE 80
COPY ${source:-obj/Docker/publish} .
ENTRYPOINT ["dotnet", " Ch15.SimplePageDocker.dll"]
```

　マルチコンテナーのソリューションを作成する場合は、コンテナーオーケストレーションのサポートを追加する必要があります。プロジェクトを右クリックして［追加］－［コンテナーオーケストレーターサポート］を選択すると、［コンテナーオーケストレーターサポートの追加］ダイアログボックスが表示されます（図15-15）。コンテナーオーケストレーターとして［Docker Compose］を選択すると、ソリューション全体の `docker-compose.yml` ファイルを含んだ `docker-compose` フォルダーが作成されます。

▲図15-15：コンテナーオーケストレーターの追加

`docker-compose`フォルダーには、ファイルが2つ含まれています（図15-16）。これらのファイルを選択すると［ビルド］メニューが変化し、Dockerビルドオプションが表示されるようになります。このオプションを選択するとイメージが作成され、コンテナー対応のサーバーのレジストリにデプロイされます。なお、WindowsマシンでローカルにテストするにはDocker Desktop[13]をインストールする必要があります。

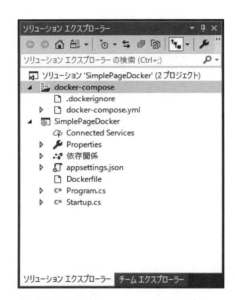

▲図15-16：docker-compose フォルダー

Dockerイメージが作成された後、サンプルアプリケーションが通常とは異なるIPアドレス（一般的には`172.x.x.x`）から起動します。Docker Desktopを使用する場合は、図15-17のようになります。

---

[13] https://www.docker.com/products/docker-desktop

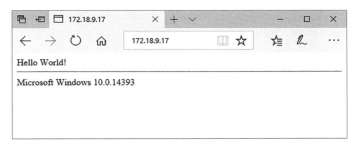

▲図15-17：Docker イメージの実行

Docker イメージの実際のファイルは obj/Docker フォルダーで確認できます。

15.4 まとめ

本章では、ASP.NET Core アプリケーションを本番環境にデプロイするためのさまざまな方法を紹介しました。まず、アプリケーションファイルをフォルダーに発行することが何を意味するのか、そして ASP.NET Core のクロスプラットフォームの性質に対処するにはどうすればよいのかを調べました。その過程で、フレームワークに依存するアプリケーションの発行と、自己完結型のアプリケーションの発行がどのように異なるのかを確認しました。

続いて、Microsoft Azure でのホスティングを詳しく取り上げ、Azure Service Fabric、Azure Virtual Machines、Azure App Service といったサービスを調べました。最後に、Docker とコンテナーというテーマを簡単に取り上げました。

次章では、ASP.NET Core の旅の締めくくりとして、移行というテーマに目を向け、ブラウンフィールド開発とアプリケーションの完全な書き換えについて説明することにします。

第16章

移行戦略と導入戦略

建造物の最も金のかかっている部分は過ちである。

— ケン・フォレット、『大聖堂』

　ASP.NET Core は、ASP.NET 4.x の最新版ではありません。(慎重に選ばれたとはいえ)紛らわしい名前が付いていて、現在の ASP.NET、特に ASP.NET MVC フレームワークの影響を色濃く受けているとはいえ、全体的にはまったく新しいフレームワークです。最近では ASP.NET が書き換えられているため、ASP.NET Core は ASP.NET であると言ってもあながち間違いではありません。ASP.NET Core は従来の ASP.NET よりもモジュール性が高く、消費メモリが少なく、複数のハードウェアやソフトウェアプラットフォームをターゲットにすることができます。たとえば、新しい ASP.NET Core アプリケーションは、さまざまな Linux/macOS プラットフォームでネイティブで実行できるようになっています。

　ASP.NET Core は単なる Web 指向のフレームワークではありません。Web フレームワークであることは確かですが、やはりベースとなる汎用的なフレームワークが必要となります。最終的にクロスプラットフォームの機能を提供するのは、そのベースである .NET Core です。開発への影響に関しては、ASP.NET Core と .NET Core は、2002 年にリリースされた ASP.NET と .NET Framework と同じ規模の統合プラットフォームです。幸いなことに、2002 年当時と比べて、新しいプラットフォームと現在のプラットフォームとの差はずっと小さなものです。

　いずれにしても、ASP.NET Core によって Microsoft スタックでの Web アプリケーションの開発方法は変化し、チーム全体が何らかのスキルの更新を余儀なくされます。このため、ASP.NET Core プラットフォームをターゲットとするかどうかについては、アプリケーションを構築する予算とは別のコストとして検討すべきです。では、あなたが社内の意思決定者である場合、ASP.NET Core にどのように取り組めばよいのでしょうか。あなたがコンサルタントである場合、ASP.NET Core をどのように売り込めばよいのでしょうか。

　本章では、新しいフレームワークの展望を見きわめ、真の利益に結び付けることにします。

410　第5部　ASP.NET Core のエコシステム

16.1 ビジネス価値の探求

　率直に言って、問題なく動作しているアプリケーションを、問題なく動作する別のアプリケーションに置き換えるためにお金を出す顧客はいません。一方で、本番環境に導入された後はまったく変化しない屍のようなソフトウェアも存在しません。ビジネスは変化するため、理想的には、アプリケーションもその変化に伴って変化すべきであり、それに伴って根本的な書き換えが必要になることもあります。まったく新しいビジネスチャンスが到来しつつある場合、あるいは魅力的な新技術が登場したときには、大幅な書き換えは有効な選択肢です。

　ASP.NET Core は新しいビジネスチャンスを生み出すわけではありませんが、調べてみるとなかなか興味深いテクノロジです。問題は、どれだけ興味深く有益なものになり得るのかを見きわめることです。ASP.NET Core は、既存のアプリケーションを新しいビジネス要件に対処させるための機能拡張とはほとんど関係がありません。しかし、新しいビジネス要件が浮上した瞬間に、ASP.NET Core へのアップグレードは真剣に検討すべき選択肢の1つとなります。

16.1.1 ASP.NET Core の利点

　何だかんだ言って、ASP.NET Core に関しては、意味もなく騒ぎすぎているように思えます。筆者が見たところ、派手な宣伝は ASP.NET Core への切り替えの利点を明確にするどころか、人々を煽り立てるだけです。とはいえ、この意思決定に関しては、ビジネス上の妥当な理由を探ろうとしてすぐに暗礁に乗り上げてしまいます。何しろ、古いシステムとまったく同じ働きをする真新しいシステムのために、まだ新しいシステムを投げ捨てることになるからです。

　大々的に宣伝されている ASP.NET Core の利点の1つは、コードを複数のプラットフォームで実行できることです。これは事実ですが、すべてのコードを .NET Core 用に書き換えることが前提となります。ほとんどの文献では、パフォーマンスの改善、コードのモジュール性、オープンソースコードといった利点も強調されています。また、まったく新しいミドルウェアや、フレームワークを通じた依存性注入の幅広い用途といったマニアックな利点も強調されています。

　これらが利点ではないと言うわけでは決してありませんが、それらの利点がビジネスにおよぼすと考えられる実際の影響は、ビジネスそのものに左右されます。レスポンスが遅くて困っているのでなければ、より高速なアプリケーションに投資するのは無意味です。既成産業で働いていて、幾何級数的な成長見通しがないとしたら、スケールアップを見越して投資するのも無意味です。また、開発のほとんどを外注している企業にとって、ASP.NET のコードがオープンソース化されることにどのような価値があるのでしょうか。例を挙げればきりがなさそうです。そこで、ASP.NET Core の最もよく知られている利点をさらに批判的な目で見てみることにしましょう。

■ 複数のプラットフォームのサポート

　.NET Core は .NET Framework を完全に書き換えたものであり、Windows の他に数種類のプラットフォームでコンパイルを行うことを目的として作成されています。このため、.NET Core をターゲットとする ASP.NET Core アプリケーションは、さまざまな Linux サーバープラットフォームでもホストできます。厳密に言えば、.NET Core は macOS でも

動作しますが、現時点では macOS ベースのホスティングプラットフォームが存在しないため、ホスティングの目的からすれば違いはありません。ただし、.NET Core のターゲットに macOS も追加すれば、少なくとも ASP.NET Core アプリケーションをそのまま MacBook でコンパイルできます。

　筆者が見たところ、ASP.NET Core アプリケーションの最も重要なビジネス価値は、そのクロスプラットフォームの性質にあります。そもそも Web アプリケーションなのだから、どのプラットフォームやオペレーティングシステムからでもアクセスできるのは当然だろう、という人もいるでしょう。ですが、肝心なのはアクセスよりもホスティングのほうです。Windows Server を実行するために必要なライセンスのせいで、ASP.NET をまったく検討していない企業や、Linux などのオープンプラットフォームに限定している企業は少なくありません（オープンプラットフォームの導入は「対価がない」ことを意味するという誤った認識のせいで、公的な機関でも同じ状況になっていることがあります）。さらに、Windows のホスティングはやはり Linux のホスティングよりも割高です。それほど大きな差があるわけでなく、今後縮まっていくものと思われますが、Linux のほうが割安な傾向にあります。ASP.NET Core を検討する価値はそこにあります。最後に、クロスプラットフォームの ASP.NET Core は企業にとって有益です。なぜなら、少なくとも（統合）テストに関しては、より安価な Linux マシンでアプリケーションを実行することでさらにコストを削減できるからです。また、Linux のホスティングエコシステムは Windows よりも大きく、1つのベンダーに制限されません（Mesos、Marathon、Aurora を参照してください）。

■ パフォーマンスの改善

　完全に書き換えられたフレームワークの速度が15年前に書かれたフレームワークとそれほど違わないとしたら、本当にびっくりするでしょう。というわけで、ASP.NET Core はもちろん従来の ASP.NET よりも高速です。その理由を説明してから、客観的な数値を示すことにします。

　何よりもまず、ASP.NET Core パイプラインは非同期であり、プールを構成しているスレッドのうち最低限の数のスレッドが常にビジー状態になることが保証されます。また、パイプラインの設計も見直されており、モジュール性が大きく引き上げられています。さらに、Kestrel によるリクエストのディスパッチは驚くほど高速です。次に、リクエストあたりのメモリ消費量ですが、ASP.NET Core では約5分の1に抑えられています。

　ここで改めて注目してほしいのはメモリ消費量です。第14章で説明したように、HTTP ランタイムパイプラインの構造は完全に見直されています。ASP.NET Core が登場するまで、ASP.NET アプリケーションのリクエストは（現在では ASP.NET Web Forms と呼ばれているもののために）20年前に考案されたランタイムで処理されていました。古いパイプラインの心臓部には、悪い意味でよく知られている `System.Web` アセンブリがありました。このアセンブリは従来の ASP.NET アプリケーションのパフォーマンスが悪いことの主な原因にされがちですが、個人的には、この意見に全面的には賛同できません。`System.Web` アセンブリは ASP.NET Web Forms のために作成されたものであり、あまりにもすばらしい出来栄えだったために20年間も生き残ったのです。ASP.NET MVC をリリースする際、Microsoft は必要なランタイム拡張を同じランタイムに追加することにしました。この設計上の決断により、ASP.NET MVC がそれにふさわしい専用の薄いランタイムを持つことはありませんでした。Web Forms と MVC という根本的に異なる2つのアプリケーションモデルの機能を足し合わせた、より大きなランタイムを意図的に与えられたのです。

さらに悪いことに、MicrosoftはASP.NET MVCをリリースした数年後にASP.NET Web APIもリリースしました。ASP.NET Web APIの設計は一から見直され、リクエストを処理するためのランタイムを独自に持つことになりましたが、ホスティングはやはりASP.NETランタイムに依存しています。図16-1に示すように、ASP.NET MVCとASP.NET Web APIを使用するアプリケーションはどれも、本当に必要な量のおそらく3倍ものメモリを消費します。そして、悪名高い`System.Web`アセンブリは、その原因ではありません。

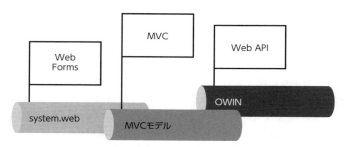

▲図16-1：ASP.NET フレームワークの悪名高い構成

ASP.NET Coreによるパフォーマンスの改善には、モジュール性という一面もあります。このフレームワーク全体がNuGetパッケージの形式で配布されるため、本当に必要な機能だけを選び出すことができます。従来のASP.NETでは、一部のHTTPモジュールを無効にしようと思えばできないことはありませんでしたが、ランタイムのカスタマイズは部分的なものに限られていました。というのも、リクエスト処理パイプラインのほとんどの部分がハードコーディングされていたからです。ASP.NETだけを実行する場合は、ASP.NET Coreの場合よりもコードをすばやく実行できるはずです。

機能の改善を裏付ける数値については、Benchmarks for ASP.NET CoreのGitHubリポジトリ❶で公開されているベンチマークを調べてみるとよいかもしれません。このベンチマークで公開されている数値は、あなたのアプリケーションをどれくらい高速化できるかに関する絶対的な指標になるとは限りません。やはりベンチマークですから、実際のアプリケーションでの数値はもっと低くなると見るのが現実的です。ただし、ASP.NETとASP.NET Coreのベンチマークの比率は同じになるはずです。そしてこの比率は、単位時間あたりに処理できるリクエストの数がASP.NET Coreでは約5倍になることを示しています。とはいえ、実際に処理されるリクエストの数はアプリケーションごとに異なることを覚えておいてください。

最後に、パフォーマンスに関してあまり知られていないのは、アプリケーションの調整がもたらす実際の威力です。`AddMvc`を`AddMvcCore`に置き換えるだけで、少なくともリクエスト処理の最初の部分については速度を2倍近く改善することができます。ある実験では、ASP.NET Coreの基本設定を使用するだけで、2秒以上かかっていた100万件のリクエストの処理時間が1.2秒に縮まりました。詳細については、Hacker NoonのWebサイト❷を参照してください。

---

❶ https://github.com/aspnet/benchmarks
❷ https://hackernoon.com/go-vs-net-core-in-terms-of-http-performance-7535a61b67b8

第16章 移行戦略と導入戦略　413

■ デプロイメント環境の改善

従来のASP.NETがサポートしているデプロイメント環境は、ASP.NET Coreのマーケティングにおいて「フレームワーク依存」として定義されているものです。言い換えるなら、アプリケーションに含まれているのは独自のバイナリだけで、必要なフレームワークはサーバーにあらかじめインストールされているものと想定されます。複数のアプリケーションに同じフレームワークを共有させることは可能ですが、アプリケーションによっては、同じフレームワークの異なるバージョンが必要になるかもしれません。この場合は、両方のフレームワークがインストールされていなければならず、些細な問題が発生するかもしれません。問題とは、いわゆる「DLL 地獄」か、それによく似たものです。

ASP.NET Coreでは、自己完結型のデプロイメントという新たなデプロイメントオプションがサポートされます。この場合、アプリケーションには独自のバイナリに加えてフレームワーク全体が含まれることになります。アプリケーションの空間は独立しており、サーバーに何がインストールされているかに関係なく、完全に別個の状態で実行できます。必要なディスク領域は10倍（通常は数メガバイトから数十メガバイトに）になりますが、それと引き換えに、かつてないほどの分離が保証されることになります。

第15章で説明したように、ASP.NET Coreアプリケーションは IIS や Linux 上の Apache をはじめ、さまざまな Web サーバーでホストできます。ただし、デプロイメント環境は第15章で説明した選択肢に限られません。あまり一般的ではありませんが、完全にカスタマイズされた必要最低限のWebサーバーでASP.NETアプリケーションをホストし、オープンソースのWebサーバープロジェクトをフォークすることもできます。最低でも、そうしたWebサーバーは`IHttpRequestFeature`と`IHttpResponseFeature`の2つのインターフェイスを実装していなければなりません。この手法については、Nowin プロジェクト❸が参考になるでしょう。

> **注**
>
> Windows を使用していて、ASP.NET Core アプリケーションのターゲットが完全な .NET Framework である場合は、Windows サービスとしてホストすることも可能です。ASP.NET Core のドキュメントにそのサンプルが含まれています。
>
> https://docs.microsoft.com/ja-jp/aspnet/core/host-and-deploy/windows-service

■ 開発環境の改善

ASP.NET Core のプログラミング環境はとにかくすばらしいものであり、設計を見直した甲斐あって本当によくできています。作り込みすぎた感もなきしもあらずですが、ASP.NET プログラミングの現在のベストプラクティスがすべて組み込まれています。少なくとも今後数年間は、これ以上のフレームワークはまず見つからないでしょう。

また、プログラミング環境も Visual Studio に限定されなくなっており、Visual Studio Code を使ってアプリケーションを開発できるようになりました。Visual Studio Code は無償で配布されており、Visual Studio はもちろん、JetBrains の Rider よりも軽量です。また、Rider と同じようにさまざまなプラットフォームで使用することもできます。

❸ https://github.com/Bobris/Nowin

414　第5部　ASP.NET Core のエコシステム

　純粋にプログラミングの観点から見た場合、ASP.NET Core ではMVC モデルとWeb API コントローラーモデルが統合され、依存性注入が組み込みで追加されています。また、ミドルウェアのモジュール性は非常に高いため、必要なコードだけを記述し、それ以外は1行も書かずに済む可能性がかつてないほど高まっています。

■ オープンソース

　ASP.NET Core の完全なソースコードはGitHub[4]で提供されています。そこからさまざまなリポジトリへ移動することで、このフレームワークを構成しているさまざまなパッケージやドキュメント、サンプルを見つけ出すことができます。すべてのプロジェクトが数百人ものMicrosoft の共同作成者やコミュニティメンバーによって頻繁に更新されています。

　オープンソースでの活動は、ASP.NET Core に Microsoft がどのような姿勢でのぞんでいるのかを示す力強い声明です。このフレームワークに懐疑的な方がいたら、2015年2月以降、従来の ASP.NET MVC の新しいバージョンがリリースされていないことを考えてみてください。従来の ASP.NET MVC がほとんど完成していて、追加すべきものがあまりないことは確かですが、それこそが、Microsoft の開発体制が ASP.NET Core へシフトしていることの証しです。したがって、ASP.NET Core を導入することになるのは完全に時間の問題です。そして短期的には、ASP.NET Core の導入に具体的なビジネス価値を見出すという問題でもあります。

■ マイクロサービスアーキテクチャの促進

　このところ、マイクロサービスアーキテクチャの人気はうなぎ上りです。というのも、マイクロサービスアーキテクチャはサービス指向アーキテクチャ（SOA）の基本的な原理を取り入れながら、SOA の教義を堅苦しく追求することがないからです。基本的には、マイクロサービスは個別にデプロイすることが可能なソフトウェアアプリケーションです。つまり、マイクロサービスは自律したアプリケーションであり、その境界は明確に定義されています。マイクロサービスの開発とデプロイは個別に行われるため、どのような言語でも、どのようなテクノロジでも使用できます。また、HTTP/TCP、メッセージキュー、さらには共有データベースやファイルであっても、通信とやり取りには標準チャネルが使用されます。

　ASP.NET Core の軽量さ、速度、柔軟性は、マイクロサービスを実装するのに申し分ありません。また、マイクロサービスから見て、ASP.NET Core は Docker をサポートする点でもさらに興味深いものとなっています。

16.1.2 │ ブラウンフィールド開発

　もうわかっていると思いますが、ASP.NET Core の導入は、すでに使用しているフレームワークや製品の次のバージョンへの単なるアップグレードではありません。例を挙げると、ASP.NET Core へのアップグレードは、SQL Server 2014 から SQL Server 2016 へのアップグレードと同じではありません。SQL のアップグレードでは、すべてのテーブル、ビュー、プロシージャーが引き続き完全に機能しますし、追加された機能（JSON の組み込みサポートやバージョン管理されたテーブルなど）がすぐに利用できる状態になります。ASP.NET Core へのアップグレードは、そうしたスムーズな移行ではありません。最低でも、システム

---
[4] https://github.com/aspnet/

第16章　移行戦略と導入戦略　　415

を以前と同じように書き換えるための費用がかかりますし、開発者（全員）のトレーニング
にかかるコストやその後の（一時的であるにせよ）生産性の低下を伴うことは言うまでもあ
りません。また、継続的インテグレーション（CI）を使用する場合は、.NET Core のCLI ツー
ルに合わせてCI パイプラインを調整するコストも見ておく必要があります。新しいフレーム
ワークで以前と同じシステムを使用するためのコストは、チームメンバーのスキルと学習意欲
にかかっています。

　すぐに思い至るのは、問題なく動作しているシステムを、問題なく動作する別のシステム
に置き換えるために投資する顧客などいないことです。この考えの先にあるのが、**ブラウン
フィールド開発**です。

　ソフトウェアでの「ブラウンフィールド開発」とは、既存のシステムへの配慮を怠らずに
新しいシステムを開発するというシナリオのことです。つまり、既存のシステムやテクノロジ
という制約のもとで新しいソフトウェアを開発することを意味します。ブラウンフィールド開
発では、ASP.NET Core のような破壊的な（サービスの中断を伴う）フレームワークの導
入に際し、きわめて慎重な姿勢でのぞむ必要があります。

　ASP.NET Core をブラウンフィールド開発で追加する場合は、まず、より分散的なアー
キテクチャに向かって進む必要があります。つまり、システムの全体的な振る舞いは、複数
の独立したコンポーネント（マイクロサービス）を合成することによって実現されます。こ
の場合は、1つ以上のコンポーネントを、新しい（破壊的ですらある）フレームワークを使
用する新しいコンポーネントと置き換えることについて真剣に検討するとよいでしょう。要す
るに、フレームワークの破壊的な変更を前にして、古いものとそうでないものを判断しなけ
ればなりません。その上で、古くないコンポーネントを置き換えることについて検討する必要
があります。.NET アーキテクチャをマイクロサービスに進化させるというテーマについては、
『.NET Microservices: Architecture for Containerized .NET Applications』❺ という電子
書籍を読んでみてください。

　結論から言うと、ASP.NET Core でのブラウンフィールド開発は現実的な選択肢ですが、
かなり高くつくことがよくあります。その帳尻を合わせるのは、ASP.NET Core がもたらす
具体的なビジネス価値です。具体的な価値は個々の状況やビジネスによって異なります。ま
た、ブラウンフィールド開発を使用する場合は、古いものとそうでないものの選択を余儀な
くされることが、技術的負債の削減に向かう一歩であることについてよく考えてみてください。

注

　ASP.NET 空間にとどまるために述べておくと、コンポーネントベンダーは依然としてその
収益のほとんどを ASP.NET Web Forms 製品から得ています。というのも、企業の主眼は
それぞれの事業にあり、ソフトウェアを実際にはサービスとして利用するからです。根本的
なリファクタリングや書き換えを検討するのは、（スケーラビリティの問題に対処する、新し
いビジネスチャンスをつかむなど）ビジネス状況が変化したときだけです。ASP.NET Core
では特にそうですが、スケーラビリティは最も正しく使われていない用語の１つです。筆者は、
すべての企業にスケーラビリティの問題があるとは考えていません。むしろ、よいコードに
は最初からそれなりのスケーラビリティがあることを強調しておきます。したがって、スケー
ラビリティの問題に気づいたときは、たいていコードの品質に問題があることが原因です。

---

❺ https://docs.microsoft.com/ja-jp/dotnet/standard/microservices-architecture/

416 第5部 ASP.NET Core のエコシステム

16.1.3 │ グリーンフィールド開発

グリーンフィールド開発は、ブラウンフィールド開発の逆で、新しいソフトウェアシステムがいっさいの制約なしに開発されることを意味します。アーキテクトは、何ら妥協することなく、最善の決断を自由に下すことができます。ASP.NET Core をグリーンフィールド開発で導入するかどうかを判断するポイントは、純粋に技術的な問題となります。

ASP.NET Core の導入が ASP.NET 開発者にもたらす技術的な課題をざっとまとめてみましょう。このフレームワークの以前のバージョンとの差分をただまとめてみても、ASP.NET の経験がなければほとんど興味がわかないかもしれません。ですがその前に、.NET Standard について調べておくことが重要となります。

▌.NET Standard 仕様

.NET Standard は、「同じアプリケーションの複数のバージョン（モバイル、Web、デスクトップ）に.NET コードを共有させる」という問題の解決を試みる仕様です。たとえば、同じクラスライブラリが複数のアプリケーションによって共有される可能性があり、それぞれのアプリケーションが.NET Framework の異なるバージョンをターゲットにしているとしましょう。この場合、このクラスライブラリから呼び出される関数がフレームワークによってサポートされているものに限られるという保証はありません。

.NET Standard は、.NET Framework の特定のスナップショットに名前とバージョンをうまく割り当てることができるメカニズムです。.NET Standard の各バージョンには、その仕様に準拠するにあたって.NET のすべての実装が提供しなければならない API が定義されています。別の言い方をすれば、.NET Standard のあるバージョンに準拠しているクラスライブラリであれば、その.NET Standard と互換性があるバージョンの.NET Framework をターゲットとするアプリケーションで安全に使用できることになります。

.NET Standard の最新バージョンは2.0であり、.NET Core 2.0 と互換性があります。ASP.NET Core が関与する新しいグリーンフィールド開発では、このバージョンを最低条件にすべきです。.NET Standard 2.0 は、過去のどのバージョンよりもはるかに多くのクラスで構成されています（ADO.NET のクラスも復活しています）。Microsoft によれば、NuGet のライブラリの70% 以上は、.NET Standard 2.0 の API 部分しか使用していません。

次に示すのは、ASP.NET Core 2.0 をターゲットとする ASP.NET Core アプリケーションの **.csproj** ファイルに含まれているフレームワークシグネチャです。

```
<PropertyGroup>
  <TargetFramework>netcoreapp2.0</TargetFramework>
</PropertyGroup>
```

.NET Standard 準拠のクラスライブラリのシグネチャは次のようになります。

```
<PropertyGroup>
  <TargetFramework>netstandard2.0</TargetFramework>
</PropertyGroup>
```

.NET Standard 準拠のクラスライブラリを作成するには、Visual Studio で通常の.NET Core アプリケーションとは異なるノードから特定のテンプレートを選択する必要があります（図16-2）。

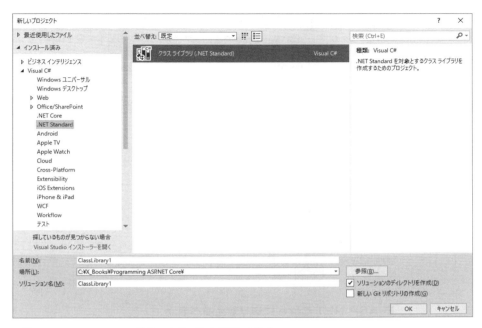

▲図16-2：NET Standard 準拠のクラスライブラリの作成

■ ASP.NET 開発者にとって何が変わるか

　ASP.NET Coreでは、いくつかのプログラミング作業においてASP.NETの過去のバージョンとは異なるアプローチをとる必要があり、新しい API セットに関する知識が要求されます。表16-1 に相違点をまとめておきます。

▼表16-1：ASP.NET Core でのプログラミングタスクの違い

タスク	説明
アプリケーションの起動	`global.asax` ファイルと `web.config` ファイルがなくなっている。アプリケーションの初期設定はスタートアップファイルで実施される。これには、IIS と ASP.NET のセットアップの中に隠れていたタスク（Web ホストのセットアップ）も含まれる。アプリケーションは正しく設定された一連のサービスで構成される。さらに、このフレームワークでは、ホスティング環境（現在のランタイム環境に関する情報を伝えるオブジェクト）の概念も導入されている
静的ファイルの提供	ASP.NET Core アプリケーションは Web サーバーを介さずに静的ファイルを直接提供する。この振る舞いは明示的に設定されていなければならないが、設定自体は非常に柔軟であるため、静的ファイルをどのパスまたはデータソースからでも提供できる
依存関係のやり取り	ほとんどの ASP.NET アプリケーションは選択された IoC プロバイダーを依存ファイルのやり取りに使用する。ASP.NET Core には独自の依存性注入（DI）サブシステムが組み込まれており、無効にすることはできないが、互換性のある IoC と置き換えることができる。互換性のある IoC とは、.NET Core に移植されていて、ASP.NET Core の DI システムに対する特別なコネクターを含んでいる IoC のことである

タスク	説明
構成データの 読み取り	ASP.Net Core では、アプリケーションの基本設定を保持する **web.config** ファイルは提供されなくなっている。構成データは、さまざまなデータプロバイダー（JSON、テキストファイル、データベース）によって設定される階層形式のオブジェクトモデルとして表示される。構成データの受け渡しには DI が使用される
認証	認証方式はクレームに基づいており、厳密には Cookie ベースではなくなっている。ID やプリンシパルといった概念は残っているが、API は（概念的には互換性があるものの）異なっている
認可	認可 API の仕組みは従来の ASP.NET のものと同じだが、ASP.NET Core では、認可ポリシーの形式で有益な拡張機能が提供される。ポリシーについて真剣に検討する必要があるだろう

　このように、変更内容の大部分は、制御フローがコントローラークラスに到達する前の部分に関連しています。コントローラーは実質的に同じであり、ビューに関してもそうです。追加の機能や改善点がいくつかありますが、コントローラーやビューに関連するコードの99% は、通常はそのまま（あるいはわずかな修正を加えるだけで）動作します。開発者のプログラミングスキルについても同じことが言えます。

■ ASP.NET Core に切り替えるべきか

　グリーンフィールド開発では、「ASP.NET Core 2.x が実現可能な選択肢かどうか」という質問が鍵となります。

　現時点における筆者の答えは「イエス」です。このフレームワークのベータ版がリリースされた頃から、筆者は「2018年の終わりまでには真剣に検討すべき選択肢になっているだろう」と予想していました。2015年の後半に軽い気持ちで予想していたことが、今ではさまざまな事実や業界の気運によって順調に裏付けられているようであり、しかも予想を少し上回っています。マニアやマーケティング担当はさておき、このフレームワークがすばらしいものであることは事実ですが、現実のビジネスや実際の予算からすると十分ではありません。

　2018年には、基本的なフレームワークと、さらに重要な2つのサテライトフレームワークにより、さらに成熟度が増すことが期待されます。2つのサテライトフレームワークとは、Entity Framework Core（EF Core）と、特に ASP.NET Core SignalR[6] のことです。

　第9章で説明したように、データアクセスに関して最新の EF Core に問題があると感じる場合は、他にも多くの選択肢があります。お勧めは Micro O/RM フレームワークです。SignalR に関しては、ASP.NET Core のバージョン 2.1 以降に公式に含まれています。

　何か足りないものがあるでしょうか。.NET Core が OData（Open Data Protocol）をサポートしていないのは残念です[7]（今後サポートされるという噂もありません）。EF Core については、SQL Server 2016 以降のように、バージョン管理されるテーブルがサポートされることを期待しています。ただし、サードパーティの依存関係を自分でひととおり調べて、まだ.NET Core に準拠しておらず、導入の妨げになるかもしれないものを確認しておく必要があるでしょう。

---

[6] https://docs.microsoft.com/ja-jp/aspnet/core/signalr/introduction
[7] ASP.NET Core 2.0 以降では OData の NuGet パッケージが提供されており、OData v.4.0 に対応する Web API エンドポイントを作成し、OData のクエリ構文を使うことができる。
https://devblogs.microsoft.com/odata/asp-net-core-odata-now-available/

第16章 移行戦略と導入戦略 **419**

16.2 | **イエローフィールド戦略**

　既存のアプリケーションを ASP.NET Core 対応に書き換えたいとしましょう。このシナリオでは、基幹業務（LOB）アプリケーションを更新する必要があり、場合によっては新しいアーキテクチャが必要になります。つまり、同じ LOB アプリケーションを書き換えて同じビジネスニーズに対処させた上で、さらにプラスアルファを求めることになります。

　これは単純にグリーンフィールド開発かブラウンフィールド開発に分類されるものではなく、その中間にある「イエローフィールド」開発とも言えるものです。基本的には、アーキテクチャに関する制約がない新しいアプリケーションですが、コードと現在の本番システムに関する知識をできるだけ維持しなければならないという非機能的な要件があります。

16.2.1 | **不足している依存関係への対処**

　大規模な書き換えプロジェクトに着手する際、アーキテクチャの柱は異なるものになるかもしれません。しかし、それらの柱を実際のコードで肉付けしていくにあたって、古いコードをできるだけ再利用することで開発時間を短縮し、過去の投資を少しでも維持したいと考えるかもしれません。そのコストに見合う限り、これは妥当な選択です。

　となると、次のいずれかの状況に直面するかもしれません。

- .NET Core に移植されていない NuGet パッケージを使用している。
- .NET Core では（まだ）使用できず、完全な制御下にないカスタム DLL を使用している。
- ASP.NET Web Forms、Entity Framework 6、ASP.NET SignalR、OData、Windows Foundation Services を含め、現在では使用されなくなっている Microsoft フレームワークに依存しているコード層がある。
- C# コードの一部でサポートされなくなった API を使用している。

　これらの問題に対しては、2つの方法が考えられます。1つは、ソースコードを再利用するか適合させることであり、もう1つは、目に見える振る舞いを同じに保った上でソースコードを完全に書き換えることです。ここでは、既存のコードを再利用する（または適合させる）ための戦略を2つ開発します。ただし、最初に既存のシステムを分析しておくのが得策です。そこで登場するのが .NET Portability Analyzer ツールです。

16.2.2 | **.NET Portability Analyzer**

　.NET Portability Analyzer[8] は、Visual Studio Marketplace で提供されている Visual Studio 拡張です。このツールは、入力としてアセンブリ名（または現在のソリューションパス全体）を受け取り、Excel ファイル形式のレポートを生成します（図16-3）。

---

[8] https://docs.microsoft.com/ja-jp/dotnet/standard/analyzers/portability-analyzer

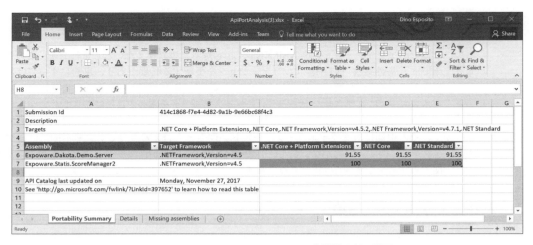

▲図16-3：.NET 4.5ソリューションの.NET Coreとの移植性分析の結果

　このレポートは、.NET Coreでコードを正常に動作させるために必要な作業を理解する上で参考になるでしょう。ですが、厳密に言えば、.NET Portability Analyzerは.NET Coreに特化したものではなく、.NET Frameworkや.NET Standard仕様のさまざまなバージョンを含め、さまざまなターゲットに合わせて設定することができます（図16-4）。

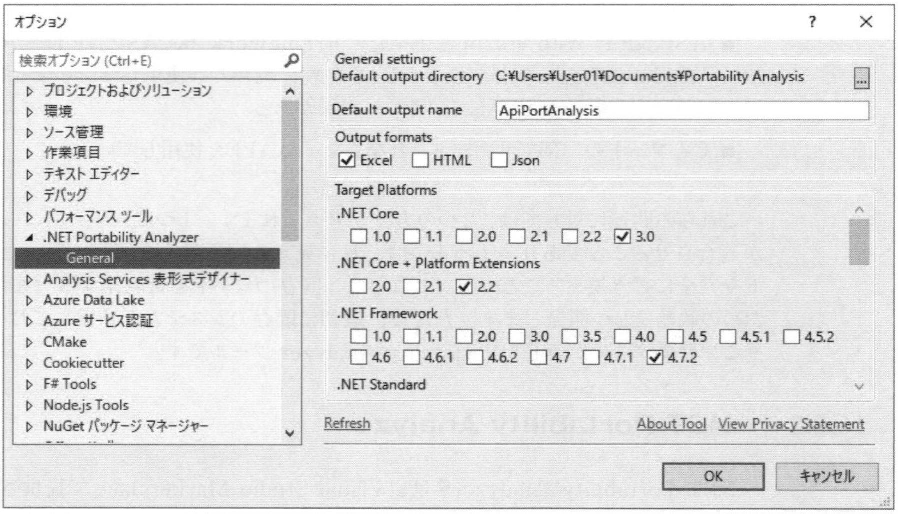

▲図16-4：.NET Portability Analyzerでサポートされている設定

　.NET Portability Analyzerは、正常に動作するコードの割合を示すだけではなく、何が問題なのか、そして場合によってはどのように変更すればよいのかも提案してくれます。
　全体的に見て、.NET Coreチームは主に2つのガイドラインに従っています。1つは、ほとんどの開発者が実際に使用するクラスだけを組み込むことです。もう1つは、必要な機能ごとに実装を1つだけ提供することです。完全な.NET Frameworkでは、たとえばHTTP

呼び出しを実行するためのクラスとして、少なくとも `WebClient`、`HttpWebRequest`、`HttpClient` の3種類があります。そのうち.NET Core で提供されているのは最後のクラスだけです。したがって、たとえば `WebClient` を使用しているアセンブリに対しては、.NET Portability Analyzer によって報告される数値が低くなりますが、すぐに修正することができます。一般的には、.NET Portability Analyzer によって報告される互換性レベルが70%を超えていれば十分によい結果です。

注

.NET Portability Analyzer はコンソールアプリケーションとしても利用できます。ソースコードは GitHub リポジトリで提供されています。

https://github.com/Microsoft/dotnet-apiport

16.2.3 | **Windows Compatibility Pack**

Windows Compatibility Pack（WCP）❾ は、.NET Core 2.0に含まれていない20,000個以上の API へのアクセスを可能にする NuGet パッケージです。これらの関数の少なくとも半分は Windows 専用の関数であり、暗号化、I/O ポート、レジストリ、低レベルの診断などの領域に関連しています。コードが現在 Windows プラットフォーム上で実行されているかどうかをチェックし、呼び出しが安全であるかどうかを確認する方法は次のようになります。

```
if (RuntimeInformation.IsOSPlatform(OSPlatform.Windows))
{
    // WCPとともに追加されたWindows専用の関数を呼び出す
    ...
}
```

WCP には、.NET Core 2.0では提供されないクロスプラットフォーム実装が可能な新しいAPI も含まれています。たとえば、`System.Drawing`、CodeDom API、メモリキャッシュなどが含まれています。

16.2.4 | **クロスプラットフォームの課題を先送りにする**

.NET Portability Analyzer は、移植作業の評価や（少なくとも）それに伴う作業の大まかな評価を行うのに役立つ可能性があります。ただし、このツールの有効性は開発者が直接管理しているコードコンポーネントに限定されます。既存のアプリケーションに外部への依存関係がある場合、ソースコードレベルで開発者にできることはそれほどありません。一般的な状況として挙げられるのは、サードパーティの NuGet パッケージや通常のクラスライブラリ DLL への依存や、さまざまな理由でそのままでは.NET Core で利用できない Microsoft フレームワークへの依存です。最も一般的でよく使用されている.NET 関連のフレームワークのうち、少なくとも元の形式のままでは.NET Core で利用できないものを表16-2にまとめておきます。

---

❾ https://docs.microsoft.com/ja-jp/dotnet/core/porting/windows-compat-pack

▼表16-2：.NET Core では直接サポートされていない .NET 関連フレームワーク

既存のフレームワーク	最新のフレームワーク
Entity Framework 6.x 以前のバージョン	Entity Framework Core 2.0以降に置き換えられている
ASP.NET SignalR	ASP.NET Core SignalR に置き換えられている
Web API 用のOData 拡張	ASP.NET Core 2.0 より OData の NuGet パッケージが提供されている
Windows Communication Foundation	ASP.NET Core アプリケーションは別の専用クライアントライブラリ[10]を通じて既存のWCF サービスを利用できるが、WCF サービスの提供はサポートされていない。この拡張は現在検討中
Windows Workflow Foundation	計画されていない

これらのフレームワークやライブラリへの依存性を維持することが不可欠である場合、方法は2つしかありません。1つは、現在使用している非.NET Core プラットフォームとの連携をうまく維持することです。もう1つは、フロントエンドをASP.NET Core に切り替え、クロスプラットフォームへの取り組みは後回しにすることです（図16-5）。

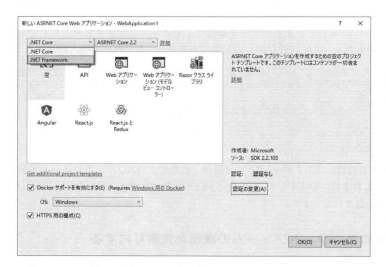

▲図16-5：ターゲットとする.NET Framework の選択

ASP.NET Coreプロジェクトを作成するときには、ターゲットとして.NET Coreか完全な.NET Framework のどちらかを選択できます[11]。完全な.NET Framework を選択すれば、既存のコードがそっくりそのまま（少なくとも依存関係に対処する部分が）維持されます。実際には、やはり`global.asax`や`web.config`といった従来のASP.NETのメカニズムを使用せずに、アプリケーションのスタートアップを書き換えなければなりません。

---

[10] https://github.com/dotnet/wcf
[11] ［訳注］ASP.NET Core 3.0 からは .NET Framework が選択できなくなり、ターゲットは .NET Core のみとなる。
https://devblogs.microsoft.com/aspnet/a-first-look-at-changes-coming-in-asp-net-core-3-0/

第 16 章　移行戦略と導入戦略　　**423**

ASP.NET Core がその真価を発揮するのは、.NET Core をターゲットにした場合です。ただし一般的には、どうしても必要であれば、完全な.NET Framework をターゲットにすることをお勧めします。一方で、完全な.NET Framework をターゲットにする場合は、コードを ASP.NET Core へ移植しなくても先へ進むことができるでしょう。

16.2.5 │ マイクロサービスアーキテクチャに向かって

既存の重要なコードを維持するために完全な.NET Framework をターゲットにすることは有効な選択肢ですが、結果として得られるアプリケーションの構造はモノリシックなものになりがちです。ここでは、Entity Framework 6 のデータアクセスコードへの投資を維持するという、かなり具体的なシナリオを少し詳しく見てみましょう。

▌ Entity Framework 6 とコンテキスト境界

Entity Framework Core（EF Core）と Entity Framework 6（EF6）は惑わされるほどよく似ていますが、内部は大きく異なっています。最も重要なのは、これら2つのフレームワークが同じ目標を共有しているために、すべてを学び直す必要がないことです。個人的には、EF Core プロジェクトに EF6 のコードを追加するときには常に EF6 のごく一部の機能を使用するようにしていたので、いつもすぐに動作し、調整も最低限で済みました。ただし、ここで言っているのは、遅延読み込みやグルーピング、スキャホールディング、トランザクションをまったく含んでいない Code First コードのことです。つまり、通常のクエリと更新だけです。

着実に前進しているとはいえ、EF Core は大規模な書き換えです。すでに経験済みかもしれませんが、大規模な書き換えにはかなり時間がかかります。EF Core 2.0 の時点では、この変更を試すためのやむを得ない理由がある場合を除いて、EF6 アプリケーションの EF Core への移行はまだ推奨されていません。アプローチとして推奨されるのは、データアクセス層を EF Core で完全に書き換え、存在しない機能や動作が異なる機能にぶつかったらそのつど暫定的な措置を見つけ出す、というものです。ごく基本的な CRUD コードなら、この方法で十分にうまくいきます。EF Core の現在のロードマップは EF Core のドキュメント❷ で確認できます。

全般的に見て、アプリケーションを ASP.NET Core に移植する際、EF6 の重要なデータアクセス層にどのように対処すればよいでしょうか。ここで役立つのが、コンテキスト境界です。図16-6は、1つ目の方法を示しています。この方法では、アプリケーションをモノリシックな状態に保ち、クロスプラットフォームの課題は後回しにし、ターゲットとして完全な.NET Framework を選択します。

---

❷ https://docs.microsoft.com/ja-jp/ef/core/what-is-new/roadmap

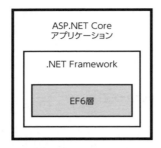

▲図16-6：ASP.NET Core に移行するが、EF6コードを維持するためにターゲットとして .NET Framework を選択する

2つ目の方法では、EF6のデータアクセス層をスタンドアロン API として独立させ、メインアプリケーションから切り離した上で、メインアプリケーションを ASP.NET Core と .NET Core に合わせて開発します（図16-7）。このようにすると、データアクセス層の機能を EF Core と EF6 のコードで分割できるようになります。

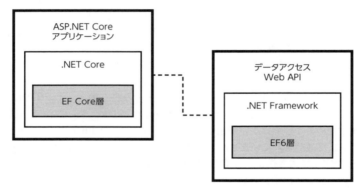

▲図16-7：メインアプリケーションのコンテキストと EF6 のコンテキストを切り離す

この最終的にマイクロサービスアーキテクチャにつながるパターンは、何度でも必要なだけ使用することができます。このパターンは**コンテナー**技術にも適しています。

■ コンテナーについて

いざアプリケーションをいくつかの部分に分割するというときに、マイクロサービスアーキテクチャを使い始めることになります。**マイクロサービス**という用語の定義について業界の意見がまとまっているとすれば、次の定義はそれほどかけ離れたものではないでしょう。マイクロサービスとは、別個にデプロイ可能なアプリケーションのことです。このアプリケーションは自律的に動作し、独自のテクノロジ、言語、インフラストラクチャを使用します。別個にデプロイ可能であるとは、アプリケーションの他の部分に影響を与えることなく、そのマイクロサービスをデプロイできるという意味にすぎません。デプロイメントは、コンテナーの使用を含め、さまざまな方法で行うことができます。

第16章 移行戦略と導入戦略 425

　最近では、コンテナーはマイクロサービスアーキテクチャの中でよく使用されています。一般的には、アーキテクチャやテクノロジに関係なく、すべてのWebアプリケーションやWeb APIをコンテナー化できます。コンテナーからはすべてのテクノロジが同じに見えますが、当然ながら、一部のテクノロジはもっと平等です。たとえば、.NET Frameworkアプリケーションはすべてコンテナー化できますが、これはWindowsコンテナーでのみ可能となります。これに対し、.NET CoreアプリケーションはWindowsとLinuxの両方でコンテナー化できます。さらに、.NET Coreコンテナーのイメージの大きさは、.NET Core以外のアプリケーションの同じイメージよりもずっと小さくなります。また、.NET Coreアプリケーションはクロスプラットフォームであるため、そのイメージはLinuxコンテナーにもWindowsコンテナーにも配置することができます。

16.3 ｜ まとめ

　昔なじみのASP.NETフレームワークの新バージョンという理由だけで、ASP.NET Coreの導入に踏み切るのは禁物です。そうではなく、ASP.NET Coreにビジネス上の価値があるかどうかを見きわめるべきです。ASP.NET Coreの最大の価値は、そのクロスプラットフォームの性質にあります。具体的には、企業は（本番またはテスト）アプリケーションをより安価なLinuxサーバー上でホストすることで、コストを削減することができます。検討すべきもう1つの要因は、ASP.NET Coreのランタイムのパフォーマンスが改善されていることです。それと同時に、このフレームワークのモジュール性の高さをうまく利用することで、スケーラビリティの高いアプリケーションを実現することもできます。

　結論から言えば、現時点でパフォーマンスの問題を抱えておらず、大幅な拡張やアーキテクチャの変更の計画もないとしたら、移植することを目的とした移植は賢明な選択ではないでしょう。

16

索 引

■ 記号

2要素認証（2FA） 210-211, 213, 219-220
#（シャープ）記号 318
$.param 関数 297
&（アンパサンド）記号 297
()（丸かっこ） 139
*（ワイルドカード）記号 367, 396
.conf ファイル 370, 401
.cshtml ファイル 111, 113, 115, 123, 132, 137
.csproj ファイル 124, 389, 391, 393
.NET Core 8-12,
    15, 35, 40, 91, 125, 171, 198, 237-246,
    257, 350, 390-391, 393, 409-411, 415-425
.NET Framework 4, 7-10, 40, 237-238, 240-243,
    257, 409-410, 413, 416, 420, 422-425
.NET Portability Analyzer 419-421
.NET Standard 416-417, 420
.publishsettings ファイル 387
.pubxml ファイル 388
.user ファイル 388
<a> 要素 151
<button> 要素 290, 326
<div> 要素 129, 153, 299, 301, 309-310
<email> 要素 157
<form> 要素 289-290, 292, 297-298
<head> 要素 143, 349
<html> 要素 143
<input> 要素 142, 152-153, 290, 303, 330, 334
<meta> 要素 339
<picture> 要素 340-341, 344
<script> 要素 319-320, 325, 336
<select> 要素 153
<span> 要素 153
<text> 要素 139
@* ... *@ コメント 142
@{ ... } コードブロック 138, 142
@addTagHelper ディレクティブ 148
@foreach ディレクティブ 139
@functions ディレクティブ 134
@Html.Raw メソッド 140
@inherits ディレクティブ 124

@inject ディレクティブ
    .... 124-125, 130, 132, 134, 174, 182
@message ディレクティブ 138
@model ディレクティブ 124
@page ディレクティブ 132
@RenderBody メソッド 144
@RenderSection メソッド 145
@using ディレクティブ 124
@（アットマーク）記号 121-122, 137
^（キャレット）記号 318
_Layout.cshtml ファイル 113
_ViewImports.cshtml ファイル 123, 148, 150, 155
_ViewStart.cshtml ファイル 123, 143
{}（波かっこ） 139

■ A

About メソッド 81
Accept-Language ヘッダー 92
AcceptedAtActionResult クラス 99
AcceptedAtRouteResult クラス 99
AcceptedResult クラス 99, 274
AcceptVerbs 属性 81-82, 105
Accept ヘッダー 276-277
AccessDeniedPath プロパティ 198
AccountController クラス 209
ACID（Atomic, Consistent, Isolated, Durable）.......... 234
ActionContext クラス 79
ActionFilterAttribute クラス 102
ActionLink メソッド 140
ActionMethodSelectorAttribute クラス 105
ActionName 属性 81, 86, 105, 113
ActionResult クラス 314
ActiveAuthenticationSchemes プロパティ 222
AddAuthentication メソッド 197-198, 200
AddCookie メソッド 198
AddClaimAsync メソッド 217
AddDbContext メソッド 26
AddDeveloperSigningCredential メソッド 285
AddIdentity メソッド 218
AddIniFile メソッド 178
AddJsonFile メソッド 178, 368
AddMvc メソッド 52-53

AddOptions メソッド	182
AddPasswordValidator メソッド	218
AddPolicy メソッド	225
Addresses プロパティ	96
AddScoped メソッド	33, 171
AddSigningCredential メソッド	285
AddSingleton メソッド	33, 171
AddToRoleAsync メソッド	219
AddTransient メソッド	31, 33, 169, 171
AddXmlFile メソッド	178
ADO.NET	239-242
AlphaRouteConstraint クラス	67
Ajax	82, 105, 297-298, 312-313
AjaxOnly 属性	106, 311
ajax 関数	298
alert クラス	299
AllowAnonymou 属性	200
AllowMultiple プロパティ	105
Android	331-332
Angular	327-328
Apache	19, 369-370, 401-402
Apache Cassandra	246
API Explorer サービス	53-54
ApiController クラス	201
ApiName プロパティ	286
App Service Editor	399
AppController クラス	188
Application_Error メソッド	27, 187
Application_Start メソッド	22
ApplicationName プロパティ	24
ApplicationStarted イベント	362
ApplicationStopped イベント	362
ApplicationStopping イベント	362
applyBindings メソッド	322
AreaViewLocationFormats プロパティ	115
ASP（Active Server Pages）	5
ASP+	5
asp-append-version タグヘルパー	149
asp-for 属性	152-153
asp-items 属性	153
asp-validation-for 属性	153
asp-validation-summary 属性	153
ASP.NET	5-11, 19-20, 43, 51, 201-204, 385, 390, 411-412

ASP.NET Core	10-11, 15-37, 43-47, 50-52, 54, 58, 64, 75-78, 80-83, 87-88, 91-92, 95, 97-99, 101-102, 104, 109-111, 114-116, 118-121, 124-125, 128, 130-132, 137, 141, 144, 146, 148-150, 157, 160, 165, 167-182, 187-189, 192, 196-210, 214-215, 218, 220-221, 223-224, 226-227, 229, 237-240, 242, 246, 258-259, 265-271, 274-277, 280-281, 301, 304-305, 336, 350, 354-383, 385, 388-389, 393-397, 401-403, 405, 409-419, 422-425
ASP.NET Core MVC	51, 54, 62, 65-66, 68, 123
ASP.NET Core SignalR	418, 422
ASP.NET Identity	210-220, 281
ASP.NET MVC	5-6, 10, 15, 22, 28, 34, 36, 51-52, 55, 58-59, 62, 68-71, 73, 75, 89, 98, 109, 115-116, 118, 123, 131, 157, 160, 181, 183-184, 187, 198, 278, 298, 409, 411-412
ASP.NET Web API	7, 412
ASP.NET Web Forms	386, 411, 415
ASP.NET パイプライン	27-29, 173, 187
ASPNETCORE_ENVIRONMENT 環境変数	23-24, 179, 364
ASPNETCORE_URLS 環境変数	371
ATL（ActiveX Template Library）	3
AttributeTargets 列挙型	105
AttributeUsage 属性	105
AuthenticateAsync メソッド	204
AuthenticationManager クラス	204
AuthorizationHandler<T> クラス	228
AuthorizationHandlerContext クラス	229
AuthorizationPolicyBuilder クラス	224
AuthorizationResult クラス	226
AuthorizeAsync メソッド	226
Authentication プロパティ	204
Authorization サービス	53
Authorize 属性	102, 200, 221-223, 225, 277-278, 280, 286
Autofac	35, 172
Autofac.Extensions.DependencyInjection パッケージ	35
AutoValidateForgeryToken 属性	152
AWS Elastic Beanstalk	401
Azure App Service	306, 387, 397-400
Azure Blob Storage	267, 306-307
Azure Cosmos DB	245
Azure Service Fabric	399-400
Azure Virtual Machines	387, 397, 400-401

■ B

BackofficeController クラス 221-222
BackofficeLayoutViewModel クラス 144
BadRequestObjectResult クラス 99
BadRequestResult クラス 99, 274
Basic 認証 278-279
BCL（Base Class Library）→基本クラスライブラリ（BCL）
Bearer トークン 224
BeginForm メソッド 140
BeginRouteForm メソッド 140
Benchmarks for ASP.NET Core........................ 412
BigApple メソッド 85
BindProperty 属性...................................... 134
BoolRouteConstraint クラス.............................66
Bootstrap → Twitter Bootstrap
build コマンド（dotnet）.................................13
Build メソッド 20

■ C

C# 121, 127-128, 132, 137
C# コンパイラ...83
CallMe メソッド 82
CaptureStartupErrors メソッド 191-192, 364
ChallengeResult クラス 98, 226
ChangePasswordAsync メソッド 216
CheckBoxFor メソッド 140
CheckBox メソッド 140, 142
ClaimsIdentity クラス...........................202-203, 221
ClaimsPrincipal クラス 202-204, 219
ClaimTypes クラス 203
Claim クラス 201
clean コマンド（dotnet）..................................13
Clear メソッド 117, 120
CLI（Command-line Interface）
　　　→コマンドラインインターフェイス（CLI）
Client Hints... 339
ClientCredentials オプション 283
CLR（Common Language Runtime）..............................4
COM（Component Object Model）.............................3
CommandResponse クラス 301
Company クラス 96
Components フォルダー 158
Composition UI パターン 159
ConfigurationBuilder クラス 178
ConfigurationProvider クラス 176
Configuration オブジェクト 181
Configure<T> メソッド 181

ConfigureAppConfiguration メソッド........................... 360
ConfigureServices メソッド 21, 25, 27, 31,
　　35, 51, 120, 169, 172, 181, 197, 199, 214, 225
Configure メソッド 21, 25-28, 43, 54, 172,
　　187, 198, 250, 360, 362, 374-375, 379, 381
ConnectionString プロパティ 248
Contact プロパティ 134
Contact メソッド 132
ContainerBuilder クラス 172
Content-Type ヘッダー 277
ContentResult クラス..........................77, 97-98
ContentRootPath プロパティ...............................25
ContentRootFileProvider プロパティ 25
ContentType プロパティ...................................77
Content メソッド 266
ControllerActionInvoker クラス 70
Controller クラス................................64, 75-76, 89,
　　100, 112, 121, 125, 127, 144, 168, 266, 276
Controller 属性...77
Cookie 104-105, 151-152, 277-278, 280, 418
　　　→認証 Cookie
CookieBuilder クラス 198
Cookie プロパティ 198
Cookie ベースの認証..197-199
CoreCLR 8
CoreFX 8
CORS（Cross-Origin Resource Sharing）......................53
CORS サービス...53-54
CountryRepository クラス.....................................39
Country プロパティ 253
CQRS（Command and Query Responsibility
　　Segregation）.. 233-236, 294
CreateAsync メソッド 216-217
CreatedAtActionResult クラス...99
CreatedAtRouteResult クラス...99
CreateDefaultBuilder メソッド 21, 357
CreatedResult クラス.......................99, 274, 276
CreateLogger メソッド 193
CRUD（Create, Read, Update, Delete）....129, 186, 271
Culture 属性.. 105
CustomerController クラス 221
CustomerService クラス................................. 169
Customer クラス............................... 128-129, 247, 252

■ D

Dapper..243-244
Data Annotations サービス...............................53

data-bind 属性	323
DateController クラス	60
DataSet クラス	242
DataTable クラス	241-242
DateTimeRouteConstraint クラス	67
DateTime 構造体	130, 228
DbConnection クラス	256
DbContextOptions クラス	177
DbContext クラス	26, 134, 176-177, 214-215, 246, 248-251, 254, 256-257
DbSet<T> クラス	246
DbTransaction クラス	256
DDD (Domain-Driven Design) →ドメイン駆動設計 (DDD)	
DecimalRouteConstraint クラス	67
Default Framework Parts サービス	53
default.cshtml ファイル	158
DefaultModelBinder クラス	90, 94
DeleteAsync メソッド	217
DeleteCustomer メソッド	315
DELETE メソッド	271-273
Dependency Injection パターン	34, 165, 167-168, 239
DI (Dependency Injection) →依存性注入 (DI)	
Display 属性	154
Dispose パターン	241
DLR (Dynamic Language Runtime)	127
Docker	405-407, 414
Docker Desktop	406
docker-compose フォルダー	405-406
Dockerfile ファイル	405
DOM (Document Object Model)	175, 177-178, 181, 349
dotnet ドライバーツール	12-14, 19, 362, 390, 393-394, 396
dotPeek	359
DoubleRouteConstraint クラス	67
DropDownListFor メソッド	141
DropDownList メソッド	141
DropzoneJS	305
DTO (Data Transfer Object)	93, 234
DynamicObject クラス	127
DynamicViewData クラス	127-128

■ E

EF Core (Entity Framework Core) → Entity Framework Core	

EF6 (Entity Framework 6.x) → Entity Framework 6.x	
EmptyResult クラス	97, 99, 275
Enabled プロパティ	247
EndForm メソッド	140
EnsureCreated メソッド	250
Entity Framework	26, 186, 242-243
Entity Framework 6.x	237-239, 250, 422-424
Entity Framework Core	176, 213-215, 237, 243, 246-260, 418, 422-424
EntityBase クラス	247
EnvironmentName プロパティ	24
ErrorController クラス	63
Error メソッド	188-189
ExceptionFilterAttribute クラス	191
ExecuteNonQuery メソッド	240
ExecuteReader メソッド	240
ExecuteResultAsync メソッド	70, 113
ExecuteResult メソッド	97
ExecuteScalar メソッド	240
ExecuteXmlReader メソッド	240
ExpandViewLocations メソッド	119
ExperienceRequirement クラス	228
ExpireTimeSpan プロパティ	198
External メソッド	209

■ F

Facebook	283
FailCalled プロパティ	226
FailRequirements プロパティ	226
Failure プロパティ	226
Fail メソッド	229
Features プロパティ	188
FileContentResult クラス	97
FilePathResult クラス	98
FileStreamResult クラス	97
File クラス	40
File メソッド	267
FindAll メソッド	205
FindFirst メソッド	205
FindView メソッド	120-121
FirstOrDefaultAsync メソッド	258
FlagRepository クラス	30-31
FlagService クラス	30-32
FloatRouteConstraint クラス	67
ForbiddenResult クラス	226
ForbidResult クラス	98
foreach コマンド (KnockoutJS)	324

ForecastsXmlFormatter クラス 268
Formatter Mappings サービス 53-54
FormInputModel クラス 305
FromBody 属性 92
FromForm 属性 80, 91-92
FromHeader 属性 92
FromQuery 属性 80, 91-92
FromRoute 属性 80, 91-92
FromServices 属性 34, 173-174

■ G

GetDbTransaction メソッド 257
GetEmailAsync メソッド 217
GetEnumSelectList メソッド 153
GetPhoneNumberAsync メソッド 217
GetSection メソッド 179
GetServices<TAbstract> メソッド 172
GetStringAsync メソッド................................. 259
GetUsersInRoleAsync メソッド 219
GetValue メソッド... 180
GetView メソッド 120-121
GET メソッド..............................271-272, 295-296, 311
global.asax ファイル 17, 22, 27, 417
global.json ファイル 12
Google Chrome 333
GUID (Globally Unique Identifier) 212
GuidRouteConstraint クラス 67

■ H

HEAD メソッド......................................271-272
Hello World アプリケーション 36-39
HiddenFor メソッド 140
Hidden メソッド 140
HomeController クラス 56, 80-81, 116, 180
HomeLayoutViewModel クラス 144
hosting.json ファイル 367-368
HTML5 330-333
HtmlHelper クラス 140
HtmlTargetElement 属性 155
HTML 式 137
HTML フォーム 289-306
Html プロパティ 140
HTML ヘルパー 140-142, 148, 157
html メソッド 303
http.sys ドライバー............................365-367, 394-395
HttpClient クラス 421

HttpContext クラス
.....................29, 32, 76, 168, 225, 286, 374, 381
HttpGet 属性 81-82, 87
HttpNotFoundResult クラス 98
HttpPostedFileBase クラス 304
HttpPost 属性...................................81-82, 87
HttpPut 属性 81-82
HttpRequest クラス 106
HttpRuntime クラス 394
HttpStatusCodeResult クラス 98
HTTPS プロトコル............195-196, 279, 281, 371-372
HttpUnauthorizedResult クラス 98
HttpWebRequest クラス 421
HTTP エンドポイント 6-7, 266-269
HTTP ヘッダー 92, 271-272, 277, 279-280, 287
HTTP メソッド 81-84, 268, 270-273, 275

■ I

IaaS (Infrastructure-as-a-Service) 400
IActionContextAccessor インターフェイス 64-65
IActionFilter インターフェイス 100
IActionResult インターフェイス
...............................70, 78, 96-97, 113, 276, 314
IApplicationBuilder インターフェイス
....21, 26-27, 169, 381-382
IApplicationLifetime インターフェイス 362
IAuthorizationHandler インターフェイス 229
IConfigurationRoot インターフェイス 180
IConfigurationSource インターフェイス 176
ICountryRepository インターフェイス 39
ICustomerService インターフェイス 169, 174
Identity Server...280-288
IdentityDbContext クラス 214
IdentityModel パッケージ................................. 287
IdentityResult クラス 216
IdentityServer 4 for ASP.NET Core........................... 280
IdentityServer4.AccessTokenValidation パッケージ
.... 286
IdentityServer4.AspNetIdentity パッケージ 281
IdentityServer4.EntityFramework パッケージ............ 285
IdentityServer4 パッケージ................................. 281
IdentityUser クラス..212-214
IDependencyResolver インターフェイス 34
Id プロパティ 212
IExceptionFilter インターフェイス 191
IFileProvider インターフェイス 25
IFlagRepository インターフェイス 30-32

ifnot コマンド（KnockoutJS） 324
IFormFile インターフェイス.................................303-305
if コマンド（KnockoutJS） 324
IgnoreValidateForgeryToken 属性 152
IHostingEnvironment インターフェイス
....24-27, 169, 177, 190
IHttpContextAccessor インターフェイス.....................32
IHttpRequestFeature インターフェイス 413
IHttpResponseFeature インターフェイス 413
IIS（Internet Information Services） 5, 10, 19-20,
37, 47, 238, 359-360, 368-369, 371, 394-397
IL（Intermediate Language） 4
IList<T> インターフェイス..93
ILogger<T> インターフェイス 193
ILoggerFactory インターフェイス..........25-26, 169, 192
ILogger インターフェイス 167, 193
ILSpy 359
ImageEngine 341-344
IModelMetadataProvider インターフェイス..................78
Include メソッド 253
index.cshtml ファイル................................118, 126, 133
Index メソッド 81, 100-101, 222
Insight.Database... 244
Integrated Pipeline モード 5, 10
InternalLayoutViewModel クラス 144
IntRouteConstraint クラス 65-66
InvokeAsync メソッド 158
Invoke メソッド...380-381
IoC（Inversion-of-Control）フレームワーク 167, 417
IOptions<T> インターフェイス 182
IPAddress クラス.. 371
IPasswordHasher インターフェイス............................ 217
IPasswordValidator インターフェイス 218
IPrincipal インターフェイス.................................197, 203
IQueryable インターフェイス 217
IRouteConstraint インターフェイス..............................65
IsAjaxRequest メソッド 106
ISAPI モジュール 369, 394-395
IsDevelopment メソッド 27
IsEnvironment メソッド 27
IServer インターフェイス 367
IServiceCollection インターフェイス 26, 31, 169-170
IServiceProvider インターフェイス 32-33, 35, 172
IsInRole メソッド 220-221
IsMobileDevice メソッド 381
IsProduction メソッド 27
IsStaging メソッド 27

IsValidForRequest メソッド 105
Items プロパティ 381
IUserClaimStore インターフェイス 213
IUserEmailStore インターフェイス 213
IUserLockoutStore インターフェイス.......................... 213
IUserLoginStore インターフェイス 213
IUserPasswordStore インターフェイス 213
IUserPhoneNumberStore インターフェイス............... 213
IUserRoleStore インターフェイス................................ 213
IUserStore<TUser> インターフェイス 213
IUserTwoFactorStore インターフェイス 213
IUserValidator<TUser> インターフェイス.................. 216
IViewEngine インターフェイス 114, 120
IViewLocationExpander インターフェイス 118
IView インターフェイス 121, 123
IWebHostBuilder インターフェイス 356
IWebHost インターフェイス 356

■ J

JavaScript 98, 296-305, 310-311,
316-319, 322-327, 329, 334-337, 339, 346
JavascriptResult クラス 98
JIT（Just-in-Time）コンパイラ 4
jQuery 297-298, 303, 330, 349
jQuery UI 334
JSON（JavaScript Object Notation） 39, 42, 54,
97, 179, 241, 249, 266, 317, 321, 325, 334-337
JSON Formatters サービス 53
JsonResult クラス 97, 266
JSON データプロバイダー 175
Json メソッド 266, 277, 301

■ K

Kestrel 11, 20, 47, 238, 281, 359-360,
365-368, 370-373, 377, 395, 401, 403, 411
KestrelServerOptions クラス 371
Key 属性 247
KnockoutJS...322-327

■ L

LabelFor メソッド.. 140
Label メソッド 140
Layered Architecture パターン 183, 231, 233
Layout プロパティ 143
LengthRouteConstraint クラス.....................................67
LINQ（Language Integrated Query）....................217, 242
Linux 401-403, 410-411

ListBoxFor メソッド 141
ListBox メソッド 141
Listen メソッド 371-372
Load メソッド 241
LocalRedirectResult クラス 97
Location ヘッダー 272, 274
LogInformation メソッド 193
LoginPath プロパティ 198
LogWarning メソッド 193
LongRouteConstraint クラス 67
LoveGermanShepherds メソッド 81

■ M

macOS 410-411
MapRoute メソッド 62
MapWhen メソッド 375, 378
Map メソッド 269-270, 375, 377-378, 380
MaxLengthRouteConstraint クラス 67
MaxRouteConstraint クラス 67
MediaTypeNames クラス 268
Message メソッド 63
Method プロパティ 83
MFC (Microsoft Foundation Classes) 3
Micro O/RM フレームワーク 242-244, 418
Microsoft.AspNetCore.Authentication.Cookies パッケー
    ジ 197
Microsoft.AspNetCore.Authentication.Twitter パッケー
    ジ 206
Microsoft.AspNetCore.Identity.EntityFrameworkCore
    パッケージ 214
Microsoft.AspNetCore.Mvc.Razor.ViewCompilation パッ
    ケージ 124
Microsoft.AspNetCore.Mvc.Razor 名前空間 123
Microsoft.AspNetCore.StaticFiles パッケージ 43
Microsoft.EntityFrameworkCore パッケージ 246
migrate コマンド (dotnet) 13
MIME タイプ 47, 77, 266-268, 277
MinLengthRouteConstraint クラス 67
MinRouteConstraint クラス 67
MiscController クラス 132-133
MobileDetectionMiddleware クラス 381
ModelState プロパティ 134, 275
Model プロパティ 130
Modernizr 333-335
Modified プロパティ 247
MongoDB 245
MultiplePartialViewResult クラス 315

Mustache 317-321, 325
Mustache.render メソッド 321
MVC (Model-View-Controller) モデル
    .... 50-51, 54, 73, 80-81, 110-111, 116, 173
MVC Core サービス 53
MvcOptions クラス 52
MvcRouteHandler クラス 52, 58
MVVM (Model-View-View-Model) パターン 322
MyDatabaseContext クラス 177

■ N

NewYorkCity メソッド 85
NewYork メソッド 84-86
new 演算子 32
new コマンド (dotnet) 13, 15-16
Nginx 19, 370-371, 401-403
NHibernate 242-243
NoContentResult クラス 99, 274-275
NonAction 属性 69, 81, 105
NoSQL ストア 244-246
NotFoundObjectResult クラス 275
NotFoundResult クラス 97-98
NotMapped 属性 247
Nowin 413
Now メソッド 376
Npgsql 246
NPoco 244

■ O

O/RM (Object/Relational Mapping) フレームワーク
    .... 186, 236, 242-244
OAuth プロトコル 280, 283
ObjectResult クラス 277
OData (Open Data Protocol) 418
OkObjectResult クラス 99, 274-275
OkResult クラス 99, 274
OnActionExecuted メソッド 100, 102-103
OnActionExecuting メソッド 100, 102
OnConfiguring メソッド 248
OnException メソッド 191
OnGet メソッド 134
OnPost メソッド 134
OnStarting イベント 379-380
OpenID Connect プロトコル 280, 283
Options パターン 181-182, 249
OWIN (Open Web Interface for .NET) 7, 9-10

索引　433

■ P

PaaS (Platform-as-a-Service) 400
Pages フォルダー... 111, 132
PagingOptions クラス 181
Parse メソッド.. 371
PartialViewResult クラス............................... 97, 315
PartialView クラス.. 315
PasswordFor メソッド 140
PasswordSignInAsync メソッド 219
Password メソッド... 140
PathString 構造体.. 198
PATH 環境変数 14
pack コマンド (dotnet) 13
PetaPoco... 244
PhysicalFileResult クラス 97-98
POCO (Plain-Old CLR Object) コントローラー
....64-65, 76-79, 100, 181
Poor Man's Dependency Injection パターン 167
PopulateValues メソッド 119
Populate メソッド 172
Post-Redirect-Get パターン 294-296, 302, 311
postForm 関数.. 301
PostgreSQL... 246
PostRegister メソッド.. 296
POST メソッド 272, 294-296, 311
PreferHostingUrls メソッド 367
ProcessAsync メソッド 155
Program.cs ファイル 18-21, 37, 191, 355, 364
Properties/PublishProfiles フォルダー........................ 388
Public メソッド... 222
publish コマンド (dotnet) 13
PUT メソッド.. 272

■ Q

Query プロパティ 88

■ R

RadioButtonFor メソッド 140
RadioButton メソッド 140
RangeRouteConstraint クラス 67
Razor Engine サービス..53
RazorPage<T> クラス.......................................123-125
RazorPage クラス 140
RazorViewEngine クラス 114
Razor 言語.. 137-161
Razor ディレクティブ 124

Razor テンプレート
.....78-79, 111, 121-123, 128, 131, 143-145, 159
Razor ビュー 116, 120-132,
134, 157-161, 174, 226-227, 319, 325, 389
Razor ビューエンジン 114-120, 137, 143-144
Razor ページ 109, 111-112, 131-134, 227, 389
RedirectResult クラス 97
RedirectToActionResult クラス 97
RedirectToRouteResult クラス 97
RedirectUri プロパティ 207
Redis..245-246
referer ヘッダー 280
RegexInlineRouteConstraint クラス 67
Reload メソッド 180
RemoveClaimAsync メソッド 217
RemoveFromRoleAsync メソッド 219
RenderAsync メソッド 121
RepeatText クラス 93
Repeat メソッド 91
RequestDelegate デリゲート 381
RequestPath プロパティ 44
RequestServices プロパティ 168, 174
RequestSizeLimit 属性 372
Request オブジェクト 42, 79, 82, 88
RequireAssertion メソッド 225
RequireHttpsAttribute クラス................................53
RequireHttps 属性 102
Requirements プロパティ 229
RequireReferrer 属性.. 311
RequireRole メソッド 225
RequiredRouteConstraint クラス 67
Reset メソッド... 222
ReSharper 359
Resource プロパティ 229-230
Response オブジェクト 379
REST (Representational State Transfer)
....265-266, 270-277
restore コマンド (dotnet) 13
ReturnUrlParameter プロパティ 198
Rider..15-16
RoleManager<TRole> クラス 218
Roles プロパティ 221
RouteData クラス...63, 79-80, 86
RouteData プロパティ...89
RouteLink メソッド.. 140
Route 属性...84-87
RPC (Remote Procedure Call) 265, 273

run コマンド (dotnet) 13
Run メソッド 29, 51, 269, 375-376
RWD (Responsive Web Design)
　→レスポンシブ Web デザイン (RWD)

■ S

SaveChangesAsync メソッド 258
SaveChanges メソッド.. 256
SelectListItem クラス... 154
serialize 関数.. 297
Service Locator パターン 34, 167-168, 173-174
ServiceLocator クラス 168
ServiceStack API.. 246
SetEmailAsync メソッド 217
SetPhoneNumberAsync メソッド.............................. 217
Settings プロパティ 130
SetTwoFactorEnabledAsync メソッド 217
SetUserNameAsync メソッド 217
SigningCredentials クラス.. 285
SignInManager クラス 219
SignInResult クラス.. 98, 220
SignInScheme プロパティ 206
SignOutAsync メソッド 204
SignOutResult クラス...98
SimplePage アプリケーション 386
SlidingExpiration プロパティ 198
SOAP (Simple Object Access Protocol) 271
SomeWork クラス... 376
SPA (Single Page Application) 309, 316
SQL Server... 248
SqlCommand クラス... 240
SSL (Secure Sockets Layer) 196, 369
SSL 証明書... 196
Stack Overflow..242-245
Startup.cs ファイル...18, 21
StartupDevelopment クラス 23
StartupProduction クラス 23
Startup クラス.. 22-23, 27, 110
Start メソッド 356-357, 359
StaticFileModule モジュール 46
StaticFileOptions クラス 44
StatusCodeResult クラス......................................97-98
StopApplication メソッド 362
StructureMap 35-36
Succeeded プロパティ 226
Succeed メソッド 228
System.Web アセンブリ 7, 411-412

■ T

Tag Helpers サービス 53
TagHelper クラス 155
tempkey.rsa ファイル... 285
test コマンド (dotnet) 13
TextAreaFor メソッド 141
TextArea メソッド 141
TextBoxFor メソッド 140
TextBox メソッド 140
TLS (Transport Layer Security) 196
toast メソッド 301
ToListAsync メソッド 258
TourController クラス...84, 86
TransactionScope クラス 257
try/catch ブロック.. 190
Twitter.. 205-207, 209-210
Twitter Bootstrap.....292-293, 299-300, 329, 341, 345

■ U

UnauthorizedResult クラス 98
UnsupportedMediaTypeResult クラス 99, 274, 277
UpdateAsync メソッド 217
UseContentRoot メソッド 20
UseDefaultFiles メソッド 47
UseDeveloperExceptionPage メソッド 27
UseDirectoryBrowser メソッド 44
UseEnvironment メソッド 364
UseExceptionHandler メソッド 26, 187, 379
UseFileServer メソッド 47
UseIISIntegration メソッド 20, 360, 369, 396
UseKestrel メソッド.. 20, 360
UseMiddleware<T> メソッド.................................381-382
UseMvcWithDefaultRoute メソッド 55, 379
UseMvc メソッド 21, 54-55, 57-58, 374, 376
UserManager<TUser> クラス 211, 215, 217-219
Users プロパティ 217
User プロパティ 204, 286
UseSetting メソッド 364
UseShutdownTimeout メソッド 364
UseSqlServer メソッド 248
UseStartup<T> メソッド.................. 20, 22-23, 27, 361
UseStaticFiles メソッド 44, 47, 374
UseStatusCodePagesWithReExecute メソッド........ 188
UseUrls メソッド................................366-367, 371
Use メソッド....................................... 375-377, 380-381
using 文.. 241

索　引　435

■ V

ValidateAntiForgeryToken 属性 102
ValidationMessageFor メソッド 141
ValidationMessage メソッド 141
Values プロパティ 89
Value プロパティ 180, 205
ViewBag プロパティ 125, 127-128, 184
ViewComponentResult クラス 97
ViewComponent クラス 158
ViewDataDictionary クラス 125
ViewData プロパティ 125-128, 130, 148, 184
ViewLocationFormats プロパティ 115-116
ViewEngines プロパティ 120
ViewModelBase クラス 129-130
ViewResult クラス 79, 97, 112-113, 137
Views/Shared/Layouts フォルダー 117
Views/Shared/PartialViews フォルダー..................... 117
Views/Shared フォルダー 115, 117, 158
Views サービス 53
Views フォルダー 113, 115, 117, 123, 158
View メソッド 111-113, 121, 144
VipTourController クラス 87
VirtualFileResult クラス 97-98
Visual Studio 2017
.... 15-18, 37, 123, 126, 150-151, 179, 182,
327, 355, 386-392, 394, 397-398, 405, 413
Visual Studio Code.....................................392, 401, 413

■ W

WaitForShutdown メソッド 359
Web API 6-7,
36, 54, 98-99, 265, 271, 273-274, 276-288
Web Forms モデル 5-6
web.config ファイル...17, 22,
123, 174, 187, 197-198, 238, 395-396, 417-418
WebClient クラス 421
WebHostBuilder クラス
.................................20-21, 191-192, 360-361, 366
WebHostDefaults 列挙型 364
WebHost クラス 356-357, 359
WebRootFileProvider プロパティ 25
WebRootPath プロパティ 25
Web ルート...18-19
Windows Compatibility Pack（WCP）....................... 421
WURFL.....................................336-339, 347, 350
wwwroot フォルダー 17-19, 44, 46, 389

■ X

X509Certificate2 クラス 285
X-Forwarded-For ヘッダー....................................... 280
XmlHttpRequest オブジェクト 106

■ Y

Ybq.processMultipleAjaxResponse 関数 316
Yeoman 16

■ あ

アートディレクション 340, 344
アクション.......................................51, 69, 80-87
アクションインボーカー 69-70, 113, 121
アクション結果 70, 96-99, 314-315
アクションセレクター 105
アクションフィルター 70-71, 99-106
アクション名セレクター 105
アクションメソッド
........................69, 88-99, 110, 182, 310-312, 372
アクションメソッドセレクター 105
アクセス許可.......................218, 220-223, 225-227
アクセストークン.....................................279, 287
アプリケーション層.......................183-185, 232
アプリケーションロジック 183
アンカータグヘルパー.. 151

■ い

イエローフィールド戦略 419-425
依存性注入（DI）
..............21, 25-26, 29-36, 78, 80, 102, 124, 130,
134, 165-174, 180, 193, 215, 239, 249, 417
位置情報 332-333
インフラストラクチャ層 186, 232, 236-237
インメモリストア......................................245-246
インライン式... 138

■ え

永続化層 186, 236

■ お

オーバールール 223
オープンソース 414
オブザーバブルプロパティ 323-324

■ か

階層化アーキテクチャ 182-186, 231-232
外部認証 205-210

カスタム構成プロバイダー 176
仮想マシン 400-401, 403-404
カルチャ 104
環境変数プロバイダー 175

■き

既定の Web ファイル 46
機能検出 333-335
基本クラスライブラリ (BCL) 4
規約に基づくルーティング 74-75
キャッシュ層 236
キャッチオールルート 62-63

■く

クエリスタック 233-236
区分 (エリア) 115-116
クライアントアプリケーション 282-283
グリーンフィールド開発 416-418
クレーム 201-205, 217-220, 224, 228
クロスサイトスクリプティング (XSS) インジェクション
.... 140
クロスサイトリクエストフォージェリ (CSRF) ... 151-152

■け

継続的インテグレーション (CI) 415
結果フィルター 101
検証タグヘルパー 153

■こ

子アクション 160
コード式 137-142
コードブロック 138
コマンドスタック 233-236
コマンドラインインターフェイス (CLI) 11-14, 392
コメント 142
混合ルーティング 75
コンソールアプリケーション 19-20, 37
コンテナー 32, 167, 403-404, 424-425
コンテナー化 404
コンテンツネゴシエーション 276-277
コンテントルート 18-19, 359
コントローラー 51, 73-107, 174
コントローラークラス 73-80, 110, 173

■さ

サービス指向アーキテクチャ (SOA) 414
サービスファイル 370, 403

サービスプロバイダー 359
サインイン 98, 204

■し

自己完結型のアプリケーション 390-391, 393
終端ミドルウェア 28-29, 37,
　　　　51, 56-58, 109, 269, 360-361, 373, 375-376
集約 236
従来のルーティング 54, 59

■す

スタートアップクラス
　　　　.................... 21-23, 25, 27, 35, 43, 173, 177-178,
　　　　180-181, 192, 281, 285, 360-362, 365, 382
ステータスコード 188

■せ

セキュリティ 98, 195-230, 277-288
接続文字列 238, 245, 248-249
選択リストタグヘルパー 153-154

■そ

属性ルーティング 74-75, 84-87

■た

タグヘルパー 142, 148-157

■ち

注入ポイント 34, 169

■て

ティア 232
データアダプター 242
データトークン 68
データバインディング 309-328
デプロイメント 394-403, 413

■と

トークンベースの認証 279
ドメイン駆動設計 (DDD) 164, 186, 231
ドメイン層 183, 185-186, 232
ドメインモデル 185-186
ドメインロジック 183
トランザクション 251, 254, 256-257

■に

入力タグヘルパー 152-153
入力モデル 89, 184

認可 220-230, 418
認可ハンドラー 227-229
認可フィルター 101, 223
認可ミドルウェア.. 225
認証 196-220, 418
認証 Cookie..............201-202, 204-206, 215, 219, 224
認証ハンドラー 199-200
認証方式 199
認証ミドルウェア.........................197-198, 200

■ は
パスワード 217-218
発行 386-393
発行プロファイル 388

■ ひ
ビューコンポーネント 157-161
ビューエンジン 111-125, 184
ビューモデル 128-130, 144, 184
ビューロケーションエキスパンダー 118-119
ビューロケーションフォーマット.........................115-119

■ ふ
フォームタグヘルパー 151
部分ビュー........ 116-117, 127, 145-148, 160, 302-303
ブラウンフィールド開発 415
ブレークポイント....................................340-341
プレゼンテーション層.........................182-185, 232
文.. 139

■ へ
べき等 295

■ ほ
ポリシーベースの認可................................. 220, 224-230

■ ま
マイクロサービス........................... 42-43, 414, 424-425
マネージド言語 4

■ み
ミドルウェア 26, 104, 172-173, 187-190, 373-382
　　　　→認可ミドルウェア、認証ミドルウェア
ミニ Web サイト 36-47, 269-270

■ め
メモリ内プロバイダー 176

■ も
モデルバインディング 79, 88-96, 174

■ ゆ
ユーザーストア 213-214
ユーザーマネージャー.........................211, 215-220

■ よ
要件クラス.. 227

■ ら
ラムダ式 225

■ り
リソースフィルター 101
リバースプロキシ.................................368-370, 401-402

■ る
ルーティングテーブル.......................................58
ルート 54, 58-68, 89
ルート制約...65-67
ルートパラメーター 85-87

■ れ
例外処理 187-193
例外処理ミドルウェア 187-190
例外のロギング 192-193
例外フィルター 101, 190-192
レイヤー... 232
レスポンシブ HTML テンプレート 345
レスポンシブ Web デザイン（RWD）
　　...329, 333, 339, 349

■ ろ
ロール 116, 202-203, 211, 218-224
ロールベースの認可 220-224
ロガー 166-167
ロギングプロバイダー....................................192-193, 359

著者紹介

Dino Esposito（ディノ エスポシト）

　BaxEnergy のデジタルストラテジストであり、これまでに 20 冊以上の書籍と 1,000 本を超える記事を執筆している。プログラミング歴は 25 年に渡る。Dino の書籍や記事が世界中の数千人もの.NET 開発者やアーキテクトのプロフェッショナルとしての成長を手助けしてきたことは広く認められている。1992 年に C 開発者としてキャリアをスタートさせ、.NET の登場や、Silverlight の盛衰、さまざまなアーキテクチャパターンの浮き沈みを目の当たりにしてきた。現在は Artificial Intelligence 2.0 とブロックチェーンの未来を見据え、『The Sabbatical Break』という舞台作品も手掛けている。この作品は、ソフトウェア、文学、自然科学、スポーツ、科学技術、芸術をハイパーリンクし、想像上の非汚染空間を旅する物語である。問い合わせは http://youbiquitous.net まで。

https://twitter.com/despos
https://instagram.com/desposofficial
https://facebook.com/desposofficial

監訳者紹介

井上 章（いのうえ あきら）

2008年、日本マイクロソフト株式会社入社。主に.NET/ASP.NET や Visual Studio、Microsoft Azure などの開発技術を専門とするエバンジェリストとして技術書籍やオンライン記事などの執筆、さまざまな技術イベントでの講演などを行う。2018年より Global Black Belt（GBB）というマイクロソフトコーポレーションの技術専門組織に異動し、.NET と Microsoft Azure を中心としたアプリケーション開発技術と Azure DevOps の訴求活動に従事している。

https://twitter.com/chack411
https://facebook.com/chack411
http://aka.ms/chack

翻訳者紹介

株式会社クイープ

1995年、米国サンフランシスコに設立。コンピュータシステムの開発、ローカライズ、コンサルティングを手がけている。2001年に日本法人を設立。主な訳書に、『プログラミング Xamarin（上下巻）』『Adaptive Code　C# 実践開発手法』（日経BP 社）、『Python 機械学習ライブラリ　scikit-learn 活用レシピ 80+』『AI アルゴリズムマーケティング』（インプレス）、『サイバーセキュリティテスト完全ガイド』『Python と Keras によるディープラーニング』（マイナビ出版）、『入門 JavaScript プログラミング』『テスト駆動 Python』（翔泳社）などがある。

http://www.quipu.co.jp

●本書についてのお問い合わせ方法、訂正情報、重要なお知らせについては、下記 Web ページをご参照ください。なお、本書の範囲を超えるご質問にはお答えできませんので、あらかじめご了承ください。

　　　http://ec.nikkeibp.co.jp/nsp/

●ソフトウェアの機能や操作方法に関するご質問は、ソフトウェア発売元または提供元の製品サポート窓口へお問い合わせください。

プログラミング ASP.NET Core

2019年5月27日　初版第1刷発行

著　　　者	Dino Esposito	
監 訳 者	日本マイクロソフト株式会社 井上 章	
訳　　　者	株式会社クイープ	
発 行 者	村上 広樹	
編　　　集	生田目 千恵	
発　　　行	日経BP	
	東京都港区虎ノ門4-3-12　〒105-8308	
発　　　売	日経BP マーケティング	
	東京都港区虎ノ門4-3-12　〒105-8308	
装　　　丁	コミュニケーションアーツ株式会社	
DTP 制作	株式会社クイープ	
印刷・製本	図書印刷株式会社	

本書の無断複写・複製（コピー等）は著作権法上の例外を除き、禁じられています。購入者以外の第三者による電子データ化および電子書籍化は、私的使用を含め一切認められておりません。

ISBN978-4-8222-5380-6　　Printed in Japan